21世纪应用型本科院校系列教材

大学物理

主　编　郭纪源　王　颖　戴　俊

副主编　舒华兵　刘小妹　李朝辉

加入读者圈，获取更多资源

南京大学出版社

图书在版编目(CIP)数据

大学物理 / 郭纪源，王颖，戴俊主编. —南京：南京大学出版社，2024.1

ISBN 978 - 7 - 305 - 27106 - 9

Ⅰ. ①大… Ⅱ. ①郭… ②王… ③戴… Ⅲ. ①物理学—高等学校—教材 Ⅳ. ①O4

中国国家版本馆 CIP 数据核字(2023)第 113675 号

出版发行　南京大学出版社
社　　址　南京市汉口路 22 号　　　　邮　　编　210093

书　　名　大学物理
DAXUE WULI
主　　编　郭纪源　王　颖　戴　俊
责任编辑　吴　华　　　　　编辑热线　025 - 83596997

照　　排　南京开卷文化传媒有限公司
印　　刷　南京玉河印刷厂
开　　本　787 mm×1092 mm　1/16　印张 19.75　字数 481 千
版　　次　2024 年 1 月第 1 版　2024 年 1 月第 1 次印刷
ISBN　978 - 7 - 305 - 27106 - 9
定　　价　49.80 元

网　　址：http://www.njupco.com
官方微博：http://weibo.com/njupco
微信公众号：njupress
销售咨询热线：(025)83594756

扫码可免费申请教学资源

序　言

党的二十大报告中指出要办好人民满意的教育，加强基础学科、新兴学科和交叉学科建设；推进教育数字化；建设全民终身学习的学习型社会和学习型大国。物理学教材的建设和内容的学习，对于实施科教兴国战略和培养现代化建设人才起着重要的基石作用。

物理学是研究物质基本运动形式、物质基本结构和物质之间相互作用规律的自然科学；注重物质和能量、空间以及时间之间的相互关系；涉及大至宇宙，小至基本粒子等一切物质最基本的运动形式和规律，是其他各自然科学学科的研究基础。物理学发展的早期归属于自然哲学的范畴，直到十七世纪，从伽利略和牛顿的年代开始，物理学渐渐地从自然哲学中成长为独立的学科领域。物理学是一门实验科学，也是一门崇尚理性、重视逻辑推理的科学。物理学充分用数学作为自己的工作语言，它也是当今最精密的自然学科之一。

在人类文明史上，巨大的进步莫过于科学的发展引发了一次又一次的产业革命，而每一次大的进步都与物理学的发展紧密相连。17 至 18 世纪，牛顿力学及热力学的发展，为蒸汽机的发明和广泛应用提供了必要的科学基础，引发了第一次工业革命；19 世纪，电磁理论的发展和突破，人们实现了电力及无线电通信的广泛应用，引发了第二次工业革命；20 世纪，量子力学和固体物理理论的发展，导致了半导体器件的发明，核能源、激光、电子计算机技术全面发展及应用，由此有了“第三次工业革命”。在回顾物理学的伟大成就中，物理学中力学、热学、电磁学的分支已经成就了人类三次工业革命，下一次可能会是物理学的哪个分支呢？

物理学知识与人类科学技术的进步息息相关。人类科技的发展，尤其从 20 世纪至今，已经使得物理学知识不仅仅是物理类专业的独有需求。由于物理学在自然科学中的重要基石地位，物理学知识已经是人们日常生活应该具备的常识。学习物理学，可以帮助人们更好地理解和掌握其他科学和工程领域中的基础知识。即使是各技术领域高速发展的今天，物理学知识仍然是这些新发现和新进展的知识源泉。此外，物理学作为古老的学科以及人类认识自然的重要科学记载，包含了人类科技文明发展中非常丰富的思维方式。物理学的知识学习过程强调逻辑思考、数学推理和问题的解决。这些技能不仅对学习其他科学和工程专业有帮助，也对日常生活和职业发展大有益处。

《大学物理》是《普通高等学校本科专业类教学质量国家标准》中规定的，在高等学校各理工类专业为普及自然科学中的物理知识而开设的一门必修的通识课程。它旨在让学生掌握自然界物质的结构、性质、相互作用及其运动的基本规律，为后继专业基础与专业课程的学习及进一步获取有关知识奠定必要的知识基础。通过《大学物理》课程的学习，学生可以逐步掌握物理学研究问题的思路和方法，拥有建立物理模型、定性分析、估算与定量计算的能力，以及独立获取知识、理论联系实际的能力。

《大学物理》作为高中物理的后续高级课程，两者的区别和联系主要体现为：首先，知识内容方面，高中物理涉及的知识点较为基础，主要涵盖力学、电学、光学、原子物理等基础知识。而大学物理则涉及更为深入和广泛的知识点，包括刚体力学、驻波、波动光学、理想气体的等值过程分析、相对论和量子物理等更高级别和更深入的内容。其次，在数学工具的应用方面，高中物理以初等数学工具为基础，主要是基本的代数、几何和三角函数。而大学物理则以高等数学为工具，包括微积分、线性代数、概率论、微分方程、复变函数等。也正是由于高等数学的应用，使得大学物理中的物理模型更加接近实际生活，其内容的学习和应用也更加注重与其他学科的交叉和融合。此外，从学习方式和学习方法上来说，高中物理主要是通过课堂讲解和练习，大学物理则更注重自主学习和研究能力的培养，需要学生具备较高的独立思考能力和解决问题的能力。总的说来，高中物理是大学物理的基础和铺垫，大学物理则是高中物理的延伸和拓展。

《大学物理》教材是为高校理工科类学生设计并进行大学物理课程学习的参考书。典型大学物理教材中的主要内容都是相似的。本教材针对当前《大学物理》教学学时普遍减少，结合当前逐渐信息化和智能化的教学技术手段，编委对大学物理的知识篇幅进行了合理调整；设置了可访问的线上线下资源；考虑了教学过程中学生的参与度；优选了针对物理前沿技术的和相关工程专业结合的应用例题和训练题；引入了物理问题分析过程和计算编程技能及数值算法实现的融合；拍摄了典型物理原理和物理规律的实例演示视频；呈现了物理核心问题的追根溯源过程等。

编写本书的都是长期从事一线教学、具有丰富大学物理教学经验的老师，他们是郭纪源、王颖、戴俊、舒华兵、刘小妹、李朝辉等。在本书编写过程中，还得到了其他同事和同行专家的大力支持，南京大学出版社的编辑为本书的出版做了大量艰辛而卓有成效的工作，在此一并感谢。由于编者水平有限，书中难免有不足和存在有争议的地方，敬请广大读者批评指正。

编　者

2023年10月12日

目　录

第一章 质点运动学与牛顿定律

经典力学是力学的一个分支，以牛顿运动定律为基础，所以也常常称为牛顿力学，主要研究宏观世界和低速状态下物体运动的基本规律。它有两个基本假定：一是假定时间和空间是绝对的，长度和时间间隔的测量与观测者的运动无关；二是假定一切可观测的物理量在原则上可以无限精确地加以测定。经典力学的基础是牛顿的运动三定律和万有引力定律，这些定律支撑着整个近代物理学，并对自然界的力学现象做出了系统的、合理的说明。

经典力学一般包含静力学、运动学和动力学。大学物理中的质点运动学是以物体的质点模型作为研究对象，特别关注物体在空间中的位置、速度和加速度随时间的瞬时变化关系。它只讨论物体的运动状态，而不涉及运动的产生和运动状态发生变化的原因。在运动学中，物体的运动状态是由位置矢量和速度描述的，而速度的变化则用加速度描述，这个过程的数学描述主要涉及高等数学中的极限和求导法则。此外，由质点运动的加速度（或速度）与时间的关系以及初始条件，通过高等数学中的积分法则可求得质点的速度或位置矢量关系。牛顿定律一般指牛顿运动定律，它以质点为对象，着眼于力的概念，在处理质点系统问题时，需分别考虑各个质点所受的力，然后来推断整个质点系统的运动。牛顿力学认为质量和能量各自独立存在，且各自守恒，它只适用于物体运动速度远小于光速的范围。大学物理中，牛顿定律侧重于建立动力学中各物理量之间的函数关系。质点运动学及牛顿定律广泛应用于物理、工程、航海、航天和天文等领域，可用于描述和预测物体在各种条件下的运动规律。例如帮助设计桥梁、舰船和港口，设计无人机装置的飞行轨迹等。

经典力学的建立始于16世纪末和17世纪初，伽利略对斜面实验研究物体的滑动和滚动运动规律的定量表述；成熟于1687年，牛顿在《自然哲学的数学原理》一书中系统阐述了物体的运动和力的作用规律，建立了牛顿三大定律和引力定律等经典力学理论；此后，18世纪和19世纪，一些科学家继续进行发展和补充，例如欧拉、拉格朗日、哈密顿等，建立了经典力学中的分析力学和变分法等高级理论，并应用于刚体运动、天体力学和电磁学等领域。

1.1 质点运动学

机械运动是最基本、最普遍的物质运动形式。然而现实世界中实际物体的运动往往比较复杂，但在一定近似或条件下，可抓住一些主要因素，忽略一些次要因素，化繁为简，基于便于研究的对象建立一个描述物体运动的理想模型。质点就是力学问题研究中的一个理想模型。建立理想模型是物理学问题研究中一种重要的研究方法。

质点作为一种理想的物理模型，它是有质量但不存在体积或形状的点。在物体的大小和形状不起作用，或者所起的作用不显著而可以忽略不计时，可以近似地把该物体看作是一个质点。质点从任何方向去观察它都是一样的，也就是所谓的各向同性。质点运动学研究的是质点在空间的运动，不考虑产生运动的原因。所谓的运动是指质点的空间位置随时间的变化情况，接下来会讨论它的位置、速度和加速度。

运动是相对的，为了描述运动，需要引入参照物。通常为了方便，会选定参照物上的一个点，或者与参照物之间存在某种关系的空间中一个点，作为参考点，并以该点为原点建立参考坐标系。本节中，我们将要介绍直角坐标系和自然坐标系以及它们在描述空间一般运动以及圆周运动的表示方法。

若考虑质点的运动是由不同的观察者来描述，则还需考虑它们彼此的相对运动。相对运动的应用将在研究碰撞、探索电磁现象以及介绍狭义相对论时发挥重要作用。

1.1.1 描述质点运动的物理量

1. 位置矢量 $\boldsymbol{r}$(简称位矢)

从坐标原点指向质点所在位置的向量称为位置向量，亦称位置矢量，简称位矢。

选定参考系，质点的位置用原点到质点的位置向量 $\boldsymbol{r}$ 表示，随时间 t 的变化，位置向量$\boldsymbol{r}(t)$函数可以描述质点的运动规律。在力学里，位置向量常被用来跟踪质点、粒子或刚体的运动。

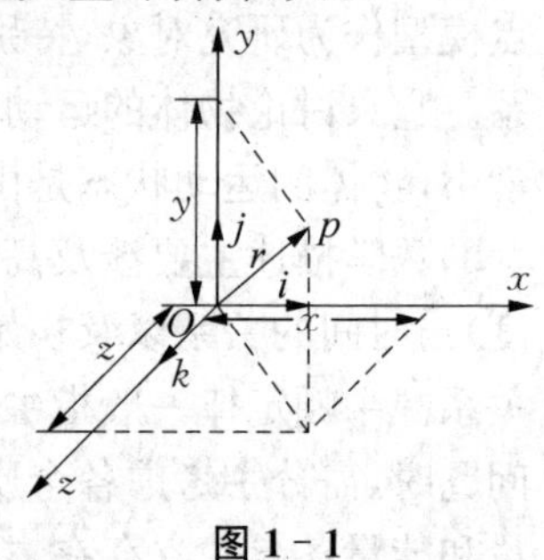

图 1-1

如图 1-1 所示，在直角坐标系中，位矢 $\boldsymbol{r}$ 可写成

$$\boldsymbol{r}=x\boldsymbol{i}+y\boldsymbol{j}+z\boldsymbol{k} \tag{1-1}$$

式中 x,y,z 为质点 P 的坐标，位矢的大小(模)为

$$|\boldsymbol{r}|=\sqrt{x^2+y^2+z^2}$$

其方向由方向余弦确定：

$$\cos\alpha=\frac{x}{|\boldsymbol{r}|},\ \cos\beta=\frac{y}{|\boldsymbol{r}|},\cos\gamma=\frac{z}{|\boldsymbol{r}|}$$

式中 α,β,γ 分别是 $\boldsymbol{r}$ 与 Ox 轴、Oy 轴、Oz 轴的夹角。

2. 位移 $\Delta\boldsymbol{r}$

位移是指位置矢量的改变。假设从旧位置 $\boldsymbol{r}_1$ 改变到新位置 $\boldsymbol{r}_2$，则位移为 $\Delta\boldsymbol{r}=\boldsymbol{r}_2-\boldsymbol{r}_1$。位移是描写质点位置变化大小和方向的物理量，它是从质点初始时刻位置指向终点时刻位置的有向线段。

如图 1-2 所示，质点在 Δt 时间内，从点 A 运动到点 B，位移为

$$\Delta\boldsymbol{r}=\boldsymbol{r}_B-\boldsymbol{r}_A=(x_B-x_A)\boldsymbol{i}+(y_B-y_A)\boldsymbol{j} \tag{1-2}$$

若质点在三维空间运动，位移为

$$\Delta\boldsymbol{r}=(x_B-x_A)\boldsymbol{i}+(y_B-y_A)\boldsymbol{j}+(z_B-z_A)\boldsymbol{k}$$

注意位移与路程是不同的物理量，前者为矢量，后者为标量。路程是质点在空间运动的轨迹长度，用 Δs 表示，且路程作为表示长度的量恒为正。一般情况下，位移矢量的大小不等

于路程的值。在图 1－2 中，在 Δt 时间内质点从点 A 运动到点 B，相应的位置矢量由 $\boldsymbol{r}_A$ 变为 $\boldsymbol{r}_B$，对应的位移为 $\Delta\boldsymbol{r}$，其中位移的大小为 $|\Delta\boldsymbol{r}|=AB$，而路程的值为弧长 $\Delta s=\overset{\frown}{AB}$，显然 $|\Delta\boldsymbol{r}|\neq\Delta s$。仅当质点始终沿固定方向做直线运动时，位移大小才与路程相等。但当 $\Delta t\to 0$ 时，从图可知 $|\mathrm{d}\boldsymbol{r}|=\mathrm{d}s$。

还要注意 $\Delta|\boldsymbol{r}|$（或 Δr）与 $|\Delta\boldsymbol{r}|$ 的区别，在图 1－3 中所示的线段 OB 上取 $OA'=OA$，$A'B$ 的大小为 $\Delta r=\Delta|\boldsymbol{r}|=r_B-r_A$，表示质点距坐标原点的距离之变化，或者说是位置矢量沿径向方向的大小变化，很显然它与位移大小 $\Delta r=|AB|$ 是两个不同的运动学量。综合分析，$|\boldsymbol{r}|$ 表示位移矢量的大小，$|\Delta\boldsymbol{r}|$ 表示位移的大小，而 $\Delta|\boldsymbol{r}|=\Delta r$ 表示位移矢量大小的增量。

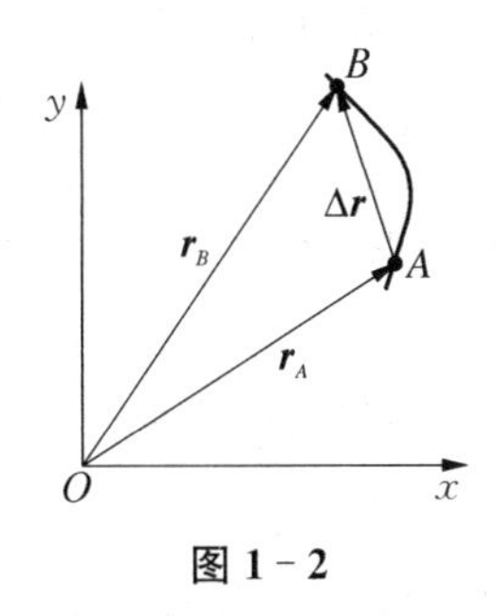

图 1－2

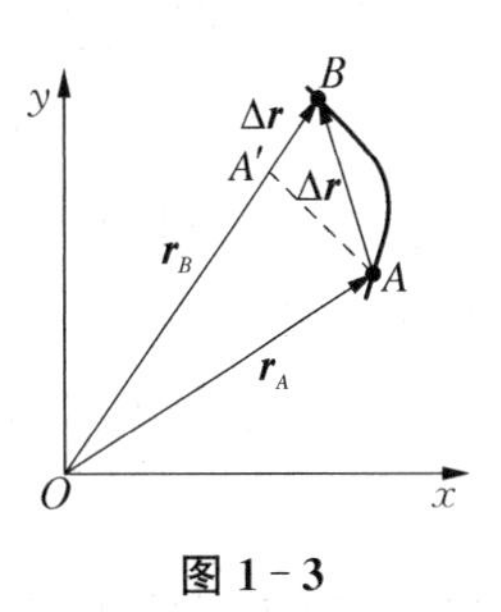

图 1－3

3. 速度 v

若在时间间隔 $\Delta t=t_2-t_1$ 内，质点从位置向量为 $\boldsymbol{r}_1$ 的 P_1 移动到位置向量为 $\boldsymbol{r}_2$ 的 P_2，这段时间间隔内，位置（位移）的变化为 $\Delta\boldsymbol{r}$。则该时间间隔内的平均速度 v_{av}，为位移除以时间间隔：

$$\boldsymbol{v}_{av}=\frac{\boldsymbol{r}_2-\boldsymbol{r}_1}{t_2-t_1}=\frac{\Delta\boldsymbol{r}}{\Delta t}\quad\text{（平均速度矢量）}\tag{1-3}$$

而当时间间隔趋近零时，也即平均速度取极限，此时为位移随时间的瞬时变化率，这正好是位移对时间的一次导数：

$$\boldsymbol{v}=\lim_{\Delta t\to 0}\frac{\Delta\boldsymbol{r}}{\Delta t}=\frac{\mathrm{d}\boldsymbol{r}}{\mathrm{d}t}\quad\text{（瞬时速度矢量）}\tag{1-4}$$

矢量 $\boldsymbol{v}$ 即表示质点在该时刻的速度，其大小记为 v。$\boldsymbol{v}$ 在任何时刻的方向与质点在该时刻的移动方向（位置矢量变化方向）相同。

使用分量表示瞬时速度

$$v_x=\frac{\mathrm{d}x}{\mathrm{d}t},v_y=\frac{\mathrm{d}y}{\mathrm{d}t},v_z=\frac{\mathrm{d}z}{\mathrm{d}t}\quad\text{（瞬时速度分量）}\tag{1-5}$$

$\boldsymbol{v}=v_x\boldsymbol{i}+v_y\boldsymbol{j}+v_z\boldsymbol{k}$ 的 x 分量为 $v_x=\dfrac{\mathrm{d}x}{\mathrm{d}t}$，与 x 轴上直线运动瞬时速度的表达式相同。因此，式(1－5)是瞬时速度在三维空间中的分量表示。

速率 v 即速度矢量 $\boldsymbol{v}$ 的大小为：

$$|\boldsymbol{v}|=v=\sqrt{v_x^2+v_y^2+v_z^2} \tag{1-6}$$

质点在 Oxy 平面中运动的情况，Δz 与 v_z 为零。那么速度大小为

$$v=\sqrt{v_x^2+v_y^2}$$

速度是描写质点位置变化快慢和方向的物理量。

速率是描写质点运动路程随时间变化快慢的物理量，是标量，恒为正。瞬时速度(简称速度)的大小等于瞬时速率(简称速率)，但平均速度的大小不等于平均速率，平均速度 $\boldsymbol{v}=\frac{\Delta \boldsymbol{r}}{\Delta t}$，而平均速率 $\bar{v}=\frac{\Delta s}{\Delta t}$，前面我们已经讲过 $|\Delta \boldsymbol{r}|\neq \Delta s$，所以 $|\bar{\boldsymbol{v}}|\neq \bar{v}$。

需注意区分速度与速度分量的不同，在二维直角坐标系中，有

$$\boldsymbol{v}=\boldsymbol{v}_x+\boldsymbol{v}_y=v_x\boldsymbol{i}+v_y\boldsymbol{j} \tag{1-7}$$

式中 $\boldsymbol{v}_x$，$\boldsymbol{v}_y$ 分别是速度 $\boldsymbol{v}$ 沿 Ox 轴和 Oy 轴上的分速度，是矢量，而 v_x，v_y 则是速度 $\boldsymbol{v}$ 在 Ox 轴和 Oy 轴上的分量大小，是标量。

速度大小(速率) $v=\sqrt{v_x^2+v_y^2}$，速度方向为该点曲线的切线方向。

4. 加速度 a

加速度描述了质点的速度是如何变化的。由于速度是一个矢量，加速度将描述速度大小(即速率)和速度方向(即质点移动方向)的变化。

从 t_1 到 t_2 的时间间隔内，速度的矢量变化是 $\Delta \boldsymbol{v}=\boldsymbol{v}_2-\boldsymbol{v}_1$($P_2$ 点的速度与 P_1 点速度的矢量差)，将该时间间隔内汽车的平均加速度 $\bar{\boldsymbol{a}}$ 定义为速度变化除以时间间隔 $\Delta t=t_2-t_1$：

$$\bar{\boldsymbol{a}}=\frac{\boldsymbol{v}_2-\boldsymbol{v}_1}{t_2-t_1}=\frac{\Delta \boldsymbol{v}}{\Delta t} \tag{1-8}$$

平均加速度是一个与矢量 $\Delta \boldsymbol{v}$ 方向相同的矢量。

将点 P_1 处的瞬时加速度定义为点 P_2 接近点 P_1 时平均加速度矢量的极限。瞬时加速度也等于速度随时间的瞬时变化率，这正好是速度对时间的一次导数：

$$\boldsymbol{a}=\lim_{\Delta t\to 0}\frac{\Delta \boldsymbol{v}}{\Delta t}=\frac{\mathrm{d}\boldsymbol{v}}{\mathrm{d}t}\quad(\text{瞬时加速度矢量}) \tag{1-9}$$

如前所述，速度向量 $\boldsymbol{v}$ 与质点的路径相切。然而，瞬时加速度矢量 $\boldsymbol{a}$ 不必与路径相切。如果路径是弯曲的，$\boldsymbol{a}$ 则指向路径的凹面，即质点正在进行的任何转弯的内侧。只有当质点沿直线运动时，加速度才与路径相切。

加速度是描写质点速度变化快慢和方向的物理量，是矢量，它的方向与速度增量 $\Delta \boldsymbol{v}$ 的方向一致。

【例 1-1】 已知质点的运动方程为 $\boldsymbol{r}=2t\boldsymbol{i}+(2-t^2)\boldsymbol{j}$，式中 r 的单位为 m，t 的单位为 s。求：

(1) 质点的运动轨迹；

(2) $t=0$ 及 $t=2$ s 时，质点的位矢；

(3) 由 $t=0$ 到 $t=2$ s 内质点的位移 $\Delta \boldsymbol{r}$ 和径向增量 Δr；

(4)* 2 s内质点所走过的路程 s。

分析　质点的轨迹方程为 $y=f(x)$，可由运动方程的两个分量式 $x(t)$ 和 $y(t)$ 中消去 t 即可得到。对于 $\boldsymbol{r}$，$\Delta\boldsymbol{r}$，Δr、Δs 来说，物理含义不同，可根据其定义计算。其中对 s 的求解用到积分方法，先在轨迹上任取一段微元 $\mathrm{d}s$，则 $\mathrm{d}s=\sqrt{(\mathrm{d}x)^2+(\mathrm{d}y)^2}$，最后用 $s=\int \mathrm{d}s$ 积分求 s。

解　(1) 由 $x(t)$ 和 $y(t)$ 中消去 t 后得质点轨迹方程为

$$y=2-\frac{1}{4}x^2$$

这是一个抛物线方程，轨迹如图1-4(a)所示。

(2) 将 $t=0$ s和 $t=2$ s分别代入运动方程，可得相应位矢分别为

$$\boldsymbol{r}_0=2\boldsymbol{j},\boldsymbol{r}_2=4\boldsymbol{i}-2\boldsymbol{j}$$

图1-4(a)中的 P，Q 两点，即为 $t=0$ s和 $t=2$ s时质点所在位置。

(3) 由位移表达式，得

$$\Delta\boldsymbol{r}=\boldsymbol{r}_2-\boldsymbol{r}_1=(x_2-x_0)\boldsymbol{i}+(y_2-y_0)\boldsymbol{j}=4\boldsymbol{i}-2\boldsymbol{j}$$

其中位移大小 $|\Delta\boldsymbol{r}|=\sqrt{(\Delta x)^2+(\Delta y)^2}=5.66$ m

而径向增量 $\Delta r=\Delta|\boldsymbol{r}|=|\boldsymbol{r}_2|-|\boldsymbol{r}_0|=\sqrt{x_2^2+y_2^2}-\sqrt{x_0^2+y_0^2}=2.47$ m

(4)* 如图1-4(b)所示，所求 Δs 即为图中 PQ 段长度，先在其间任意处取 AB 微元 $\mathrm{d}s$，则 $\mathrm{d}s=\sqrt{(\mathrm{d}x)^2+(\mathrm{d}y)^2}$，由轨道方程可得 $\mathrm{d}y=-\frac{1}{2}x\,\mathrm{d}x$，代入 $\mathrm{d}s$，则2 s内路程为

$$s=\int_P^Q \mathrm{d}s=\int_0^4\sqrt{4+x^2}\,\mathrm{d}x=5.91\text{ m}$$

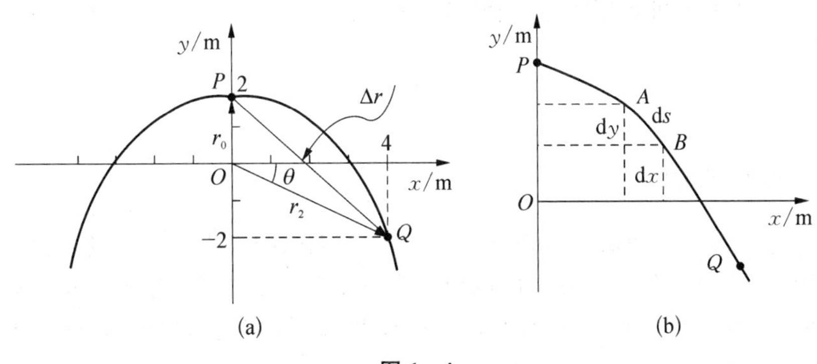

图1-4

1.1.2　运动方程

质点的位置矢量随时间变化的函数式 $\boldsymbol{r}=\boldsymbol{r}(t)$ 称为质点的运动方程或运动参数方程。运动学的一个重要任务，就是计算确定各种具体物体运动所遵循的运动方程。因为如果知道了质点的运动方程，就可以根据运动方程计算速度、加速度的表达式

$$\boldsymbol{v}=\frac{\mathrm{d}\boldsymbol{r}}{\mathrm{d}t} \tag{1-10}$$

$$\boldsymbol{a}=\frac{\mathrm{d}\boldsymbol{v}}{\mathrm{d}t}=\frac{\mathrm{d}^2 r}{\mathrm{d}t^2} \tag{1-11}$$

由此求出速度和加速度随时间变化的规律以及任意时刻质点的运动状态的描述。运动方程在平面直角坐标系中有如下形式

$$\boldsymbol{r}(t)=x(t)\boldsymbol{i}+y(t)\boldsymbol{j} \tag{1-12}$$

式中 $x(t)$和 $y(t)$是运动方程的分量式。

$$\boldsymbol{v}=v_x\boldsymbol{i}+v_y\boldsymbol{j}=\frac{\mathrm{d}x}{\mathrm{d}t}\boldsymbol{i}+\frac{\mathrm{d}y}{\mathrm{d}t}\boldsymbol{j} \tag{1-13}$$

$$\begin{aligned}\boldsymbol{a}&=a_x\boldsymbol{i}+a_y\boldsymbol{j}=\frac{\mathrm{d}v_x}{\mathrm{d}t}\boldsymbol{i}+\frac{\mathrm{d}v_y}{\mathrm{d}t}\boldsymbol{j}\\&=\frac{\mathrm{d}^2x}{\mathrm{d}t^2}\boldsymbol{i}+\frac{\mathrm{d}^2y}{\mathrm{d}t^2}\boldsymbol{j}\end{aligned} \tag{1-14}$$

反之,如果已知质点的 $\boldsymbol{a}(t)$和初始位置与速度条件 $\boldsymbol{r}_0$ 和 $\boldsymbol{v}_0$,可通过加速度方程积分求得其速度表达式和运动方程。

质点运动时在空间所经历的路径,称为运动轨迹,运动轨迹的数学方程式称为轨迹方程。在平面直角坐标系中,将运动方程分量式 $x(t)$和 $y(t)$联立消去时间 t 即可得运动的轨迹方程。例如,平抛运动的运动参数方程的分量式为

$$x=v_0t,\ y=\frac{1}{2}gt^2$$

从两式联立消去 t,即可得平抛运动的轨迹方程:

$$y=\frac{1}{2}\frac{g}{v_0^2}x^2$$

1.1.3 圆周运动

做圆周运动的质点距离圆心的距离始终不变,如果以圆心为坐标原点,选 Ox 轴方向为正方向后,由于$|\boldsymbol{r}|$为常量,质点在空间的位置完全由径矢 $\boldsymbol{r}$ 与 Ox 轴的夹角 θ 确定,θ 称为角坐标(见图 1-5),θ 为随时间变化的函数 $\theta(t)$,也称为圆周运动的运动方程。要注意 θ 有正有负,一般选定沿逆时针方向转动的 θ 为正,沿顺时针方向为负。

类似地,定义圆周运动的角速度为角坐标随时间的变化率,用 ω 表示:

$$\omega=\lim_{\Delta t\to 0}\frac{\theta(t_2)-\theta(t_1)}{t_2-t_1}=\lim_{\Delta t\to 0}\frac{\Delta\theta}{\Delta t}=\frac{\mathrm{d}\theta(t)}{\mathrm{d}t} \tag{1-15}$$

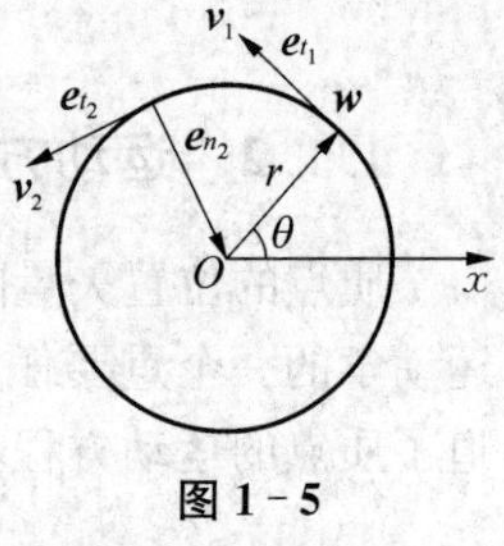

图 1-5

质点沿着圆周轨迹运动的快慢可由线速度来描述。一段时间 Δt 内，轨迹变化为 Δs，可得圆周运动的线速度为：

$$v=\lim_{\Delta t\to 0}\frac{\Delta s}{\Delta t}=\lim_{\Delta t\to 0}\frac{r\cdot\Delta\theta}{\Delta t}=r\frac{\mathrm{d}\theta}{\mathrm{d}t}=r\omega \tag{1-16}$$

这里可见 $v=\frac{\mathrm{d}s}{\mathrm{d}t}$

式中 r 是圆的半径。类似地引入角加速度来描述角速度随时间的变化率，用 α 表示，其单位为弧度每二次方秒，符号为 $\mathrm{rad}\cdot\mathrm{s}^{-2}$。

$$\alpha=\frac{\mathrm{d}\omega}{\mathrm{d}t}=\frac{\mathrm{d}^2\theta}{\mathrm{d}t^2} \tag{1-17}$$

做圆周运动的质点速度记为 $v=v\boldsymbol{e}_t$ 引入自然坐标系描述质点做圆周运动的加速度：

$$\boldsymbol{a}=\frac{\mathrm{d}\boldsymbol{v}}{\mathrm{d}t}=\frac{\mathrm{d}v}{\mathrm{d}t}\boldsymbol{e}_t+v\frac{\mathrm{d}\boldsymbol{e}_t}{\mathrm{d}t} \tag{1-18}$$

$$\boldsymbol{a}=\boldsymbol{a}_t+\boldsymbol{a}_n=a_t\boldsymbol{e}_t+a_n\boldsymbol{e}_n \tag{1-19}$$

式中 $\boldsymbol{e}_n$ 和 $\boldsymbol{e}_t$ 分别是在自然坐标系中的法向单位矢量和切向单位矢量，如图 1－5 中所示。其中切向加速度 $\boldsymbol{a}_t$ 是由沿轨迹切线方向的速率即速度大小的变化而产生的加速度，其值为

$$a_t=\frac{\mathrm{d}v}{\mathrm{d}t}=r\frac{\mathrm{d}\omega}{\mathrm{d}t}=r\alpha \tag{1-20}$$

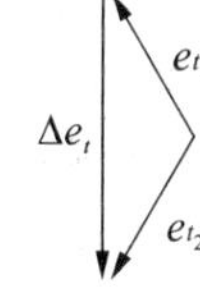

图 1－6

Δt 时间内，速度矢量方向的变化可表示为 $\Delta\boldsymbol{e}_t=\boldsymbol{e}_{t_2}-\boldsymbol{e}_{t_1}$，其矢量运算关系可如图 1－6 所示：

单位矢量的大小 $|\boldsymbol{e}_{t_1}|=|\boldsymbol{e}_{t_2}|=1$，当 Δt 较小，则有：$|\Delta\boldsymbol{e}_t|=\Delta\theta\cdot x_1$，而当 $\Delta t\to 0$ 时，$\boldsymbol{e}_{t_2}$ 靠近 $\boldsymbol{e}_{t_1}$，使得 $\Delta\boldsymbol{e}_t$ 的方向趋近于与 $\boldsymbol{e}_{t_1}$ 垂直，且指向圆心，这个方向就是法向方向 $\boldsymbol{e}_n$，所以有：

$$\lim_{\Delta t\to 0}\frac{\Delta\boldsymbol{e}_t}{\Delta t}=\frac{\mathrm{d}\boldsymbol{e}_t}{\mathrm{d}t}=\lim_{\Delta t\to 0}\frac{\Delta\theta\cdot 1}{\Delta t}\cdot\boldsymbol{e}_n=\frac{\mathrm{d}\theta}{\mathrm{d}t}\boldsymbol{e}_n \tag{1-21}$$

根据(1－18)式和(1－19)式，有法向加速度 $\boldsymbol{a}_n$ 的表达式为：

$$\boldsymbol{a}_n=v\frac{\mathrm{d}\boldsymbol{e}_t}{\mathrm{d}t}=v\frac{\mathrm{d}\theta}{\mathrm{d}t}\boldsymbol{e}_n=v\cdot w\boldsymbol{e}_n=rw^2\boldsymbol{e}_n=\frac{v^2}{r}\boldsymbol{e}_n \tag{1-22}$$

自然坐标也可用于表达一般曲线运动的加速度，表达式为：

$$\boldsymbol{a}=\boldsymbol{a}_t+\boldsymbol{a}_n=\frac{\mathrm{d}v}{\mathrm{d}t}\boldsymbol{e}_t+\frac{v^2}{\rho}\boldsymbol{e}_n \tag{1-23}$$

其中 ρ 是质点运动的曲线轨迹上某点的曲率半径大小，其方向总是指向曲线轨迹凹的一侧。例如在斜抛运动中质点的加速度是恒定的重力加速度 $\boldsymbol{g}$，如图 1－7 所示，总加速度 $\boldsymbol{g}$

可以分解为法向加速度 $\boldsymbol{a}_n$ 和切向加速度 $\boldsymbol{a}_t$，在上升与下降过程中 $\boldsymbol{a}_t$ 与速度 $\boldsymbol{v}$ 方向分别相反与相同，质点分别做减速运动与加速运动；在抛物线运动轨迹的最高点，切向加速度为零，$\boldsymbol{a}_t=\boldsymbol{0}, \boldsymbol{g}=\boldsymbol{a}_n$；此时质点只有法向加速度 $\boldsymbol{g}$。

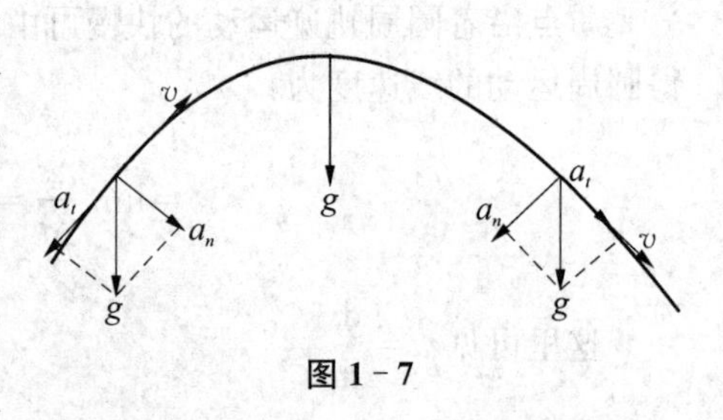

图 1-7

【例 1-2】 一质点 P 沿半径 $R=3.0$ m 的圆周做匀速率运动，运动一周所需时间为 $t=20.0$ s，设 $t=0$ 时，质点位于 O 点。按图 1-8(a) 中所示的 Oxy 坐标系，求：(1) 质点 P 在任意时刻的位矢；(2) 5 s 时的速度和加速度。

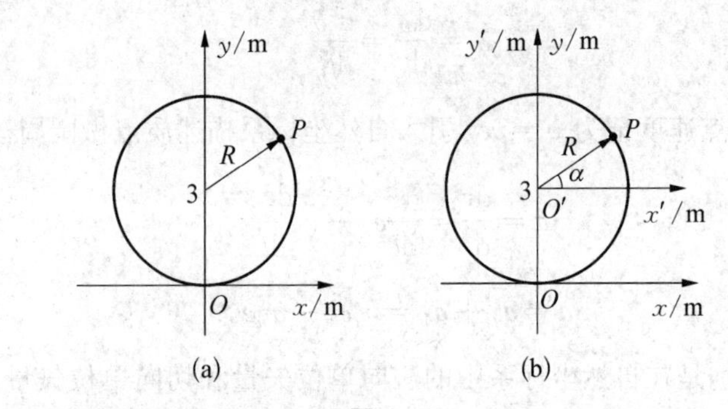

图 1-8

分析 该题属于运动学的第一类问题，即已知运动方程 $r=r(t)$，求质点运动的一切信息（如位置矢量、位移、速度、加速度）。在确定运动方程时，若取以点(0,3)为原点的 $O'x'y'$ 坐标系，并采用参数方程 $x'=x'(t)$ 和 $y'=y'(t)$ 来表示圆周运动是比较方便的。然后，运用坐标变换 $x=x_0+x'$ 和 $y=y_0+y'$，将所得参数方程转换至 Oxy 坐标系中，即得 Oxy 坐标系中质点 P 在任意时刻的位矢。采用对运动方程求导的方法可得速度和加速度。

解 (1) 如图 1-8(b)所示，在 $O'x'y'$ 坐标系中，因 $\theta=\frac{2\pi}{T}t$，则质点 P 的参数方程为

$$x'=R\sin\frac{2\pi}{T}t,\quad y'=-R\cos\frac{2\pi}{T}t$$

坐标变换后，在 Oxy 坐标系中有

$$x=x'=R\sin\frac{2\pi}{T}t,\quad y=y'+y_0=-R\cos\frac{2\pi}{T}t+R$$

则质点 P 的位矢方程为

$$\boldsymbol{r}=R\sin\frac{2\pi}{T}t\boldsymbol{i}+\left(-R\cos\frac{2\pi}{T}t+R\right)\boldsymbol{j}=3\sin(0.1\pi t)\boldsymbol{i}+3[1-\cos(0.1\pi t)]\boldsymbol{j}$$

(2) 5 s 时的速度和加速度分别为

$$\boldsymbol{v}=\frac{\mathrm{d}\boldsymbol{r}}{\mathrm{d}t}=R\frac{2\pi}{T}\cos\frac{2\pi}{T}t\boldsymbol{i}+R\frac{2\pi}{T}\sin\frac{2\pi}{T}t\boldsymbol{j}=(0.3\pi\ \mathrm{m\cdot s^{-1}})\boldsymbol{j}$$

$$a=\frac{d^2 r}{dt^2}=-R\left(\frac{2\pi}{T}\right)^2\sin\frac{2\pi}{T}t\boldsymbol{i}+R\left(\frac{2\pi}{T}\right)^2\cos\frac{2\pi}{T}t\boldsymbol{j}=(-0.03\pi^2\ \text{m}\cdot\text{s}^{-2})\boldsymbol{i}$$

1.1.4　相对运动

一般来说，当两个观察者测量同一个运动物体的速度时，如果一个观察者相对于另一个观察者移动，他们会得到不同的结果。特定观察者看到的速度称为相对于该观察者的速度，或简称为相对速度。这涉及同一个物体相对于两个不同参考系的运动，对两个观察者来说，两个参考系分别为相对于两个观察者静止的参考系。

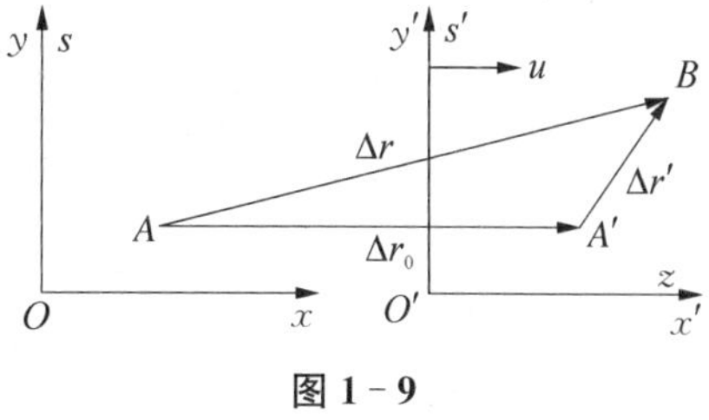

图 1-9

不同参考系对同一个物体运动的描述相应的运动矢量位移、速度是不同的。图 1-9 中，S'系(即 $O'x'y'$ 坐标系)相对于另一个参考系 S 系(即 Oxy 坐标系)沿 Ox 轴正向以速度 $\boldsymbol{u}$ 运动，质点跟随 S'系在 Δt 时间内从空间点 A 移动到点 A'，其中 $\overrightarrow{AA'}=\Delta\boldsymbol{r}_0$，即 S' 系相对于 S 系在这段时间内的位移，在 S' 系中，质点又从点 A' 运动到点 B，这时该质点相对 S' 系的位移是 $\Delta\boldsymbol{r}'$，而相对 S 系的位移是 $\Delta\boldsymbol{r}$，与 $\Delta\boldsymbol{r}'$ 关系是

$$\Delta\boldsymbol{r}=\Delta\boldsymbol{r}'+\Delta\boldsymbol{r}_0=\Delta\boldsymbol{r}'+\boldsymbol{u}\Delta t \tag{1-24}$$

显然 $\Delta\boldsymbol{r}\neq\Delta\boldsymbol{r}'$。

在不同的坐标系 S 与 S'中，对应的速度也不同，也有类似的关系，即

$$\boldsymbol{v}=\boldsymbol{v}'+\boldsymbol{u} \tag{1-25}$$

这就是伽利略速度变换式，式中 $\boldsymbol{v}$ 是质点相对于静止参考系 S 的速度，也称为绝对速度；$\boldsymbol{v}'$是质点相对于运动参考系 S'的速度，也称为相对速度；$\boldsymbol{u}$ 是 S'系相对 S 系的相对移动速度，伽利略变换中这是个常量，又称为牵连速度。下面通过例题了解相对速度的计算。

【例 1-3】　如图 1-10(a)所示，一汽车在雨中沿直线行驶，其速率为 v_1，下落雨滴的速度方向偏于竖直方向之前 θ 角，速率为 v_2'，若车后有一长方形物体，问车速 v_1 为多大时，此物体正好不会被雨水淋湿？

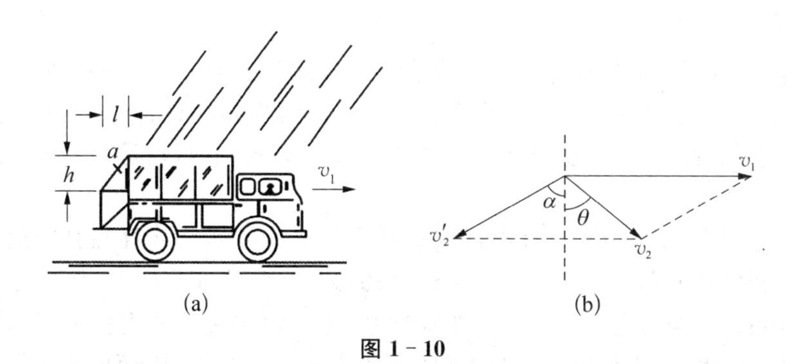

图 1-10

分析　这也是一个相对运动的问题。可视雨点为研究对象，地面为静参考系 S，汽车为动参考系 S'。如图(a)所示，要使物体不被淋湿，在车上观察雨点下落的方向(即雨点相对于

汽车的运动速度 $\boldsymbol{v}_2'$的方向)应满足 $\alpha \geqslant \arctan\dfrac{l}{h}$。再由相对速度的矢量关系 $\boldsymbol{v}_2'=\boldsymbol{v}_2-\boldsymbol{v}_1$,即可求出所需车速 $\boldsymbol{v}_1$。

解 由 $\boldsymbol{v}_2'=\boldsymbol{v}_2-\boldsymbol{v}_1$,如图 1-10(b),有

$$\alpha = \arctan\frac{v_1 - v_2\sin\theta}{v_2\cos\theta}$$

而要使 $\alpha \geqslant \arctan\dfrac{l}{h}$,则

$$\frac{v_1 - v_2\sin\theta}{v_2\cos\theta} \geqslant \frac{l}{h}$$

$$v_1 \geqslant v_2\left(\frac{l\cos\theta}{h} + \sin\theta\right)$$

1.2 牛顿定律

本章前一部分讨论了物体(质点)的运动状态和运动状态变化的描述,现在探讨维持物体恒定运动和物体运动状态即速度变化的原因。本节探讨质点动力学问题,研究物体运动状态变化的规律与物体间的相互作用的关系。这涉及经典力学中牛顿三个定律。

牛顿定律是整个经典力学的基础。第二章将在牛顿定律的基础上进一步研究力的空间积累作用与时间积累作用,第二章和第三章还将基于牛顿定律导出质点系和刚体运动的规律,由此构建起整个经典力学理论体系。在以后学习热力学(包括气体动理论)、电磁学等物理学的其他分支内容时,许多问题也需用到牛顿定律,可见牛顿定律在整个物理学中占有基础性的重要地位。

1.2.1 牛顿定律

1. 牛顿第一定律

第一定律描述的是:如果没有外力迫使其改变运动状态,任何物体都要保持静止或匀速直线运动状态。这条定律包含了两个重要内容:① 任何物体都具有惯性:一种保持其原有的运动状态不变的特性。② 指出力是改变物体运动状态的原因,它是物体之间的一种相互作用。

要注意的是,牛顿第一定律并非对任何参考系都适用,把第一定律在其中成立的参考系称为惯性系。相反牛顿第一定律在其中不成立的参考系称为非惯性系,例如加速运动的汽车就是非惯性系。一个参考系是否可作为惯性系,需要根据实验和观察确定。对太阳系来说太阳可看作是惯性系,因为地球有绕太阳公转和绕地轴的自转,因而地球不能看作精确的惯性系,但如果运动经历的时间较短且对精确度要求不高的情形下,可以将地球近似看为惯性系。

此外,在牛顿第一定律中,净力是重要的。例如,一本放在水平桌面上的物理书有两种

作用力：由桌面施加的向上支撑力或法向力和地球引力的向下拉力(即使桌面高于地面，也会产生长期作用力)。表面向上的支持力和重力向下的拉力一样大，所以作用在书上的净力(即两个力的矢量和)为零，书在桌面上静止。同样的原理也适用于在水平无摩擦表面上滑动的冰球：表面向上的支持力和重力向下的拉力的矢量和为零。一旦冰球运动起来，它就会以恒定的速度继续运动，因为作用在它身上的净力为零。

2. 牛顿第二定律

牛顿第二运动定律的表述：如果净外力作用在物体上，物体就会产生加速度。加速度的方向与净力的方向相同。加速度的大小与物体质量有关。牛顿在《自然哲学之数学原理》书中，给出牛顿第二定律的数学形式为

$$\boldsymbol{F}=\frac{\mathrm{d}(m\boldsymbol{v})}{\mathrm{d}t} \tag{1-26a}$$

其中 $\boldsymbol{p}=m\boldsymbol{v}$，也称为动量。在质点的速度 v 远小于光速 c 的情况下，质量 m 可视为常量，上式可写成

$$\boldsymbol{F}=m\frac{\mathrm{d}\boldsymbol{v}}{\mathrm{d}t}=m\boldsymbol{a} \tag{1-26b}$$

式中 $\boldsymbol{F}$ 为作用在物体上的合外力，$\boldsymbol{a}$ 为物体在外力作用下的加速度，第二定律定量地给出了受力物体的加速度与所受合外力及其质量之间的关系。

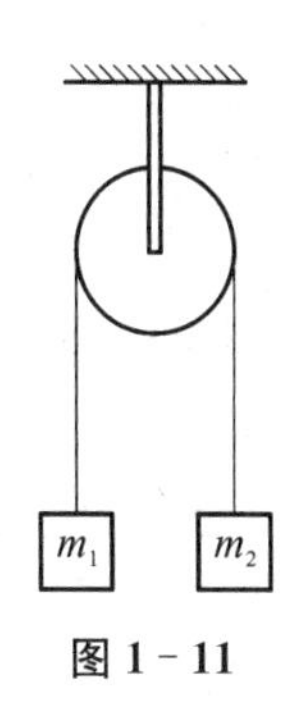

图 1-11

学习牛顿第二定律时需注意以下几点：

(1) 牛顿第二定律只适用于质点(或物体可理想化为质点)。如果忽略了这一点，就会导致计算错误。例如：见图 1-11，有一质量不可忽略的定滑轮，通过轻绳两侧各悬挂质量分别为 m_1 和 m_2 的物体，已知 $m_1>m_2$，根据已知条件计算重物的加速度。如果这样求：根据牛顿第二定律，物体受到的合外力为 m_1g-m_2g，因此，重物的加速度满足 $m_1g-m_2g=(m_1+m_2)a$，这种做法是不正确的，原因是没考虑绳子张力作用下滑轮的转动问题，滑轮不能看作质点，它的运动动力学问题不能用牛顿第二定律求解。

(2) 牛顿第二定律描述的是物体(质点)在力作用下的瞬时作用规律，质点加速度 $\boldsymbol{a}$ 和其所受合外力 $\boldsymbol{F}$ 要求是同一时刻的瞬时量。

(3) 牛顿第二定律的数学方程式(1-21b)是矢量式的形式。在实际问题中应用此定律求解时，往往需要把矢量式投影到坐标轴上，运用其分量式，例如在平面直角坐标系中，牛顿第二定律的分量形式为

$$\begin{cases}F_x=ma_x\\F_y=ma_y\end{cases} \tag{1-27}$$

在自然坐标系中，形式为

$$\begin{cases}F_t=ma_t=m\dfrac{\mathrm{d}v}{\mathrm{d}t}\\[2ex]F_n=ma_n=m\dfrac{v^2}{\rho}\end{cases} \tag{1-28}$$

(4) 牛顿第二定律与牛顿第一定律一样，仅在惯性系中适用，如果在非惯性系中，不能直接运用方程式 $F=ma$ 求解。此外要注意，牛顿第二定律还要求被研究的物体（视为质点）为做低速运动（即速度远小于光速 $v \ll c$）的宏观物体。

3. 牛顿第三定律

牛顿第三定律的数学形式为 $\boldsymbol{F}=-\boldsymbol{F}'$。它指出了两个物体之间存在的作用力具有相互作用的性质，受力的其中一个物体同时也是对另一个物体施力的物体，反之亦如此。该定律表明作用力和反作用力总是成对出现，它们同时产生，同时存在，同时消失，没有主从之分。同时，两个物体间的作用力与反作用力总是属于同种性质的力，如作用力是摩擦力，反作用力也必定是摩擦力。然而由于作用力和反作用力分别作用在两个物体上，所以它们也不会相互抵消，只是共同存在，共同消失。

1.2.2 常见的三种力

1. 重力

最常见的力之一是物体所受的重力（即物体的重量），即地球对物体施加的引力。质量和重量这两个词在日常对话中经常被误用和互换，必须清楚地理解这两个物理量之间的区别。

质量表征物体的惯性特性。当你把桌布从瓷器底下拽出来的时候，质量就是瓷器仍然保持在桌子上的原因。质量越大，产生给定加速度所需的力就越大，这也反映在牛顿第二定律 $F=ma$ 中。另一方面，重量是由地球的引力施加在物体上的力。质量和重量是相关的：质量大的物体也有很大的重量。一块大石头因其质量大而很难扔掉，因其重量大而很难抬离地面。

自由下落的物体的加速度为 g，根据牛顿第二定律，必须有一个力来产生这种加速度。如果 1 千克物体以 $g=9.8\ \mathrm{m/s^2}$ 的加速度下落，则所需的力为

$$F=ma=(1\ \mathrm{kg})(9.8\ \mathrm{m/s^2})=9.8\ \mathrm{kg\cdot m/s^2}=9.8\ \mathrm{N}$$

更一般地说，质量为 m 的物体的重量（所受的重力）为 P

$$P=mg\text{（质量为 } m \text{ 的物体的重量大小）} \tag{1-29}$$

因此，物体重量的大小 P 与其质量 m 成正比。物体的重量是一个力、一个矢量，作为一个向量方程为：

$$\boldsymbol{P}=m\boldsymbol{g} \tag{1-30}$$

常用的 g 是 $\boldsymbol{g}$ 的大小，物体所受的重力引起的加速度，一般也称为重力加速度。根据万有引力公式，在地球表面附近取值为 $g=9.80\ \mathrm{m/s^2}$。

物体对支持它的其他物体的作用力，用 P' 表示。当支持的物体静止或沿竖直方向做匀速直线运动时，$P'=P$。然而当支持物以加速度 a 带动物体上升时，$P'=m(g+a)>P$，即视重大于物体所受的重力，这类情形称为超重。如宇航员当飞船起飞时加速上升，其视重往往等于宇航员所受重力的几倍。当支持的物体以加速度 a 向下运动时，$P'=m(g-a)<P$，即视重小于重力。此类运动的一种特殊情形是如果支持物做自由落体运动（$a=g$），则支持

力 $P'=0$，称为失重。跳伞运动员跳到空中没有张开伞在高空中自由下落忽略空气摩擦时和宇航员在宇宙飞船中，都处于失重状态。

2. **弹性力**

弹性力来源于相互作用的物体之间产生的弹性形变。发生弹性形变的物体产生的欲恢复其原来形状的力，称为弹性力。由于物体间相互作用时形变的形式多种多样，所以弹性力在不同的情况下往往有不同称呼，弹簧形变（被拉伸或压缩）时产生的力，就叫弹簧弹性力。当绳子在外力作用下发生形变时，绳子中间也存在弹性力，这种弹性力称为张力，方向沿着绳子。一般情况下，沿绳子不同点的张力并不相等，但当绳子质量很小时（如把绳子称为“细绳”或“轻绳”的情况），绳子的质量可以忽略不计，绳子中各点的张力才可视为处处相等。一般而言，当形变不是很大时，弹性力是遵守线性定律的，也就是说弹性力的大小会和造成物体形变的大小成比例关系。

而如果形变的强度超过一定限度，使得物体没有办法恢复成原来的形状，则这样的形变我们称为塑性形变（plastic deformation），这个限度称作弹性限度。

弹性形变中将物体拉长 x 距离，根据胡克定律（Hooke's Law）常有如下关系：

$$F=-kx \tag{1-31}$$

其中 k 为弹性系数，取决于不同性质的材料组成，如图 1-12 所示。

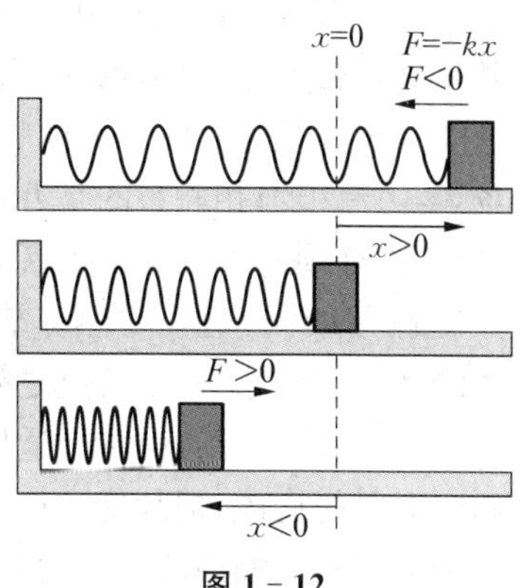

图 1-12

3. **摩擦力**

摩擦在日常生活的许多方面都很重要。汽车发动机中的油使运动部件之间的摩擦最小化，但如果轮胎和道路之间没有摩擦，就无法驾驶或转动汽车。空气阻力——空气对通过它的物体施加的摩擦力会降低汽车燃油经济性，但会使降落伞工作。如果没有摩擦，钉子会毫不费力拔出来，灯泡会毫不费力地拧开，冰球运动将无法进行。摩擦力是相互作用的物体之间，接触面上有相对滑动或相对滑动趋势而产生的一种阻碍相对滑动的力，它们分别是滑动摩擦力和静摩擦力。其方向总是与相对滑动或相对滑动趋势的方向相反。

物体在表面上滑动时产生的摩擦力称为动摩擦力 F_f。当垂直于滑动方向的压力增加时，动摩擦力的大小通常增加。这就是为什么装满书的箱子要比空箱子更用力才能在地板上滑动。汽车制动器使用相同的原理：制动片挤压旋转制动盘的力度越大，制动效果越好。

在许多情况下，实验发现，动摩擦力的大小与压力的大小 N 近似成正比。在这种情况下，用方程来表示这种关系

$$F_f=\mu F_N \tag{1-32a}$$

式中 μ 为滑动摩擦因数，F_N 为正压力。

当相互接触的两物体没有相对运动时，摩擦力也可能起作用。如果试图在地板上滑动一个盒子，盒子可能根本不会移动，因为地板对盒子施加了相等和相反的摩擦力，这种摩擦力称为静摩擦力，箱子在其重量和向上法向力的作用下处于静止、平衡状态。

静摩擦力 F_{f_0} 的大小，在一般情况下为

$$F_{f_0} \leqslant F_{f_0 m} \tag{1-32b}$$

$F_{f_0 m}$ 是最大静摩擦力，其值为

$$F_{f_0 m} = \mu_0 F_N \tag{1-32c}$$

式中 μ_0 是静摩擦系数，它大于 μ_0，但有时在计算时仍近似取 μ 值。

1.2.3 物体的受力分析、隔离体法和解题步骤

处理力学问题的基本功之一是对物体进行受力分析，即对物体进行正确地受力分析，这是运用牛顿定律解决力学问题的基础，只有清楚、准确地将物体进行受力情况分析，才有可能计算出正确的结果。力学问题中涉及的一切力，可以分为两大类：一类是接触力，仅当物体空间上有直接接触并相互作用时力才会产生，前面提到的摩擦力和弹性力属于此类；另一类是非接触力，这类力物体不需直接接触就能产生，如电磁力、万有引力就属于此类型力。这类力通过某种空间分布的特殊形态的物质——场来传递的，如与电磁力相联系的是电磁场，与万有引力相联系的是万有引力场。由于力涉及物体间的相互作用，在对物体进行受力分析时，必须明确谁是受力者，谁是施力物体。

解决力学问题需要熟练掌握的重要方法之一是隔离体法。在许多力学问题中涉及的受力物体往往不止一个，彼此之间有相互作用，物体数量越多越错综复杂。牛顿定律是解决力学问题的有力武器，但它仅适用于可视作质点的物体。为此，先需要从整体中隔离出来作为研究对象的物体，把其他物体对它的作用力一一正确无误找出并用矢量图画出来(要注意不要把它对其他物体的作用力即反作用力也画上)，再用牛顿定律列方程求解。在这个隔离图中其他物体对被隔离出来的物体的作用力都视为外力。

运用牛顿定律解题的步骤是：明确要求的物理量和已知条件，确定物体研究对象。从周围物理环境中隔离出来物体研究对象，对隔离物体进行受力分析，建立坐标系把研究对象的加速度及所受的力都分解到坐标轴的方向，运用牛顿定律列分量方程要注意：加速度和力的方向与坐标轴正方向一致时为正，反之为负，若加速度的方向暂时不能确定，可以先假定一个方向，若求出的加速度为正值，则与选定的正方向一致；若加速度为负值，则加速度方向与假定方向相反。对运用牛顿定律所得运动方程求解，求解时先用字母符号推导出结果，然后再代入已知数据算出要求的物理量。下面通过几个例题了解运用牛顿定律求解力学问题的方法。

【例 1-4】 船舶领域应用：航母拦阻索拦阻力的计算。

舰载机在甲板上降落过程中，以尾钩勾住缆索中点的位置 O 为原点，设 x 轴沿跑道方向，y 轴过缆索的两个支点 A 和 B。设 AB 的距离为 $2a$，被飞机拖出的缆索与 y 轴的夹角为 θ，飞机 P 的质量为 m，两侧缆绳的拉力各为 $F/2$(如图 1-13)，求缆索对飞机的平均阻拦力。

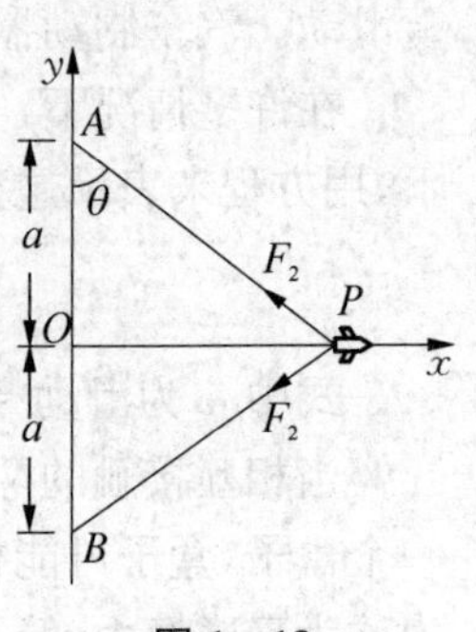

图 1-13

解 飞机的动力学方程 $m\ddot{x} = -F\sin\theta$，其中 $\theta \equiv \arctan(x/a)$，设 $v \equiv \dot{x}$ 为飞机速度，则 $\ddot{x} = v(\mathrm{d}v/\mathrm{d}x)$，上式

可化作

$$mv\mathrm{d}v = -\frac{Fx\,\mathrm{d}x}{\sqrt{a^2+x^2}}$$

以 $x(0)=0, v(0)=v_0$ 为初值，对上式积分后得到

$$\frac{m}{2}(v^2-v_0^2) = -F(\sqrt{a^2+x^2}-a)$$

将拦阻结束时的 $v=0, x=l$ 代入上式，l 为飞机被拦阻后的滑行距离。导出平均拦阻力为

$$F = \frac{mv_0^2}{2(\sqrt{a^2+l^2}-a)}$$

【例 1-5】 质量为 m 的跳水运动员，从 10.0 m 高台上由静止跳下落入水中。高台距水面距离为 h。把跳水运动员视为质点，并略去空气阻力。运动员入水后垂直下沉，水对其阻力为 bv^2，其中 b 为一常量。若以水面上一点为坐标原点 O，竖直向下为 Oy 轴，求：(1) 运动员在水中的速率 v 与 y 的函数关系；(2) 如 $b/m=0.40\ \mathrm{m}^{-1}$，跳水运动员在水中下沉多少距离才能使其速率 v 减少到落水速率 v_0 的 1/10？（假定跳水运动员在水中的浮力与所受的重力大小恰好相等）

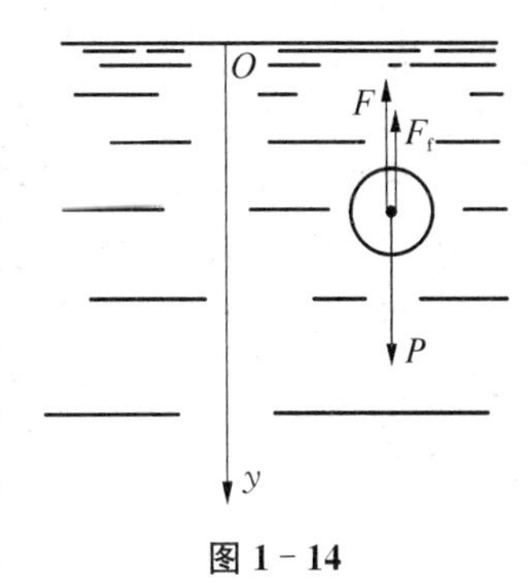

图 1-14

分析　该题可以分为两个过程，入水前是自由落体运动，入水后，物体受重力 P、浮力 F 和水的阻力 F_f 的作用，其合力是一变力，因此，物体做变加速运动。虽然物体的受力分析比较简单，但是由于变力是速度的函数（在有些问题中变力是时间、位置的函数），对这类问题列出动力学方程并不复杂，但要从它计算出物体运动的位置和速度就比较困难了。通常需要采用积分的方法去解所列出的微分方程。这也成了解题过程中的难点。在解方程的过程中，特别需要注意到积分变量的统一和初始条件的确定。

解　(1) 运动员入水前可视为自由落体运动，故入水时的速度为

$$v_0 = \sqrt{2gh}$$

运动员入水后，由牛顿定律得

$$P - F_f - F = ma$$

由题意 $P=F, F_f=bv^2$，而 $a=\mathrm{d}v/\mathrm{d}t = v(\mathrm{d}v/\mathrm{d}y)$，代入上式后得

$$-bv^2 = mv(\mathrm{d}v/\mathrm{d}y)$$

考虑到初始条件 $y_0=0$ 时，$v_0=\sqrt{2gh}$，对上式积分，有

$$\int_0^t \left(-\frac{b}{m}\right)\mathrm{d}y = \int_{v_0}^{v} \frac{\mathrm{d}v}{v}$$

$$v=v_0\mathrm{e}^{-by/m}=\sqrt{2gh}\,\mathrm{e}^{-by/m}$$

(2) 将已知条件 $b/m=0.4\ \mathrm{m}^{-1}$，$v=0.1v_0$ 代入上式，则得 $y=-\dfrac{m}{b}\ln\dfrac{v}{v_0}=5.76\ \mathrm{m}$

【例 1-6】 如图 1-15(a)所示，电梯相对地面以加速度 a 竖直向上运动。电梯中有一滑轮固定在电梯顶部，滑轮两侧用轻绳悬挂着质量分别为 m_1 和 m_2 的物体 A 和 B。设滑轮的质量和滑轮与绳索间的摩擦均略去不计。已知 $m_1>m_2$，如以加速运动的电梯为参考系，求物体相对地面的加速度和绳的张力。

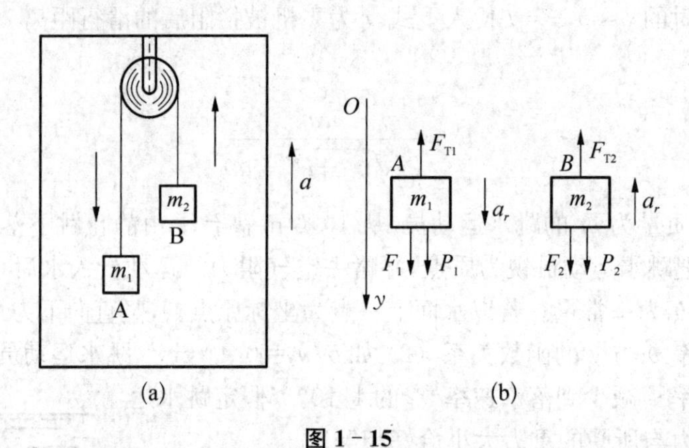

图 1-15

分析 如以加速运动的电梯为参考系，则为非惯性系。在非惯性系中应用牛顿定律时必须引入惯性力。在通常受力分析的基础上，加以惯性力后，即可列出牛顿运动方程来。

解 取如图 1-15(b)所示的坐标，以电梯为参考系，分别对物体 A、B 做受力分析，其中 $\boldsymbol{F}_1=m_1\boldsymbol{a}$，$\boldsymbol{F}_2=m_2\boldsymbol{a}$ 分别为作用在物体 A、B 上的惯性力。设 $\boldsymbol{a}_r$ 为物体相对电梯的加速度，根据牛顿定律有

$$m_1\boldsymbol{g}+m_1\boldsymbol{a}-\boldsymbol{F}_{\mathrm{T1}}=m_1\boldsymbol{a}_r$$

$$m_2\boldsymbol{g}+m_2\boldsymbol{a}-\boldsymbol{F}_{\mathrm{T2}}=-m_2\boldsymbol{a}_r$$

$$\boldsymbol{F}_{\mathrm{T1}}=\boldsymbol{F}_{\mathrm{T2}}$$

由上述各式可得

$$\boldsymbol{a}_r=\frac{m_1-m_2}{m_1+m_2}(\boldsymbol{g}+\boldsymbol{a})$$

$$\boldsymbol{F}_{\mathrm{T1}}=\boldsymbol{F}_{\mathrm{T2}}=\frac{2m_1m_2}{m_1+m_2}(\boldsymbol{g}+\boldsymbol{a})$$

由相对加速度的矢量关系，可得物体 A、B 对地面的加速度值为

$$\boldsymbol{a}_1=\boldsymbol{a}_r-\boldsymbol{a}=\frac{(m_1-m_2)\boldsymbol{g}-2m_2\boldsymbol{a}}{m_1+m_2}$$

$$\boldsymbol{a}_2=-(\boldsymbol{a}_r+\boldsymbol{a})=-\frac{2m_1\boldsymbol{a}+(m_1-m_2)\boldsymbol{g}}{m_1+m_2}$$

$\boldsymbol{a}_2$ 的方向向上，$\boldsymbol{a}_1$ 的方向由 $\boldsymbol{a}_r$ 和 $\boldsymbol{a}$ 的大小决定。当 $a_r < a$，即 $m_1g - m_2g - 2m_2a > 0$ 时，$\boldsymbol{a}_1$ 的方向向下；反之，$\boldsymbol{a}_1$ 的方向向上。

习　题

1. 一质点在平面上做一般曲线运动，其瞬时速度为 $\boldsymbol{v}$，瞬时速率为 v，某一时间内的平均速度为 $\overline{\boldsymbol{v}}$，平均速率为 $\overline{v}$，它们之间的关系必定有　　　　(　　)。

A. $|\boldsymbol{v}| = v$，$|\overline{\boldsymbol{v}}| = \overline{v}$　　B. $|\boldsymbol{v}| \neq v$，$|\overline{\boldsymbol{v}}| = \overline{v}$

C. $|\boldsymbol{v}| \neq v$，$|\overline{\boldsymbol{v}}| \neq \overline{v}$　　D. $|\boldsymbol{v}| = v$，$|\overline{\boldsymbol{v}}| \neq \overline{v}$

2. 质点做曲线运动，$\boldsymbol{r}$ 表示位置矢量，$\boldsymbol{v}$ 表示速度，a 表示加速度，s 表示路程，a_t 表示切向加速度。下列表达式正确的是　　　　(　　)。

A. $\dfrac{dv}{dt} = a$　　B. $\dfrac{dr}{dt} = v$　　C. $\dfrac{ds}{dt} = v$　　D. $\left|\dfrac{d\boldsymbol{v}}{dt}\right| = a_t$

3. 两个半径不同的皮带轮由传动皮带相连，当它们转动时两轮边缘各点的　　　　(　　)。

A. 线速度大小一定相等　　B. 角速度大小一定相等

C. 法向加速度大小一定相等　　D. 切向加速度大小不相等

4. 在相对地面静止的坐标系内，A、B 两船都以 2 m/s 速率匀速行驶，A 船沿 x 轴正向，B 船沿 y 轴正向。今在 A 船上设置与静止坐标系方向相同的坐标系（x，y 方向单位矢量用 $\boldsymbol{i}$，$\boldsymbol{j}$ 表示），那么在 A 船上的坐标系中，B 船的速度（以 m/s 为单位）为　　　　(　　)。

A. $2\boldsymbol{i}+2\boldsymbol{j}$　　B. $-2\boldsymbol{i}+2\boldsymbol{j}$　　C. $-2\boldsymbol{i}-2\boldsymbol{j}$　　D. $2\boldsymbol{i}-2\boldsymbol{j}$

5. 竖立的圆筒形转笼半径为 R，绕中心轴 OO' 转动，物块 A 紧靠在圆筒内壁，A 与圆筒间的摩擦系数为 μ。要使 A 不下落，圆筒转动的角速度 ω 至少应为　　　　(　　)。

A. $\sqrt{\dfrac{\mu g}{R}}$　　B. $\sqrt{\mu g}$　　C. $\sqrt{\dfrac{g}{\mu R}}$　　D. $\sqrt{\dfrac{g}{R}}$

6. 质量为 m 的物体自空中落下，所受到的阻力大小正比于其速度平方，比例系数为 k。该下落物体的收尾速度（即最后物体做匀速运动时的速度）将是　　　　(　　)。

A. $\sqrt{\dfrac{mg}{k}}$　　B. $\sqrt{\dfrac{g}{2k}}$　　C. gk　　D. $\sqrt{gk}$

7. 半径为 30 cm 的飞轮，从静止以 0.50 rad/s^2 的角加速度转动，则飞轮边缘上一点在飞轮转过 240°时的切向加速度的大小 $a_t=$________，法向加速度的大小 $a_n=$________。

8. 如图所示，升降机以加速度 a 上升，它的天花板上用两根轻绳悬有一质量均为 m 的物体 A、B，上下两段绳子的张力分别为 $T_1=$________，$T_2=$________。

习题 8

9. 圆锥摆摆长为 l，摆锤质量为 m，在水平面上做匀速圆周运动，摆线与竖直方向的夹角为 θ，则摆线中的张力 $T=$________，摆锤的速率 $v=$________。

10. 质量为 m 的小球，用轻绳 AB、BC 连接，如图所示，其中 AB 水平。剪断 AB 绳前后的瞬间，绳 BC 中的张力比 $T : T'=$________。

习题 10

11. 在一个转动的齿轮上，一个齿尖 P 沿半径为 R 的圆周运动，其路程随时间的变化规律为 $s = v_0 t + \frac{1}{2}bt^2$，其中 v_0 和 b 都是正常正量。求 t 时刻齿尖 P 的速度 v 及加速度的大小 a。

12. 一航空母舰正以 17 m/s 的速度向东行驶，一架直升机准备降落在舰的甲板上。海上有 12 m/s 的北风吹着。若舰上的海员看到直升机以 5 m/s 的速度垂直下降，求直升机相对海水及相对空气的速度。

13. 汽车沿着坡度不大的斜坡以 $v_1 = 12$ m/s 的速率向上匀速行驶，当此车用同样的功率沿斜坡向下匀速行驶时，车速为 $v_2 = 20$ m/s。若此车保持功率不变而沿水平的同样路面以匀速 v 行驶，设汽车在水平路面上受到的阻力与在斜坡上受到的阻力大小相同，求 v 的大小。

14. 如图所示，一人在平地上拉一个质量为 M 的木箱匀速前进，木箱与地面间的动摩擦因数为 $\mu = 0.6$。设此人前进时，肩上绳的支撑点距地面高度为 $h = 1.5$ m，不计箱的高度，图中绳长 L 为多长时最省力？

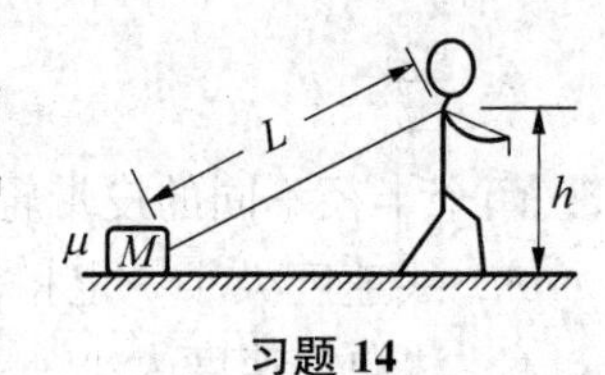

习题 14

第二章 功、动能与动量

力的作用改变了物体的运动状态，其在空间和时间上的累积作用效果，可分别用物理量功和动量来描述。功是能量的转化的量度，当力对物体做功时，能量可以从一种形式转化为另一种形式。能量的形式多种多样，根据它的定义和性质，常见的有：动能、势能、热能、电能、光能、核能和化学能等。而能量守恒定律则保证了能量的总量保持不变，这一原理在物理学中被广泛应用，是建立各种物理理论和解决实际问题的重要基础之一。

动量也是描述物体运动状态的基本物理量之一，常用来反映物体运动遇到碰撞、打击等阻碍时所产生的效果，是描述物体相互作用时的重要物理量。在碰撞过程中，动量的交换和守恒是描述碰撞结果的关键因素。例如，在火箭科学中，动量是描述火箭推进剂喷射速度和火箭加速度的重要参数。动量守恒定律是物理学中最基本的定律。这个定律在物体碰撞、火箭推进、粒子物理、原子物理、天体物理、化学反应等领域都有重要应用。

功的概念是由法国数学家科里奥利提出的。19 世纪时期，法国物理学家焦耳通过实验进一步证明了这一概念的正确性，并给出了功的单位和定义。托马斯·杨引入了能量的概念，亥姆霍兹引入了动能的术语，兰金引入了势能的概念，提出了机械能守恒定律表述。20 世纪初，爱因斯坦提出质能方程，把描述物质的质量和描述“做功能力”的能量统一在了一起。动量最初是伽利略通过斜面实验引入的，用于描述物体运动的效果。后来，笛卡尔、牛顿等人进一步发展和完善了动量的概念，并提出动量守恒定律。

2.1 功与动能

2.1.1 功

把一张沉重的写字桌拉到房间，把一摞书本从地板上抬到一个高书架上，或者把一艘近岸的船只拉到岸边是一项很辛苦的工作。事实上，所有这些例子都符合做功的日常意义。

物理学中功有精确的定义。从这一定义可发现在任何复杂的运动中，作用在质点上的所有力对质点所做的总功等于其动能的变化——与质点的速度有关的物理量。即使作用在质点上的力不是恒定的，这种关系仍然成立，这种情况可能很难或不可能用恒定运动的方法来处理。功和动能的概念能够解决以前直接用牛顿定律不能或很难解决的力学问题。

本章先了解如何定义功，以及如何在涉及恒定力的各种情况下计算功。尽管已经知道如何用牛顿第二定律解决恒力作用的问题，但功的概念在此类恒力问题中仍然有用。在本章后面部分，把动能改变和功联系起来，然后把功能关系应用到力不是恒定的问题中。

现在考虑两个运动场景：

(1) 如图 2－1 所示，这些人正在按自己的方式功推着抛锚的汽车，因为它们会在汽车移动时对其施加力。

(2) 如图 2－2 所示，恒力作用下的做功——在同一个方向一个木块沿着位移直线方向移动，同时恒力 $\boldsymbol{F}$ 与位移在同一个方向上。

图 2－1

上面提到的两个例子——推汽车、拉木块——有一些共同之处。在每种情况下，当物体从一个地方移动到另一个地方，也就是说发生位移时，通过对物体施加力来做功。如果力更大(推得更用力)或位移更大(把车推得更远)，会做更多的功。

物理学家对功的定义是基于这些观察。考虑一个沿直线发生大小为 s 的位移的物体。(现在，假设讨论的任何物体都可以被视为一个质点，这样就可以忽略任何旋转或物体形状的变化)物体移动的同时，恒定的力作用在与位移 $\boldsymbol{s}$ 相同的方向上(如图 2－3)。定义在这些条件下这个恒定力所做的功 W 为力大小 F 和位移大小 s 的乘积。

$$W=F\cdot s(\text{直线位移方向的恒力}) \tag{2-1}$$

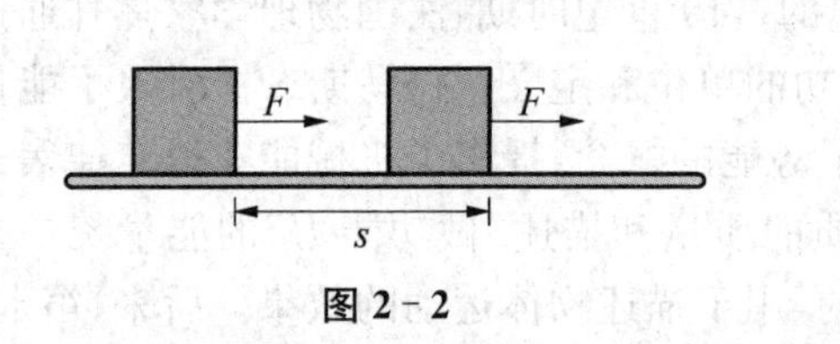

图 2－2

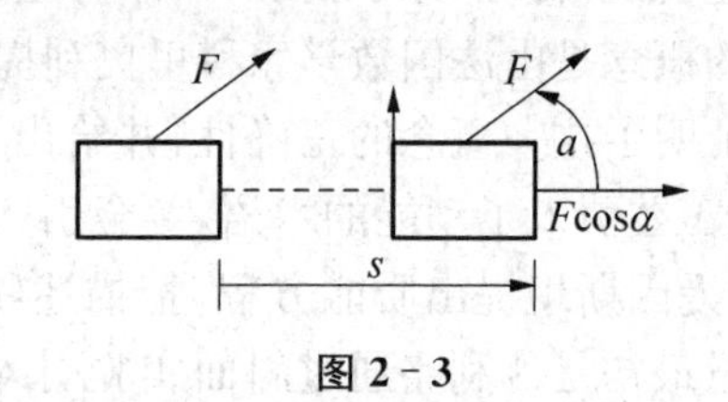

图 2－3

如果力 F 或位移 s 增大，那么物体所做的功就增大，这与以上实际场景的结果一致。

功的国际单位制的功单位是焦耳(缩写为 J)，是以 19 世纪英国物理学家詹姆斯・普雷斯科特・焦耳(James Prescott Joule)的名字命名的。从式(2－1)可知，功的单位是力的单位乘以距离的单位。在国际单位制中，力的单位是牛顿，距离的单位是米，因此 1 焦耳相当于 1 牛顿・米：

$$1\text{焦耳}=1\text{牛顿}\cdot\text{米}$$

作为方程式(2－1)的说明。想象一个人斜拉一平板车，如果他以恒定的力在运动方向上拉动平板车通过位移 s。他对平板车所做的功由方程式：$W=Fs$ 给出。但是如果人以与平板车的位移成一定角度的力 F 拉动平板车(如图 2－3)，那么 F 在位移方向上有一个分量 $F_p=F\cos\alpha$，并且有一个分量 $F_i=F\sin\alpha$ 其作用方向垂直于位移。在这种情况下，只有力平行于位移方向的分量 F_p 对拉动平板车有效，所以将功定义为这个力分量与位移大小的乘积。因此 $W=F_ps=(F\cos\alpha)s$，或

$$W=\boldsymbol{F}\cdot\boldsymbol{s}=Fs\cos\alpha \tag{2-2}$$

方程(2－2)具有两个向量的标量积的形式，所以功是一个标量。假设 F 和 α 在平板车

位移期间是恒定的。如果 $\alpha=0$，使得 $\boldsymbol{F}$ 和 $\boldsymbol{s}$ 方向相同，则 $\cos\alpha=1$，回到方程(2－1)。

【例 2－1】 (a)工人在图 2－3 中对木箱施加 210 N 的稳定力，并将其水平拉动 18 m。力的方向与运动方向成 30°角。工人做了多少功？(b)乐于助人的工人用稳定的力 $\boldsymbol{F}=(160\ \mathrm{N})\boldsymbol{i}-(40\ \mathrm{N})\boldsymbol{j}$ 推动一辆静止的汽车。汽车的位移为 $\boldsymbol{s}=(14\ \mathrm{m})\boldsymbol{i}+(11\ \mathrm{m})\boldsymbol{j}$。在这种情况下，工人做了多少功？

解　在(a)和(b)部分中，目标变量是求工人所做的功 W。在两种情况下，力都是恒定的，位移沿直线，所以我们可以用方程(2－2)求解。$\boldsymbol{F}$ 和 $\boldsymbol{s}$ 之间的夹角在(a)部分给出，所以我们可以应用方程(2－2)计算。在(b)部分中，$\boldsymbol{F}$ 和 $\boldsymbol{s}$ 均以分量形式给出。

所以我们使用标量积公式：$\boldsymbol{A}\cdot\boldsymbol{B}=A_xB_x+A_yB_y+A_zB_z$ 计算。

求解：(a) 根据方程(2－2)，

$$W=Fs\cos\phi=(210\ \mathrm{N})(18\ \mathrm{m})\cos 30^\circ=3.3\times10^3\ \mathrm{J}$$

(b) $\boldsymbol{F}$ 的分量是 $F_x=160\ \mathrm{N}$ 和 $F_y=-40\ \mathrm{N}$，$\boldsymbol{s}$ 的分量是 $x=14\ \mathrm{m}$ 和 $y=11\ \mathrm{m}$(任何一个向量都没有 z 分量)，因此我们有

$$\begin{aligned}W&=\boldsymbol{F}\cdot\boldsymbol{s}=F_xx+F_yy\\&=(160\ \mathrm{N})(14\ \mathrm{m})+(-40\ \mathrm{N})(11\ \mathrm{m})\\&=1.8\times10^3\ \mathrm{J}\end{aligned}$$

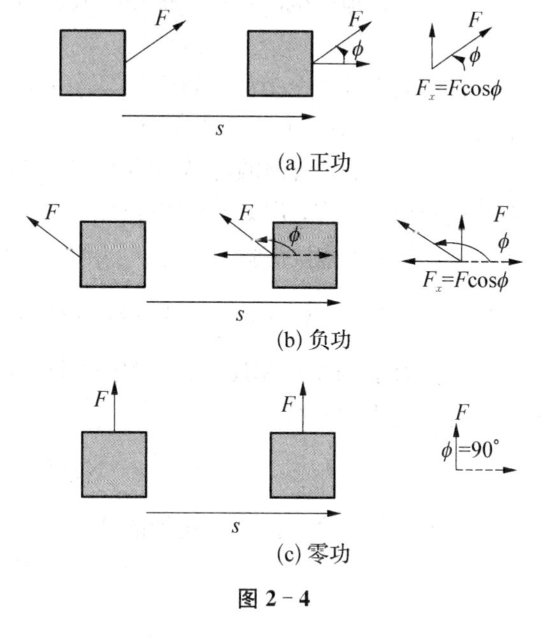

图 2－4

在例 2－1 中，拉动平板车与推动汽车所做的功是正的，但根据式(2－2)功也可以是负的或零。这是物理学中定义的功与日常生活中功的定义不同。当力有一个与位移方向相同的分量时(力的方向与位移方向夹角 α 在 0 和 90°之间)，$\cos\alpha$ 根据式(2－2)是正的，所以功 W 是正的(如图 2－4(a))。当力的分量与位移相反时(α 在 90°与 180°之间)，$\cos\alpha$ 为负，功为负(如图 2－4(b))。当力的方向垂直于位移方向时，$\alpha=90°$，力所做的功为零(如图 2－4(c))。零功和负功的情况需要更仔细的分析，可通过一些例子熟悉这两种情形。

在许多情况下，力起作用但不产生功。例如对举重运动员你可能会认为“艰苦的功”——将杠铃在空中静止 5 分钟。但事实上，运动员根本没有在杠铃上做任何功，因为没有位移。

如果举重运动员的手和杠铃有相同的位移，他的手在杠铃上所做的功与杠铃在他的手上所做的功正好相反。一般来说，当一个物体对另一个物体做负功时，第二个物体对第一个物体做等量的正功。

举重运动员双手的力量在杠铃上与杠铃的位移相反

图 2－5

如果有几个力作用在一个物体上时，总功如何计算？一种方法求出所有分力做的功，根据公式(2-2)，因为功是一个标量，所以所有力在物体上所做的总功是各个力所做的功的代数和。另一种方法是计算出所有力的矢量和(即净力)，然后将该合力矢量代入公式(2-2)中的 $\boldsymbol{F}$ 把总功计算出来。

【例 2-2】 (多个力做功)

一位工人将拖拉机挂在装满钢材的雪橇上，沿着水平地面将其拉了 10 米(如图 2-6)。雪橇和负载的总重量为 29 400 N。拖拉机以 36.9°的角度施加 10 000 N 的恒定力在水平面以上。7 000 N 的摩擦力与雪橇的运动相反。求出作用在雪橇上的每个力所做的功，以及所有力所做的总功。

分析 每个力都是恒定的，雪橇的位移是沿着一条直线的，所以可以使用本节提到的两种方法计算功。

方法(1)将每个力在底座上所做的功相加，方法(2)求出底座上净力所做的功。

首先绘制受力图，显示作用在雪橇上的所有力，然后选择一个坐标系(如图 2-6)。绘出重力、法向力、拖拉机的力和摩擦力，知道位移(正 x 方向)和力之间的角度。因此，可以运用公式(2-2)计算出每个力所做的功。

将通过添加四个力的分量来计算净力。由牛顿第二定律可知，因为雪橇的运动是纯水平的，所以净力只能有一个水平分量。

解 (1) 重量所做的功 W_w 为零，因为其方向垂直于位移。出于同样的原因，法向支持力所做的功也为零，所以 $W_w = W_n = 0$。

这就剩下了拖拉机施加的力 F_T 所做的功 W_T 和摩擦力 f 所做的功 W_f。从方程(2-2)

$$W_T = F_T s \sin\phi = (10\,000\ \mathrm{N})(10\ \mathrm{m})(0.800) = 80\,000\ \mathrm{N\cdot m} = 80\ \mathrm{kJ}$$

摩擦力 $\boldsymbol{f}$ 与位移相反，所以对于这个力 $\phi = 180°$ 和 $\cos\phi = -1$。

再从公式(2-2)

$$W_f = fs\cos 180° = (7\,000\ \mathrm{N})(10\ \mathrm{m})(-1) = -70\,000\ \mathrm{N\cdot m} = -70\ \mathrm{kJ}$$

计算拖拉机牵引的木橇所做的功。

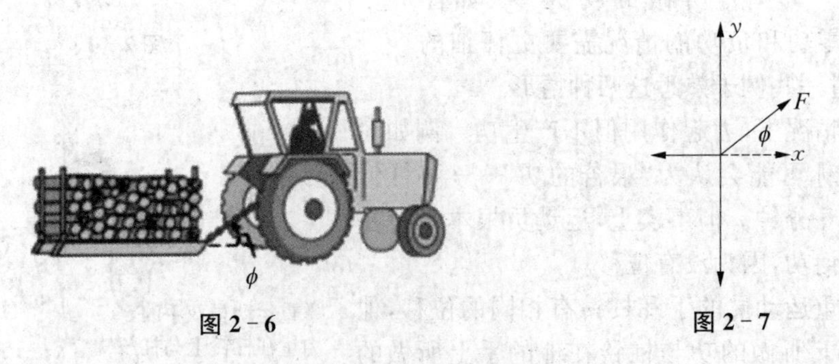

图 2-6　　图 2-7

所有力在雪橇上所做的总功是各力所做功的代数和：

$$W_{\text{tot}} = W_w + W_n + W_T + W_f = 0 + 0 + 80\ \mathrm{kJ} - 70\ \mathrm{kJ} = 10\ \mathrm{kJ}$$

(2) 在第二种方法中，我们首先找到所有力(净力)的矢量和，然后用它来计算总功。向量和最好通过使用分量来找到。根据图 2－7 有：

$$\sum F_x = F_T\cos\phi + (-f) = (10\ 000\ \text{N})\cos 36.9^\circ - 7\ 000\ \text{N} = 1\ 000\ \text{N}$$

$$\sum F_y = F_T\sin\phi + n + (-w) = (10\ 000\ \text{N})\sin 36.9^\circ + n - 29\ 400\ \text{N}$$

由于 y 分量垂直于位移，所以它不做功。此外，加速度没有 y 分量，所以 $\sum F_y$ 必须为零。因此，总功就是 x 分量所做的功：

$$W_{\text{tot}} = (\sum \boldsymbol{F}) \cdot \boldsymbol{s} = (1\ 000\ \text{N})(10\ \text{m}) = 10\ 000\ \text{J} = 10\ \text{kJ}$$

总结：用这两种方法得到的 W_{tot} 结果都是一样的。还要注意，x 方向上的净力不是零，因此，雪橇在移动时必须有非零加速度。在下一部分中，还将回到这个例子，看看如何使用功的概念来计算雪橇的速度的变化。

2.1.2　动能定理

外力对物体所做的总功与物体的位移有关——即与物体位置的变化有关，但总功也与物体速度的变化有关。要看到这一点，如图 2－8，它显示了物块在无摩擦功台上滑动的三个示例。作用在物块上的力是重力 **G**、支持力 **N** 和施加在它上的外力 **F**。

图 2－8(a)作用在块体上的净力与块体的运动方向一致。根据牛顿第二定律，这意味着对物块加速；方程(2－1)也意味着对该物块做的总功为正。图 2－8(b)因为净力与位移相反；在这种情况下，物块会变慢，做功为负。图 2－8(c)中的净力为零，所以块体的速度保持不变，块体的总功为零。可以得出结论，当一个物体发生位移时，如果 $W_{\text{tot}} > 0$，它会加速，如果 $W_{\text{tot}} < 0$，它会减慢，如果 $W_{\text{tot}} = 0$，它会保持相同的速度。

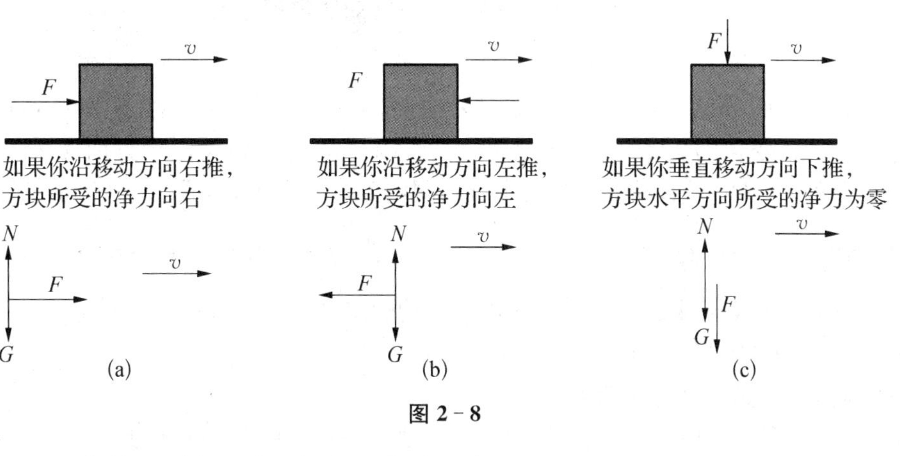

图 2－8

将这些观察结果更加量化，考虑一个质量为 m 的物体在一个恒定的净力的作用下沿 x 轴移动，该力的大小为 F，沿 x 轴正向(如图 2－9)。物体的加速度是恒定的，由牛顿第二定律得出，$F = ma_x$。假设物体经过位移 $s = x_2 - x_1$ 时速度从 v_1 变为 v_2。

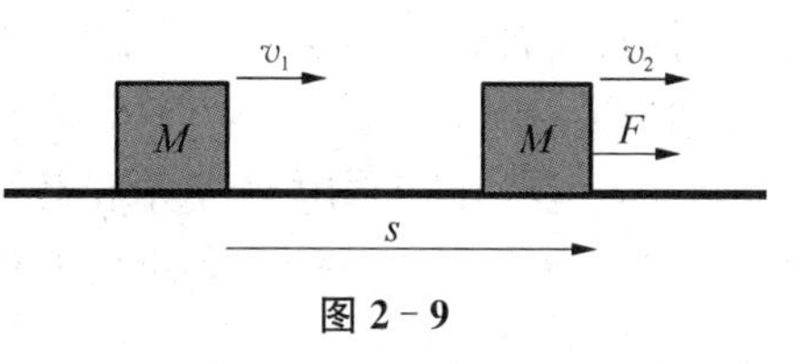

图 2－9

下面考虑物体所做的总功与物体速度变化之间

的关系。从点 x_1 到 x_2，运用匀加速度运动方程有

$$v_2^2=v_1^2+2a_x s,a_x=\frac{v_2^2-v_1^2}{2s}$$

将这个方程乘以 m，并将 ma_x 与净力 F 相等时，可发现

$$F=ma_x=m\frac{v_2^2-v_1^2}{2s}$$

且
$$Fs=\frac{1}{2}mv_2^2-\frac{1}{2}mv_1^2 \tag{2-3}$$

乘积 Fs 是净力 F 所做的功，因此等于作用在质点上的所有力所做的总功 W_{tot}。

$\frac{1}{2}mv^2$ 称为质点的动能 K：

$$K=\frac{1}{2}mv^2\text{（动能定义）} \tag{2-4}$$

与物理量功一样，质点的动能也是标量；它只取决于质点的质量和速率，而不是它的运动方向，物体在运动过程中动能永远不可能为负，只有当质点静止时，动能才为零。

继续分析方程(2-3)，在功和动能方面，首先方程右侧的项，$K_2=\frac{1}{2}mv_2^2$，是质点最终的动能（即位移后）；第二项是质点初始的动能，$K_1=\frac{1}{2}mv_1^2$，这两项的差是动能的变化。所以方程(2-3)表明，作用于质点上的净力所做的功等于质点的动能变化：

$$W_{tot}=K_2-K_1=\Delta K\text{（动能定理）} \tag{2-5}$$

这就是动能定理。

根据动能定理，当 $W_{tot}=0$ 时，动能保持不变 $K_2=K_1$，速率不变。注意，动能定理它本身只说明功与速率变化的关系，而不是速度变化，因为动能大小与运动方向无关。从方程(2-3)与方程(2-4)可知，动能和功必须有相同的单位。因此，焦耳是功和动能的国际单位制单位。根据国际单位制，动能 $K=\frac{1}{2}mv^2$ 的单位为 $\mathrm{kg\cdot(m/s)^2}$ 或 $\mathrm{kg\cdot m^2\cdot s^{-2}}$，从牛顿力学得到力的单位 $1\ \mathrm{N}=1\ \mathrm{kg\cdot(m/s^2)}$，所以根据功的定义 $1\ \mathrm{J}=1\ \mathrm{N\cdot m}=1\mathrm{(kg\cdot m/s^2)\cdot m}=1\ \mathrm{kg\cdot m^2/s^2}$，与动能单位相同。

利用动能定理解决问题的策略：

$W_{tot}=K_2-K_1$，当移动一个物体从某一点（速度为 v_1）到另一点（速度为 v_2）。这对于涉及时间的问题不适用，因为动能定理根本不涉及时间。时间相关的问题与时间、位置、速度和加速度有关，问题求解运用可见如下步骤：

第一步　确定物体的初始和最终位置，并作出物体在运动过程的受力分析。

第二步　选择一个问题求解的坐标系。如果运动沿直线，通常最容易使初始和最终位置沿其中一个轴。

第三步　列出未知量和已知量，并确定哪些未知量是目标变量。目标变量可能是物体

的初始或最终速度、作用在物体上的一个力的大小或物体的位移。

问题求解：计算每个力所做的功 W。如果力是恒定的，位移是一条直线，可以使用方程(2－3)计算力对物体做功与动能的变化。

如果物体受多个力作用，将每个力所做的功相加以找到总功 W_{tot}。有时更容易计算力的矢量和合力，然后找到合力所做的功；利用动能定理求出力对物体所做的功与速率变化的关系。

【例 2－3】 利用做功的计算与动能定理计算速度

再看看图 2－10 中的雪橇和例 2－2 的结果。假设雪橇的初始速度 v_1 为 2.0 m/s。雪橇移动 20 米后的速度是多少？

解　使用动能定理(2－3)，$W_{tot}=K_2-K_1$，已知给定了初始速度 $v_1=2.0$ m/s，而想要求解最终速度 v_2。图 2－10 显示问题求解过程的示意图。运动在 x 正方向。在前面例子中，计算了力做的功：$W_{tot}=10$ kJ。因此，雪橇及其负载的动能必然增加 10 kJ，雪橇的速度也必然增加。

计算过程：为了写出初始和最终动能的表达式，需要雪橇和负载的质量。总重量为 14 700 N，因此，质量为

$$m=\frac{w}{g}=\frac{14\ 700\ \text{N}}{9.8\ \text{m/s}^2}=1\ 500\ \text{kg}$$

那么初始动能 K_1 是

$$K_1=\frac{1}{2}mv^2=\frac{1}{2}(1\ 500\ \text{kg})(2.0\ \text{m/s})^2=3\ 000\ \text{kg}\cdot\text{m}^2/\text{s}^2=3\ 000\ \text{J}$$

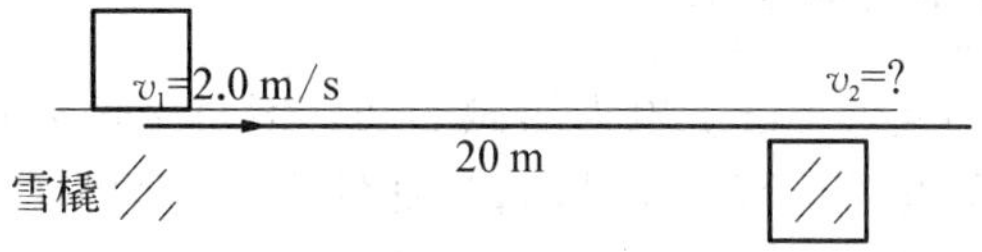

图 2－10

根据动能定理，末态动能 K_2 为

$$K_2=K_1+W_{tot}=3\ 000\ \text{J}+10\ 000\ \text{J}=13\ 000\ \text{J}$$

根据末态动能 K_2 的表达式，求得最终速度 v_2 为

$$v_2=4.2\ \text{m/s}$$

分析　总功为正，因此动能增加 $(K_2>K_1)$，速度增加 $(v_2>v_1)$。这个问题也可以在没有动能定理的情况下解决。可以从 $\sum \boldsymbol{F}=m\boldsymbol{a}$ 找到加速度，然后使用运动方程恒定加速度找到 v_2。由于加速度沿 x 轴，

$$a=a_x=\frac{\sum F_x}{m}=\frac{500\ \text{N}}{1\ 500\ \text{kg}}=0.333\ \text{m/s}^2$$

所以

$$v_2^2 = v_1^2 + 2as = (2.0\ \text{m/s})^2 + 2(0.333\ \text{m/s}^2)(20\ \text{m}) = 17.3\ \text{m}^2/\text{s}^2$$

$$v_2 = 4.2\ \text{m/s}$$

【例 2-4】 两艘帆船在无摩擦的水平湖上举行比赛(如图 2-11)。两艘帆船有质量分别为 m 和 $2m$。帆船有等长帆,因此,风对每艘帆船施加相同的恒定力。它们从静止开始,跨过终点线一段距离。哪一艘帆船以更大的动能穿越终点线?

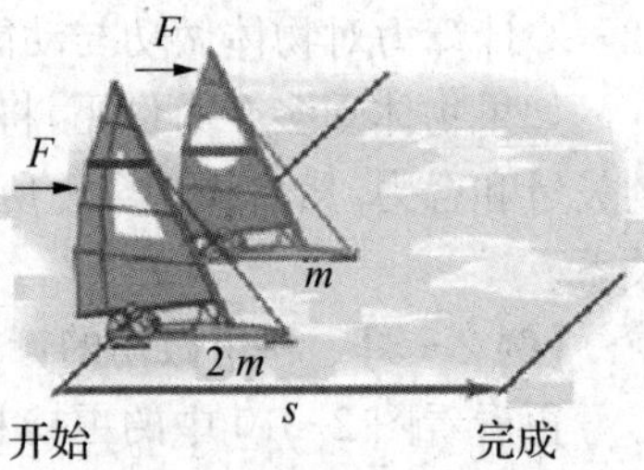

图 2-11

问题求解:

如果运用动能的定义式(2-4),$K=\frac{1}{2}mv^2$,这个问题的答案并不明显。质量为 $2m$ 的帆船质量更大,所以你可能会猜到它在终点线有更大的动能。但是质量为 m 的较轻的帆船具有更大的加速度,以更大的速度穿过终点线,所以你可能会猜到这艘帆船具有更大的动能。如何判断?

关键是质点的动能等于使其从静止状态加速所做的总功。两帆船从静止处移动的距离 s 相同,只有运动方向上的水平力 F 作用于两帆船。因此,每艘帆船在起航线和终点线之间完成的总功是相同的,$W_{\text{tot}}=Fs$。在终点线,每艘帆船的动能等于它所做的功,因为每艘帆船都是从静止开始的,所以两艘帆船在终点线的动能相同!

需要注意的是不需要知道每艘帆船到达终点线需要多少时间。这是因为动能定理没有直接提到时间,只提到位移。事实上,质量为 m 的帆船具有更大的加速度,因此,与质量为 $2m$ 的帆船相比,到达终点线所需的时间更短。

2.1.3 变力做功和动能变化

到目前为止,在本章中,只考虑了恒力所做的功。但是当拉伸弹簧时会发生什么呢?拉伸得越多,就越难拉动,所以当弹簧被拉伸时,施加的力不是恒定的。在许多情况下,物体沿着弯曲的路径移动,并受到大小、方向或两者都不同的力的作用。因此,需要能够计算力在这些更一般的情况下所做的功。但是研究会发现,即使在考虑不同的力和物体的路径不是直线的情况下,动能定理仍然成立。

现在把这些想法应用到拉伸的弹簧上。为了使弹簧的拉伸量超过其未拉伸长度 x,必须在每一端施加同等大小的力。如果延伸率 x 不太大,施加在右端的力有一个与 x 成正比的 x 分量:

$$F_x = kx\text{(拉伸弹簧所需的力)}$$

其中 k 是一个常数,称为弹簧的力常数(或弹簧常数)。k 的单位是力除以距离,以国际单位制表示为 N/m。图 2-12 是 F_x 与弹簧伸长量 x 的函数关系图。当延伸量从零变为最大值 X 时,该力所做的功为

$$W=\int_0^X F_x\,\mathrm{d}x=\int_0^X kx\,\mathrm{d}x=\frac{1}{2}kX^2 \tag{2-6}$$

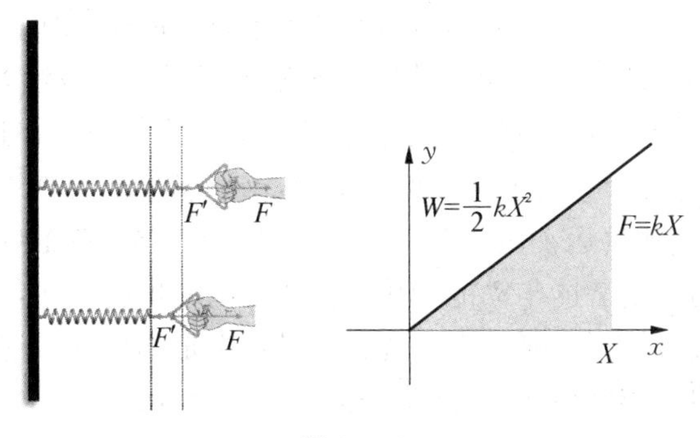

图 2-12

也可以通过图形获得这个结果。图中阴影三角形的面积代表弹性力所做的总功，等于三角形底边和高度乘积的一半，

$$W=\frac{1}{2}(X)(kX)=\frac{1}{2}kX^2$$

如果弹簧最初已经拉伸了一段距离 x_1，我们将其拉伸到更大的伸长 x_2 所做的功是

$$W=\int_{x_1}^{x_2}F_x\,\mathrm{d}x=\int_{x_1}^{x_2}kx\,\mathrm{d}x=\frac{1}{2}kx_2^2-\frac{1}{2}kx_1^2 \tag{2-7}$$

用做功的几何学图形来理解，弹性力与拉伸距离关系图中的 x_1 与 x_2 之间的梯形面积即为上式弹性力所做的功，该结果也验证了动能定理仍然在变力做功中成立。

2.1.4　功率

功的定义与时间的流逝无关。如果以恒定的速度将一个重量为 100 N 的杠铃举过 1.0 m 的垂直距离，需要(100 N) (1.0 m)＝100 J 的功，无论需要 1 秒、1 小时或 1 年的时间。但生活中经常需要知道功完成得有多快，可以用功率来描述这一点：功率是做功的时间速率。与功和能量一样，功率也是一个标量。

在一个时间间隔 Δt 内，单位时间完成的平均功或平均功率 P_{av} 被定义为

$$P_{av}=\frac{\Delta W}{\Delta t}$$

做功的速度可能不是恒定的。可以将瞬时功率 P 定义为上式中的极限，即当 t 接近零时：

$$P=\lim_{\Delta t\to 0}\frac{\Delta W}{\Delta t}=\frac{\mathrm{d}W}{\mathrm{d}t} \tag{2-8}$$

功率的国际单位制单位是瓦特(W)，以英国发明家詹姆斯·瓦特的名字命名。1 瓦等于每秒 1 焦耳：1 W＝1 J/s。

2.1.5　势能和机械能守恒

当跳水运动员从高台跳入水中时，会以非常快的速度撞击水面，并具有了较大动能。这种动能来自哪里？前面关于牛顿力学的学习已知当跳水运动员跳水时，重力(他的重量)对

他起作用。跳水运动员获得的下落动能增加的量等于重力所做的功。

有一种非常有用的方法来考虑功与动能改变的关系。这种方法基于势能的概念,势能是与系统位置对应的能量,起始位置确定不依赖于运动过程的量。在这种方法中,即使跳水运动员站在高台上,也存在重力势能。当他下落时,这种能量不会被添加到地球—跳水运动员组成的系统中,而是当跳水运动员下跳时,能量从一种形式(势能)转化为另一种形式(动能),下面通过本节学习了解势能与动能转化的关系。同时也将证明,在某些场合中,系统的动能和势能之和,即系统的总机械能,在系统运动过程中是不变的。这是能量守恒定律在力学体系中的应用——机械能守恒定律,能量守恒定律是所有自然科学中最基本的定律之一。

1. 引力势能(重力势能)

物体在重力场中的运动,例如起重机在将木头提升到空中时,能量以势能的形式存储在木头中,当木头下落时,势能会转化为动能。在许多情况下,物体与地球组成的系统中,物体高度增加,势能储存在物体与地球组成的系统中。势能与物体重量和所在位置即离地高度相关,也称之为引力势能,地球表面的势能即重力势能。

现在来推导重力势能的表达式。设质量为 m 的物体沿着竖直 y 轴移动,它所受重力大小为 $G=mg$,假设物体离地球表面足够近,所受重力大小不变。当物体从原点上方的高度 $y_1=h_1$ 向下移动到较低高度 $y_2=h_2$ 时,重力所做的功(为正):

$$W_{grav}=Fs=G(h_1-h_2)=mgh_1-mgh_2 \tag{2-9}$$

当物体向上移动且 h_2 大于 h_1 时,该表达式计算重力所做的功也成立。这种情况下做功为负,因为物体所受重力和位移方向相反。所以重力势能的表达式为

$$U_{grav}=mgy(\text{重力势能}) \tag{2-10}$$

从位置 1 到位置 2 重力势能改变与做功的关系为

$$W_{grav}=U_{grav,1}-U_{grav,2}=-(U_{grav,2}-U_{grav,1})=-\Delta U_{grav} \tag{2-11}$$

注意(2-11)式中 U_{grav} 前面的负号。因为当物体向上移动时,高度 y 增加,引力所做的功为负,重力势能增加 ($\Delta U_{grav}>0$)。当物体向下移动时,高度 y 减小,重力做功,重力势能减少($\Delta U_{grav}<0$)。

2. 机械能守恒

为了探索重力势能在物体重力场中势能与动能之间的转换,假设物体不受其他外力(包括空气阻力)做功。物体可以上下移动高度位置。设它在高度点 y_1 的速度为 v_1,它在高度点 y_2 的速度为 v_2。根据动能定理,重力对物体所做的总功等于物体动能的变化 $W_{tot}=\Delta K=K_2-K_1$。因为重力是唯一作用的力,那么根据等式(2-11)有:

$$W_{tot}=W_{grav}=-\Delta U_{grav}=U_{grav,1}-U_{grav,2}$$

根据(2-5)式,可得到

$$\Delta K=-\Delta U_{grav} \quad \text{or} \quad K_2-K_1=U_{grav,1}-U_{grav,2}$$

整理可得:

$$K_1 + U_{grav,1} = K_2 + U_{grav,2} \text{（如果只有重力起作用）} \tag{2-12}$$

或

$$\frac{1}{2}mv_1^2 + mgy_1 = \frac{1}{2}mv_2^2 + mgy_2 \text{（如果只有重力起作用）} \tag{2-13}$$

上式中动能和势能之和称为物体与地球组成系统的总机械能。这里（重力）引力势能 U 是两个物体的共同属性。

$$E = K + U_{grav} = \text{常数（如果只有重力起作用）}$$

一个值随时间不变的量被称为守恒量。上式表明，当只有重力做功时，系统的总机械能守恒。

运用机械能守恒定律求解问题的步骤：

问题分析：首先确定是否应通过能量方法求解，如果问题涉及时间，能量（机械能）方法通常不是最佳选择，因为能量方法不直接涉及时间（过程）。随时间变化相关问题运用 $\sum \boldsymbol{F} = m\boldsymbol{a}$ 或通过类似量的组合来解决问题。当问题涉及沿弯曲路径变化的力或运动时，能量法是较好的方法。

运用机械能守恒定律通过以下步骤求解问题：

第一步　首先确定问题中物体的初始和最终状态（位置和速度）。使用下标 1 表示初始状态，下标 2 表示最终状态，画出这些状态的示意图。

第二步　定义坐标系，并选择 $y=0$ 的高度位置。选择向上的正 y 方向。

第三步　确定对每个物体做功的力，以及不能用势能来描述的力（除重力以及接下来在理想弹簧弹性力，其中所做的功也可以表示为弹性势能的变化）。为每个物体画一个受力图，运用机械能守恒定律写出初态与末态的机械能。

第四步　列出未知量和已知量，包括每个点的坐标和速度，确定待求目标变量。

下面通过一个具体例子了解机械能守恒定律的应用。

【例 2-5】　斜抛运动中球的能量。

以相同的初始速率、相同的初始高度、不同的初始角度抛出两个相同的小球（质量相同）。如果忽略空气阻力，说明两个球在相同高度 h 都有相同的速度。

解　球抛出后作用在每个球上的唯一的力量是小球的重力。因此，每个球的总机械能是恒定的。图 2-13 显示了两个小球高度相同、初始速度相同、总机械能相同但初始角度不同的球的轨迹。在同一高度的所有点上，势能都是相同的。因此，两个球在这个高度的动能必须相同，速率也相同。

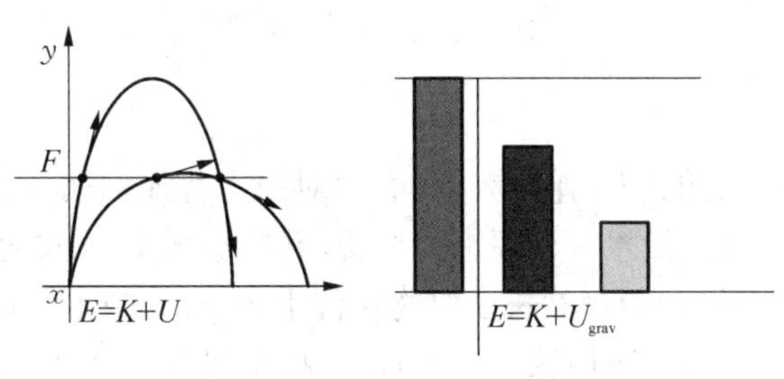

图 2-13

【例 2-6】 如图 2-14(a)所示,天文观测台有一半径为 R 的半球形屋面,有一冰块从光滑屋面的最高点由静止沿屋面滑下,若摩擦力略去不计。求此冰块离开屋面的位置以及在该位置的速度。

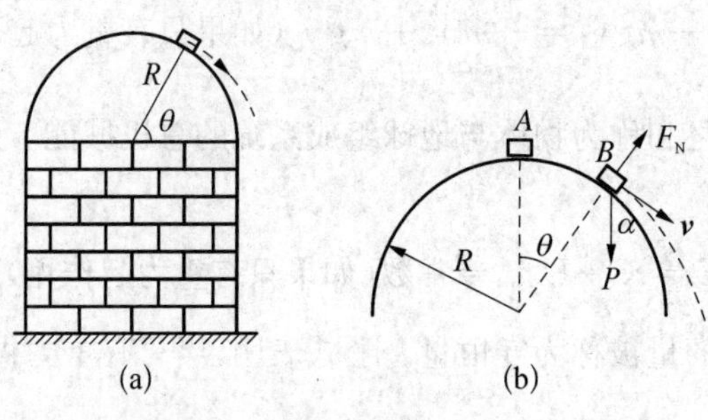

图 2-14

分析 取冰块、屋面和地球为系统,由于屋面对冰块的支持力 F_N 始终与冰块运动的方向垂直,故支持力不做功,而重力 P 又是保守内力,所以系统的机械能守恒。但是,仅有一个机械能守恒方程不能解出速度和位置两个物理量。因此,还需设法根据冰块在脱离屋面时支持力为零这一条件,由牛顿定律列出冰块沿径向的动力学方程。求解上述两方程即可得出结果。

解 由系统的机械能守恒,有

$$mgR=\frac{1}{2}mv^2+mgR\cos\theta$$

根据牛顿定律,冰块沿径向的动力学方程为

$$mgR\cos\theta-F_N=\frac{mv^2}{R}$$

冰块脱离球面时,支持力 $F_N=0$,由上两式可求得冰块的角位置

$$\theta=\arccos\frac{2}{3}=48.2^\circ$$

冰块此时的速率为

$$v=\sqrt{gR\cos\theta}=\sqrt{\frac{2Rg}{3}}$$

$\boldsymbol{v}$ 的方向与重力 $\boldsymbol{P}$ 方向的夹角为

$$\alpha=90^\circ-\theta=41.8^\circ$$

3. **弹性势能**

继续了解另外一种势能——弹性势能,类似对引力势能的研究。考虑弹性(弹簧)力的做功,然后运用动能定理。设想一个理想的弹簧,其左端固定,右端连接到质量为 m 的物块上,该块可以沿 x 轴移动,弹簧自然长度时物块位于 $x=0$。把木块移到一边,从而拉伸或压缩弹簧,然后释放物块。当把物块从一个位置 x_1 移动到另一个位置 x_2 时,弹性(弹簧)力做

的功为

$$W_{el}=\frac{1}{2}kx_1^2-\frac{1}{2}kx_2^2$$

其中 k 是弹簧的力常数。

根据动能定理，物块动能的变化为

$$\Delta K=W_{el}$$

也就是

$$\frac{1}{2}mv_2^2-\frac{1}{2}mv_1^2=\frac{1}{2}kx_1^2-\frac{1}{2}kx_2^2 \tag{2-14}$$

物块与弹簧组成的系统总机械能 E＝动能＋弹性势能$\left(\frac{1}{2}kx^2\right)$守恒

$$E=\frac{1}{2}mv_2^2+\frac{1}{2}kx_2^2=\frac{1}{2}mv_1^2+\frac{1}{2}kx_1^2 \tag{2-15}$$

其中 $U_{el}=\frac{1}{2}kx^2$ 为弹性势能。

当重力、弹性力都存在且没有其他力做功时，机械能守恒定律（动能定理）的形式为

$$K_1+U_{grav,1}+U_{el,1}=K_2+U_{grav,2}+U_{el,2} \tag{2-16}$$

也就是说如果引力和弹性力是唯一对物体起作用的力，总机械能（包括引力势能和弹性势能）是守恒的。

【例 2-7】 如图所示，把质量 $m=0.20$ kg的小球放在位置 A 时，弹簧被压缩 $\Delta l=7.5\times 10^{-2}$ m。然后在弹簧弹性力的作用下，小球从位置 A 由静止被释放，小球沿轨道 $ABCD$ 运动。小球与轨道间的摩擦不计。已知 $\overset{\frown}{BCD}$ 是半径 $r=0.15$ m 的半圆弧，AB 相距为 $2r$。求弹簧劲度系数的最小值。

分析 若取小球、弹簧和地球为系统，小球在被释放后的运动过程中，只有重力和弹力这两个保守内力做功，轨道对球的支持力不做功，因此，在运动的过程中，系统的机械能守恒。运用机械能守恒定律解题时，关键在于选好系统的初态和终态。为获取本题所求的结果，初态选在压缩弹簧刚被释放时刻，这样，可使弹簧的劲度系数与初态相联系；而终态则取在小球刚好能通过半圆弧时的最高点 C 处，因为这时小球的速率正处于一种临界状态。若大于、等于此速率时，小球定能沿轨道继续向前运动；小于此速率时，小球将脱离轨道抛出。该速率则可根据重力提供圆弧运动中所需的向心力，由牛顿定律求出。这样，再由系统的机械能守恒定律即可解出该弹簧劲度系数的最小值。

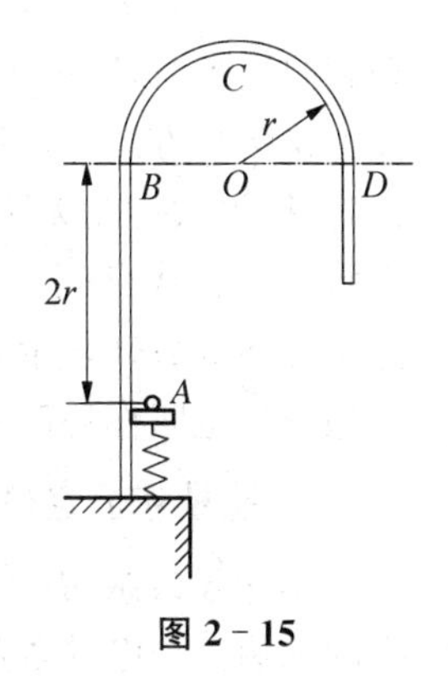

图 2-15

解 小球要刚好通过最高点 C 时，轨道对小球支持力 $F_N=0$，因此，有

$$mg = \frac{mv_C^2}{r} \tag{2-17}$$

取小球开始时所在位置 A 为重力势能的零点，由系统的机械能守恒定律，有

$$\frac{1}{2}k(\Delta l)^2 = mg(3r) + \frac{1}{2}mv_C^2 \tag{2-18}$$

由式(2-18)、式(2-19)可得

$$k = \frac{7mgr}{(\Delta l)^2} = 366\ \text{N} \cdot \text{m}^{-1}$$

2.1.6 保守和非保守力

1. 保守力

前面了解到的重力和弹簧力(以及课程后续还会学到的另一种保守力——带电物体之间的库伦力)做功的一个基本特征是它们的做功总是可逆的。转化为动能的做功能量可以毫无损失地恢复为原来的势能。另一个重要特征是物体在这样的力的作用下可以通过各种路径从点 1 移动到点 2，但这种力对物体经过这些路径(各路径起始位置相同，各路径终点位置相同)所做的功是相同。而且如果物体绕着一条封闭的路径运动，在它开始的同一点结束，那么这种力所做的总功永远为零。满足这三种特征的力成为保守力。

保守力所做的功总是有三个重要性质：

(1) 做功可以表示为势能函数的初始值和最终值之间的差值。

(2) 做功独立于各种的路径，只取决于起点和终点。

(3) 沿封闭路径做功，所做总功为零。

当对物体做功的力是仅有保守力时，体系总机械能 $E = K + U$ 是恒定的。

2. 非保守力

并非所有力量都是保守的。如作用在粗糙斜坡上的滑动物体的摩擦力。当物体上下滑动到起始点时，摩擦力对物体所做的总功不是零。当运动方向反转时，摩擦力也会反转，摩擦力在两个方向上都做负功。当自行车刹车以降低行驶的速度(和降低的动能)在路面上滑行时，损失的动能无法通过反向运动或任何其他方式恢复为动能，因此，机械能也不守恒。因此，摩擦力没有空间位置决定的势能函数。这种力称为非保守力。非保守力所做的功不能用势能函数来表示。一些非保守力会导致机械能损失或消散，如动摩擦或流体阻力，这种非保守力也叫作耗散力。

3. 能量守恒定律

非保守力做功虽不能用势能来表示，但可以用动能和势能以外形式的能量来描述这种力的影响。当电动车刹车轮胎打滑停下来时，轮胎和路面都会变得更热。轮胎提高自身的温度会增加其内能(热学部分要学习的热力学体系的一个状态量)；升高物体温度会升高物体的内能。物体克服摩擦力滑动，其内能的增加正好等于摩擦功的绝对值，即

$$\Delta U_{\text{int}} = -W_{\text{other}}$$

对非保守力做功的体系动能的变化 $\Delta K = K_2 - K_1$ 和势能的变化 $\Delta U = U_2 - U_1$ 之和，即机械能不守恒，但变化的机械能转换为其他形式的能量，如果考虑到所有形式能量的变化，如前面电动车的例子中的 ΔU_{int}，前后总能量的变化为零，即

$$\Delta K + \Delta U + \Delta U_{int} = 0 \text{（能量守恒定律）} \tag{2-19}$$

也就是对封闭体系，体系前后的能量只发生不同形式能量间的转换，能量永远不会被创造或破坏，只会改变能量的形式，总能量不变，这就是能量守恒定律。

2.2　动量、冲量、碰撞

许多力学相关的问题，无法直接通过牛顿第二定律 $\sum \boldsymbol{F} = m\boldsymbol{a}$ 求解，例如力的作用效果，相同的力会产生不同的作用效果，当一个乒乓球打到一个铁球时，根据牛顿定律，乒乓球与铁球受到相同大小的作用力，但产生了完全不同的作用效果，乒乓球与铁球产生了显著不同的速度变化。这个问题涉及两个新概念，动量和冲量，以及一个新的守恒定律，即动量守恒定律。这个守恒定律和能量守恒定律一样，是宏观（大质量天体）与微观领域（基本粒子）同样存在的重要定律。在许多牛顿定律无法有效或非常困难运用的问题中，动量守恒定律适用并可以对问题进行求解，包括以非常高的速度（接近光速）运动的物体与非常小的物体（例如原子的成分）的运动问题。包括碰撞问题，其中碰撞物体在短时间内相互施加非常大且不可测知的力，牛顿定律无法应用，但可以运用动量守恒定律求解。

2.2.1　动量和冲量

基于牛顿第二定律 $\sum \boldsymbol{F} = m\boldsymbol{a}$ 对空间位移的积分可以推出动能定理，这个定理帮助解决了大量的物理问题并引向能量守恒定律。现在从 $\sum \boldsymbol{F} = m\boldsymbol{a}$ 出发计算力对时间的累积效应，得到力作用的冲量与运动物体的动量。

先看如何从牛顿第二定律导出运动物体的动量。考虑一个质量为 m 的质点。基于牛顿第二运动定律，这个质点在外力作用下的运动状态的变化为

$$\sum \boldsymbol{F} = m\frac{\mathrm{d}\boldsymbol{v}}{\mathrm{d}t} = \frac{\mathrm{d}}{\mathrm{d}t}(m\boldsymbol{v}) \tag{2-20}$$

上式表明，牛顿第二定律给出作用在质点上的合力 $\sum \boldsymbol{F}$ 等于质点质量和速度的乘积对时间的变化率，将这种质量与速度的乘积称为动量，使用动量符号 $\boldsymbol{p}$ 表示，

$$\boldsymbol{p} = m\boldsymbol{v} \tag{2-21}$$

从动量的定义式可以看出，物体的质量 m 或速度 v 大小越大，它的动量 mv 就越大。同时动量是一个矢量，其方向与物体运动方向相同。

经常用质点运动的分量来表示质点的动量分量。如果质点有速度分量 v_x，v_y，v_z，那么它沿 x，y 与 z 方向的动量分量 p_x，p_y 和 p_z 由下式给出

$$p_x = mv_x, p_y = mv_y, p_z = mv_z \tag{2-22}$$

动量的单位是质量乘以速度。牛顿第二定律也可以用动量随时间的变化率表示：

$$\sum \boldsymbol{F} = \frac{\mathrm{d}\boldsymbol{p}}{\mathrm{d}t} \tag{2-23}$$

接下来从(2-23)式导出冲量与动量定理。

2.2.2 动量定理

一个物体的动量 $\boldsymbol{p} = m\boldsymbol{v}$ 和它的动能 $K = \frac{1}{2}mv^2$ 都由它的质量和速度决定。这两个量的根本区别是什么？基于这两个量的定义式，动量是一个矢量，其大小与速度成正比，而动能是一个标量，与速度的平方成正比。但是动量和动能具有不同物理意义，从方程(2-23)表示的牛顿第二定律，可得到一个和动量密切相关的量——冲量。

设一个质点在 t_1 到 t_2 的时间间隔 Δt 内受到净力 $\sum \boldsymbol{F}$ 的作用。将方程(2-23)在 t_1 和 t_2 之间两边进行积分，得到：

$$\boldsymbol{J} = \int_{t_1}^{t_2} \sum \boldsymbol{F} \mathrm{d}t = \int_{t_1}^{t_2} \frac{\mathrm{d}\boldsymbol{p}}{\mathrm{d}t} \mathrm{d}t = \int_{\boldsymbol{p}_1}^{\boldsymbol{p}_2} \mathrm{d}\boldsymbol{p} = \boldsymbol{p}_2 - \boldsymbol{p}_1 \tag{2-24}$$

左边给出在此区间内净力 $\sum \boldsymbol{F}$ 作用在质点上的冲量 $\boldsymbol{J}$：

$$\boldsymbol{J} = \int_{t_1}^{t_2} \sum \boldsymbol{F} \mathrm{d}t \tag{2-25}$$

方程(2-24)即冲量-动量定理

$$\boldsymbol{J} = \boldsymbol{p}_2 - \boldsymbol{p}_1 \tag{2-26}$$

对于变力作用，即使 $\sum \boldsymbol{F}$ 不是常数，可以定义一个平均净力 $\overline{\boldsymbol{F}_{\mathrm{av}}}$，冲量 $\boldsymbol{J}$ 由下给出

$$\boldsymbol{J} = \boldsymbol{F}_{\mathrm{av}}(t_2 - t_1) \tag{2-27}$$

当 $\sum \boldsymbol{F}$ 恒定(是常数)时，$\sum \boldsymbol{F} = \boldsymbol{F}_{\mathrm{av}}$。

2.2.3 动量和动能比较

冲量-动量和功-能定理都是建立在牛顿第二定律之上，但动量和动能之间有根本区别。动量定理 $\boldsymbol{J} = \boldsymbol{p}_2 - \boldsymbol{p}_1$ 表明物体的动量变化是由冲量引起的，冲量取决于净力与作用的时间的累积效果(积分)。而动能定理 $W_{\mathrm{tot}} = K_2 - K_1$ 表明，当力对物体做功时(力的空间累积效果)，动能会改变；总功与对应的动能改变取决于净力以及净力沿位移方向作用的距离。动量是矢量，动能是标量，外力对物体有作用时间但没有空间作用位移时，在后面的碰撞问题中会了解当一个铁球高速与一静止的乒乓球对心弹性碰撞时，碰撞前后铁球的动量几乎不变，但铁球有较大的动能减少(基于机械能守恒定律对应乒乓球获得的动能)。

【例 2-8】 考虑两艘帆船在无摩擦的湖面上比赛。船的质量分别为 m 和 $2m$，风对每艘船施加相同的恒定水平力 $\boldsymbol{F}$，船只从静止开始穿过终点线的距离是 s。哪艘船冲过终点线

的动量更大?

解 在前面使用这个场景的例子中,问了当船穿过终点线时,它们的动能如何比较。通过记住一个物体的动能等于使它从静止状态加速所做的总功来回答这个问题。两艘船都是从静止状态开始的,它们所做的总功是一样的(因为它们的净力和位移是一样的)。因此,两艘船在终点线的动能相同。

类似地,为了比较船的动量,使用这样的概念,即每艘船的冲量等于从静止加速的动量。

每艘船上的净力等于恒定的水平风力 $\boldsymbol{F}$。设 Δt 是船到达终点线的时间,所以这段时间船上的冲力是 $\boldsymbol{J}=\boldsymbol{F}\Delta t$。从船静止开始,到终点线时动量 $\boldsymbol{p}$:

$$\boldsymbol{p}=\boldsymbol{F}\Delta t$$

两艘船受到相同的力 $\boldsymbol{F}$,但是它们到达终点的时间不同。质量为 $2m$ 的船加速更慢,行驶距离 s 需要更长的时间。因此,在这条船上,起跑线和终点线之间有更大的冲量,所以质量为 $2m$ 的船以比质量为 m 的船更大的动量通过终点线(但动能相同,因为力作用的空间距离相同)。

【例 2-9】 高空作业时系安全带是非常必要的。假如一质量为 51.0 kg 的人,在操作时不慎从高空竖直跌落下来,由于安全带的保护,最终使他被悬挂起来。已知此时人离原处的距离为 2.0 m,安全带弹性缓冲作用时间为 0.50 s。求安全带对人的平均冲力。

分析 从人受力的情况来看,可分两个阶段:在开始下落的过程中,只受重力作用,人体可看成是做自由落体运动;在安全带保护的缓冲过程中,则人体同时受重力和安全带冲力的作用,其合力是一变力,且作用时间很短。为求安全带的冲力,可以从缓冲时间内,人体运动状态(动量)的改变来分析,即运用动量定理来讨论。事实上,动量定理也可应用于整个过程。但是,这时必须分清重力和安全带冲力作用的时间是不同的;而在过程的初态和末态,设人体的速度均为零。这样,运用动量定理仍可得到相同的结果。

解 1 以人为研究对象,按分析中的两个阶段进行讨论。在自由落体运动过程中,人跌落至 2 m 处时的速度为

$$v_1=\sqrt{2gh}$$

在缓冲过程中,人受重力和安全带冲力的作用,根据动量定理,有

$$(\boldsymbol{F}+\boldsymbol{P})\Delta t=m\boldsymbol{v}_2-m\boldsymbol{v}_1$$

由式(2-29)、(2-30)可得安全带对人的平均冲力大小为

$$\bar{F}=mg+\frac{\Delta(mv)}{\Delta t}=mg+\frac{\Delta m\sqrt{2gh}}{\Delta t}=1.14\times10^{3}\ \mathrm{N}$$

解 2 从整个过程来讨论。根据动量定理有

$$\bar{F}=\frac{mg}{\Delta t}\sqrt{2h/g}+mg=1.14\times10^{3}\ \mathrm{N}$$

【例 2-10】 一质量均匀柔软的绳竖直的悬挂着,绳的下端刚好触到水平桌面上,如果把绳的上端放开,绳将落在桌面上。试证明:在绳下落过程中的任意时刻,作用于桌面上的

压力等于已落到桌面上绳的重量的三倍。

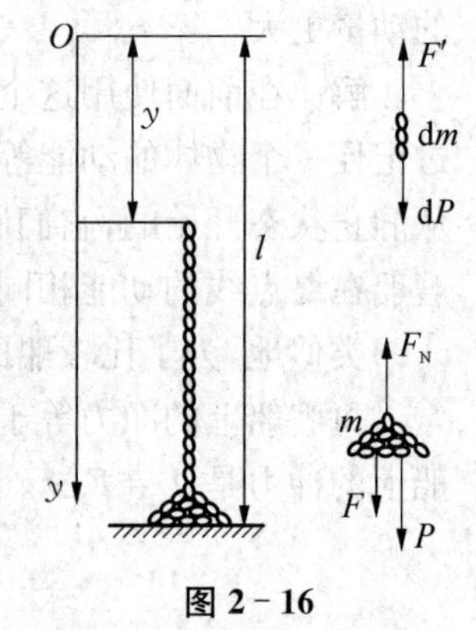

图 2-16

分析 由于桌面所受的压力难以直接求出,因此,可转化为求其反作用力,即桌面给绳的支持。但是,应注意此支持力除了支持已落在桌面上的绳外,还有 dt 时间内下落绳的冲力,此力必须运用动量定理来求。

解 取如图所示坐标,开始时绳的上端位于原点,Oy 轴的正向竖直向下。绳的总长为 l,t 时刻,以落到桌面上长为 y、质量为 m 的绳为研究对象。这段绳受重力 $\boldsymbol{P}$、桌面的支持力 $\boldsymbol{F}_\mathrm{N}$ 和下落绳子对它的冲力 $\boldsymbol{F}$(如图中所示)的作用。由力的平衡条件有

$$\frac{m}{l}yg+F-F_\mathrm{N}=0$$

为求冲力 $\boldsymbol{F}$,可取 dt 时间内落至桌面的线元 dy 为研究对象。线元的质量 $\mathrm{d}m=\frac{m}{l}\mathrm{d}y$,它受到重力 d$\boldsymbol{P}$ 和冲力 $\boldsymbol{F}$ 的反作用力 $\boldsymbol{F}'$ 的作用,由于 $\boldsymbol{F}'\gg \mathrm{d}\boldsymbol{P}$,故由动量定理得

$$F'\mathrm{d}t=0-\frac{m}{l}v\mathrm{d}y$$

有 $F'=-\frac{m}{l}v\frac{\mathrm{d}y}{\mathrm{d}t}=-\frac{m}{l}v^2$,而 $F=-F'$;又有 $v^2=2gy$

由上述可得任意时刻桌面受到的压力大小为

$$F_\mathrm{N}{}'=|-F_\mathrm{N}|=\frac{m}{l}yg+\frac{m}{l}v^2=3\frac{m}{l}yg=3mg$$

2.3 动量守恒定律

在两个或多个物体相互作用时,动量起的作用非常重要。当两个物体之间有相互作用,如两体碰撞问题与所受合外力为零,冰面上两个滑冰运动员 A 与 B 由相对静止相互用力推离对方。根据牛顿第三定律,这两滑冰运动员受到的对方施加的作用力总是大小相等,方向相反。

系统的物体之间相互作用的力称为内力。对于两个滑冰运动员组成的系统,A 作用于 B 的内力为 $\boldsymbol{F}_{BA}$,施加外力,B 作用在质点 A 上的作用内力是 $\boldsymbol{F}_{AB}$,A,B 两人的动量变化率分别为:

$$\boldsymbol{F}_{AB}=\frac{\mathrm{d}\boldsymbol{p}_A}{\mathrm{d}t};\boldsymbol{F}_{BA}=\frac{\mathrm{d}\boldsymbol{p}_B}{\mathrm{d}t} \tag{2-28}$$

两人的动量都在变化,但这些变化是大小相等的。由牛顿第三定律:两个力在任何时刻总是大小相等且方向相反。即 $\boldsymbol{F}_{AB}=\boldsymbol{F}_{BA}$,因此有

$$\boldsymbol{F}_{AB}+\boldsymbol{F}_{BA}=\frac{\mathrm{d}\boldsymbol{p}_A}{\mathrm{d}t}+\frac{\mathrm{d}\boldsymbol{p}_B}{\mathrm{d}t}=\frac{\mathrm{d}(\boldsymbol{p}_A+\boldsymbol{p}_B)}{\mathrm{d}t}=\boldsymbol{0} \tag{2-29}$$

A,B 两人动量的变化率大小相等,方向相反,所以动量矢量和的变化$\boldsymbol{p}_A+\boldsymbol{p}_B$ 是零。如果定义两体系统的总动量 $\boldsymbol{p}$,系统的动量作为每个个体动量的矢量和;也就是说,

$$\boldsymbol{p}=\boldsymbol{p}_A+\boldsymbol{p}_B$$

然后方程(2-29)变成

$$\boldsymbol{F}_{AB}+\boldsymbol{F}_{BA}=\frac{\mathrm{d}\boldsymbol{p}}{\mathrm{d}t}=\boldsymbol{0} \tag{2-30}$$

也就是 A,B 组成系统的总动量 $\boldsymbol{p}$ 的时间变化率为 $\boldsymbol{0}$。虽然组成系统的每个个体的动量变化不为零,但是系统的总动量是不变的。

如果系统受到外力,它们必须包含在等式(2-30)的左边,这种情况下系统的总动量改变不为零。如果系统所受合外力为零,则系统总动量的改变有(2-30)式的形式,$\frac{\mathrm{d}\boldsymbol{p}}{\mathrm{d}t}$ 再次为零。

因此有以下定律。如果作用在一个系统上的外力的矢量和为零,则该系统的总动量为常数。这是动量守恒定律的最简单形式。这个定律是牛顿第三定律的直接结果。这个原理的主要特征是它不依赖于内力的详细性质。

对于多个质点组成的体系,如果质量元之间只有内力相互作用,即使关于内力的信息了解很少,质量体系运动状态的求解可以通过内力分析牛顿第二定律求解,这时质点系的动量守恒定律成立。

可以把两体动量守恒定律推广到包含任意数量质点 A,B,C,…的体系,体系质点之间只与彼此内力相互作用。这样一个体系的总动量是

$$\boldsymbol{p}=\boldsymbol{p}_A+\boldsymbol{p}_B+\cdots=m_A\boldsymbol{v}_A+m_B\boldsymbol{v}_B+\cdots \tag{2-31}$$

如果体系只有内力作用,因为内力成对出现,每对内力作用之和对总动量贡献为零,所以总动量 $\boldsymbol{p}$ 守恒,这是质点系的动量守恒定律。即如果作用在其上的外力的矢量和为零,整个体系动量的总变化率也为零,单个内力可以改变体系中单个质点的动量,但不能改变体系的总动量。但要注意动量守恒定律是基于牛顿第二定律的推导,牛顿第二定律只在惯性系中成立,所以动量守恒定律只在惯性参考系中成立。

注意动量是矢量,体系动量守恒表明总动量的分量 p_x,p_y,p_z 为组成体系所有质点动量的 x,y,z 各个方向动量分量之和,即

$$\begin{aligned} p_x&=p_{Ax}+p_{Bx}+\cdots\\ p_y&=p_{Ay}+p_{By}+\cdots\\ p_z&=p_{Az}+p_{Bz}+\cdots \end{aligned} \tag{2-32}$$

如果体系所受外力的矢量和为零,体系动量守恒使得 p_x,p_y 和 p_z 不变。

以下例题为动量守恒定律的应用。

【例 2-11】 A、B 两船在平静的湖面上平行逆向航行,当两船擦肩相遇时,两船各自向

对方平稳地传递 50 kg 的重物,结果是 A 船停了下来,而 B 船以 $3.4\ \mathrm{m\cdot s^{-1}}$ 的速度继续向前驶去。A,B 两船原有质量分别为 0.5×10^3 kg 和 1.0×10^3 kg,求在传递重物前两船的速度。(忽略水对船的阻力)

分析 由于两船横向传递的速度可略去不计,则对搬出重物后的船 A 与从船 B 搬入的重物所组成的系统Ⅰ来讲,在水平方向上无外力作用,因此,它们相互作用的过程中应满足动量守恒;同样,对搬出重物后的船 B 与从船 A 搬入的重物所组成的系统Ⅱ亦是这样。由此,分别列出系统Ⅰ、Ⅱ的动量守恒方程即可解出结果。

解 设 A、B 两船原有的速度分别以 v_A,v_B 表示,传递重物后船的速度分别以 v_A',v_B' 表示,被搬运重物的质量以 m 表示。分别对上述系统Ⅰ、Ⅱ应用动量守恒定律,则有

$$(m_A-m)v_A+mv_B=m_Av_A'$$

$$(m_B-m)v_B+mv_A=m_Bv_B'$$

由题意知 $v_A'=0$,$v_B'=3.4\ \mathrm{m\cdot s^{-1}}$ 代入数据后,可解得

$$v_A=\frac{-m_Bmv_B'}{(m_B-m)(m_A-m)-m^2}=-0.40\ \mathrm{m\cdot s^{-1}}$$

$$v_B=\frac{(m_A-m)m_Bv_B'}{(m_A-m)(m_B-m)-m^2}=3.6\ \mathrm{m\cdot s^{-1}}$$

也可以选择不同的系统,例如,把 A、B 两船(包括传递的物体在内)视为系统,同样能满足动量守恒,也可列出相对应的方程求解。

因为如果体系所受合外力为零,体系总动量一定守恒。但如果一对非保守内力作用使得作用的两个质点位移方向也相反,如两个物体挤压相互有摩擦滑动,仅有摩擦内力作用,两个物体总动量守恒,但机械能不守恒。因此,在某些方面动量守恒定律比机械能守恒定律更普遍。动量守恒定律与机械能守恒定律在多类动力学问题求解中发挥重要的作用。

以下两个题目为动量守恒定律与机械能守恒定律的综合应用。

【例 2-12】 如图 2-17 所示,质量为 m、速度为 v 的钢球,射向质量为 m'的靶,靶中心有一小孔,内有劲度系数为 k 的弹簧,此靶最初处于静止状态,但可在水平面上做无摩擦滑动。求子弹射入靶内弹簧后,弹簧的最大压缩距离。

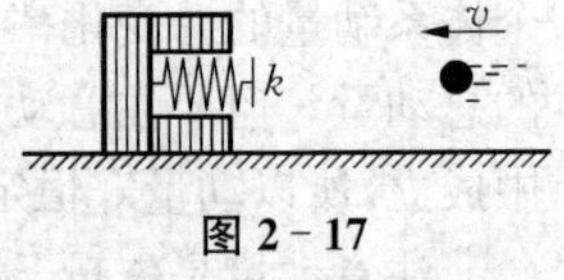

图 2-17

分析 这也是一种碰撞问题。碰撞的全过程是指小球刚与弹簧接触直至弹簧被压缩到最大,小球与靶刚好到达共同速度为止,在这个过程中,小球和靶组成的系统在水平方向不受外力作用,外力的冲量为零,因此,在此方向动量守恒。但是,仅靠动量守恒定律还不能求出结果来。又考虑到无外力对系统做功,系统无非保守内力做功,故系统的机械能也守恒。应用上述两个守恒定律,并考虑到球与靶具有相同速度时,弹簧被压缩量最大这一条件,即可求解。应用守恒定律求解,可免除碰撞中的许多细节问题。

解 设弹簧的最大压缩量为 x_0,小球与靶共同运动的速度为 v_1。由动量守恒定律,有

$$mv=(m+m')v_1$$

又由机械能守恒定律,有

$$\frac{1}{2}mv^2=\frac{1}{2}(m+m')v_1^2+\frac{1}{2}kx_0^2$$

由上两式可得

$$x_0=v\sqrt{\frac{mm'}{k(m+m')}}$$

2.4　碰撞与动量守恒

当两个或多个物体在短时间内通过空间接触发生强烈相互作用，即碰撞过程，如基本粒子间的碰撞、桌球之间的碰撞。如果物体之间碰撞的作用内力比任何外力都大得多，如大多数碰撞中的情况，研究碰撞效果时可以完全忽略外力，把物体体系当作一个孤立的系统来处理，这时系统总动量在碰撞前后具有相同的值，即总动量守恒。

碰撞根据碰撞前后机械能的守恒是否满足可以分为弹性碰撞与非弹性碰撞。

考虑两个物体对心碰撞，即碰撞前后，两个物体的速度方向都沿同一条直线。碰撞前后总动量守恒给出了关系

$$m_A\boldsymbol{v}_{A1}+m_B\boldsymbol{v}_{B1}=m_A\boldsymbol{v}_{A2}+m_B\boldsymbol{v}_{B2} \tag{2-33}$$

其中 $\boldsymbol{v}_{A1}$，$\boldsymbol{v}_{B1}$ 与 $\boldsymbol{v}_{A2}$，$\boldsymbol{v}_{B2}$ 分别为两个物体碰撞前后的速度。如果两个物体碰撞后速度相同，如粘在一起，这种碰撞为完全非弹性碰撞，碰撞后的共同速度为 $\boldsymbol{v}_2$，这时(2－33)式有如下形式

$$m_A\boldsymbol{v}_{A1}+m_B\boldsymbol{v}_{B1}=(m_A+m_B)\boldsymbol{v}_2\text{（完全非弹性碰撞）} \tag{2-34}$$

完全弹性碰撞后两个物体的共同速度为：

$$\boldsymbol{v}_2=\frac{m_A\boldsymbol{v}_{A1}+m_B\boldsymbol{v}_{B1}}{m_A+m_B}\text{（完全非弹性碰撞）} \tag{2-35}$$

如果两个物体完全非弹性碰撞前物体 B 静止，则两个物体组成的系统碰撞前后的总机械能分别为：

$$K_1=\frac{1}{2}m_Av_{A1x}^2,K_2=\frac{1}{2}(m_A+m_B)v_{2x}^2=\frac{1}{2}(m_A+m_B)\left(\frac{m_A}{m_A+m_B}\right)^2v_{A1x}^2 \tag{2-36}$$

最终动能与初始动能之比是

$$\frac{K_2}{K_1}=\frac{m_A}{m_A+m_B}\text{（完全非弹性碰撞，}B\text{ 最初处于静止状态）} \tag{2-37}$$

右边总是小于1，因为分母总是大于分子。即使当 m_B 的初速度不为零时，也不难证明，完全非弹性碰撞后的动能总是小于之前的。

碰撞前后两个物体组成的系统总机械能守恒的碰撞为弹性碰撞，即弹性碰撞是动能（以

及动量)守恒的碰撞。当碰撞物体之间的力是保守的时,就会发生弹性碰撞。当两个皮球相撞时,它们会在接触面附近发生一定程度的挤压,但随后又弹回,在这个接触过程中,一些动能暂时储存为弹性势能,但最终又转化为动能。

同样考虑两个物体对心碰撞的情形。碰撞前两个物体的速度为 v_{A1x} 和 v_{B1x},碰撞后的速度分别为 v_{A2x} 和 v_{B2x}。从动能守恒我们得到

$$\frac{1}{2}m_A v_{A1x}^2+\frac{1}{2}m_B v_{B1x}^2=\frac{1}{2}m_A v_{A2x}^2+\frac{1}{2}m_B v_{B2x}^2 \tag{2-38}$$

动量守恒给出

$$m_A v_{A1x}+m_B v_{B1x}=m_A v_{A2x}+m_B v_{B2x} \tag{2-39}$$

如果质量 m_A 和 m_B 以及初始速度 v_{A1x} 和 v_{B1x} 已知,可以求解这两个方程(2-38)与(2-39)来找到这两个物体的最终速度 v_{A2x} 和 v_{B2x}。

$$v_{A2x}=\frac{(m_A-m_B)v_{A1x}+2m_B v_{B1x}}{m_A+m_B} \tag{2-40}$$

$$v_{B2x}=\frac{(m_B-m_A)v_{A1x}+2m_A v_{A1x}}{m_A+m_B} \tag{2-41}$$

【例 2-13】 一个电子和一个原来静止的氢原子发生对心弹性碰撞。试问电子的动能中传递给氢原子的能量的百分数。(已知氢原子质量约为电子质量的 1 840 倍)

分析 对于质点的对心弹性碰撞问题,同样可利用系统(电子和氢原子)在碰撞过程中所遵循的动量守恒和机械能守恒来解决。本题所求电子传递给氢原子的能量的百分数,即氢原子动能与电子动能之比 E_H/E_e。根据动能的定义,有 $E_H/E_e=m'v_H^2/mv_e^2$,而氢原子与电子的质量比 m'/m 是已知的,它们的速率比可应用上述两守恒定律求得,E_H/E_e 即可求出。

解 以 E_H 表示氢原子被碰撞后的动能,E_e 表示电子的初动能,则

$$\frac{E_H}{E_e}=\frac{\frac{1}{2}m'v_H^2}{\frac{1}{2}mv_e^2}=\frac{m'}{m}\left(\frac{v_H}{v_e}\right)^2$$

由于粒子做对心弹性碰撞,在碰撞过程中系统同时满足动量守恒和机械能守恒定律,故有

$$mv_e=m'v_H+mv'_e$$

$$\frac{1}{2}mv_e^2=\frac{1}{2}m'v_H^2+\frac{1}{2}mv'^2_e$$

由题意知 $m'/m=1\,840$,解上述三式可得

$$\frac{E_H}{E_e}=\frac{m'}{m}\left(\frac{v_H}{v_e}\right)^2=1\,840\left(\frac{2m}{m'+m}\right)^2\approx 2.2\times 10^{-3}$$

【例 2-14】 如图所示，一质量为 m'的物块放置在斜面的最底端 A 处，斜面的倾角为 α，高度为 h，物块与斜面的动摩擦因数为 μ，今有一质量为 m 的子弹以速度 v_0 沿水平方向射入物块并留在其中，且使物块沿斜面向上滑动。求物块滑出顶端时的速度大小。

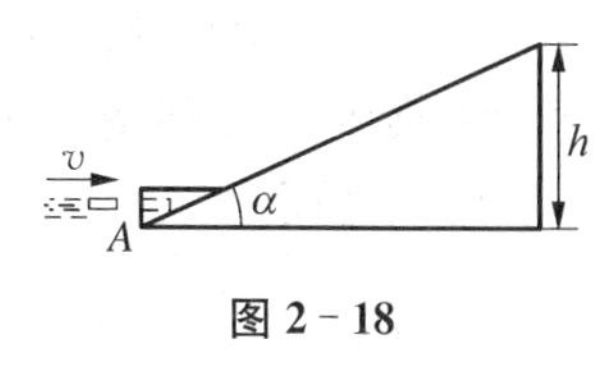

图 2-18

分析 该题可分两个阶段来讨论，首先是子弹和物块的撞击过程，然后是物块(包含子弹)沿斜面向上的滑动过程。在撞击过程中，对物块和子弹组成的系统而言，由于撞击前后的总动量明显是不同的，因此，撞击过程中动量不守恒。应该注意，不是任何碰撞过程中动量都是守恒的。但是，若取沿斜面的方向，因撞击力(属于内力)远大于子弹的重力 P_1 和物块的重力 P_2 在斜面的方向上的分力以及物块所受的摩擦力 F_f，在该方向上动量守恒，由此可得到物块被撞击后的速度。在物块沿斜面上滑的过程中，为解题方便，可重新选择系统(即取子弹、物块和地球为系统)，此系统不受外力作用，而非保守内力中仅摩擦力做功，根据系统的功能原理，可解得最终的结果。

解 在子弹与物块的撞击过程中，在沿斜面的方向上，根据动量守恒有

$$mv_0\cos\alpha=(m+m')v_1$$

在物块上滑的过程中，若令物块刚滑出斜面顶端时的速度为 v_2，并取 A 点的重力势能为零。由系统的功能原理可得

$$-\mu(m+m')g\cos\alpha\,\frac{h}{\sin\alpha}$$
$$=\frac{1}{2}(m+m')v_2^2+(m+m')gh-\frac{1}{2}(m+m')v_1^2$$

由上两式可得

$$v_2=\sqrt{\left(\frac{m}{m+m'}v_0\cos\alpha\right)^2-2gh(\mu\cot\alpha+1)}$$

习　题

1. 质量为 20 g 的子弹沿 x 轴正向以 500 m/s 的速率射入一木块后，与木块一起仍沿 x 轴正向以 50 m/s 的速率前进，在此过程中木块所受冲量的大小为 (　　)。
   A. 9 N·s　　B. −9 N·s　　C. 10 N·s　　D. −10 N·s
2. 在水平冰面上以一定速度向东行驶的炮车，向东南(斜向上)方向发射一发炮弹。忽略冰面摩擦力及空气阻力，在此过程中，炮车和炮弹组成的系统 (　　)。
   A. 总动量守恒
   B. 总动量在炮身前进的方向上的分量守恒，其他方向动量不守恒
   C. 总动量在水平面上任意方向的分量守恒，竖直方向分量不守恒
   D. 总动量在任何方向的分量均不守恒
3. 一个质点同时受几个力作用，在一段时间内位移为 $\Delta\boldsymbol{r}=4\boldsymbol{i}-5\boldsymbol{j}+6\boldsymbol{k}$ m，其中一个力为恒

力 $\boldsymbol{F}=-3\boldsymbol{i}-5\boldsymbol{j}+9\boldsymbol{k}$ N，则此力在该位移过程中所做的功为　　(　　)。

A. -67 J　　B. 17 J　　C. 67 J　　D. 91 J

4. 如图所示，劲度系数为 k 的轻弹簧水平放置，一端固定，另一端系质量为 m 的滑块 A，另一滑块 B 质量也为 m，水平面光滑。现用外力推压 B 使弹簧压缩量为 d 而静止，然后撤销外力，则 B 脱离 A 时的速度为　　(　　)。

习题 4

A. 0　　B. $d\sqrt{\dfrac{k}{2m}}$　　C. $d\sqrt{\dfrac{k}{m}}$　　D. $d\sqrt{\dfrac{2k}{m}}$

5. 如图所示，光滑水平地面上的小车左端放着一只箱子。今用同样的水平恒力拉箱子，使它由小车的左端滑到右端，一次小车被固定在水平地面上，另一次小车没有固定。若以水平地面为参照系，则在两种情况下　　(　　)。

习题 5

A. 拉力做的功相等　　B. 摩擦力对箱子做的功相等

C. 箱子获得的动能相等　　D. 由于摩擦而产生的热相等

6. 对功的概念有以下几种说法，其中正确的有　　(　　)。

① 保守力做正功时，系统内相应的势能增加；

② 质点运动经一闭合路径，保守力对质点做的功为零；

③ 作用力和反作用力大小相等、方向相反，所以两者所做功的代数和必为零。

A. ①、②　　B. ②、③　　C. ②　　D. ③

7. 质量为 m 的小球，由水平面上一点 O 以初速度 $\boldsymbol{v}_0$ 抛出。$\boldsymbol{v}_0$ 与水平面成仰角 α。不计空气阻力，小球运动到最高点时的动量为________，小球从抛出点到落回至同一水平面的过程中，重力的冲量为________。

8. 质量为 10 kg 的物体，受到方向不变的力 $F=30+40t$ N 作用。在开始的两秒内，此力冲量的大小等于________；若物体的初速度大小为 10 m/s，方向与力的方向相同，则在 2 s 末物体速度的大小等于________。

9. 质量 $m=10$ kg 的物体，在坐标原点处从静止出发在水平面内沿 x 轴运动，其所受合力方向与运动方向相同，合力大小为 $F=3+2x$ N。那么，物体在开始运动的 3 m 内，合力所做的功 $W=$________；且 $x=30$ m 时，其速率 $v=$________。

10. 在湖中静止水面上有一长为 L，质量为 M 的小船，船的一端站有质量为 m 的人。当人走到另一端时，人相对湖岸移动的距离为________，船相对湖岸移动的距离为________。

11. 将质量 $m=800$ g 的物体，以初速度 $v_0=20$ m/s 沿水平方向抛出，忽略阻力。试求：

(1) 物体抛出后，第 2 秒末和第 5 秒末的动量($g=10\ \mathrm{m/s^2}$)；

(2) 第 2 秒末至第 5 秒末的时间间隔内，物体重力的冲量。

12. 如图所示，是一种测定子弹速度的方法。子弹水平地射入固定在弹簧(处于原长)一端的木块内，由弹簧压缩量求出子弹的速度。已知子弹质量为 m，木块质量为 M。弹簧的劲度系数为 k，子弹射入木块后，弹簧最大压缩量为 Δx。设木块与水平面间的动摩擦因数为 μ，求子弹的初速度 v_0。

习题 12

第三章 刚体的转动

现实生活中的许多物体，如转动的齿轮、滚动的轮子、旋转的飞盘等，它们的运动已不能仅用一个移动点的运动的来描述，所涉及的转动运动需要考虑物体形状大小、有关的姿态和方位等的变化。在转动运动研究中，有一类物体在力的作用下，可视为是大小和形状能保持不变的刚体模型，其运动可分解为相对于质心轴的定轴转动和质心的平移运动。刚体运动的研究主要涉及刚体的位置、速度、加速度、角速度、角加速度等运动学参量的变化规律；刚体在力作用下的力矩、角动量、转动定律等与力之间的关系规律。实际应用中，刚体运动研究被广泛应用于工程领域，如机械设计、航空航天、车辆工程、海洋装备等，为工程设计和装备优化提供理论基础。

17 世纪时期，伽利略和开普勒等科学家开始对刚体进行系统的研究，奠定了刚体力学的基础。伽利略通过实验观测和数学分析，研究了刚体的运动规律，提出了相对性原理和惯性原理，为后来的牛顿经典力学打下了基础。18 世纪是刚体力学发展的重要时期，欧拉、达朗贝尔和拉格朗日等科学家对刚体中的转动、复合运动、力矩和角动量守恒等问题进行深入的研究。19 世纪，法国数学家克莱罗发表了《关于在已知引力下两质点围绕地球运行的问题》一文，系统地阐述了关于刚体绕定点转动的一般问题，为刚体力学的发展做出了重要贡献。进入 20 世纪以后，随着科学技术的发展，刚体力学的研究范围和应用领域不断扩大，科学家们开始研究非线性刚体力学问题，如混沌、分岔等复杂现象。

3.1 刚体转动的描述

3.1.1 角速度与角加速度

在分析旋转运动时，首先考虑一个刚体，它绕一个固定的轴旋转，这个轴在某个惯性参考系中处于静止状态，并且相对于该参考系不改变方向。对于定轴转动的刚体，任意一段时间刚体上位于定轴外的任意一点的角位移 $\Delta\theta$ 相同，$\Delta\theta$ 定义为 Δt 时间内刚体上定轴外一点 p 垂直于定轴与定轴的连线 Op 在其所在的 xy 平面(与转轴垂直)内与 x 轴的夹角 θ 改变的角度。可见 Op 逆时针方向旋转，$\Delta\theta$ 为正，Op 顺时针方向旋转，$\Delta\theta$ 为负。

旋转角度的单位可以用度，旋转一周对应 360°，也可以用弧度，旋转一周对应 2π 弧度，其中

$$1\text{ 弧度}=\frac{360^\circ}{2\pi}=57.3^\circ \tag{3-1}$$

有了角位移的概念，可以定义角速度。（旋转刚体上转轴外）一质点在 Δt 时间内的平均角速度即该质点的角位置随时间的改变率，即：

$$\bar{\omega}=\frac{\theta_1-\theta_2}{t_1-t_2}=\frac{\Delta\theta}{\Delta t} \tag{3-2}$$

刚体转动的瞬时角速度 ω 即为上式中的 $\bar{\omega}$ 取 $\Delta t\to 0$ 的极限，

$$\omega=\lim_{\Delta t\to 0}\frac{\Delta\theta}{\Delta t}=\frac{\mathrm{d}\theta}{\mathrm{d}t} \tag{3-3}$$

一般来说当提到"角速度"时指的是瞬时角速度，不是平均角速度。

角速度 ω 可以是正的，也可以是负的，这取决于刚体旋转的方向。定义刚体定轴转动的角速度方向沿定轴方向，可用正负号表明沿定轴的两种方向。一般来讲，刚体逆时针旋转，角速度为正，顺时针旋转，角速度为负，图 3-1 标出了定轴转动角速度的方向。

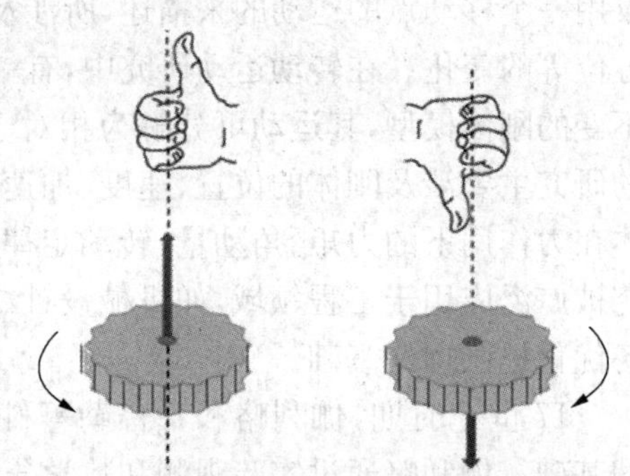

图 3-1　左图角速度方向沿转轴向上（对应从上面看刚体逆时针方向转动）右图角速度方向沿转轴向下（对应从上面看刚体顺时针方向转动）

现在来学习角加速度的定义。当刚体的角速度随时间改变时，它有一个角加速度。当吹纸风车时，风车会转得越来越快，或摁自行车刹车时，使车轮的转动变为停止，这两个例子分别对转动物体提供了正的与负的角加速度。当改变旋转机械的转速时，比如汽车发动机的曲轴，也会产生角加速度。

转动刚体的平均角加速度是角速度的变化除以时间间隔：

$$\bar{\alpha}=\frac{\omega_f-\omega_i}{t_f-t_i}=\frac{\Delta\omega}{\Delta t} \tag{3-4}$$

对上式取极限 $\Delta t\to 0$，可得瞬时角加速度

$$\alpha=\lim_{x\to\infty}\frac{\Delta\omega}{\Delta t}=\frac{\mathrm{d}\omega}{\mathrm{d}t} \tag{3-5}$$

也可以将角加速度表示为角坐标的二阶导数：

$$\alpha=\frac{\mathrm{d}}{\mathrm{d}t}\frac{\mathrm{d}\theta}{\mathrm{d}t}=\frac{\mathrm{d}^2\theta}{\mathrm{d}t^2} \tag{3-6}$$

【例 3-1】 某种电动机启动后转速随时间变化的关系为 $\omega=\omega_0(1-\mathrm{e}^{-t/\tau})$，式中 $\omega_0=9.0\ \mathrm{s}^{-1}$，$\tau=2\ \mathrm{s}$。求：(1) $t=6.0\ \mathrm{s}$ 时的转速；(2) 角加速度随时间变化的规律；(3) 启动后 6.0 s 内转过的圈数。

分析　与质点运动学相似，刚体定轴转动的运动学问题也可分为两类：(1) 由转动的运动方程，通过求导得到角速度、角加速度；(2) 在确定的初始条件下，由角速度、角加速度通过积分得到转动的运动方程。本题由 $\omega=\omega(t)$ 出发，分别通过求导和积分得到电动机的角

加速度和 6.0 s 内转过的圈数。

解 (1) 根据题意中转速随时间的变化关系，将 $t=6.0$ s 代入，即得

$$\omega=\omega_0(1-e^{-t/\tau})=0.95\omega_0=8.6\ s^{-1}$$

(2) 角速度随时间变化的规律为

$$\alpha=\frac{d\omega}{dt}=\frac{\omega_0}{\tau}e^{-t/\tau}=4.5e^{-t/2}\ rad\cdot s^{-2}$$

(3) $t=6.0$ s 时转过的角度为

$$\theta=\int_0^6\omega\,dt=\int_0^6\omega_0(1-e^{-t/\tau})dt=36.9\ rad$$

则 $t=6.0$ s 时电动机转过的圈数

$$N=\theta/2\pi=5.87\ 圈$$

3.1.2 恒定角加速度下刚体的转动

对质点运动，当质点加速度恒定且与速度方向平行时，直线运动求解比较简单。对定轴转动的刚体也是如此，当角加速度大小为常数时，可用与直线运动求解完全相同的步骤求出角速度和角位置的方程。

设 ω_{0z} 为刚体在 $t=0$ 时的定轴转动角速度，并设 ω_z 为其后任何时间 t 的角速度。角加速度大小 α_z 是常数，即对于任意时刻 t，

$$\alpha_z=\frac{\omega_z-\omega_{0z}}{t-0} \tag{3-7}$$

乘积 $\alpha_z t$ 是 $t=0$ 和之后的时间 t 之间 ω_z 的总变化；角速度在时间 0 到 t 之间的平均值 $\bar{\omega}$ 是初始值和最终值的平均值

$$\bar{\omega}=\frac{\omega_{0z}+\omega_z}{2} \tag{3-8}$$

从时刻 0 到 t 的角位移 $\theta-\theta_0$ 对均角加速度定轴转动与 $\bar{\omega}$ 的关系满足：

$$\bar{\omega}=\frac{\theta-\theta_0}{t-0} \tag{3-9}$$

由(3-8)式与(3-9)式，可得

$$\theta-\theta_0=\frac{1}{2}[\omega_{0z}+\omega_z]t=\frac{1}{2}[\omega_{0z}+(\omega_{0z}+\alpha_z t)]t \tag{3-10}$$

即

$$\theta=\theta_0+\omega_{0z}t+\frac{1}{2}\alpha_z t^2 \tag{3-11}$$

这是角位移随时间 t 的变化公式。类似匀加速直线运动，时刻 t 角速度 ω_z 与角位移 θ

之间的关系式为

$$\omega_z^2=\omega_{0z}^2+2\alpha_z(\theta-\theta_0) \tag{3-12}$$

只有当角加速度 α_z 恒定时，(3-11)式与(3-12)式才成立。

有时需要考虑定轴转动刚体上某点 P（与定轴距离为 r）的线速度 v，线速度与该点的角速度 ω 以及切向加速度 a_τ 与角加速度 α 的关系为

$$v=\omega r \tag{3-13a}$$

$$a_\tau=\alpha r \tag{3-13b}$$

可见对某一时刻以一定角速度 ω 转动的刚体，随刚体上各点到定轴距离的不同，各点线速度大小也不同，但各点在该时刻有相同的角速度与角加速度。

对一般曲线运动质点，考虑到还有与 a_τ 垂直的（向心）法向加速度，矢量形式表示的角加速为

$$\boldsymbol{a}=\boldsymbol{a}_\tau+\boldsymbol{a}_n=r\alpha\boldsymbol{e}_\tau+r\omega^2\boldsymbol{e}_n \tag{3-14}$$

$\boldsymbol{e}_\tau$ 与 $\boldsymbol{e}_n$ 分别为（方向随时间变化）切向与法向单位矢量。

【例 3-2】 飞机螺旋桨相对于水平面的角度与时间的关系为 $\theta=(125\ \text{rad/s})t+(42.5\ \text{rad/s}^2)t^2$

(1) 通过计算从 $t=0.00$ s 到 $t=0.010$ s 的平均角速度来估计在 $t=0.00$ s 处的瞬时角速度。

(2) 通过计算从 $t=1.000$ s 到 $t=1.010$ s 的平均角速度来估计 $t=1.000$ s 的瞬时角速度。

(3) 通过计算从 $t=2.000$ s 到 $t=2.010$ s 的平均角速度来估计在 $t=2.000$ s 处的瞬时角速度。

(4) 根据从(1)，(2)和(3)部分得出的结果，螺旋桨的角加速度是正、负还是零？说明理由。

(5) 计算从 $t=0.00$ s 到 $t=1.00$ s 和从 $t=1.00$ s 到 $t=2.00$ s 的平均角加速度。

问题提出：螺旋桨以恒定的角加速度绕其轴旋转。

方法：使用旋转物体的运动学方程式和给定的公式来计算指定时间间隔内的平均角速度和角加速度。通过比较问题中给出的公式，

$\theta=(125\ \text{rad/s})t+(42.5\ \text{rad/s}^2)t^2$，用转动公式，$\theta=\theta_0+\omega_0t+\frac{1}{2}\alpha t^2$，可以确定

$$\omega_0=125\ \text{rad/s} \text{ 和 } \frac{1}{2}\alpha=42.5\ \text{rad/s}^2$$

$$\omega_{\text{av}}=\frac{\Delta\theta}{\Delta t}=\frac{\theta-\theta_0}{t}=\frac{(\omega_0t+\frac{1}{2}\alpha t^2)-\theta_0}{t}$$

解 (1) 运用转动运动方程求解 ω_{av}：

$$\omega_{\text{av}}=\frac{[(125\ \text{rad/s})(0.010\ \text{s})+(42.5\ \text{rad/s}^2)(0.010\ \text{s})^2]-0}{0.010\ \text{s}}$$

$$\omega_{av} = 125\ \text{rad/s} \approx 1.3 \times 10^2\ \text{rad/s}$$

（2）运用转动运动方程求解

$$\theta = \omega_0 t + \frac{1}{2}\alpha t^2 = (125\ \text{rad/s})(1.010\ \text{s}) + (42.5\ \text{rad/s}^2)(1.010\ \text{s})^2 = 169.60\ \text{rad}$$

$$\theta_0 = \omega_0 t_0 + \frac{1}{2}\alpha t_0{}^2 = (125\ \text{rad/s})(1.000\ \text{s}) + (42.5\ \text{rad/s}^2)(1.000\ \text{s})^2 = 167.50\ \text{rad}$$

$$\omega_{av} = \frac{\Delta\theta}{\Delta t} = \frac{\theta - \theta_0}{t} = \frac{169.60 - 167.50\ \text{rad}}{1.010 - 1.000\ \text{s}} = 210\ \text{rad/s} = 2.1 \times 10^2\ \text{rad/s}$$

（3）使用转动运动方程求解

$$\theta = \omega_0 t + \frac{1}{2}\alpha t^2 = (125\ \text{rad/s})(2.010\ \text{s}) + (42.5\ \text{rad/s}^2)(2.010\ \text{s})^2 = 422.95\ \text{rad}$$

$$\theta_0 = \omega_0 t_0 + \frac{1}{2}\alpha t_0{}^2 = (125\ \text{rad/s})(2.000\ \text{s}) + (42.5\ \text{rad/s}^2)(2.000\ \text{s})^2 = 420.00\ \text{rad}$$

$$\omega_{av} = \frac{\Delta\theta}{\Delta t} = \frac{\theta - \theta_0}{t} = \frac{422.95 - 420.0\ \text{rad}}{2.010 - 2.000\ \text{s}} = 295\ \text{rad/s} = 3.0 \times 10^2\ \text{rad/s}$$

（4）角加速度为正，因为角速度为正并随时间增加。

（5）

$$\alpha_{av} = \frac{\omega - \omega_0}{\Delta t} = \frac{210 - 125\ \text{rad/s}}{1.00 - 0.00\ \text{s}} = 85\ \text{rad/s}^2$$

$$\alpha_{av} = \frac{\omega - \omega_0}{\Delta t} = \frac{295 - 210\ \text{rad/s}}{2.00 - 1.00\ \text{s}} = 85\ \text{rad/s}^2$$

3.2　定轴转动刚体的能量

3.2.1　转动动能与转动惯量

刚体由质量元组成，刚体定轴转动轴线外刚体的各质量元有非零的线速度，因此，具有动能。整个刚体的动能为组成刚体的所有质量元的动能之和。现在来推导角速度 ω 转动的刚体的动能公式。设刚体是由大量质量分别为 $m_1, m_2, \cdots$ 的大小可以忽略的质量元组成，这些质量元到定轴的距离分别为 $r_1, r_2, \cdots$，当刚体转动时，第 i 个质量元的速度 v_i 由公式 $v_i = r_i\omega$ 给出。第 i 个质量元的动能为

$$\frac{1}{2}m_i v_i^2 = \frac{1}{2}m_i r_i^2 \omega^2 \qquad (3-15)$$

刚体的总动能是其所有质量元的动能之和：

$$K = \frac{1}{2}m_1 r_1^2 \omega^2 + \frac{1}{2}m_2 r_2^2 \omega^2 + \cdots = \sum_i \frac{1}{2}m_i r_i^2 \omega^2 \qquad (3-16)$$

从这个表达式中取公因子 ω^2，刚体转动的动能为

$$K=\frac{1}{2}(m_1r_1^2+m_2r_2^2+\cdots)\omega^2=\frac{1}{2}(\sum_i m_ir_i^2)\omega^2 \quad (3-17)$$

括号中的量是通过将每个质量元的质量乘以其与旋转轴之间距离的平方，再对所有质量元求和得到的，这个量用 J 表示，称为刚体相对该旋转轴的转动惯量：

$$J=m_1r_1^2+m_2r_2^2+\cdots=\sum_i m_ir_i^2 \quad (3-18)$$

根据转动惯量的定义，对于具有给定旋转轴和给定总质量的物体，转轴与构成刚体的质量元之间的距离越大，转动惯量越大，与刚体绕给定轴旋转的方式无关。转动惯量在国际单位制中的单位是千克米平方($kg\cdot m^2$)。

根据转动惯量 J 的定义，刚体的转动动能 K 为

$$K=\frac{1}{2}J\omega^2 \quad (3-19)$$

根据上式转动动能的公式，对给定角速度 ω 转动的刚体，转动惯量越大，刚体的转动动能越大。

现实应用中，通过测量卫星轨道的微小变化，地球物理学家可以测量地球的转动惯量，这可知地球的质量是如何在其内部分布的。数据显示，地球核心层的密度远高于外层。

图 3-2

3.2.2　平行轴定理

根据转动惯量的定义，如果刚体旋转围绕不同的参考轴，组成刚体的各质量元的 r_i 会因转动轴选取的不同而不同，因此，相对不同旋转轴的转动惯量也不同。

设 J_{cm} 是质量为 M 的刚体相对于通过质心的转轴 l 的转动惯量，J_p 是相对于与 l 轴平行且与 l 轴距离为 d 的转轴 l' 的转动惯量。J_{cm} 与 J_p 满足如下平行轴定理

$$J_p=J_{cm}+Md^2 \quad (3-20)$$

平行轴定理的证明如下，设 l 与 l'(通过 p 点)平行于 z 轴，l 通过刚体质心 O_{cm}，O_{cm} 的坐标为 $(x_{cm},y_{cm},z_{cm})=(0,0,0)$，$l'$ 的 x,y 坐标为 (a,b)[如图 3-3，其中 $a^2+b^2=d^2$，$\sum_i m_i=M$]，

根据转动惯量定义

$$J_{cm}=\sum_i m_i(x_i^2+y_i^2) \quad (3-21)$$

根据质心定义

$$\sum_i m_ix_i=\sum_i m_iy_i=0 \quad (3-22)$$

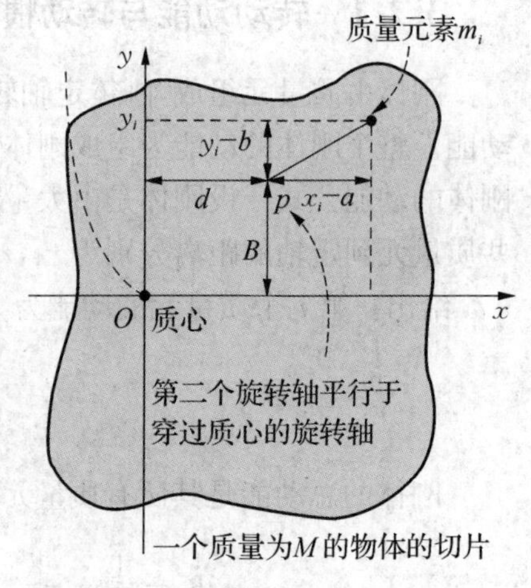

图 3-3

由(3-21)与(3-22)式，

$$J_p=\sum_i m_i[(x_i-a)^2+(y_i-b)^2]$$
$$=\sum_i m_i(x_i^2+y_i^2)-2a\sum_i m_i x_i-2b\sum_i m_i y_i+(a^2+b^2)\sum_i m_i$$
$$=J_{cm}+Md^2 \tag{3-23}$$

对于质量连续分布的情形，设刚体在 r 位置的质量密度为 $\rho(r)$，积分形式表示的转动惯量为

$$J=\int\rho(r)r^2\mathrm{d}V \tag{3-24}$$

由式(3-24)，通过质心且与圆面垂直轴的半径为 R 质量为 M 的匀质圆盘的转动惯量为

$$J_{\text{disk}}=\frac{1}{2}MR^2 \tag{3-25}$$

通过质心且与棒垂直的轴长度为 L 质量为 M 的细棒的转动惯量为

$$J_L^{cm}=\frac{1}{12}ML^2 \tag{3-26}$$

根据平行轴定理，通过端点且与棒垂直的轴长度为 L 质量为 M 的细棒的转动惯量为

$$J_L^{cm}=J_L^{cm}+M(L/2)^2=\frac{1}{3}ML^2 \tag{3-27}$$

通过质心轴的半径为 R 质量为 M 的匀质球体的转动惯量为

$$J_S^{cm}=\frac{2}{5}MR^2 \tag{3-28}$$

【例 3-3】 图 3-4 显示了质量密度 r 均匀的空心圆柱体，长度为 L，内半径 R_1 和外半径 R_2(它可能是印刷机中的钢筒)。使用积分，找到其对称轴的转动惯量。

解　选择半径为 r、厚度为 $\mathrm{d}r$、长度为 L 的薄圆柱壳作为体积单元。这个外壳的所有部分与轴线的距离 r 几乎相同。外壳的体积非常接近厚度为 $\mathrm{d}r$、长度为 L、宽度为 $2pr$(外壳周长)的薄板的体积。壳的质量是

$$\mathrm{d}m=\rho\mathrm{d}V=\rho(2\pi rL\mathrm{d}r)$$

将在等式中使用这个表达式从 $r=R_1$ 积分到 $r=R_2$。

根据转动惯量定义

$$J=\int r^2\mathrm{d}m=\int_{R_1}^{R_2}r^2\rho(2\pi rL\mathrm{d}r)$$
$$=2\pi\rho L\int_{R_1}^{R_2}r^3\mathrm{d}r$$
$$=\frac{2\pi\rho L}{4}(R_2^4-R_1^4)$$
$$=\frac{\pi\rho L}{2}(R_2^2-R_1^2)(R_2^2+R_1^2)$$

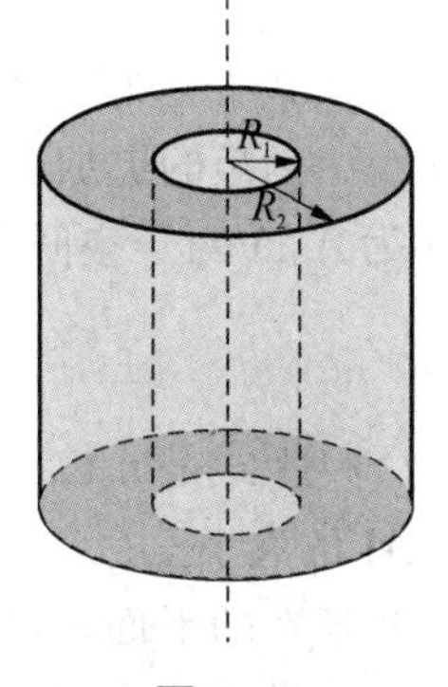

图 3-4

$$I=\frac{1}{2}M(R_1^2+R_2^2)$$

讨论:如果圆柱体是实心的,外半径 $R_2=R$,内半径 $R_1=0$,则其转动惯量为

$$I=\frac{1}{2}MR^2$$

与前面给出结果一致。如果圆柱壁很薄,有 $R_1\approx R_2=R$,转动惯量为

$$I=MR^2$$

与半径为 R 的细圆环转动惯量一致。

3.3 转动定律

要使做平动的物体产生(线)加速度,根据牛顿第二定律需要给物体一个非零外力。要给定轴转动的物体一个角加速度需要什么呢,当然也需要外力,将看到相同大小与方向的力在刚体上作用点的不同会产生不同的转动加速效果。同样大小和方向的一个力,必须以能够产生转动运动效果的方式施加才能产生角加速度。

在本节中,将定义一个新的物理量——力矩,它描述力的扭转或转动作用效果。作用在刚体上的净力矩决定其角加速度,就像作用在物体上的净力决定其线加速度一样,还将学习力矩作用定轴转动刚体的功和功率。最后学习一个新的守恒定律——角动量守恒,这在求解涉及物体转动运动状态的问题分析中起关键作用。

3.3.1 力矩

力矩是表征刚体运动状态改变原因的物理量。若某刚体可绕 Oz 轴转动,在与转轴垂直的转动平面内,有力 $\boldsymbol{F}$ 作用于点 P,那么,力 $\boldsymbol{F}$ 对转轴 Oz 的力矩大小定义为

$$M=Fr\sin\theta \tag{3-29}$$

式中 r 为点 P 距转轴的距离,θ 为 $\boldsymbol{r}$ 与 $\boldsymbol{F}$ 的夹角(图 3-5(a))。

力矩的更加普遍的定义是对点的,且是一个矢量。如图 3-5(b)所示,若力 $\boldsymbol{F}$ 的作用点为 A,A 对于空间某点 O 的位矢为 $\boldsymbol{r}$,则以 O 为参考点,力 $\boldsymbol{F}$ 的力矩为

$$\boldsymbol{M}=\boldsymbol{r}\times\boldsymbol{F} \tag{3-30}$$

上式是 $\boldsymbol{r}$ 矢量与 $\boldsymbol{F}$ 矢量的矢积(叉乘)表示,$\boldsymbol{M}$ 的大小正是(3-29)式。$\boldsymbol{M}$ 的方向垂直于 $\boldsymbol{r}$ 和 $\boldsymbol{F}$ 所在的平面,其指向用右手螺旋定则确定:把右手拇指伸直,其余四指弯曲,弯曲的方向由 $\boldsymbol{r}$ 通过小于180°的角转向 $\boldsymbol{F}$ 的方向,这时拇指所指的方向就是力矩的方向。因为力矩依赖于受力点的位矢 $\boldsymbol{r}$,所以同一个力对空间不同参考点的

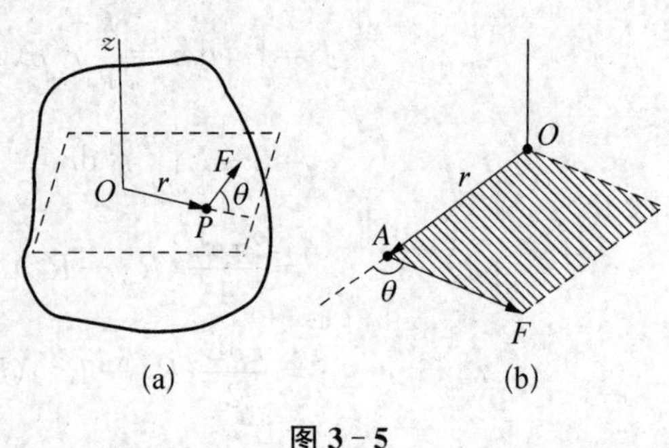

图 3-5

力矩是不相同的。当提到力矩时，必须明确是对哪一个参考点的力矩。向心力以力心为参考点的力矩恒为零。

力对转轴的力矩，实际上是力 $\boldsymbol{F}$ 在转动平面内的分力 $\boldsymbol{F}_{/\!/}$（图 3－5(b)）对以转动平面与转轴的交点 O 为参考点的力矩。

如果转轴的方向不变，即在定轴转动的情况下，力矩可作为代数量来处理，仅有正、负之分。若选定逆时针方向为转动正方向，则逆时针转动的力矩为正，顺时针为负；反之亦然。

力矩的单位在国际单位制中为 N・m。注意，它的量纲虽然与焦耳相同，但不能称为焦耳。

3.3.2　转动定律

转动定律给出了作用在刚体上的力矩 $\boldsymbol{M}$ 与刚体的角加速度之间的关系，其数学表达式为

$$\boldsymbol{M}=J\boldsymbol{\alpha} \tag{3-31}$$

式中 $\boldsymbol{M}$ 是刚体受到的对某转轴的合外力矩，J 是该刚体对同一转轴的转动惯量，α 是角加速度。转动定律是刚体定轴转动的基本定律，表明了力矩的瞬时作用规律。与牛顿第二定律的数学表达式 $\boldsymbol{F}=m\boldsymbol{a}$ 相比较，力矩 $\boldsymbol{M}$ 对应于力 $\boldsymbol{F}$，转动惯量 J 对应于质量 m，角加速度 $\boldsymbol{\alpha}$ 对应于加速度 $\boldsymbol{a}$。

转动定律的证明如下，设刚体在外力矩作用下的角加速度为 $\boldsymbol{\alpha}$，组成刚体的质量元 m_i（到定轴的距离为 r_i）所受的合力为 $\boldsymbol{F}_i$，根据牛顿第二定律

$$\boldsymbol{F}_i=m_i(\boldsymbol{a}_i^{\tau}+\boldsymbol{a}_i^{n})=m_i(r_i\alpha\boldsymbol{e}_{\tau}+\boldsymbol{a}_i^{n}) \tag{3-32}$$

其中 $\boldsymbol{a}_i^{\tau}$ 与 $\boldsymbol{a}_i^{n}$ 分别为质量元的切向与法向加速度。把（3－32）式代入（3－30）式质量元 m_i 所受的力矩大小为

$$|M_i|=|\boldsymbol{r}_i\times\boldsymbol{F}_i|=m_ir_i^2\alpha \tag{3-33}$$

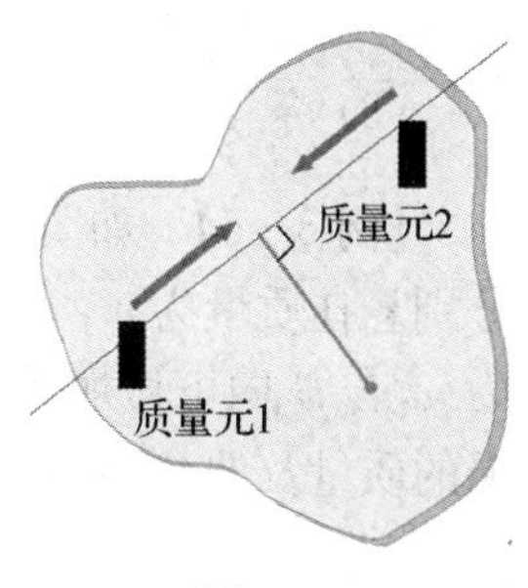

图 3－6

上式对刚体所有质量元求和，由于刚体质量元之间的内力成对出现，大小相等，方向相反，力作用线沿同一条直线，（成对）内力对上式左边求和，总力矩的贡献为零，上式左边求和结果为总外力矩

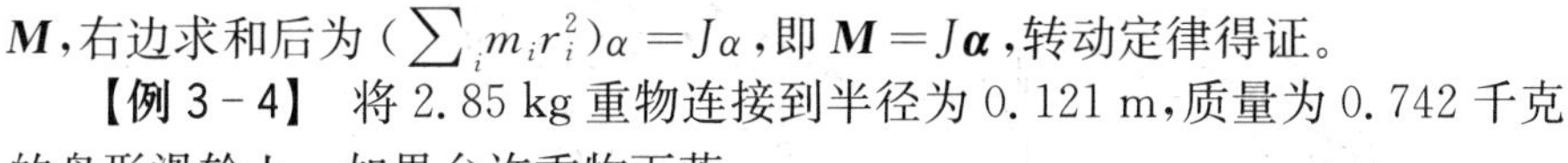

$\boldsymbol{M}$，右边求和后为 $(\sum_i m_ir_i^2)\alpha=J\alpha$，即 $\boldsymbol{M}=J\boldsymbol{\alpha}$，转动定律得证。

【例 3－4】　将 2.85 kg 重物连接到半径为 0.121 m，质量为 0.742 千克的盘形滑轮上。如果允许重物下落，

（1）它的线性加速度是多少？

（2）滑轮的角加速度是多少？

（3）重物在 1.50 s 内下降多少？

问题提出：由于滑轮的旋转，重物直线下降，其速度降低。实际情况如图 3－7 所示。

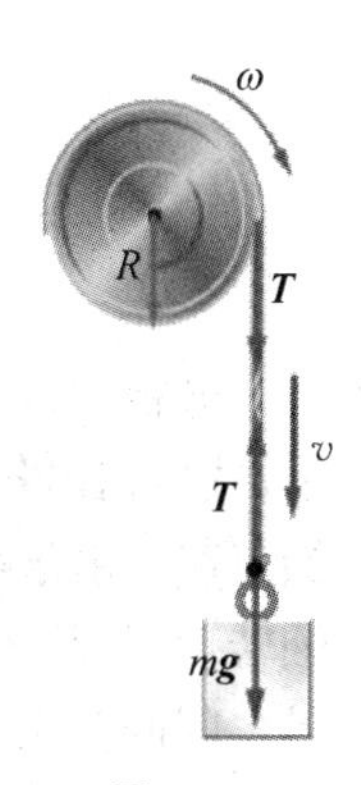

图 3－7

分析　写出围绕滑轮轴线的力矩的转动定律公式，以及重物在垂直方向上的牛顿第二定律。将这两个方程式与关系式 $a=r\alpha$ 结合起来（绳索与滑轮间的摩擦力为零），从而求出线性加速度、角加速度和 1.50 s 内的行进距离。

令 m = 重物质量，M = 滑轮质量，R = 滑轮半径，T = 绳索张力，请注意，对于滑轮，$J=\frac{1}{2}MR^2$。假设重物的向下方向为正。

解 (1) 令滑轮的 $\sum M = J\alpha$ 并求解 T：$\sum M = rT = J\alpha$

$$T=\frac{J\alpha}{r}=\frac{\left(\frac{1}{2}MR^2\right)(a/R)}{R}=\frac{1}{2}Ma$$

对于重物令 $\sum F_y = ma_y$，然后用问题 1 中的 T 替换表达式：

$$\sum F = -T + mg = ma$$

$$-\left(\frac{1}{2}Ma\right)+mg=ma$$

求解(1)：

$$mg=\left(m+\frac{1}{2}M\right)a$$

$$a=\left(\frac{m}{m+\frac{1}{2}M}\right)g=\left[\frac{2.85\ \text{kg}}{2.85\ \text{kg}+\frac{1}{2}(0.742\ \text{kg})}\right](9.81\ \text{m/s}^2)=8.68\ \text{m/s}^2$$

(2) 令 $a=\alpha R$ 并求解 α：$\alpha=\frac{a}{R}=\frac{8.68\ \text{M/s}^2}{0.121\ \text{m}}=71.7\ \text{rad/s}^2$

(3) 令 $y_0=0$ 求解 Δy：$\Delta y=0+\frac{1}{2}a_y t^2=\frac{1}{2}(8.68\ \text{m/s}^2)(1.50\ \text{s})^2=9.77\ \text{m}$

【例 3-5】 如图 3-8 所示装置，定滑轮的半径为 r，绕转轴的转动惯量为 J，滑轮两边分别悬挂质量为 m_1 和 m_2 的物体 A、B。A 置于倾角为 θ 的斜面上，它和斜面间的摩擦因数为 μ，若 B 向下做加速运动时，求：(1) 其下落加速度的大小；(2) 滑轮两边绳子的张力。(设绳的质量及伸长均不计，绳与滑轮间无滑动，滑轮轴光滑)

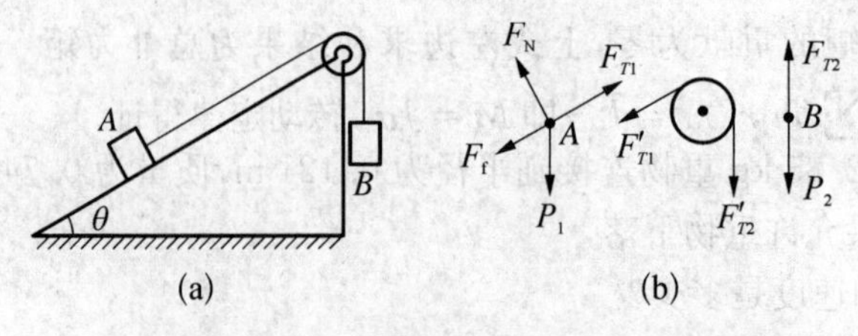

图 3-8

分析 这是连接体的动力学问题，对于这类问题仍采用隔离体的方法，从受力分析着手，然后列出各物体在不同运动形式下的动力学方程。物体 A 和 B 可视为质点，则运用牛顿定律。由于绳与滑轮间无滑动，滑轮两边绳中的张力是不同的，滑轮在力矩作用下产生定轴转动，因此，对滑轮必须运用刚体的定轴转动定律。列出动力学方程，并考虑到角量与线量之间的关系，即能解出结果来。

解　作 A、B 和滑轮的受力分析，如图(b)。其中 A 是在张力 F_{T1}、重力 P_1、支持力 F_N 和摩擦力 F_f 的作用下运动，根据牛顿定律，沿斜面方向有

$$F_{T1}-m_1g\sin\theta-\mu m_1g\cos\theta=m_1a_1$$

而 B 则是在张力 F_{T2} 和重力 P_2 的作用下运动，有

$$m_2g-F_{T2}=m_2a_2$$

由于绳子不能伸长、绳与轮之间无滑动，则有

$$a_1=a_2=r\alpha$$

对滑轮而言，根据定轴转动定律有

$$F'_{T2}r-F'_{T1}r=J\alpha$$

$$F'_{T1}=F_{T1},F'_{T2}=F_{T2}$$

解上述各方程可得

$$a_1=a_2=\frac{m_2g-m_1g\sin\theta-\mu m_1g\cos\theta}{m_1+m_2+\dfrac{J}{r^2}}$$

$$F_{T1}=\frac{m_1m_2g(1+\sin\theta+\mu\cos\theta)+(\sin\theta+\mu\cos\theta)m_1gJ/r^2}{m_1+m_2+J/r^2}$$

$$F_{T2}=\frac{m_1m_2g(1+\sin\theta+\mu\cos\theta)+m_2gJ/r^2}{m_1+m_2+J/r^2}$$

3.4　角动量定理与转动的动能定理

3.4.1　角动量定理

质量为 m，速度为 $\boldsymbol{v}$（动量 $\boldsymbol{p}=m\boldsymbol{v}$）的质点，以空间点 O 为参考点的角动量定义为

$$\boldsymbol{L}=\boldsymbol{r}\times\boldsymbol{p}=m\boldsymbol{r}\times\boldsymbol{v}\tag{3-34}$$

式中，$\boldsymbol{r}$ 是该质点相对点 O 的位矢。参考点不同，角动量也不同，因此，在讲角动量时，必须指明是对哪一个参考点的。

对做圆周运动的质点，以圆心为参考点的角动量是

$$\boldsymbol{L}=\boldsymbol{r}\times m\boldsymbol{v}=mr^2\boldsymbol{\omega}\tag{3-35}$$

式中 r，ω 分别是圆的半径和角速度。$\boldsymbol{L}$ 的方向与角速度 $\boldsymbol{\omega}$ 的方向相同，所以也可以写成

$$\boldsymbol{L}=mr^2\boldsymbol{\omega}=J\boldsymbol{\omega}\tag{3-36}$$

式中 $J=mr^2$ 是质点相对圆心的转动惯量。

刚体绕定轴转动的角动量其定义为：

$$\boldsymbol{l}=\sum_i m_i r_i^2\boldsymbol{\omega}=\langle\sum_i m_i r_i^2\rangle\boldsymbol{\omega}=J\boldsymbol{\omega} \tag{3-37}$$

J 与 $\boldsymbol{\omega}$ 分别是刚体绕同一固定轴的转动惯量与角速度。$\boldsymbol{L}$ 和 $\boldsymbol{\omega}$ 虽然都是矢量，但在定轴转动的情况下，可以作为代数量处理，仅有正、负之分。

对(3-34)式两边对时间求导，可得

$$\frac{\mathrm{d}\boldsymbol{L}}{\mathrm{d}t}=\frac{\mathrm{d}(\boldsymbol{r}\times\boldsymbol{p})}{\mathrm{d}t}=\frac{\mathrm{d}\boldsymbol{r}}{\mathrm{d}t}\times\boldsymbol{p}+\boldsymbol{r}\times\left(\frac{\mathrm{d}\boldsymbol{p}}{\mathrm{d}t}\right)=\boldsymbol{v}\times(m\boldsymbol{v})+\boldsymbol{r}\times\boldsymbol{F}=\boldsymbol{r}\times\boldsymbol{F}=\boldsymbol{M} \tag{3-38}$$

同样对刚体所有质量元应用上式，再对所有质量元求和，可得刚体转动角动量与所受外力矩之间的关系

$$\frac{\mathrm{d}\boldsymbol{L}}{\mathrm{d}t}=\boldsymbol{M} \tag{3-39}$$

由上式质点角动量定理和刚体角动量定理可以写成下述的形式：

$$\int_{t_1}^{t_2}\boldsymbol{M}\mathrm{d}t=\int_{t_1}^{t_2}\frac{\mathrm{d}\boldsymbol{L}}{\mathrm{d}t}\mathrm{d}t=\boldsymbol{L}_2-\boldsymbol{L}_1 \tag{3-40}$$

式中 $\int_{t_1}^{t_2}\boldsymbol{M}\mathrm{d}t$ 是作用在物体上的冲量矩。上式的物理意义是作用于物体上的冲量矩等于角动量的增量。对质点而言，力矩 $\boldsymbol{M}$ 和角动量 $\boldsymbol{L}$ 必须是对同一个参考点的；对刚体而言，力矩和角动量必须是对同一转轴的。式(3-40) 与质点动量定理式很相似。

3.4.2 角动量守恒定律

若作用于物体的合外力矩 $\boldsymbol{M}=\boldsymbol{0}$，则角动量守恒：$\boldsymbol{L}=$常量。对于质点，有

$$\boldsymbol{L}=\boldsymbol{r}\times m\boldsymbol{v}=\text{常矢量} \tag{3-41}$$

对于刚体，有

$$\boldsymbol{L}=J\boldsymbol{\omega}=\text{常量} \tag{3-42}$$

特别值得一提的是，在有心力(相对于力心力矩为零)作用下，质点对力心的角动量都是守恒的。角动量守恒定律、动量守恒定律及能量守恒定律是物理学中三个最普遍的定律。

马戏团杂技演员、潜水员和用一个脚趾旋转的溜冰者都利用了这一原理。假设一名杂技演员刚刚离开秋千，手臂和腿伸展，并围绕重心逆时针旋转。所以她的角动量 $L_z=J_{cm}\omega_z$ 保持不变，角速度 ω_z 随着 I_{cm} 的减小而增大，就是

$$J_1\omega_{1z}=J_2\omega_{2z}\text{（零净外力矩）} \tag{3-43}$$

当溜冰者或芭蕾舞演员伸展手臂旋转，然后将手臂向内拉时，她的角速度随着转动惯量的减小而增大。在每种情况下，在净外力矩为零的系统中都存在角动量守恒。

当一个系统有多个零件时，这些零件相互施加的内力会导致零件的角度动量发生变化，

但总角动量不会改变。

【例 3-6】 一个学生坐在钢琴凳上休息，钢琴凳可以无摩擦旋转。学生和凳这个整体的转动惯量为 4.1 $kg \cdot m^2$。另一名学生向坐在凳子上的学生扔一个速度为 2.7 m/s 质量为 1.5 kg 的重物，他在距旋转轴 0.40 m 的地方抓住了它。问学生和凳子这个整体的角速度是多少？

问题提出：学生从坐着的凳子的旋转轴上抓住重物，碰撞后，她与抓住的重物以恒定的角速度旋转。

方法：因为系统上没有外部力矩，所以 1.5 千克重物的角动量等于学生与捕获重物后的角动量之和。运用角动量守恒以确定学生的最终角速度。

解 设置 $L_i = L_f$ 并求解 ω_f：

$$mvr + 0 = I_f \omega_f$$

$$mvr = (I_{\text{student-stool}} + mr^2)\omega_f$$

$$\omega_f = \frac{mvr}{I_{\text{student-stool}} + mr^2} = \frac{(1.5\ \text{kg})(2.7\ \text{m/s})(0.40\ \text{m})}{4.1\ \text{kg} \cdot \text{m}^2 + (1.5\ \text{kg})(0.40\ \text{m})^2} = 0.37\ \text{rad/s}$$

【例 3-7】 半径分别为 r_1、r_2 的两个薄伞形轮，它们各自对通过盘心且垂直盘面转轴的转动惯量为 J_1 和 J_2。开始时轮Ⅰ以角速度 ω_0 转动，问与轮Ⅱ成正交啮合后（如图 3-9 所示），两轮的角速度分别为多大？

分析 两伞形轮在啮合过程中存在着相互作用力，这对力分别作用在两轮上，并各自产生不同方向的力矩，对转动的轮Ⅰ而言是阻力矩，而对原静止的轮Ⅱ则是启动力矩。由于相互作用的时间很短，虽然作用力的位置知道，但作用力大小无法得知，因此，力矩是未知的。但是，其作用的效果可从轮的转动状态的变化来分析。对两轮分别应用角动量定理，并考虑到啮合后它们有相同的线速度，这样，啮合后它们各自的角速度就能求出。

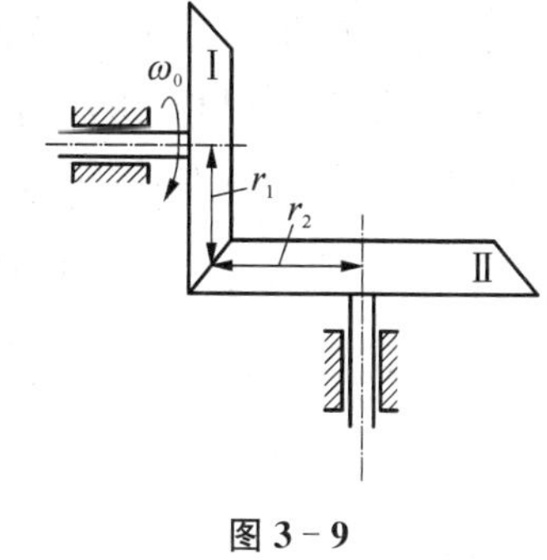

图 3-9

解 设相互作用力为 F，在啮合的短时间 Δt 内，轮Ⅰ的角速度变为 ω_1，轮Ⅱ的角速度变为 ω_2，根据角动量定理，对轮Ⅰ、轮Ⅱ分别有

$$-F_{r_1}\Delta t = J_1(\omega_1 - \omega_0)$$

$$F_{r_2}\Delta t = J_2\omega_2$$

$$F_{r_1} = F_{r_2}$$

两轮啮合后应有相同的线速度，故有

$$r_1\omega_1 = r_2\omega_2$$

由上述各式可解得啮合后两轮的角速度分别为

$$\omega_1 = \frac{J_1\omega_0 r_2}{J_1 r_2 + J_2 r_1}, \omega_2 = \frac{J_1\omega_0 r_1}{J_1 r_2 + J_2 r_1}$$

3.4.3 力矩做功——转动动能定理

在定轴转动的情况下，若刚体受到的力矩为 M，角位移为 $\mathrm{d}\theta$，则 $\boldsymbol{M}$ 做的功为

$$\mathrm{d}W = M\mathrm{d}\theta \tag{3-44}$$

若刚体转过 θ 角度，M 做的功为

$$W = \int_0^\theta M\mathrm{d}\theta = \int_0^\theta \frac{\mathrm{d}L}{\mathrm{d}t}\mathrm{d}\theta = \int_0^\theta J\frac{\mathrm{d}\omega}{\mathrm{d}t}\mathrm{d}\theta = \int_0^\theta J\,\mathrm{d}\omega\frac{\mathrm{d}\theta}{\mathrm{d}t} = \int_{\omega_1}^{\omega_2} J\omega\,\mathrm{d}\omega = \frac{1}{2}J\omega_2^2 - \frac{1}{2}J\omega_1^2 \tag{3-45}$$

上式的物理意义是：合外力矩对绕定轴转动的刚体所做的功等于刚体转动动能的增量。式(3-45)与质点动能定理式是很相似的。对于包含有刚体转动的系统，机械能守恒定律仍然是成立的，其重力势能以系统质心(或系统内各物体质心)的重力势能计算。

【例3-8】 在光滑的水平面上有一木杆，其质量 $m_1 = 1.0\,\mathrm{kg}$，长 $l = 40\,\mathrm{cm}$，可绕通过其中点并与之垂直的轴转动。一质量为 $m_2 = 10\,\mathrm{g}$ 的子弹，以 $v = 2.0\times10^2\,\mathrm{m\cdot s^{-1}}$ 的速度射入杆端，其方向与杆及轴正交。若子弹陷入杆中，试求所得到的角速度。

分析 子弹与杆相互作用的瞬间，可将子弹视为绕轴的转动。这样，子弹射入杆前的角速度可表示为 ω，子弹陷入杆后，它们将一起以角速度 ω' 转动。若将子弹和杆视为系统，因系统不受外力矩作用，故系统的角动量守恒。由角动量守恒定律可解得杆的角速度。

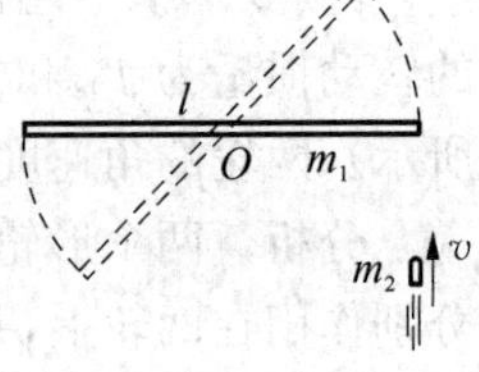

图3-10

解 根据角动量守恒定理

$$J_2\omega = (J_1 + J_2)\omega'$$

式中 $J_2 = m_2(l/2)^2$ 为子弹绕轴的转动惯量，$J_2\omega$ 为子弹在陷入杆前的角动量，$\omega = 2v/l$ 为子弹在此刻绕轴的角速度。$J_1 = m_1 l^2/12$ 为杆绕轴的转动惯量。可得杆的角速度为

$$\omega' = \frac{J_2\omega}{J_1 + J_2} = \frac{6m_2 v}{(m_1 + 3m_2)} = 29.1\,\mathrm{rad\cdot s^{-1}}$$

刚体转动问题中也有动能，为用转动惯量与角速度表示的转动动能。相应总机械能中的动能部分为质心平动动能加上刚体相对于质心转动的动能。

习 题

1. 刚体做定轴转动，下列表述错误的是 (　　)。
   A. 各质元具有相同的角速度　　B. 各质元具有相同的角加速度
   C. 各质元具有相同的线速度　　D. 各质元具有相同的角位移
2. 关于力矩有以下几种说法错误的是 (　　)。
   A. 对某个定轴转动刚体而言，内力矩不会改变刚体的角加速度
   B. 一对作用力和反作用力对同一轴的力矩之和必为零
   C. 质量相等，形状和大小不同的两个刚体，在相同力矩的作用下，它们的运动状态一

定相同

D. 两个力的力矩大小相等，这两个力大小不一定相等

3. 如图所示，质量为 m 的匀质细杆 AB 处于静止状态，杆身与竖直方向成 θ 角。已知竖直面光滑，水平地面粗糙，则 A 端对墙壁的压力大小为（　　）。

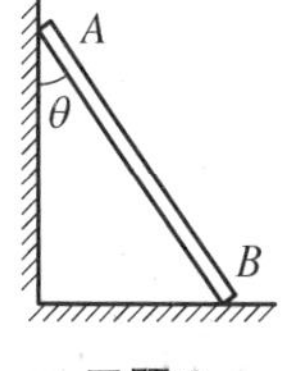

习题 3

A. $\frac{1}{4}mg\cos\theta$　　B. $\frac{1}{2}mg\tan\theta$

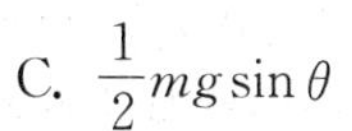
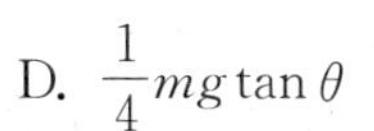

C. $\frac{1}{2}mg\sin\theta$　　D. $\frac{1}{4}mg\tan\theta$

4. 一圆盘绕过盘心且与盘面垂直的光滑固定轴 O 以角速度 ω 按图示方向转动。若将两个大小相等、方向相反，但不在同一条直线的力 F 沿盘面同时作用到圆盘上，则圆盘的角速度 ω（　　）。

A. 必然增大

B. 必然减少

C. 不会改变

D. 如何变化，不能确定

习题 4

5. 如图所示，轻绳绕在有水平轴的光滑定滑轮上，滑轮的转动惯量为 J。当绳下端挂重力为 mg 的物体时，滑轮的角加速度为 α_1。若将物体去掉，而以大小为 mg 的力直接向下拉绳子，滑轮的角加速度为 α_2，则（　　）。

A. $\alpha_1=\alpha_2$　　B. $\alpha_1>\alpha_2$

C. $\alpha_1<\alpha_2$　　D. α_1，α_2 大小无法判断

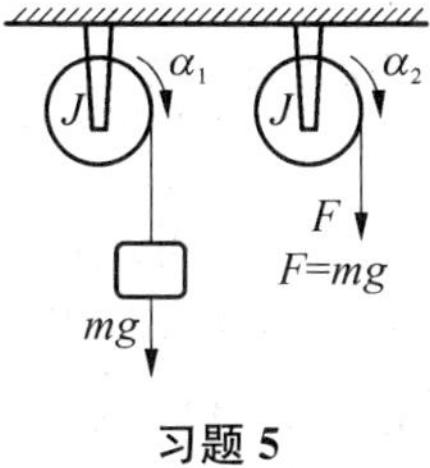

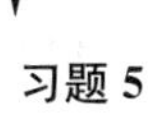
习题 5

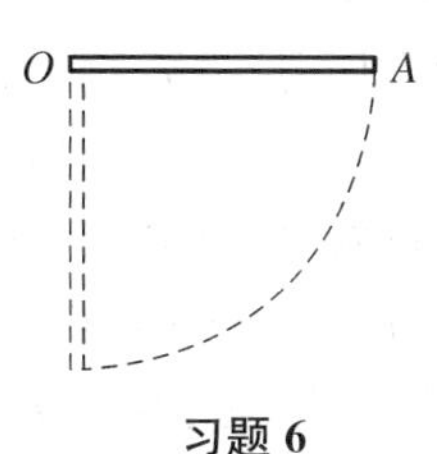

习题 6

6. 均匀木棒 OA 可在竖直平面内绕过其端点 O 的光滑水平轴转动。令棒从水平位置开始下落，在棒转动到竖直位置的过程中，下列说法中正确的是（　　）。

A. 角速度从小到大，角加速度从小到大

B. 角速度从小到大，角加速度从大到小

C. 角速度从大到小，角加速度从大到小

D. 角速度从大到小，角加速度从小到大

7. 如图所示，匀质细杆可绕通过上端与杆垂直的水平光滑固定轴 O 旋转，初始状态为静止悬挂。现有一个小球自左方以水平速度打击细杆下端，设小球与细杆之间为非弹性碰撞，则在碰撞过程中，细杆与小球系统（　　）。

A. 只有机械能守恒　　B. 只有动量守恒

C. 只有对转轴 O 的角动量守恒　　D. 机械能、动量和角动量均守恒

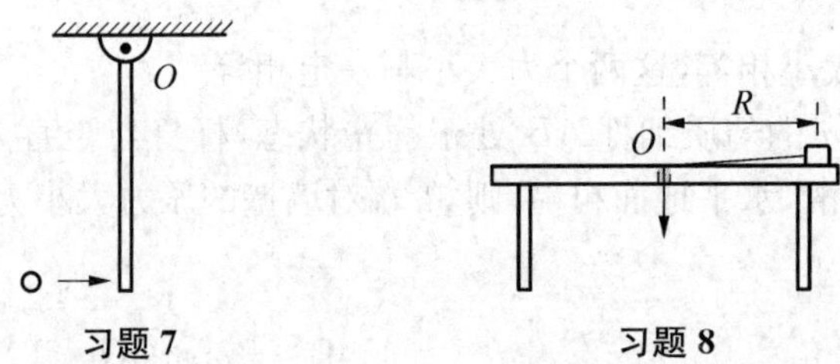

习题 7　　　　习题 8

8. 如图所示，光滑的水平桌面上一个小物体，与轻绳的一端连接，绳的另一端穿过桌面中心的小孔O。该物体原以角速度ω在半径为R的圆周上绕O旋转。今将绳从小孔缓慢往下拉，则物体　　　　(　　)。

A. 动能不变，动量改变　　　　B. 动量不变，动能改变

C. 角动量不变，动量不变　　　　D. 角动量改变，动量改变

9. 一个沿椭圆轨道运行的人造地球卫星，其远地点、近地点分别为A、B两点。设卫星在A、B时对地心的角动量分别为L_A、L_B，动能分别为E_{kA}、E_{kB}，则有　　　　(　　)。

A. $L_A > L_B, E_{kA} > E_{kB}$　　　　B. $L_A = L_B, E_{kA} < E_{kB}$

C. $L_A = L_B, E_{kA} = E_{kB}$　　　　D. $L_A < L_B, E_{kA} = E_{kB}$

10. 三个质量均为m的质点，位于边长为a的等边三角形的三个顶点上。此系统对通过三角形中心并垂直于三角形平面的轴的转动惯量$J_0=$________；对通过三角形中心且平行于其一边的轴的转动惯量为$J_A=$________；对通过三角形中心和一个顶点的轴的转动惯量为$J_B=$________。

11. 一飞轮以600转/分钟的转速旋转，转动惯量为$2.5\ \mathrm{kg\cdot m^2}$，现加一恒定的制动力矩使飞轮在1 s内停止转动，则该恒定制动力矩的大小$M=$________。

12. 质量为m的均质杆，长为l，以角速度ω绕过杆的端点，垂直于杆的水平轴转动，杆绕转动轴的动能为$E_k=$________，角动量为$L=$________。

13. 长为l轻直杆，两端分别固定有质量为$2m$和m的小球，杆可绕通过其中心O且与杆垂直的水平光滑固定轴在竖直平面内转动。开始杆与水平方向成某一角度θ，处于静止状态，如图所示。释放后，当杆转到水平位置时，该系统所受到的合外力矩的大小$M=$________，此时该系统角加速度的大小$\alpha=$________。

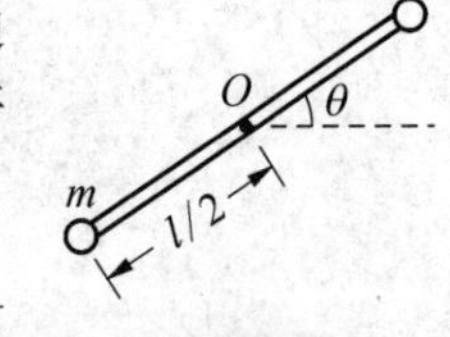

习题 13

14. 地板抛光机圆盘的直径为D，对地板的压力为F，工作时圆盘以角速度ω匀速旋转。假定地板所受的压力均匀，圆盘与地板间的摩擦系数为μ，求开动抛光机所需的功率。

15. 如图所示，光滑水平桌面上的匀质棒，可绕通过其一端的竖直固定光滑轴O转动。棒的质量为$m=1.5\ \mathrm{kg}$，长度为$l=1.0\ \mathrm{m}$，对轴的转动惯量为$J=\dfrac{1}{3}ml^2$。初始时棒静止，今有一水平运动的子弹垂直地射入棒的另一端，并留在棒中。子弹的质量为$m'=0.02\ \mathrm{kg}$，速率为$v=400\ \mathrm{m/s}$。求：

(1) 棒开始和子弹一起转动时的角速度ω；

(2) 若棒转动时受到大小为$M_r=4.0\ \mathrm{N\cdot m}$的恒定阻力矩作用，棒能转过的角度$\theta$。

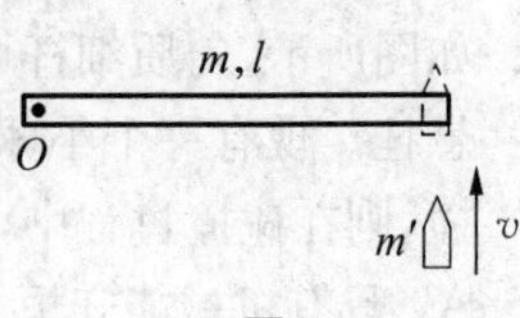

习题 15

第四章

静电场

静电场是指相对于观察者静止的电荷所产生的电场。本章介绍静止电荷产生电场的特点及其静止电荷间相互作用的规律。由于电荷之间的相互作用是通过电场这一物质传递的，因而，重点讨论电场的概念、描述电场力学性质的物理量电场强度的计算方法，并由电荷所受电场力做功来引入电势能及电势的概念，介绍描述电场能量性质电势的计算方法。为了加强对电场的理解和计算，还介绍电场线，电场强度的通量（电通量）和等势面等概念，特别给出了真空中静电场环路定理和高斯定理，并分析了它们的应用。静电学的研究已经深入到了许多领域，包括材料科学、电子工程、能源科学等。例如，在材料科学中，人们研究材料的静电特性，用于制造电子设备、传感器等；在能源科学中，人们研究静电能量转换，用于发电和储能等。

静电场始于人们对摩擦起电和静电验电器的研究。其力学相互作用规律的描述来自1785年法国物理学家库仑用扭秤实验确定两个带电球体间的相互作用力。19世纪30年代，英国物理学家法拉第提出电荷周围空间存在场，静电荷之间的作用力是场来传递的。1835年，德国物理学家高斯提出电场中的高斯定理。1897年，英国物理学家汤姆孙发现了电子。1913年，美国物理学家密立根通过油滴实验测定了电子的电荷量。

4.1 电　　荷

自然界中，雨天的雷电和物体间摩擦起电是人类对“电”认识的开始。当丝绸和玻璃棒、毛皮和琥珀棒互相摩擦后，它们能够吸引轻小的物体。这表明，摩擦后物体处于一种特殊状态，人们把处于这种特殊状态的物体称为带电体，即带有电荷的物体。

4.1.1 电荷种类

电荷有两种类型：正电荷和负电荷。描述电荷量值的物理量叫电荷量，电荷量通常用符号 q 或 Q 表示，其单位名称为库仑（Coulomb），符号为 C。带同种电荷的物体互相排斥而带异种电荷的物体互相吸引，这是电荷的基本性质。任何宏观物体都是由分子或原子组成。根据原子理论，如果将原子看成一个球体，其原子直径大约为 10^{-10} m 数量级。原子是由带正电荷的原子核和绕原子核运行带负电的电子组成。原子核直径很小，大约为 10^{-15} m～10^{-14} m，其体积只占原子体积的几千亿分之一。这就是说，原子的线度几乎为原子核线度的 10^4～10^5 倍。原子核又由带正电的质子和不带电的中子组成，而中子内部也有电荷（上夸克和下夸克）。一个质子所带正电荷量与一个电子负的电荷量是相等的，通常用 $+e$ 和

$-e$ 表示($e=1.602\times10^{-19}$ C)。通常,每个原子中的电子数与质子数相等,故物体不带净电荷,呈电中性。当物体经受摩擦等作用而造成物体失去电子或得到电子时,就说物体带电了。也就是,当一个物体中所有电子负的电荷总量多于所有原子核带的正电荷总量时,这个物体对外显示出负电性,总电荷量净值为负值;反之,如果一个物体中所有电子的负电荷总量少于原子核所带的正电荷总量,那么该物体对外显示正电性,该物体电荷量净值为正值。

4.1.2 电荷的量子化

图 4 - 1

1897 年,约瑟夫·约翰·汤姆孙(Jospeh John Thomson, 1856—1940,英国物理学家,电子的发现者)在测量阴极射线粒子的电荷量与质量之比时,获得该粒子的质量约为氢原子质量的 1/2 000。1913 年,罗伯特·安德鲁·密立根(Robert Andrews Millikan, 如图 4 - 1, 1868—1953,美国物理学家,电子电荷量的测定者)精准测定两者比值为 1/1 836。这种射线粒子后来被称为电子。并且密立根利用在电场和重力场中运动的带电油滴进行实验,发现带电油滴的电荷量都是某一电荷量的整数倍,该电荷量就是电子电量。近代物理中,把某一物理量不能连续取量值,而只能取某个最小单元量值整数倍的性质叫作该物理量的"量子化"。量子化是近代物理学中的一个基本概念,当研究范围与原子线度可比时,物理量量子化就很显著,比如:角动量、能量等这些物理量都已经被量子化了。很显然,油滴实验证明了电荷的量子化,也就是带电体的电荷量 $q=ne(n=\pm1, \pm2, \pm3, \cdots)$,其中 e 被称为基元电荷量。

4.1.3 电荷守恒定律

通常,物体呈电中性,即物体中正、负电荷量的代数和为零。如果在一个系统内有两个电中性的物体或两部分,通过某种手段,使一些电子从一个物体(一部分)转移到另一个物体(部分),则前者带正电荷,后者带负电荷,但两物体正、负电荷量的代数和仍然为零。也就是说,**不管系统中的电荷如何转移,系统电荷量的代数和保持不变,这就是电荷守恒定律。**电荷守恒定律就如同能量守恒定律、动量守恒定律和角动量守恒定律,是自然界中的基本守恒定律之一。实验研究表明:无论是宏观还是微观领域,电荷守恒定律都是成立的。

4.2 库仑定律

库仑定律是定量描述真空中静止点电荷之间相互作用的规律,它是由法国物理学家库仑在 1785 年用扭秤实验确定两个带电球体间相互作用力之后所提出的。库仑定律适合两个点电荷之间相互作用力的求解。所谓点电荷是指带电体的形状和大小与它到其他带电体的距离相比可以忽略不计时,则把这个带电体视为点电荷。"点电荷"是从实际问题中抽象出来的理想化模型。**库仑定律的内容为:在真空中,两个静止的点电荷 q_1 和 q_2 之间的相互作用力 F 大小与它们电荷量的乘积成正比,与两点电荷之间距离 r 的平方成反比;作用力的方向沿着两点电荷的连线,同种电荷相斥,异种电荷相吸。**其数学表达式为:

$$\boldsymbol{F}=\frac{1}{4\pi\varepsilon_0}\frac{q_1q_2}{r^2}\boldsymbol{e}_r \tag{4-1}$$

ε_0 为真空电容率（$\varepsilon_0\approx 8.854\times10^{-12}\ \mathrm{C^2\cdot N^{-1}\cdot m^{-2}}$），$\boldsymbol{e}_r$ 为 q_1 指向 q_2 的单位矢量。此式中两点电荷电性要考虑。通常静止点电荷间的作用力称为库仑力。应当注意：两静止点电荷之间的库仑力遵守牛顿第三定律，即大小相等、方向相反。

【例 4-1】 如图 4-2 所示，真空中，两个质量 $m=10$ g 的带正电小球分别系在长 $l=10$ cm 的绝缘线上，由于带同种电荷而张开的角度 $\theta=60°$，求：小球带电荷量 q。

解 由库仑定律可知两电荷之间的库仑力大小 F 为：

$$F=\frac{q^2}{4\pi\varepsilon_0 l^2}$$

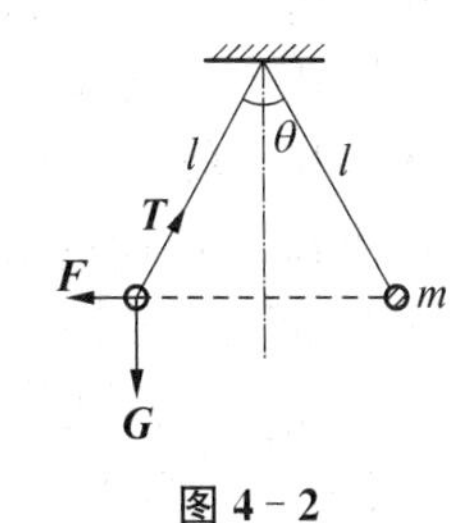

图 4-2

如果能求出 F，则 q 就能求出。根据牛顿第二定律可知：

$$F=mg\tan\frac{\theta}{2}$$

由上两式得到：

$$q=\sqrt{4\pi\varepsilon_0 l^2\times mg\tan\frac{\theta}{2}}$$
$$=\sqrt{4\times3.14\times8.85\times10^{-12}\times10^{-2}\times10^{-2}\times9.8\times\frac{\sqrt{3}}{3}}\approx2.51\times10^{-7}\ \mathrm{C}$$

4.3　电场强度

4.3.1　静电场

两个电荷之间的相互作用力是如何产生的？在很长一段时间里，人们认为电荷之间的作用是一种“超距”作用，即两电荷之间作用既不需要任何媒质传递也不需要时间。直到 19 世纪 30 年代法拉第提出一种独特的观点，认为电荷周围空间存在一种由电荷产生的特殊物质——场，其他电荷受这个场的作用后才受力的，电荷之间的作用力是通过场来传递的。这个“场”就是本小节要讲的“电场”。近代物理学的理论和实验已经证实了这种“电场”观点的正确性，电场是独立于人们意识之外的客观存在的物质。现在人们认识到：任何电荷在其周围都要激发电场，电荷间的相互作用是通过电场这种媒介对电荷的作用来实现的。尽管电场是看不见、摸不着的物质，但它和物质的另一种形态（实物）一起构成了丰富的物质世界。通常，**人们把相对于观察者静止的电荷激发的电场称为静电场。**存在于静止电荷周围的静电场能够分布在一定的空间。电场和实物最明显的区别在于：电场分布范围比较宽广，而实物集中在有限范围内。因此，对电场的描述需要空间逐点进行，不像实物那样只需整体描述。

前面的学习已了解处于万有引力场中的物体要受到万有引力，当此物体运动时，在某一运动过程中，万有引力要对它做功。同样，处于静电场中的电荷也要受到电场力，并且当电荷在电场中运动时电场力也要对它做功。本章将从电场力和做功角度来讨论静电场的性质，分别阐明电场性质的两个重要物理量——**电场强度和电势**。

4.3.2 真空中的电场强度

为了研究电场对放于其中的电荷作用力的性质，把一个点电荷$+Q$置于空间某一位置（如图 4-3），其周围产生电场。当把一试验电荷$+q_0$放入电场中的不同位置，观察电场对试验电荷$+q_0$的作用力。试验电荷必须是点电荷且电荷量足够小，以至于把它放入电场中时对原有的电场几乎没有什么影响。由库仑定律可知，试验电荷$+q_0$在电场中不同位置处所受到的电场力$\boldsymbol{F}$的值及方向均不相同。此外，就电场中某一具体位置而言，试验电荷$+q_0$在该处所受的电场力$\boldsymbol{F}$大小仅与q_0的大小相关，且$\boldsymbol{F}$与q_0之比为一不变的矢量。很明显，该不变矢量只与该处的电场有关，因而，该矢量被称为“电场强度”。用符号$\boldsymbol{E}$表示，即有$\boldsymbol{E}=\boldsymbol{F}/q_0$，该式为电场强度的定义式。在国际单位制中，电场强度的单位为牛顿 / 库仑(N/C) 或伏特 / 米(V/m)。应当指出，在确定的电场中，空间某点的电场强度为$\boldsymbol{E}$，那么由上式可知电荷q在该点所受的电场力$\boldsymbol{F}=q\boldsymbol{E}$。

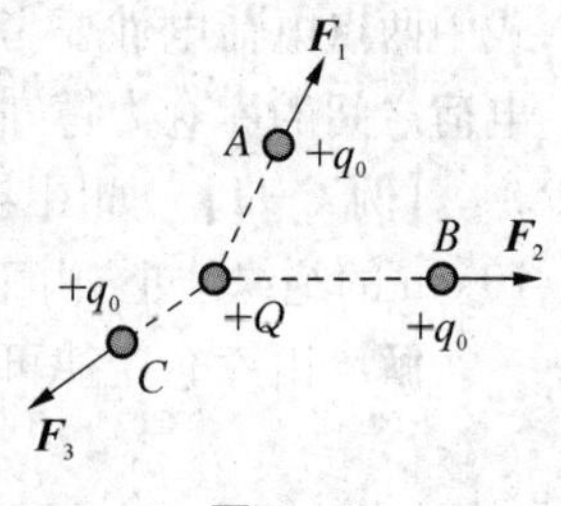

图 4-3

由库仑定律和电场强度定义式，可求得真空中点电荷周围电场的电场强度。在真空中，点电荷$+Q$位于直角坐标系的原点O，由原点O指向空间P点相对于原点O的位矢为$\boldsymbol{r}$，若把试验电荷$+q_0$置于P点，由库仑定律和电场强度定义式可获得P点的电场强度$\boldsymbol{E}$为

$$\boldsymbol{E}=\frac{\boldsymbol{F}}{q_0}=\frac{1}{4\pi\varepsilon_0}\frac{Q}{r^2}\boldsymbol{e}_r \tag{4-2}$$

式中$\boldsymbol{e}_r$为沿位矢$\boldsymbol{r}$方向的单位矢量，r为位矢的大小。上式是在真空中点电荷$+Q$所激发的电场中，任意点P处的电场强度表示式。如果点电荷为负电荷$-Q$，则$\boldsymbol{E}$的方向与$\boldsymbol{e}_r$的方向相反。若将正点电荷$+Q$放在原点O，并以r为半径作一球面，则球面上各处$\boldsymbol{E}$的大小相等，$\boldsymbol{E}$的方向均沿径矢$\boldsymbol{r}$，说明真空中点电荷周围的电场特点是具有对称性的非均匀场。

4.3.3 电场强度的叠加原理

如果空间存在由许多个点电荷组成的系统即点电荷系，那么点电荷系周围某点的电场强度该如何计算？首先，介绍由力的叠加方法去取得电场强度的叠加原理。

假设真空中有n个点电荷($Q_1,Q_2,Q_3,\cdots,Q_n$)组成的电荷系（如图 4-4），在空间P点处放置一试验电荷q_0，且$Q_1,Q_2,Q_3,\cdots,Q_n$到点P的位矢为$\boldsymbol{r}_1,\boldsymbol{r}_2,\boldsymbol{r}_3,\cdots,\boldsymbol{r}_n$，则试验电荷$q_0$受到每个点电荷作用力分别为$\boldsymbol{F}_1,\boldsymbol{F}_2,\boldsymbol{F}_3,\cdots,\boldsymbol{F}_n$。根据力的叠加原理可知，作用在试验电荷$q_0$上的合力$\boldsymbol{F}$为：

$$\boldsymbol{F}=\boldsymbol{F}_1+\boldsymbol{F}_2+\boldsymbol{F}_3+\cdots+\boldsymbol{F}_n \tag{4-3}$$

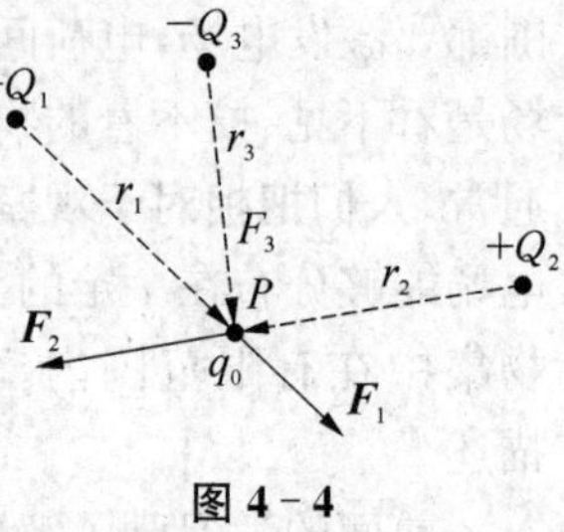

图 4-4

由库仑定律可知$\boldsymbol{F}_1,\boldsymbol{F}_2,\boldsymbol{F}_3,\cdots,\boldsymbol{F}_n$分别为：

$$\boldsymbol{F}_1=\frac{1}{4\pi\varepsilon_0}\frac{Q_1q_0}{r_1^2}\boldsymbol{e}_{r_1},\boldsymbol{F}_2=\frac{1}{4\pi\varepsilon_0}\frac{Q_2q_0}{r_2^2}\boldsymbol{e}_{r_2},\boldsymbol{F}_3=\frac{1}{4\pi\varepsilon_0}\frac{Q_3q_0}{r_3^2}\boldsymbol{e}_{r_3},\cdots,\boldsymbol{F}_n=\frac{1}{4\pi\varepsilon_0}\frac{Q_nq_0}{r_n^2}\boldsymbol{e}_{r_n} \tag{4-4}$$

由电场强度定义式(4－2),可得到点 P 处的电场强度 $\boldsymbol{E}$ 为

$$\boldsymbol{E}=\frac{\boldsymbol{F}}{q_0}=\frac{1}{4\pi\varepsilon_0}\frac{Q_1}{r_1^2}\boldsymbol{e}_{r_1}+\frac{1}{4\pi\varepsilon_0}\frac{Q_2}{r_2^2}\boldsymbol{e}_{r_2}+\frac{1}{4\pi\varepsilon_0}\frac{Q_3}{r_3^2}\boldsymbol{e}_{r_3}+\cdots+\frac{1}{4\pi\varepsilon_0}\frac{Q_n}{r_n^2}\boldsymbol{e}_{r_n} \tag{4-5}$$

即

$$\boldsymbol{E}=\boldsymbol{E}_1+\boldsymbol{E}_2+\boldsymbol{E}_3+\cdots+\boldsymbol{E}_n=\sum_{i=1}^{n}\boldsymbol{E}_i \tag{4-6}$$

上式表明:点电荷系在空间某点产生的电场强度等于每个点电荷单独存在时在该点所产生的电场强度的矢量叠加,这个结论称为**电场的叠加原理**。

根据电场强度叠加原理,也可以计算电荷连续分布的电荷系在周围产生的电场强度。如图 4－5 所示,体积为 V、电荷连续分布的带电体,计算 P 点处的电场强度。首先,我们在带电体上取一电荷元 $\mathrm{d}q=\rho\mathrm{d}V$($\rho$ 为电荷体密度),其体积 $\mathrm{d}V$ 相对于 V 可认为无限小,从而 $\mathrm{d}q$ 被看作一个点电荷。因而,$\mathrm{d}q$ 在 P 点的电场强度 $\mathrm{d}\boldsymbol{E}$ 为

$$\mathrm{d}\boldsymbol{E}=\frac{1}{4\pi\varepsilon_0}\frac{\mathrm{d}q}{r^2}\boldsymbol{e}_r \tag{4-7}$$

而其他电荷元在 P 点处的电场强度具有类似的形式,通过求电场强度矢量积分。可得连续分布的电荷系在 P 点处的总电场强度 $\boldsymbol{E}$ 为:

$$\boldsymbol{E}=\int\mathrm{d}\boldsymbol{E}=\int_V\frac{1}{4\pi\varepsilon_0}\frac{\mathrm{d}q}{r^2}\boldsymbol{e}_r \tag{4-8}$$

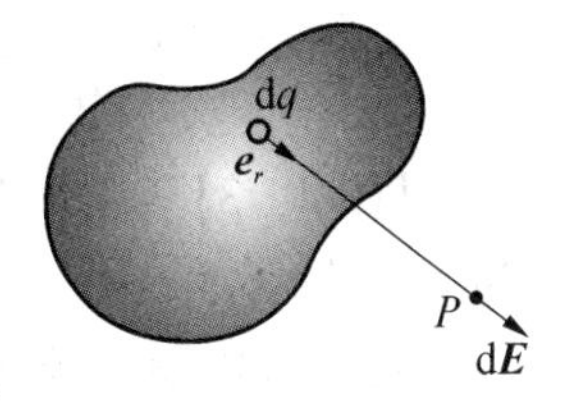

图 4－5

如果电荷连续分布的电荷系是线状或面状,则电荷元 $\mathrm{d}q=\lambda\,\mathrm{d}l=\sigma\mathrm{d}s$,$\lambda$ 和 σ 为电荷的线密度和面密度。

【例 4－2】 求一均匀带电直棒外任意一点 P 的电场强度。

解 建立如图 4－6 中直角坐标系统,带电直棒放置在 y 轴上,假设棒上电荷线密度为 λ,距坐标原点 y 处取一线元 $\mathrm{d}y$,线元对应的电荷元为 $\mathrm{d}q=\lambda\mathrm{d}y$,$P$ 点在 x 轴上距 O 点距离为 a。棒的始末点与 P 点连线与 $-x$ 方向的夹角分别为 α_1 和 α_2。$\mathrm{d}q$ 在 P 处产生的电场强度方向如图 4－6,大小为:

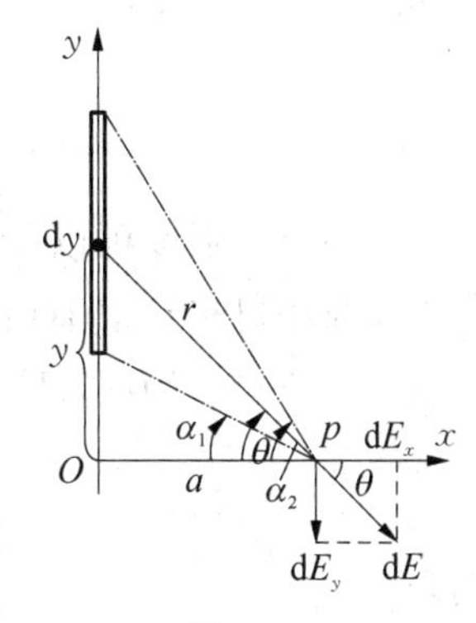

图 4－6

$$\mathrm{d}E=\frac{\lambda\,\mathrm{d}y}{4\pi\varepsilon_0r^2}$$

从电场强度的方向结合建立的坐标系,我们可以看出此电场在 x 和 y 两个方向上是有分量 $\mathrm{d}E_x$ 和 $\mathrm{d}E_y$ 的。下面我们单独考虑每一个方向上的场强大小:

$$dE_x = \frac{\lambda\, dy}{4\pi\varepsilon_0 r^2}\cos\theta$$

$$dE_y = \frac{\lambda\, dy}{4\pi\varepsilon_0 r^2}\sin\theta$$

上两式，y、r、θ 相互关联，即 $y = a\tan\theta$，$r^2 = a^2 + y^2$，$dy = \frac{a}{\cos^2\theta}d\theta$。则

$$dE_x = \frac{\lambda}{4\pi\varepsilon_0 a}\cos\theta\, d\theta$$

$$dE_y = \frac{\lambda}{4\pi\varepsilon_0 a}\sin\theta\, d\theta$$

对上两式两边积分可得：

$$E_x = \frac{\lambda}{4\pi\varepsilon_0 a}(\sin\alpha_2 - \sin\alpha_1)$$

$$E_y = \frac{\lambda}{4\pi\varepsilon_0 a}(\cos\alpha_1 - \cos\alpha_2)$$

所以 P 点电场强度

$$\begin{aligned}\boldsymbol{E} &= E_x\boldsymbol{i} - E_y\boldsymbol{j}\\ &= \frac{\lambda}{4\pi\varepsilon_0 a}[(\sin\alpha_2 - \sin\alpha_1)\boldsymbol{i} + (\cos\alpha_2 - \cos\alpha_1)\boldsymbol{j}]\end{aligned}$$

【例 4-3】 计算均匀带电细圆环中轴线上任一点的电场强度，设半径为 R，电荷线密度为 λ。

解 若以细圆环圆心 O 为坐标原点，细圆环在 yz 平面上，P 点在 x 轴上坐标为 x。取 $\theta \to \theta + d\theta$ 的电荷元 $dq(\lambda R d\theta)$，它在 P 点的电场强度 $d\boldsymbol{E}$ 的方向如图 4-7，其大小为

$$dE = \frac{dq}{4\pi\varepsilon_0 l^2}$$

图 4-7

此电场强度可以分解为 x 和垂直于 x 方向，由于电荷相对于 O 具有对称性，则垂直于 x 的电场被完全抵消，即带电细圆环在 P 点的场强只沿 x 方向。因而，P 点的电场强度可表示为：

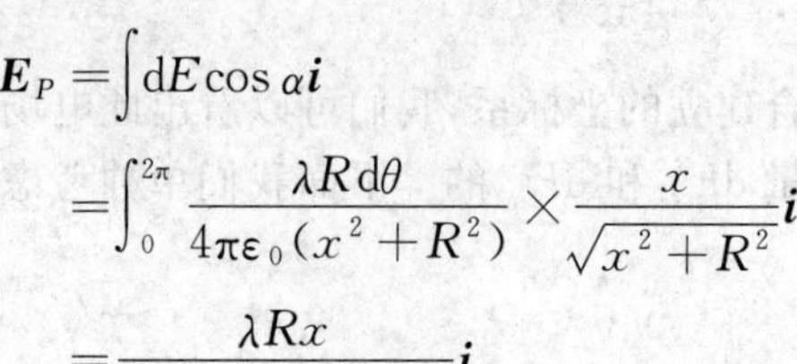

$$\begin{aligned}\boldsymbol{E}_P &= \int dE\cos\alpha\,\boldsymbol{i}\\ &= \int_0^{2\pi}\frac{\lambda R\, d\theta}{4\pi\varepsilon_0(x^2+R^2)} \times \frac{x}{\sqrt{x^2+R^2}}\boldsymbol{i}\\ &= \frac{\lambda R x}{2\varepsilon_0(x^2+R^2)^{3/2}}\boldsymbol{i}\end{aligned}$$

同学可以对这一结果进行一些适当讨论。

【例 4－4】 计算均匀带电薄圆盘中轴线上任一点的电场强度，设半径为 R，电荷面密度为 σ。

解 如图 4－8，在薄圆盘上取 $\theta\to\theta+\mathrm{d}\theta$，$r\to r+\mathrm{d}r$ 的面积元 $\mathrm{d}s=r\mathrm{d}\theta\cdot\mathrm{d}r$，其带电量 $\mathrm{d}q=\sigma\mathrm{d}s=\sigma r\mathrm{d}r\mathrm{d}\theta$。此面积元在 P 处的 $\mathrm{d}\boldsymbol{E}$ 的方向如图 4－8，其大小为

$$\mathrm{d}E=\frac{\sigma}{4\pi\varepsilon_0 l^2}r\,\mathrm{d}r\,\mathrm{d}\theta$$

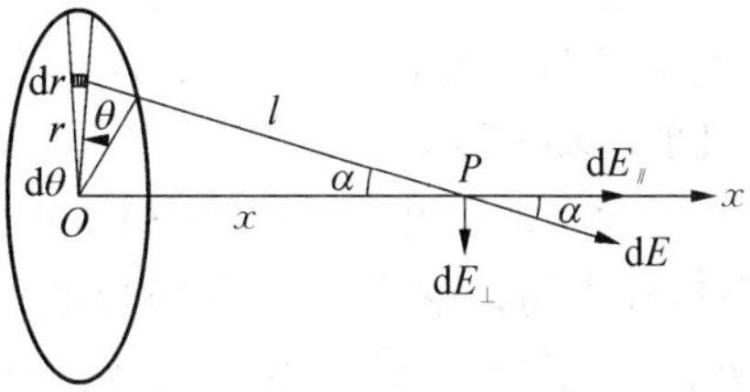

图 4－8

考虑电荷相对于 O 具有对称性，则垂直于 x 的电场被完全抵消，即带电细圆环在 P 点的场强只沿 x 方向。因而，P 点的电场强度可表示为：

$$\begin{aligned}\boldsymbol{E}_P&=\iint\mathrm{d}E\cos\alpha\boldsymbol{i}\\&=\int_0^R\frac{\sigma r\,\mathrm{d}r}{4\pi\varepsilon_0(x^2+r^2)}\times\frac{x}{\sqrt{x^2+r^2}}\int_0^{2\pi}\mathrm{d}\theta\boldsymbol{i}\\&=\frac{\sigma x}{2\varepsilon_0}\int_0^R\frac{r\,\mathrm{d}r}{(r^2+x^2)^{3/2}}\boldsymbol{i}\\&=\frac{\sigma}{2\varepsilon_0}\left(1-\frac{x}{\sqrt{x^2+r^2}}\right)\boldsymbol{i}\end{aligned}$$

同学可以对这一结果进行一些适当讨论。

4.4　真空中的高斯定理

上一小节讨论了电场强度——描述电场性质的一个重要物理量，并从叠加原理出发阐明了点电荷系及带电体周围的电场强度特征。为了更形象地描述电场空间分布，这一小节将在电场线的基础上，引入另一物理量——电场强度通量，并推导出真空中静电场的重要定理——高斯定理。

4.4.1　电场线和电场强度通量

人们为了更形象地描述真空中电场的空间分布，引入电场线这一概念，利用它可以直观地显现电场中各处电场强度的大小和方向。电场线是在电场中画出的一些假想线，它有两个要求：(1) 电场线上每一点的切线方向就是该点的电场强度的方向；(2) 在电场线上通过的任意一点处作一个垂直于该点电场线的面，垂直穿过该单位面积的电场线的个数即电场线密度，就等于该点电场强度的大小。有了这两个规定，就可以用电场线的疏密分布和指向形象地反映电场中电场强度的大小及方向，电场强度大的地方则电场线密集，反之，电场强度小的地方电场线稀疏。尽管电场中并不存在电场线，但对于分析一些实际问题(例如：电子管内的电场、高压电器设备附近的电场分布)，通常可以用模拟的方法画出这些电场线，对于进一步研究电场分布就很直观。

图 4－9 是几种常见静止电荷的电场线，在电场线经过的每一点处电场强度 $\boldsymbol{E}$ 的方向是沿着该点的切线方向，电场线疏密从图中能够明显看出。对于静电场的电场线从图中可以看出有如下两个特征：一、它是始于正电荷，终止于负电荷，没有形成闭合线；二、任何两条电场线都不相交，这是源于静电场中每一点处的电场强度只能有唯一一个确定的方向。

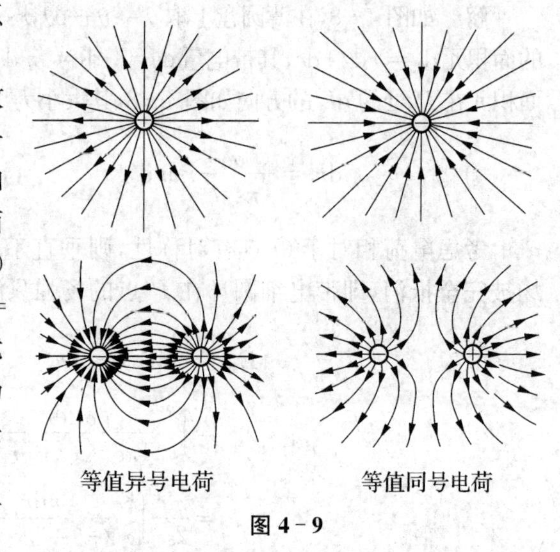

图 4－9

通常把穿过电场中某一个面的电场线数目，称为通过这个面的电场强度通量（符号 Φ_e）。先讨论一个简单计算 Φ_e 的问题。如果在一个匀强电场中选取一个平面，该平面与电场强度 $\boldsymbol{E}$ 垂直且面积为 S，如图 4－10(a)，则通过该平面的电场强度通量 $\Phi_e = ES$。如果平面与匀强电场 $\boldsymbol{E}$ 不垂直，我们就需要引入一个面积矢量 $\boldsymbol{S}$ 来描述该面在电场中的大小和方向。矢量 $\boldsymbol{S}$ 方向用它的单位法线矢量 $\boldsymbol{e}_n$ 来表示，即 $\boldsymbol{S} = S\boldsymbol{e}_n$。在图 4－10(b) 中，$\boldsymbol{e}_n$ 与 $\boldsymbol{E}$ 之间的夹角为 θ。因而，通过该面的电场强度通量 $\Phi_e = ES\cos\theta$，即 $\Phi_e = \boldsymbol{E}\cdot\boldsymbol{S}$。

若电场为非匀强电场，且面 S 是任意非闭合曲面（如图 4－11(a)），则可以把该曲面分割成无数个小的平面。每个小平面都可以被看成是处于匀强电场中面积元 $\mathrm{d}\boldsymbol{S}$，若 $\boldsymbol{e}_n$ 为面积元 $\mathrm{d}\boldsymbol{S}$ 的单位法线矢量，且 $\boldsymbol{e}_n$ 与 $\boldsymbol{E}$ 成 θ 角，通过面积元 $\mathrm{d}\boldsymbol{S}$ 的电场强度通量可写成：$\mathrm{d}\Phi_e = ES\cos\theta = \boldsymbol{E}\cdot\boldsymbol{S}$。由于电场强度通量是标量，则通过该曲面 S 的电场强度通量 Φ_e 等于通过

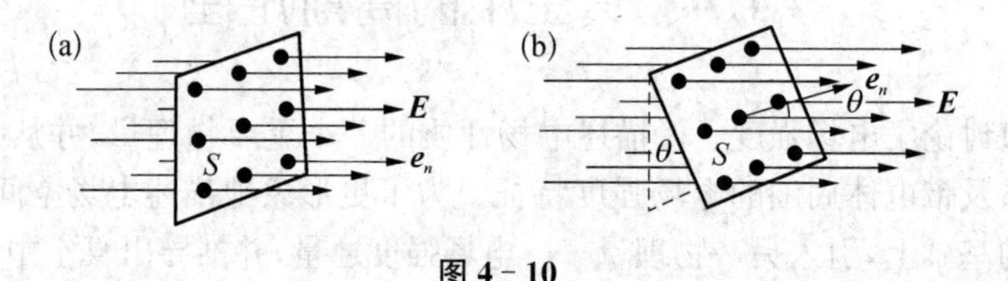

图 4－10

面 S 上所有面积元 $\mathrm{d}\boldsymbol{S}$ 的电场强度通量 $\mathrm{d}\Phi_e$ 之和，即

$$\Phi_e = \iint_S \mathrm{d}\Phi_e = \iint_S \boldsymbol{E}\cdot\mathrm{d}\boldsymbol{S} \qquad (4-9)$$

若曲面为闭合曲面，通过闭合曲面的电场线，有一些是“穿进去”的，有一些是“穿出来”的，如图 4－11(b)。这就需要规定曲面上面积元的单位法线矢量 $\boldsymbol{e}_n$ 指向闭合曲面的外面。我们会发现电场线从外穿进曲面时，θ 大于 90°，$\mathrm{d}\Phi_e$ 为负；电场线从曲面里向外穿出，θ 小于 90°，$\mathrm{d}\Phi_e$ 为正。此时对于闭合曲面，上式中的曲面积分就要换成闭合曲面积分，则通过闭合曲面的电场强度通量为

$$\Phi_e = \oiint_S \mathrm{d}\Phi_e = \oiint_S \boldsymbol{E}\cdot\mathrm{d}\boldsymbol{S} \qquad (4-10)$$

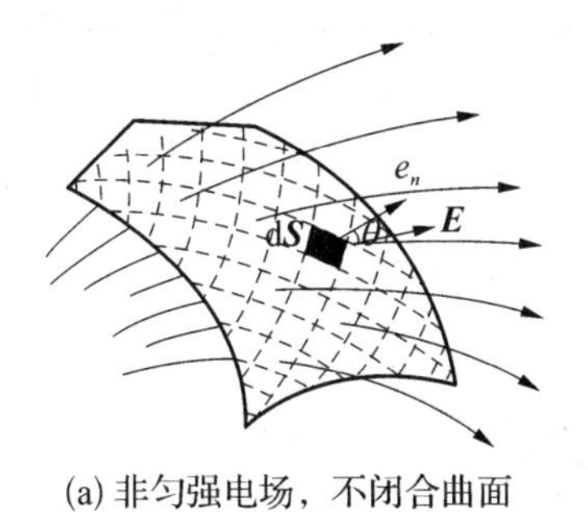

(a) 非匀强电场，不闭合曲面

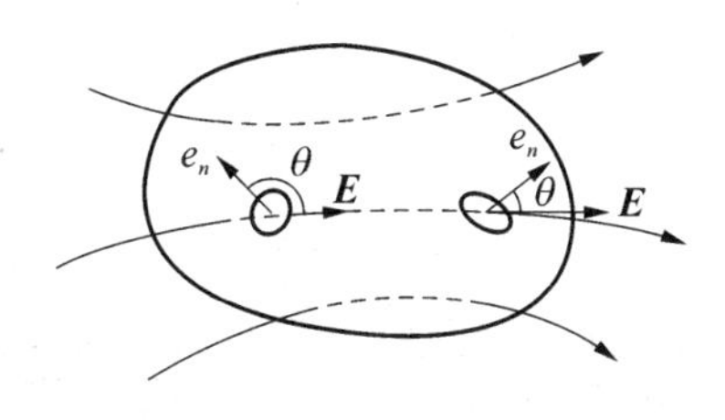

(b) 非匀强电场，闭合曲面

图 4-11

【例 4-5】　如图 4-12，电场强度 $\boldsymbol{E}$ 垂直通过半径为 r 的半球面，求通过半球面的电场强度通量 Φ_e。

解　取 $\theta \to \theta + \mathrm{d}\theta$，$\varphi \to \varphi + \mathrm{d}\varphi$ 的面积元，如图 4-12，则该面积元 dS 为

$$\mathrm{d}S = (r\mathrm{d}\theta) \cdot (r\sin\theta\,\mathrm{d}\varphi) = r^2 \sin\theta\,\mathrm{d}\theta\,\mathrm{d}\varphi$$

则

$$\Phi_e = \iint_S \boldsymbol{E} \cdot \mathrm{d}S = \iint_S E \cdot \mathrm{d}S \cdot \cos\theta$$

$$= Er^2 \int_0^{2\pi} \mathrm{d}\varphi \int_0^{\frac{\pi}{2}} \sin\theta\cos\theta\,\mathrm{d}\theta$$

$$= \pi r^2 E$$

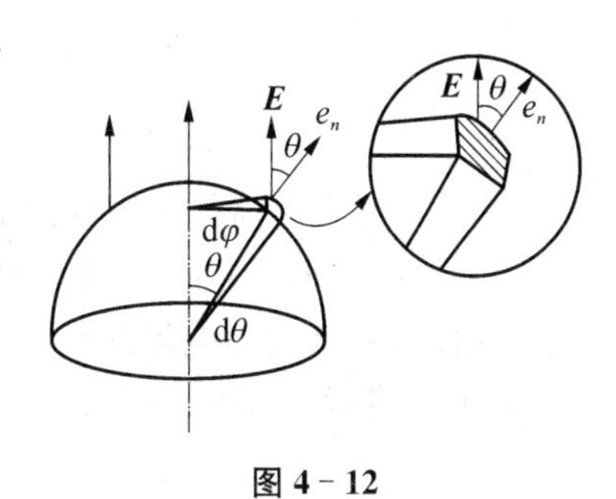

图 4-12

结果表明：通过半球面的电场强度通量等于通过下方半径为 r 的圆面电场强度通量。这能够被理解，从穿过两个面的电场线情况来看，电场线个数应该是完全相同的。

4.4.2　高斯定理

电荷是激发电场的源泉，该电荷称为场源电荷。通过电场空间某一闭合曲面的电场强度通量应该与场源电荷有某一确定关系。先考虑场源电荷 q 与穿过一个闭合曲面的电通量 Φ_e 之间的关系。

(1) 真空中，放置一正点电荷 q 于半径为 r 的球面中心(图 4-13(a))。该点电荷电在球面上各点电场强度 $\boldsymbol{E}$ 的大小相等，为 $E = \dfrac{q}{4\pi\varepsilon_0 r^2}$，$\boldsymbol{E}$ 的方向则沿径向方向指向外，在球面 S 上取任一面积元 dS，其正单位法线矢量 $\boldsymbol{e}_n$ 与场强 $\boldsymbol{E}$ 的方向相同，则通过球面 S 的电场强度通量为

$$\Phi_e = \oiint_S \boldsymbol{E} \cdot \mathrm{d}\boldsymbol{S} = \oiint_S \frac{q}{4\pi\varepsilon_0 r^2}\mathrm{d}S = \frac{q}{4\pi\varepsilon_0 r^2}\oiint_S \mathrm{d}S = \frac{q}{\varepsilon_0} \tag{4-11}$$

即通过球面的电场强度通量等于球面所包围的电荷 $+q$ 除以真空电容率。若场源电荷为 $-q$，则结果为 $-q/\varepsilon_0$。

(2) 当一个任意闭合曲线包围点电荷 $+q$ 时，如图 4-13(b)，如果以 $+q$ 为球心作一个半径为 r 的球面在这一闭合曲线内，能够发现穿过球面电场线的数目与穿过外面那个任意

闭合曲面的电场线数目必相等，则通过包围点电荷$+q$的任意闭合曲线S的电场强度通量仍然为：

$$\Phi_e=\oiint_S \boldsymbol{E}\cdot \mathrm{d}\boldsymbol{S}=\frac{q}{\varepsilon_0} \tag{4-12}$$

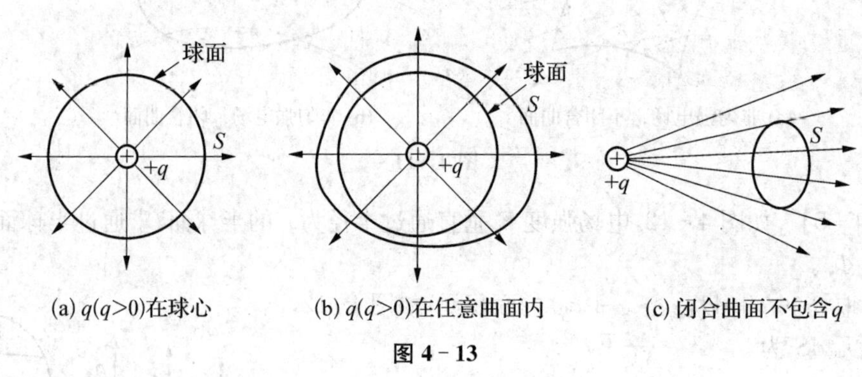

(a) $q(q>0)$在球心　(b) $q(q>0)$在任意曲面内　(c) 闭合曲面不包含q

图 4-13

(3) 如果点电荷位于闭合曲面的外面(如图 4-13(c))，通过此闭合曲面的电场强度通量为零。从图中可以看出，进入闭合曲面的电场线数与穿出闭合曲面的电场线数是相等的，故穿过闭合曲面的净电场线数为零。很容易推断，电场中所取闭合曲面内如果没有净电荷(没有电荷或者所含电荷代数和为零)时，穿过闭合曲面的电场强度通量必定为零，即

$$\Phi_e=\oiint_S \boldsymbol{E}\cdot \mathrm{d}\boldsymbol{S}=0 \tag{4-13}$$

下面进一步讨论在闭合曲面含有n个点电荷的系统时，穿过闭合曲面S的电场强度通量。在闭合面上取一个面积元$\mathrm{d}S$，该处电场强度$\boldsymbol{E}$是这n个电荷分别在该处产生电场强度叠加而成的，即$\boldsymbol{E}=\sum_{i=1}^{n}\boldsymbol{E}_i$，$\boldsymbol{E}_i$是第$i$点电荷$q_i$在$\mathrm{d}\boldsymbol{S}$处的电场强度，则穿过该闭合曲面$\boldsymbol{S}$的电场强度通量为

$$\Phi_e=\oiint_S \sum_{i=1}^{n}\boldsymbol{E}_i\cdot \mathrm{d}\boldsymbol{S}=\sum_{i=1}^{n}\oiint_S \boldsymbol{E}_i\cdot \mathrm{d}\boldsymbol{S}=\sum_{i=1}^{n}\frac{q_i}{\varepsilon_0}=\frac{1}{\varepsilon_0}\sum_{i=1}^{n}q_i \tag{4-14}$$

式中$\sum_{i=1}^{n}q_i$为闭合曲面内所含电荷的代数和。值得注意的是闭合曲面$\boldsymbol{S}$外面的电荷对该闭合曲面电场强度通量无贡献。从而得出，在真空的静电场中，穿过任意闭合曲面的电场强度通量等于该闭合曲面所包含的所有电荷的代数和再除以ε_0——这就是真空中静电场的高斯定理内容。在高斯定理应用中，通常把选取的闭合曲面称为高斯面，应当指出，穿过任何高斯面的电场强度通量仅与高斯面里的电荷系有关，与高斯面的形状和电荷系的电荷如何分布无关。

4.4.3 高斯定理的应用

高斯定理通常是计算带电体周围电场强度的方法之一。如果所求电场分布具有某种对称性，这就为构造高斯面提供便利条件，从而使面积分求解变得简单。因而，分析带电体周

围电场的对称性是运用高斯定理求解电场强度的前提。下面举三个不同带电体的例子来阐明如何应用高斯定理来计算其电场强度。

【例 4-6】 已知一无限长均匀带正电的直线，其单位长度上的电荷为 λ，求该带电直线周围电场强度的分布。

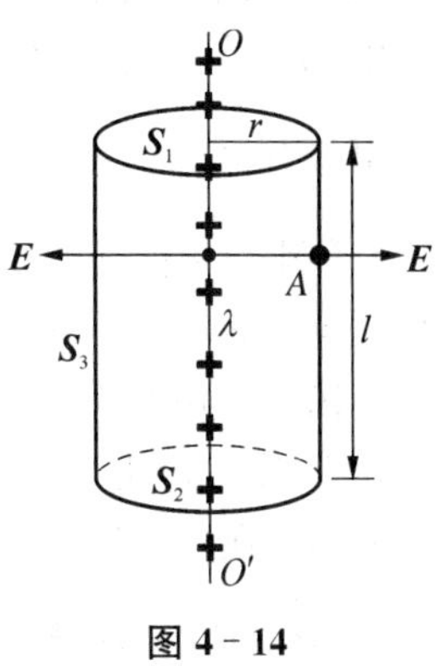

图 4-14

解 由于带电直线为无限长，且电荷分布均匀，它周围任一点电场 $\boldsymbol{E}$ 沿通过该点垂直于该直线的方向，如图，而且在距直线等距离的各点 $\boldsymbol{E}$ 的大小都相等。表明：无限长均匀带电直线周围的电场是轴对称的。若点 A 距直线为 r，取以直线为轴线的圆柱面为高斯面，它的高度为 l，底面半径为 r。由于 $\boldsymbol{E}$ 与上、下底面 $\boldsymbol{S}_1$ 和 $\boldsymbol{S}_2$ 与两面平行，通过圆柱两个底面的电场强度通量为零。而通过圆柱侧面的电场强度与侧面 $\boldsymbol{S}_3$ 垂直，则通过该高斯面的电场强度通量为：

$$\oint\!\!\!\oint_S \boldsymbol{E}\cdot \mathrm{d}\boldsymbol{S}=\int_{S_1}\boldsymbol{E}\cdot \mathrm{d}\boldsymbol{S}_1+\int_{S_2}\boldsymbol{E}\cdot \mathrm{d}\boldsymbol{S}_2+\int_{S_3}\boldsymbol{E}\cdot \mathrm{d}\boldsymbol{S}_3=E\int_{S_3}\mathrm{d}S_3=E\cdot 2\pi rl$$

根据高斯定理可有：

$$E\cdot 2\pi rl=\frac{\lambda l}{\varepsilon_0},E=\frac{\lambda}{2\pi\varepsilon_0 r}$$

即无限长均匀带电直线外一点的电场强度大小与该点到带电直线的垂直距离 r 成反比，与电荷线密度 λ 成正比。

【例 4-7】 已知有一无限大的均匀带正电的薄平板，其单位面积上所带的电荷为 σ，求距离该平面垂直距离为 r 处的电场强度。

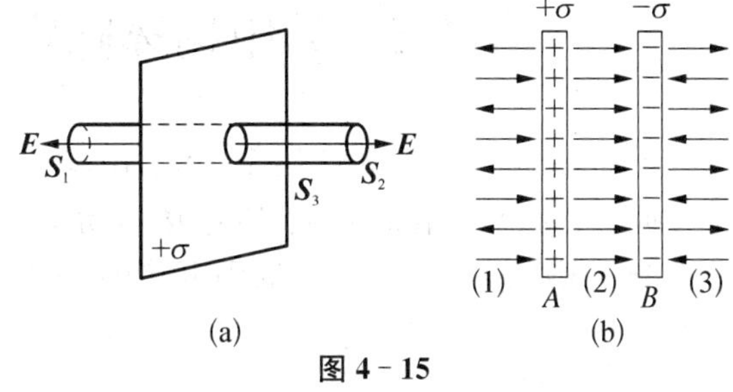

图 4-15

解 均匀带电平面是无限大的，带电平面两侧电场分布具有对称性，且平面两侧电场强度都垂直于该平面，如图 4-15(a)。取穿过带电平面的高斯面圆柱面加左右两底面作为高斯面，底面积为 S。侧面的法线与电场强度垂直即电场强度通量为零，而底面的法线与电场强度平行，且底面上各点电场强度大小相等。于是，通过该高斯面的电场强度通量为

$$\oint\!\!\!\oint_S \boldsymbol{E}\cdot \mathrm{d}\boldsymbol{S}=\int_{S_1}\boldsymbol{E}\cdot \mathrm{d}\boldsymbol{S}_1+\int_{S_2}\boldsymbol{E}\cdot \mathrm{d}\boldsymbol{S}_2+\int_{S_3}\boldsymbol{E}\cdot \mathrm{d}\boldsymbol{S}_3=2E\int_{S_2}\mathrm{d}S_2=2ES$$

根据高斯定理可有

$$2ES=\frac{\sigma S}{\varepsilon_0},E=\frac{\sigma}{2\varepsilon_0}$$

上式表明，无限大均匀带电平面在周围产生的 $\boldsymbol{E}$ 大小与场点到平面的距离无关，而且 $\boldsymbol{E}$ 的方向与带电平面垂直。也就是说，无限大带电平面周围的电场可视为均匀电场。

利用上述结果，可以简单讨论两带等量异号电荷的无限大平行平面在空间产生的电场

强度分布。假设两无限大平行平面 A 和 B 的电荷面密度分别为 $+\sigma$ 和 $-\sigma$。每个带电平面在两个平面之间电场强度的方向是相同的，在两平面之外则是相反的，如图 4-15(b)所示。由电场强度叠加原理可得两无限大均匀带电平面之外的电场强度 $E=0$；而两带电平面之间的电场强度的大小 $E=\frac{\sigma}{\varepsilon_0}$，其方向由带正电的平面指向带负电的平面。

【例 4-8】 已知有一半径为 R，均匀带电为 $+Q$ 的球面，求球面内部和外部任意点的电场强度。

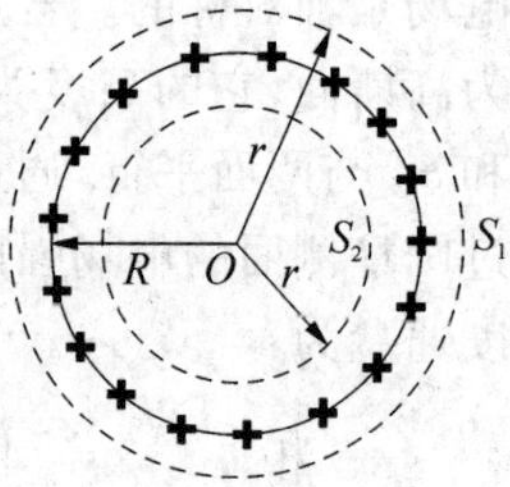

解 正电荷分布均匀且球对称，则 $\boldsymbol{E}$ 的分布也是球对称。当 $r>R$，其空间任一点 $\boldsymbol{E}$ 的方向沿径向向外的方向。若以半径 r 作一球面 S_1，在同一球面上各点 $\boldsymbol{E}$ 的大小相等，$\boldsymbol{E}$ 方向与球面上各处面积元 $\mathrm{d}\boldsymbol{S}_1$ 都互相垂直，此球面上电场强度通量 $\Phi_e=\oint\!\!\!\oint_{S_1}\boldsymbol{E}\cdot\mathrm{d}\boldsymbol{S}_1=E\oint\!\!\!\oint_{S_1}\mathrm{d}S_1=E\cdot4\pi r^2$。根据高斯定理可有

图 4-16

$$E\cdot4\pi r^2=\frac{Q}{\varepsilon_0};E=\frac{Q}{4\pi\varepsilon_0 r^2}$$

当 $r<R$ 时，根据带电球面的对称性，球内如果存在电场，其方向一定沿径向，以 r 为半径的球面作为高斯面，球面上各处电场强度大小相等，其电场强度通量 $\Phi_e=E\cdot4\pi r^2$，而球面内无电荷，由高斯定理可知均匀带电球面内的电场强度处处为零。

思考题：如果是半径为 R、均匀带正电 Q 的球体，球体内外电场如何分布？

4.5 静电场环路定理　电势能　电势

前面几小节，从点电荷之间作用力出发，引出电场强度这一重要的物理量，反映静电场的空间分布。本小节将从电荷在电场运动受电场力做功，引出静电场中电场强度沿闭合路径积分为零的静电场环路定理和电势能，进一步提出另一个反映电场性质的物理量——电势。

4.5.1 电场力做功

如图 4-17 所示，假定点电荷 q 位于 O 点，有另一点电荷 q_0 位于 q 的电场中，考虑 q_0 在路径 A—P—B 上移动一微小距离 $\mathrm{d}l$ 时，电场力所做的元功 $\mathrm{d}W$ 为

$$\mathrm{d}W=q_0\boldsymbol{E}\cdot\mathrm{d}\boldsymbol{l}=q_0E\mathrm{d}l\cos\theta=\frac{q_0q}{4\pi\varepsilon_0r^2}\mathrm{d}r \qquad (4-15)$$

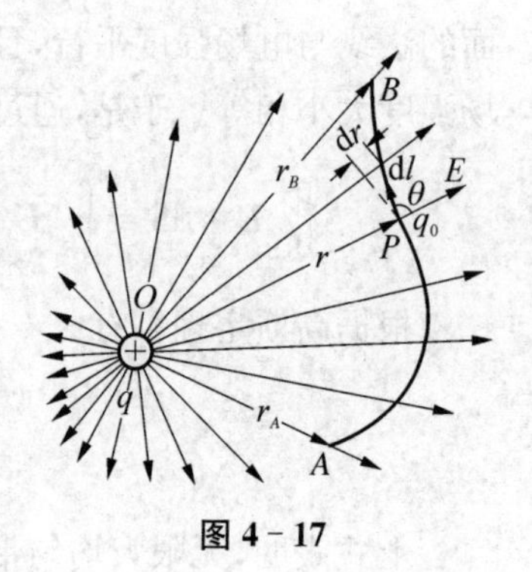

图 4-17

如果 q_0 从 A 点经路径 A—P—B 移动到 B 点，电场力所做的总功 W 为

$$W=\int_{APB}\mathrm{d}W=\frac{q_0q}{4\pi\varepsilon_0},\int_{r_A}^{r_B}\frac{1}{r^2}\mathrm{d}r=\frac{q_0q}{4\pi\varepsilon_0}\left(\frac{1}{r_A}-\frac{1}{r_B}\right) \tag{4-16}$$

从上式可以看到:在静电场中,电场力对电荷做功与路径无关,仅与始点和终点的位置和运动电荷有关,说明**静电场力是保守力**。如果电荷 q_0 从 B 点经另一路径 BCA 回到 A 点,如图 4-18 所示,则沿闭合回路 $A—P—B—C—A$ 电场力对电荷 q_0 做的功为

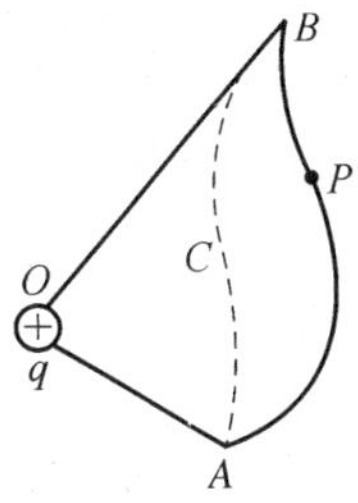

$$W=\oint_{APBCA}q_0\boldsymbol{E}\cdot\mathrm{d}\boldsymbol{l}=\int_{APB}q_0\boldsymbol{E}\cdot\mathrm{d}\boldsymbol{l}-\int_{ACB}q_0\boldsymbol{E}\cdot\mathrm{d}\boldsymbol{l}=0 \tag{4-17}$$

即

$$\oint_{APBCA}\boldsymbol{E}\cdot\mathrm{d}\boldsymbol{l}=0 \tag{4-18}$$

B P C O q A

图 4-18

对于 n 个点电荷组成的点电荷系,根据场强叠加原理,只要把式(4-18)中的 $\boldsymbol{E}$ 换成点电荷系的合场强 $\sum_{i=1}^{n}\boldsymbol{E}_i$,上式还是成立的,即**静电场的环路定理:在静电场中,电场强度 $\boldsymbol{E}$ 沿任意闭合路径的线积分为零**($\oint_L\boldsymbol{E}\cdot\mathrm{d}\boldsymbol{l}=0$),其中,电场强度 $\boldsymbol{E}$ 沿任意闭合路径的线积分通常称为 $\boldsymbol{E}$ 的环流,说明**静电场是保守场**。它和高斯定理一样,也是描述静电场性质的重要定理。

4.5.2　电势能　电势

静电场力和先前学过的重力、万有引力一样,都是保守力,既然是保守力,它们做功将有相同的特点。功是能量转化的量度,保守力做功转化为什么能?类比于重力做功转化为重力势能 ($W=-\Delta E_{\mathrm{p}}$),静电场力 F 做功将转化为电势能 E_{p},同样满足:$W_F=\int_A^B q_0\boldsymbol{E}\cdot\mathrm{d}\boldsymbol{l}=E_{\mathrm{p}A}-E_{\mathrm{p}B}$,即 $E_{\mathrm{p}A}=q_0\int_A^B\boldsymbol{E}\cdot\mathrm{d}\boldsymbol{l}+E_{\mathrm{p}B}$。电势能是电荷在电场中所具有的,如果选择电荷在 B 点的电势能为零($E_{\mathrm{p}B}=0$),电荷在 A 点电势能就可以确定了,可写为

$$E_{\mathrm{p}A}=q_0\int_A^B\boldsymbol{E}\cdot\mathrm{d}\boldsymbol{l}\,(E_{\mathrm{p}B}=0) \tag{4-19}$$

此式表明电荷在 A 点电势能 $E_{\mathrm{p}A}$ 的物理含义为:**把电荷 q_0 从静电场中的 A 处以任意路径移到电势能为零的地方静电场力所做的功**。从这个公式中,能够发现比值$\frac{E_{\mathrm{p}A}}{q_0}$与电场中放入的电荷 q_0 无关,更能体现电场本身的客观性质,这一比值定义为电势 V,即静电场中 A 点电势

$$V_A=\frac{E_{\mathrm{p}A}}{q_0}=\int_A^B\boldsymbol{E}\cdot\mathrm{d}\boldsymbol{l} \tag{4-20}$$

若 B 点电势 $V_B=0$,则 A 点电势的物理含义就是:**把单位正电荷从静电场中的 A 处以任意路径移到电势能为零的地方静电场力所做的功**。在国际单位制中,电势的单位是伏特

(V),规定:如果带电量为1 C的电荷在某点处的电势能为1 J,则该点电势为1 V,即1 V=1 J/C。

【例4-9】 求点电荷周围电势的分布(无限远处为电势零点)。

解 假设正点电荷的电量为q,如图4-19所示。以q所在处为O点,建立Ox轴,P点到点电荷的距离r。把单位正电荷从P处沿Ox方向移到无穷远处,根据电势定义式(4-18),P点电势写为:

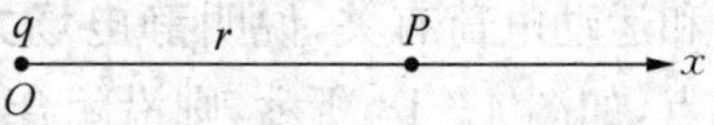

图4-19

$$V_P=\int_r^{+\infty}\boldsymbol{E}\cdot \mathrm{d}\boldsymbol{x}=\int_r^{+\infty}\frac{q}{4\pi\varepsilon_0 x^2}\mathrm{d}x=\frac{q}{4\pi\varepsilon_0 r}$$

4.5.3 电势差

对于静电场中,任意两点的电势差,就是电势之差,若设B点电势为$0(V_B=0)$可定义为:

$$U_{AC}=V_A-V_C=\int_A^B\boldsymbol{E}\cdot \mathrm{d}\boldsymbol{l}-\int_C^B\boldsymbol{E}\cdot \mathrm{d}\boldsymbol{l}=\int_A^C\boldsymbol{E}\cdot \mathrm{d}\boldsymbol{l} \tag{4-21}$$

上式表明,电场中A,C两点间的电势差等于把单位正电荷从静电场中的A处以任意路径移到C处时静电场力所做的功。如果把q从静电场中的A处移到C处,电场力做功就可以写成:

$$W_{F_{AC}}=q\int_A^C\boldsymbol{E}\cdot \mathrm{d}\boldsymbol{l}=qU_{AC} \tag{4-22}$$

从该式中可以看出:如果电场的方向由A指向C,把正电荷q从A被移到C电场力做功$W_{F_{AC}}>0$,则$U_{AC}=V_A-V_C>0$,说明沿电场方向电势降低;反之,电势升高。

【例4-10】 真空中,有一半径为R、均匀带电量为q的球面,球面内外两点a,c距中心O点距离分别为r_a和r_c,如图4-20所示。求:带电球面内外两点a,c间的电势差U_{ac}。

解 由于球面上电荷均匀分布,则其周围电场具有球对称性,用高斯定理可求出距中心O点的场强$\boldsymbol{E}$分布:

$E_1=0(0<r<R)$,$E_2=\dfrac{q}{4\pi\varepsilon_0 r^2}(r>R)$;由$a$、$c$两点电势差由定义式可得:

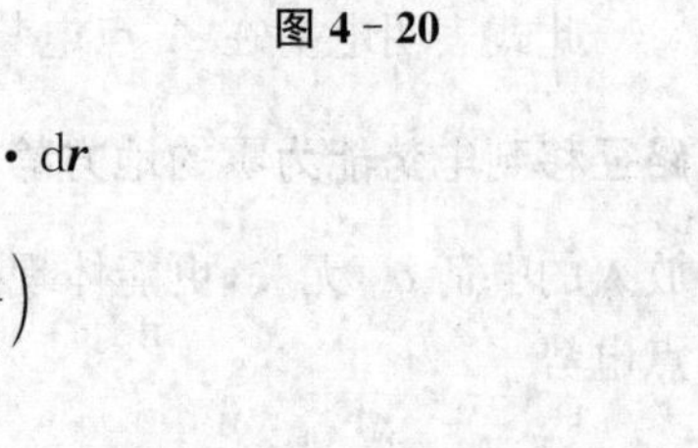

图4-20

$$U_{ac}=\int_a^c\boldsymbol{E}\cdot \mathrm{d}\boldsymbol{r}=\int_a^b\boldsymbol{E}_1\cdot \mathrm{d}\boldsymbol{r}+\int_b^c\boldsymbol{E}_2\cdot \mathrm{d}\boldsymbol{r}$$

$$=\int_R^{r_c}\frac{q}{4\pi\varepsilon_0 r^2}\mathrm{d}r=\frac{q}{4\pi\varepsilon_0}\left(\frac{1}{R}-\frac{1}{r_c}\right)$$

4.6　电势的叠加原理及计算

4.6.1　点电荷系电场中的电势

假设空间某一有限区域有 n 个点电荷 $q_1,q_2,q_3,\cdots,q_n$ 组成的点电荷系；这些点电荷到 P 点的距离分别为 $r_1,r_2,r_3,\cdots,r_n$。那么，它们在 P 点产生的场强分别为 $\boldsymbol{E}_1,\boldsymbol{E}_2,\boldsymbol{E}_3,\cdots,\boldsymbol{E}_n$，由式(4－6)可以得到 P 点电势为：

$$\begin{aligned}V_P &= \int_P^{+\infty}\boldsymbol{E}\cdot\mathrm{d}\boldsymbol{r} = \int_P^{+\infty}(\boldsymbol{E}_1+\boldsymbol{E}_2+\cdots+\boldsymbol{E}_n)\cdot\mathrm{d}\boldsymbol{r}\\ &= \int_P^{+\infty}\boldsymbol{E}_1\cdot\mathrm{d}\boldsymbol{r}+\int_P^{+\infty}\boldsymbol{E}_2\cdot\mathrm{d}\boldsymbol{r}+\cdots+\int_P^{+\infty}\boldsymbol{E}_n\cdot\mathrm{d}\boldsymbol{r}\\ &= V_{1P}+V_{2P}+\cdots+V_{nP}\\ &= \sum_{i=1}^{n}V_{nP}\end{aligned} \tag{4-23}$$

说明：点电荷系电场中任一点的电势等于各个点电荷单独存在时在该点电势的代数和。 由真空中点电荷产生电势的公式(4－20)可知：

$$V_P = \sum_{i=1}^{n}\frac{q_i}{4\pi\varepsilon_0 r_i} \tag{4-24}$$

4.6.2　电荷连续分布的带电体电场中的电势

当上述电荷系为电荷连续分布的带电体时，带电体可以看成由许多电荷元 $\mathrm{d}q$ 组成的电荷系，$\mathrm{d}q$ 可视为点电荷，这时，电场中 P 点的电势的计算，只要把上式中点电荷 q 换成 $\mathrm{d}q$，r_i 换成 r，求和改为积分即可。于是此带电体在 P 点的电势可写为：

$$V_P = \int\frac{\mathrm{d}q}{4\pi\varepsilon_0 r} \tag{4-25}$$

上式注意：仅适合电荷分布为有限区域的情况。

【例 4－11】 求一个带电量为 q、半径为 R 的均匀带电球面在球心处的电势。

解　在球面上取电荷元 $\mathrm{d}q$，该电荷元可看作点电荷，它在 O 点的电势 $\mathrm{d}V_O$ 为：

$$\mathrm{d}V_O = \frac{\mathrm{d}q}{4\pi\varepsilon_0 R}$$

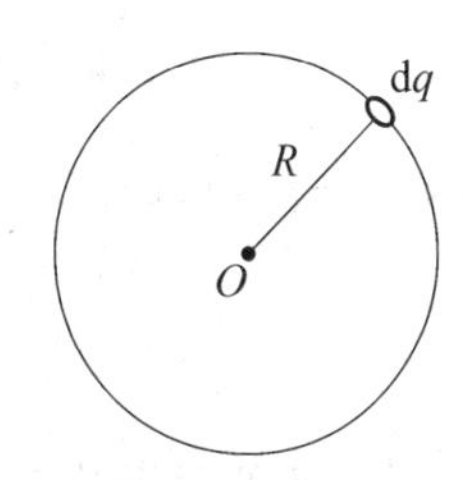

图 4－21

采用电势叠加方法计算，则带电球面在球心 O 处的电势为：

$$V_O = \int\mathrm{d}V_O = \int\frac{\mathrm{d}q}{4\pi\varepsilon_0 R} = \frac{1}{4\pi\varepsilon_0 R}\int\mathrm{d}q = \frac{q}{4\pi\varepsilon_0 R}$$

【例 4-12】 如图所示,一根长为 l、电量为 q 的均匀带电棒,在其延长线上有一点 P,它到带电棒近端的距离为 a,求:带电棒在 P 点的电势。

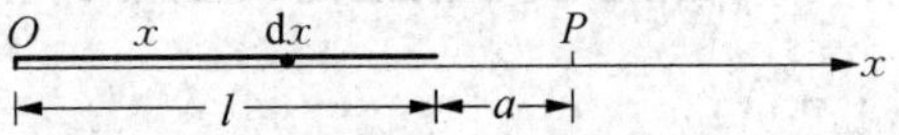

图 4-22

解 如上图,建立 Ox 轴,在轴上选取 $x \to x+\mathrm{d}x$ 的电荷为电荷元,电荷元 $\mathrm{d}q=\lambda\,\mathrm{d}x$($\lambda$ 为电荷线密度,$\lambda=q/l$),$\mathrm{d}q$ 到 P 点的距离为 $l+a-x$,故 $\mathrm{d}q$ 在 P 点的电势为:

$$\mathrm{d}V_P=\frac{\lambda\,\mathrm{d}x}{4\pi\varepsilon_0(l+a-x)}$$

采用电势叠加方法计算,则带电棒在 P 点的电势为:

$$V_P=\int_0^l \frac{\lambda\,\mathrm{d}x}{4\pi\varepsilon_0(l+a-x)}=\frac{\lambda}{4\pi\varepsilon_0}\int_0^l \frac{\mathrm{d}x}{l+a-x}=\frac{q}{4\pi\varepsilon_0 l}\ln\left(\frac{a+l}{a}\right)$$

【例 4-13】 半径为 R,电荷面密度为 σ 的均匀带电圆盘,求其中轴线上任意一点 P 的电势。

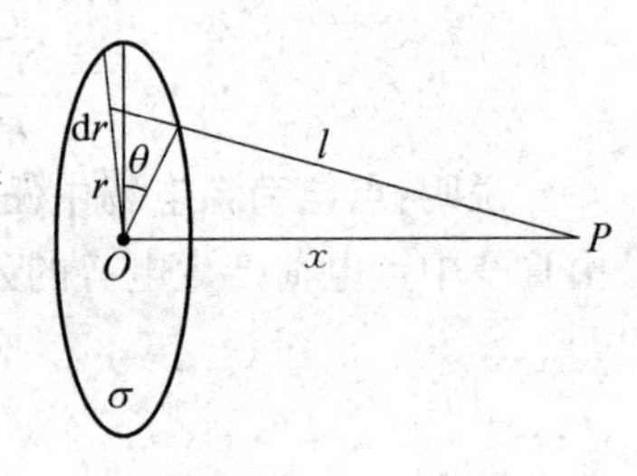

图 4-23

解 若 P 点距圆盘中心点 O 的距离为 x,以某一方向位参考,取 $\theta \to \theta+\mathrm{d}\theta$,$r \to r+\mathrm{d}r$ 的面积元 $\mathrm{d}S$,则 $\mathrm{d}S=r\mathrm{d}\theta\cdot\mathrm{d}r$。此面积元对应一电荷元 $\mathrm{d}q=\sigma\,\mathrm{d}S=\sigma r\,\mathrm{d}\theta\cdot\mathrm{d}r$。根据点电荷产生电势的公式可知 $\mathrm{d}q$ 在 P 处产生的微元电势为:

$$\mathrm{d}V_P=\frac{\sigma r\,\mathrm{d}r\cdot\mathrm{d}\theta}{4\pi\varepsilon_0(r^2+x^2)^{1/2}}$$

根据电势叠加方法计算获得圆盘在 P 点的电势为:

$$\begin{aligned}V_P&=\iint\frac{\sigma r\,\mathrm{d}r\cdot\mathrm{d}\theta}{4\pi\varepsilon_0\sqrt{r^2+x^2}}\\&=\frac{\sigma}{4\pi\varepsilon_0}\int_0^R\frac{r\,\mathrm{d}r}{\sqrt{r^2+x^2}}\int_0^{2\pi}\mathrm{d}\theta\\&=\frac{\sigma}{2\varepsilon_0}\left(\sqrt{R^2+x^2}-x\right)\end{aligned}$$

当 $x\gg R$ 时,$\sqrt{x^2+R^2}=x\left(1+\frac{R^2}{x^2}\right)^{\frac{1}{2}}\approx x\left(1+\frac{R^2}{2x^2}\right)$(二项式展开忽略高阶小量,取一阶小量),将此式带入上式得到:

$$V_P=\frac{\sigma\pi R^2}{4\pi\varepsilon_0 x}=\frac{q}{4\pi\varepsilon_0 x}$$

这个结果和点电荷产生电势的结果相符。

4.7　等势面　电场强度和电势的关系

4.7.1　等势面

等势面就是电场中电势相等的点组成的面，与电场线一样，空间并不真实存在这样一个面，等势面只是一种假想的面。前面曾经用电场线直观地表示电场中电场的大小和方向，同样，这里也可以引入等势面形象描述电场中电势的分布情况。

从点电荷 q 周围的电势 $V=\dfrac{q}{4\pi\varepsilon_0 r}$，可以看出：点电荷周围的等势面是一个一个以 q 为球心的球面，如图 4-24 所示。该图同时给出了点电荷 q 周围的等势面和电场线。通常，等势面具有如下的特点：

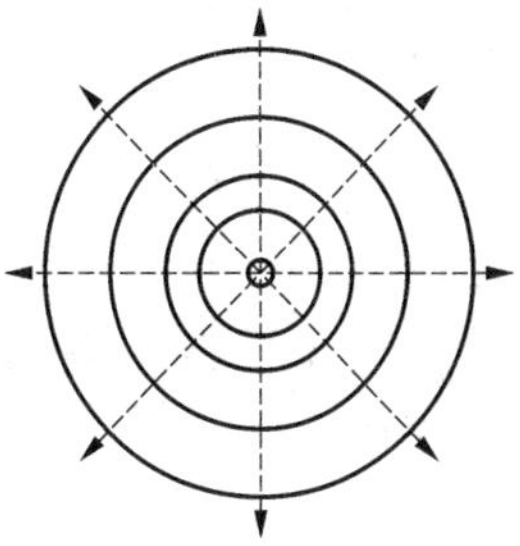

图 4-24

(1) 电场线与等势面正交

若 $\boldsymbol{E}$ 与等势面不垂直，则 $\boldsymbol{E}$ 在等势面上有一分量 $E_{/\!/}$ 不为 0。这时，等势面上任取两点 A 和 B，即 $U_{AB}=\int_A^B \boldsymbol{E}\cdot \mathrm{d}\boldsymbol{l}=\int_A^B E_{/\!/}\,\mathrm{d}l\neq 0$，说明 A、B 两点电势不等，这与 A、B 等势违背，所以电场线和等势面必正交，也就是说，电场中某点电场强度与通过该点的等势面垂直。

(2) 两个相邻等势面之间的电势差是相同的

电场强度大的地方，等势面间距较小，分布较紧密；在电场强度小的地方，等势面间距大，分布较稀疏。

4.7.2　电场强度和电势的关系

前面 4.4、4.5 小节已给出由电场强度求电势的方法，这说明电场强度与电势之间有特殊的关系。现在考虑，从电势出发如何来求出电场强度呢？

如图 4-25 所示，在电场中建一个 Ol 坐标轴，在该坐标轴上考虑 a，b 两点，a，b 两点在两个靠得非常近的等势面上，则 a，b 两点的电势差 U_{ab} 为：

$$U_{ab}=\int_a^b \boldsymbol{E}\cdot \mathrm{d}\boldsymbol{l} \tag{4-26}$$

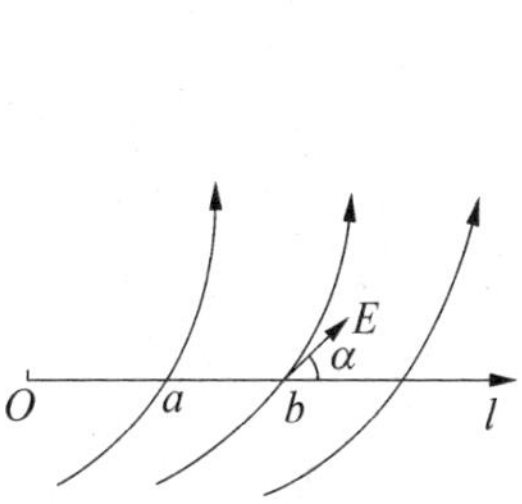

假定 a 为固定点且电势 V_a 为常数，b 为不固定点，则电势差可写为：

$$U_{ab}=V_a-V_b=\int_{l_a}^{l_b} E\cos\alpha\,\mathrm{d}l \tag{4-27}$$

图 4-25

这时对上式两边求导可得到：

$$-\frac{\mathrm{d}V_b}{\mathrm{d}l}=E\cos\alpha=E_l \tag{4-28}$$

式中，E_l 为电场强度在 l 上的投影。该式说明，电场中某点电场强度在某方向上的量值等于该点电势在该方向上方向导数的负值。

如果在直角坐标系中表示空间某点的场强，则可以写成如下形式：

$$\boldsymbol{E}=E_x\boldsymbol{i}+E_y\boldsymbol{j}+E_z\boldsymbol{k}=-\left(\frac{\partial}{\partial x}\boldsymbol{i}+\frac{\partial}{\partial y}\boldsymbol{j}+\frac{\partial}{\partial z}\boldsymbol{k}\right)V=-\nabla V \tag{4-29}$$

上式可以看出：静电场中任一点的电场强度等于该点的电势梯度的负值。

【例 4-14】 如图 4-26 所示，真空中，有一半径为 r 且均匀带有 q 的细圆环，求均匀带电细圆环中心轴线上任一点 P 的电场强度。

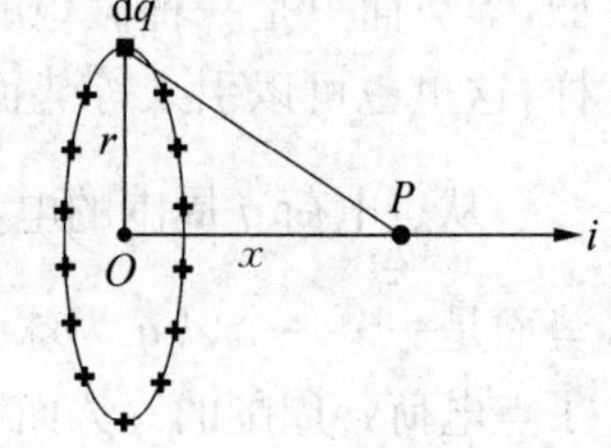

图 4-26

解 由电势叠加原理，均匀带电细圆环在 P 点产生的电势为：

$$V_P=\frac{q}{4\pi\varepsilon_0\sqrt{x^2+r^2}}$$

P 点电势表明它只是 x 的函数，暗示 P 点场强只有 x 方向，即

$$E=E_x=-\frac{\partial V_P}{\partial x}=\frac{qx}{4\pi\varepsilon_0\sqrt{x^2+r^2}}。$$

习 题

1. 下列几个说法中哪一个是正确的： ( )。
   A. 电场中某点电场强度的方向，就是将点电荷放在该点所受电场力的方向
   B. 在以点电荷为中心的球面上，由该点电荷所产生的电场强度处处相同
   C. 电场强度方向可由 $\boldsymbol{E}=\boldsymbol{F}/q$ 定出，其中 q 为试验电荷的电量，q 可正、可负，$\boldsymbol{F}$ 为试验电荷所受的电场力
   D. 以上说法都不正确
2. 一个正电荷在电场力作用下从 A 点经 C 点运动到 B 点，其运动轨道如图所示。已知电荷运动的速率是不断增加的，则下面关于 C 点电场强度方向的四个图示中正确的是( )。

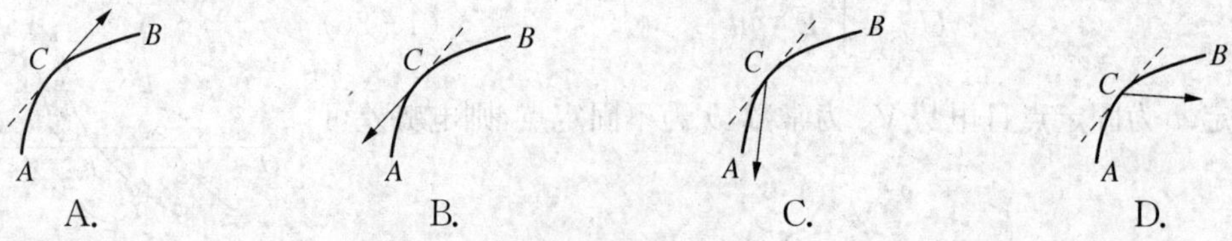

3. 点电荷 Q 被一曲面 S 包围，从无穷远处移动另一个点电荷 q 到曲面外任一点，如图所示，则引入 q 前、后 ( )。
   A. 曲面 S 上的 Φ_e 不变，各点电场强度也不变
   B. 曲面 S 上的 Φ_e 变化，而各点电场强度不变
   C. 曲面 S 上的 Φ_e 变化，各点电场强度也变化
   D. 曲面 S 上的 Φ_e 不变，而各点电场强度变化

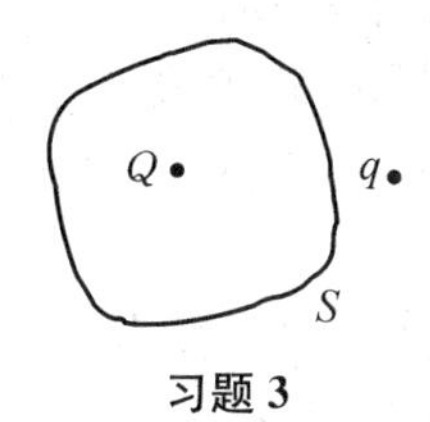

习题 3

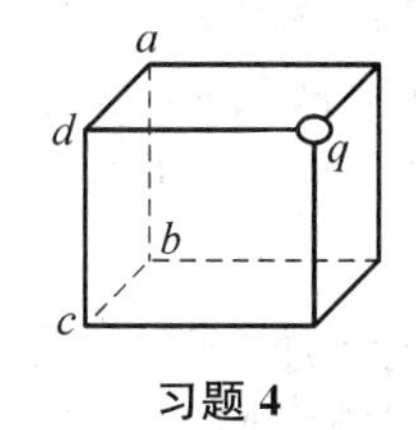

习题 4

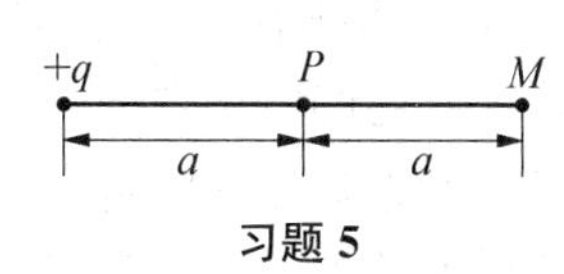

习题 5

4. 如图所示，一带电量为 q 的点电荷位于立方体的一顶角上，则通过侧面 $abcd$ 的电场强度通量等于：（　　）。

A. $\dfrac{q}{6\varepsilon_0}$　　B. $\dfrac{q}{12\varepsilon_0}$　　C. $\dfrac{q}{24\varepsilon_0}$　　D. $\dfrac{q}{48\varepsilon_0}$

5. 在点电荷 $+q$ 的电场中，若取图中 P 点处为电势零点，则 M 点的电势为：（　　）。

A. $\dfrac{q}{4\pi\varepsilon_0 a}$　　B. $\dfrac{q}{8\pi\varepsilon_0 a}$　　C. $\dfrac{-q}{4\pi\varepsilon_0 a}$　　D. $\dfrac{-q}{8\pi\varepsilon_0 a}$

6. 半径为 R 的均匀带电球面，总带电量为 Q，设无穷远处的电势为零，则距离球心为 $r(r\leqslant R)$ 的 P 点处的电场强度的大小和电势分别为：（　　）。

A. $E=0, V=\dfrac{Q}{4\pi\varepsilon_0 r}$　　B. $E=0, V=\dfrac{Q}{4\pi\varepsilon_0 R}$

C. $E=\dfrac{Q}{4\pi\varepsilon_0 r^2}, V=\dfrac{Q}{4\pi\varepsilon_0 r}$　　D. $E=\dfrac{Q}{4\pi\varepsilon_0 r^2}, V=\dfrac{Q}{4\pi\varepsilon_0 R}$

7. 静电场中有一质子(带电荷 $e=1.6\times10^{-19}$ C)沿图示路径从 a 点经 c 点移动到 b 点时，电场力做功 6.4×10^{-15} J，则当质子从 b 点，沿另一路径回到 a 点的过程中，则电场力做功 $W=$________；若设 a 点电势为零，则 b 点电势 $V_b=$________。

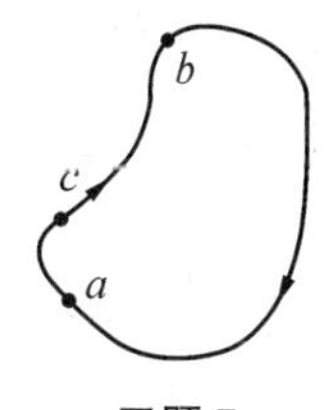

习题 7

8. 电荷为 $q_1=8.0\times10^{-6}$ C 和 $q_2=-8.0\times10^{-6}$ C 的两个点电荷相距 50 cm，求离它们都是 50 cm 处的电场强度。(真空介电常量 $\varepsilon_0=8.85\times10^{-12}\ \mathrm{C^2\cdot N^{-1}\cdot m^{-2}}$)

9. 一匀强电场 $\boldsymbol{E}$ 中，有一半径为 R 的半球面，半球面的轴线与场强 $\boldsymbol{E}$ 的方向成 $\dfrac{\pi}{6}$ 的夹角，求：通过此半球面的电通量。

10. 一半径为 R 的带电球体，其电荷体密度分布为：

$\begin{cases}\rho=Ar & (r\leqslant R)\\ \rho=0 & (r>R)\end{cases}$，$A$ 为一常量，试求球体内外的场强分布。

11. 一绝缘细棒被弯成半径为 R 的半圆形，其上半段均匀带电量 $+q$，下半段均匀带电量 $-q$，如图所示，求圆心处的电场强度。

习题 11

12. 一半径为 R 的均匀带电圆盘，电荷面密度为 σ，设无穷远处为电势零点，试计算圆盘中心 O 点电势。

13. 长 $l=10$ m 的直导线 AB 上均匀分布线密度 $\lambda=5.00\times10^{-9}\ \mathrm{C\cdot m^{-1}}$ 的正电荷。如图所示。

试求：(1) 在导线延长线上与 B 端相距 $d_1=50$ cm 处的 P 点的场强；

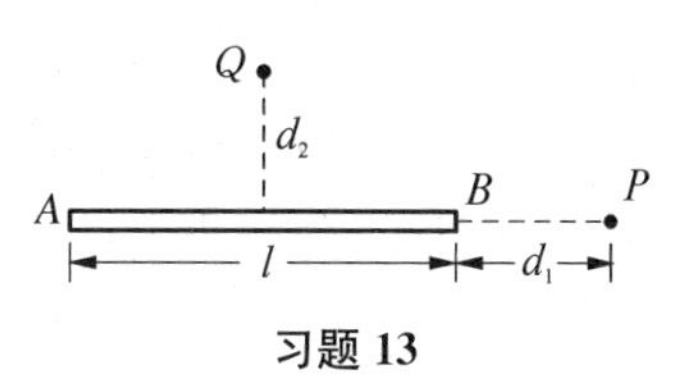

习题 13

(2) 在导线的垂直平分线上与导线中点相距 $d_2=50\ \text{cm}$ 处的 Q 点的场强。

14. 两个无限长同轴圆柱面，其半径分别为 R_1 和 R_2，带有等值异号电荷，每单位长度的电量均为 λ（即电荷线密度），试分别求出(1) $r<R_1$；(2) $r>R_2$；(3) $R_1<r<R_2$ 时，离轴线为 r 处的电场强度。

15. 盖革计数管是由一内直径为 2 cm 的金属长圆筒以及在其中央的一根直径为 0.134 mm 的金属细丝构成。如果在金属丝与圆筒之间加上 850 V 的电压，试分别求金属丝表面处和金属圆筒内表面处的电场强度的大小。

第五章

静电场中的导体和电介质

当导体或电介质被放入静电场后，受到电场的作用，同时导体和电介质又反过来影响电场。本章主要讨论金属导体与电场的相互作用，并简要介绍电介质在静电场中的特性，如静电感应、静电平衡、电介质极化、电介质电场中的高斯定理和静电场中的能量等，这些问题的深入研究，有助于电导率、介电常数等物理量的测量和计算，对电容器的发展起到了极大的促进作用。静电场中导体与电介质的研究与许多应用相关，例如电子设备与电路设计；构建电磁屏蔽壳体；传感器与换能器的设计和制造；高电压与绝缘电气设备制造；利用电介质记录生物体内的电信号，并实现与生物体的信号传输和控制；静电除尘和静电水处理；飞机和航天器的机身及机翼用电介质进行绝缘和防雷保护等。

早在1729年，英国人格雷就确定了物质可分为导体和绝缘体。1747年，富兰克林描述了"尖端放电"现象，并利用这一原理制造出避雷针。对于电容器的历史可以追溯到18世纪，1745年，德国神职人员克拉斯特发明了一种静电"瓶子"，并使用这种瓶子进行了静电放电实验，这也就是后来被命名的莱顿瓶。在19世纪，人们开始对静电屏蔽现象及其应用进行研究。著名的物理学家法拉第冒着被电击的危险，做了一个闻名于世的实验——法拉第笼实验：他把自己关在了一个封闭的金属笼内，并在笼外进行强大的静电放电，但放电时他并未受到任何影响，这就是静电屏蔽现象。

5.1 静电场中的导体

5.1.1 导体的静电平衡

导体一般指的是金属，以金属导体为例，它是由大量原子组成，每个原子除了带正电的原子核外还有多层电子。这些电子都围绕原子核做近似圆周运动（理想模型），但最外层电子与原子核之间的库仑作用非常微弱，导致最外层电子常常脱离原子核的束缚而成为在导体中可以自由漂移的电子（称为"自由电子"）。失去最外层电子的原子成为带正电的离子，这些离子构成晶体点阵。从整个金属导体来说，自由电子的负电荷总量和晶体点阵的正电荷总量是相等的，因此，金属导体呈现电中性。

当金属导体处于电中性或者不受外部电场微扰时，金属导体中的自由电子只做微观的无规则热运动，并没有做宏观的定向移动。若把金属导体放在外电场 $\boldsymbol{E}_0$ 中（如图 5－1 所示），导体中的自由电子在做无规则热运动的同时，还将在电场力作用下做宏观定向移动，这样导体左侧表面将堆积过多的电子，使得导体板左侧表面带负电荷，而导体右侧表面因缺失电子而带正电荷。在导体表面出现的电荷被称作**感应电荷**。在外电场下,导体上电荷发生重新分布,这个现象称作**静电感应现象**。感应电荷在导体内形成的电场 $\boldsymbol{E}_1$ 和外加电场 $\boldsymbol{E}_0$ 方向是相反的,当导体表面感应电荷越来越多时,一直持续到导体内部的合电场强度 $\boldsymbol{E}$ 等于零时为止,这时,导体处于**静电平衡状态**。

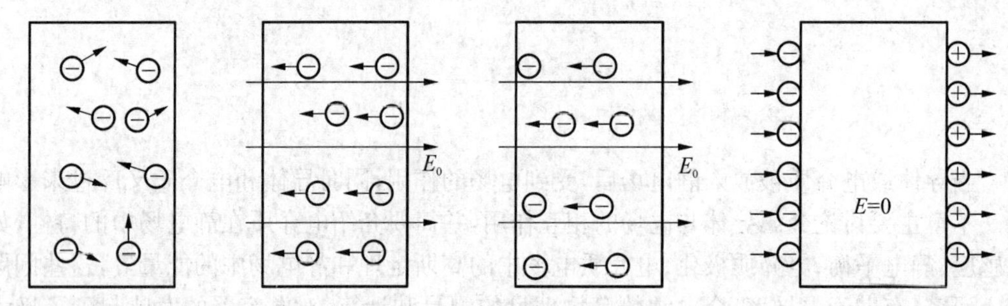

(a) 导体未放入电场中 (b) 导体刚放入电场中 (c) 自由电子受电场力而运动 (d) 导体内合场强为零

图 5-1

当导体处于静电平衡时,不仅导体内部没有电荷做定向移动,而且导体表面也没有电荷做定向移动,这说明导体表面处电场强度的方向与表面垂直。假若导体表面处电场强度的方向与导体表面不垂直,那么,电场强度沿表面将有切向分量,自由电子受到与该切向分量相应的电场力作用,沿表面运动,这时导体就不处于静电平衡状态了。因而,当导体处于静电平衡状态时,必须满足以下两个条件:

(1) 导体内部任何位置的电场强度必为零;

(2) 导体表面处的电场强度方向与表面垂直。

当导体处于静电平衡时,导体的电势如何?由于静电平衡时,导体内部的电场强度为零,因而,如在导体内任意取两点 A 和 B,由电势差 U 的定义式很容易判断这两点间的 $U_{AB}=0$,即

$$U_{AB}=\int_A^B \boldsymbol{E}\cdot \mathrm{d}\boldsymbol{l}=0 \tag{5-1}$$

这表明,处于静电平衡的导体内部各点电势相等。对于导体表面,由于在静电平衡时,导体表面的电场强度 $\boldsymbol{E}$ 与表面垂直,由式(5-1)可知,表面上任意两点的电势差亦为零,即导体表面为等势面。事实上,在静电平衡时,导体内部与导体表面电势是相等的,否则还会发生自由电荷的定向移动。总之,当导体处于静电平衡时,导体上各处的电势是相等的,导体为一等势体。

5.1.2 处于静电平衡导体上电荷的分布

在静电平衡时,带电导体的电荷分布可利用高斯定理来分析。如图 5-2 所示,有一带电实心导体处于平衡状态。由于导体处于静电平衡状态,其内部电场强度 $\boldsymbol{E}$ 为零,所以通过导体内任一高斯面 $\boldsymbol{S}$ 的电场强度通量必为零,即

$$\oint_S \boldsymbol{E}\cdot \mathrm{d}\boldsymbol{S}=0 \tag{5-2}$$

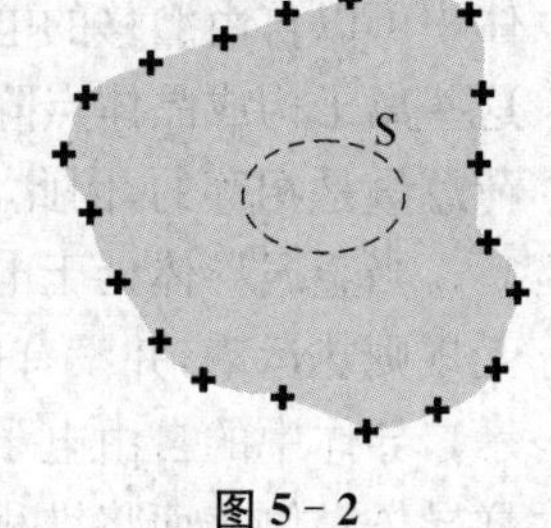

图 5-2

说明此高斯面内所包围的电荷的代数和为零。由于此高斯面是任意的，因而可得到如下结论：**在静电平衡时，导体所带的电荷只能分布在导体的表面上，导体内部没有净电荷。**

如果有一空腔导体带有电荷$+q$（如图 5-3），这些电荷在空腔导体的内、外表面如何分布呢？若在导体内取高斯面$\boldsymbol{S}$，由于静电平衡，导体内的电场强度为零，所以有

$$\oiint_S \boldsymbol{E}\cdot \mathrm{d}\boldsymbol{S}=\frac{\sum\limits_i q_i}{\varepsilon_0}=0 \qquad (5-3)$$

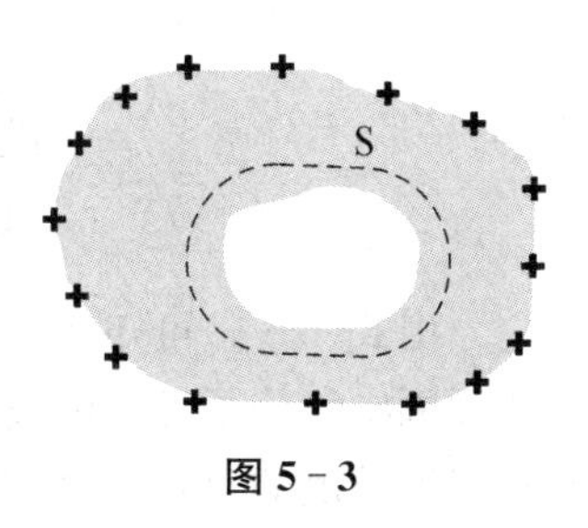

图 5-3

表明在空腔内表面上是没有净电荷的，然而在空腔内表面上是否有可能出现等量的正、负电荷，使内表面上的净电荷为零的可能呢？处于静电平衡中的导体是等势体，因而，空腔内的表面不会出现任何形式的电荷分布。电荷只能全部分布在空腔导体的外表面。

下面讨论带电导体表面的电荷面密度σ与其表面附近电场强度的关系。如图 5-4 所示，设在导体表面上取一圆形面积元ΔS，当ΔS足够小时，ΔS上的电荷分布可看作是均匀的，其电荷面密度为σ，即ΔS上的电荷为$\Delta q=\sigma\Delta S$。以面积元ΔS为底面作一如图 5-4 所示的圆柱形高斯面，下底面ΔS_2在导体内部。由于导体内电场强度为零，通过下底面的电场强度通量为零；在侧面上，在到体内部分电场强度为零，在到导体外部电场强度与侧面的正法向方向垂直，所以通过侧面的电场强度通量也为零；只有在上底面ΔS_1上，电场强度E与ΔS_1垂直，所以通过上底面的电场强度通量为$E\Delta S_1$，这也就是通过圆柱形高斯面的电场强度通量。根据高斯定理可写为：

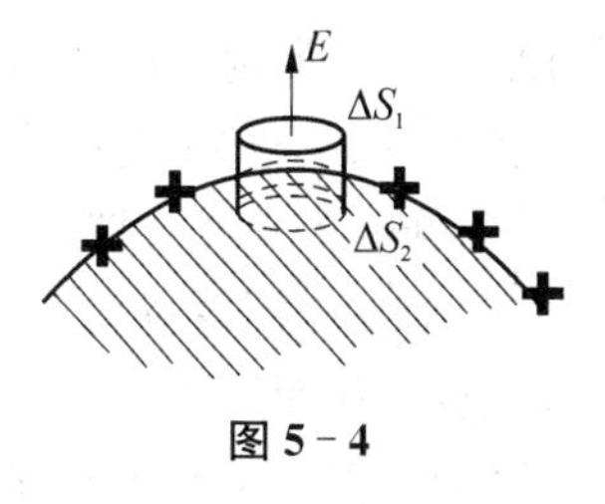

图 5-4

$$\oiint_S \boldsymbol{E}\cdot \mathrm{d}\boldsymbol{S}=E\Delta S_1=\frac{\sigma\Delta S}{\varepsilon_0}(\Delta S_1=\Delta S)$$

$$E=\frac{\sigma}{\varepsilon_0} \qquad (5-4)$$

上式表明，当带电导体处于静电平衡时，其表面之外非常邻近表面处的电场强度$\boldsymbol{E}$，其大小与该处电荷面密度σ成正比，其方向与导体表面垂直。当表面带正电荷时，$\boldsymbol{E}$的方向垂直于表面向外；当表面带负电荷时，$\boldsymbol{E}$的方向则垂直于表面指向导体。

式(5-4)给出导体表面电荷的面密度与其附近电场强度之间的关系。值得注意的是，对于带电导体达到静电平衡后导体表面的电荷如何分布，这是一个非常复杂的问题，对其定量研究是很困难的，由于导体表面的电荷分布不仅与导体本身的形状有关，而且还与导体周围的环境相关。即使孤立导体，表面的电荷面密度σ与其曲率半径ρ之间也并不是单一的函数关系。但实验表明：图 5-5 所示的带电非球形导体上，当到达静电平衡时，导体尽管为一等势体，表面为一等势面，但在曲率半径较小的地方，比如A点附近，其电荷面密度及电场强度的值较大；而在曲率半径大的B点附近，其电荷面密度和电场强度的值较小。图 5-6 给出带有等量异号电荷的一个非球形导体和一块平板导体的电场线轮廓图。从图中可以看出，曲率半径较小的带电导体表面附近，电场线密集，电场强度较大，尤其尖端附近电场强度最大。

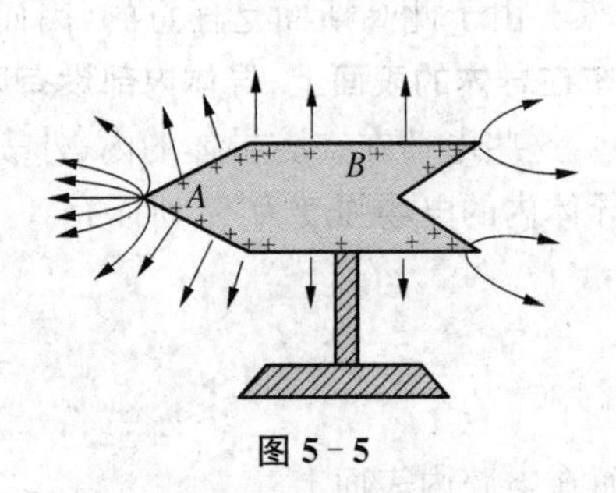

图 5-5

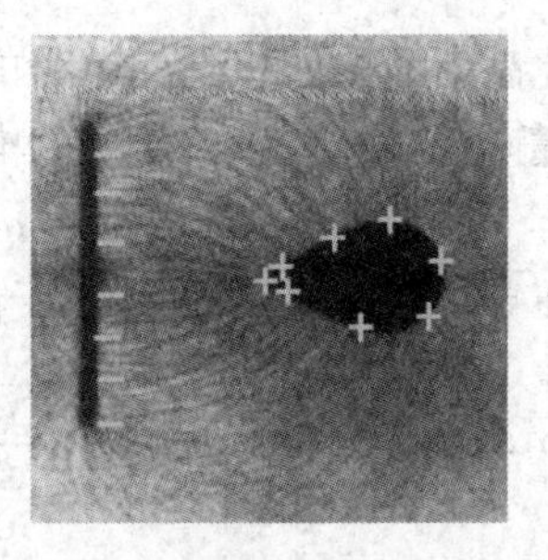

图 5-6

由式(5-4)可知,尖端附近曲率半径极小,电荷密度较大,电场强度就大。当电场大到使周围空气分子发生电离而成为导体时,在电场不过分强的情况下,带电尖端经由电离化的空气而放电的过程,是比较平稳地无声息地进行的,但在电场很强的情况下,放电就会以暴烈的火花放电的形式出现,并在短暂的时间内释放出大量的能量。这两种形式的放电现象就是"尖端放电"现象。例如,阴雨潮湿天气时常在高压输电线表面附近看到淡蓝色辉光的电晕,就是一种平稳的尖端放电现象。如图 5-7 所示,在一个导体尖端附近燃放一支蜡烛,当用静电高压发生器不断地给尖端导体充电时,就会看到一个十分有趣的现象:火焰好像被风吹动一样朝着背离尖端方向偏斜。这是因为在尖端附近较强的电场的作用下,空气分子被电离,从而产生大量的带电离子。与尖端电荷异号的离子相吸而飞向尖端,与尖端上的电荷中和,而与尖端上电荷同号的离子受到排斥而飞向远方。蜡烛火焰的偏斜就是这种离子流形成的"电风"吹动的结果。

尖端放电不仅损耗电能,还会干扰精密测量及通信。因而,在许多高压电器设备中,金属元件都避免带有尖棱,最好是球状曲面,并尽量使导体表面光滑且平坦,是为了避免尖端放电造成事故和电能损失(漏电)。然而尖端放电也有很广的用途,最典型的就是避雷针。夏天带有大量电荷的雷雨云层接近地面时,使地面上凸出部分(如高楼、烟囱等)感应出密度很大的感应电荷。当感应电荷积累到一定程度就会在云层和这些建筑物之间发生强烈的火花放电,这就是雷击。为了防止雷击造成危害,可在建筑物顶端安装尖端导体(避雷针)。如图 5-8 所示,用粗的铜缆将避雷针一直通到地下几尺深的金属板(或金属管)上,保持避雷针与大地具有良好的电接触(保持避雷针与大地良好的电接触是避雷针正常工作的前提)。

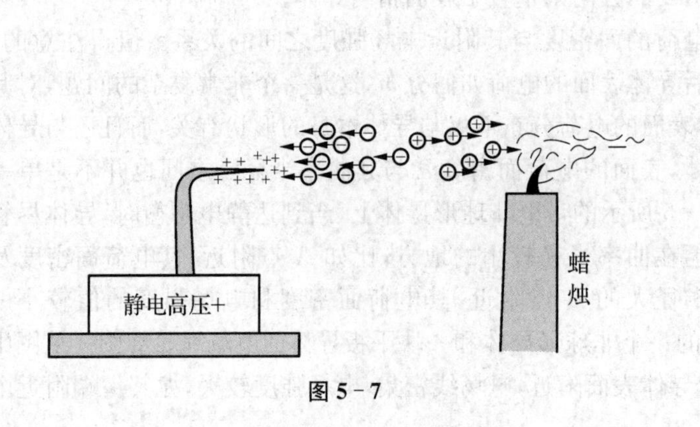

图 5-7

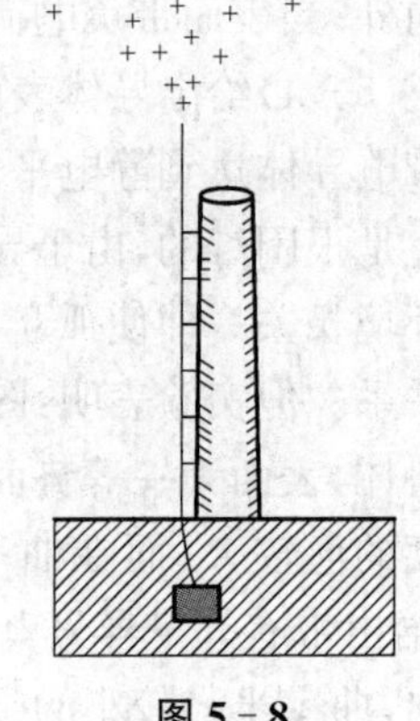

图 5-8

5.1.3　静电屏蔽

在静电场中，由于导体的存在使某些区域不受电场影响的现象称作**静电屏蔽**。怎样才能达到静电屏蔽呢？在如图 5 - 9 所示的静电场中，放置一空腔导体，当导体处于静电平衡时，导体的外表面出现感应电荷，导体内和空腔中的电场强度处处为零。也就是说，空腔内的整个区域都将不受外电场的影响。这时导体和空腔内部的电势处处相等，构成一个等势体。当然，有时候还需要屏蔽电荷激发的电场对外界的影响。这时可利用如图 5 - 10 所示的装置，在电荷 $+q$ 外罩一个外表面接地的空腔导体。空腔导体处于静电平衡时，其外表面产生感应正电荷，此正电荷与从地上来的负电荷发生中和，使得空腔导体外表面不带电，因此，接地空腔导体内的电荷激发的电场对导体外就不会产生任何影响了。在实际工作中，常用编织得相当紧密的金属网来代替金属壳体。例如，高压设备周围的金属网，校测电子仪器的金属网屏蔽室都能起到静电屏蔽的作用。总之，空腔导体（无论接地与否）将使腔内空间不受外电场的影响，而接地空腔导体将使外部空间不受空腔电场的影响。这些就是空腔导体的静电屏蔽作用。

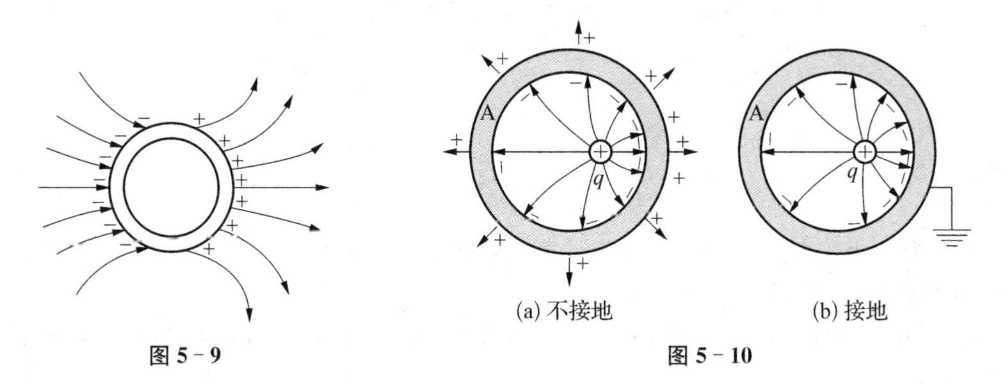

图 5 - 9　　图 5 - 10

【例 5 - 1】　如图 5 - 11 所示，一个半径为 R 的接地金属球外有一点电荷 $q(q>0)$，q 离金属球心的距离为 r。求金属球壳上的感应电荷 q'。

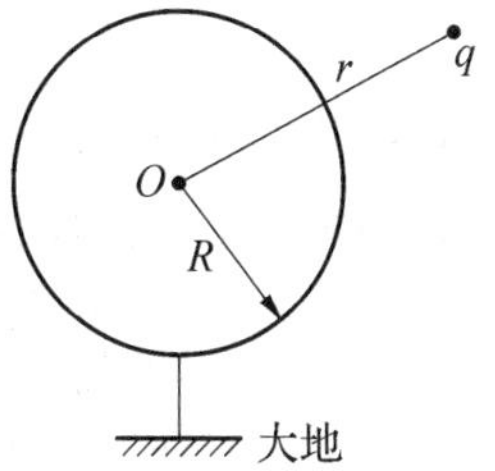

图 5 - 11

解　当金属球接地时，它与地球构成一个完整的导体。它在点电荷 q 的电场中处于静电平衡状态，产生感应电荷 q'。金属球的电势由 q 与 q' 共同决定。金属球接地，表明它的电势为零。因为金属球静电平衡后是等势体，故球心电势为零。而感应电荷 q' 分布在球表面。不论其分布如何，它们到球心的距离都是 R，则

$$U_0=\frac{q}{4\pi\varepsilon_0 r}+\frac{q'}{4\pi\varepsilon_0 R}=0$$

$$q'=-\frac{Rq}{r}$$

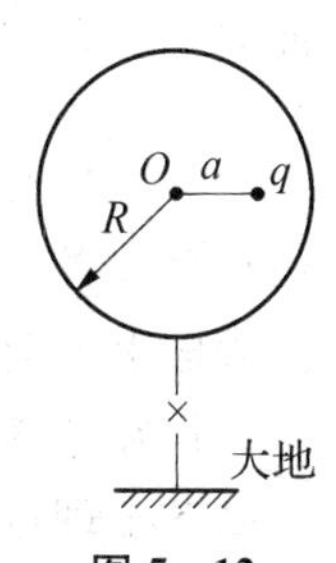

图 5 - 12

【例 5 - 2】　一接地半径为 r 的金属球壳内有一电荷 $q(q>0)$，q 距离球心为 a，如图 5 - 12 所示。现将接地线剪断，试求此球壳中心 O 的电势。

解　接地金属球壳在 q 电场中，在内、外表面分别产生感应异号电荷为

q_1 和同号电荷 q_2。由于外表面接地,外表面电荷 q_2 被中和,内表面电荷 q_1 仍然存在,在导体球壳层内作高斯面,此高斯面上的电场强度通量为 0,即 $q+q_1=0$。尽管内表面感应电荷 q_1 分布不均匀,但电荷到 O 的距离都为 R,由电势叠加原理可知:

$$U_0=\frac{q}{4\pi\varepsilon_0 a}+\frac{q_1}{4\pi\varepsilon_0 R}=\frac{q}{4\pi\varepsilon_0}\left(\frac{1}{a}-\frac{1}{R}\right)$$

【例 5-3】 有一外半径 R_3、内半径 R_2 的金属球壳 B,在球壳中放一半径 R_1 的同心金属球 A(如图 5-13)。若使球壳和球均分别带有 q_2 和 q_1 的正电荷,问两球体上的电荷如何分布?球心的电势为多少?

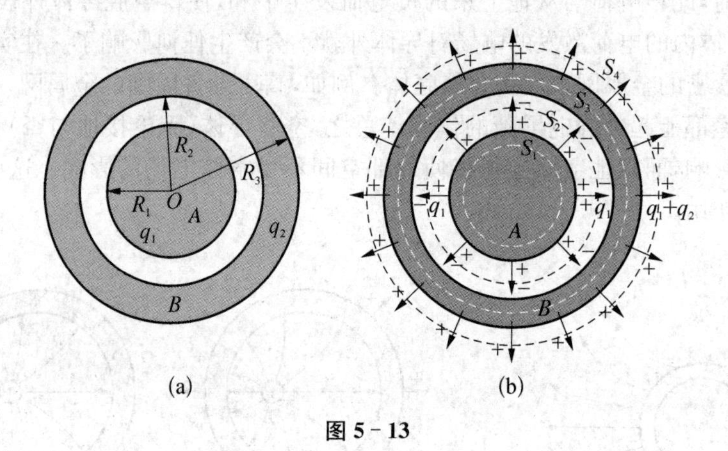

图 5-13

解 为了计算球心的电势,必须先计算出空间的电场分布。由于在电荷分布具有球对称性,可用高斯定理计算空间的电场强度。

首先,从金属球内开始。若取 $r<R_1$ 的球面 S_1 为高斯面,则由导体的静电平衡条件,球内的电场强度为

$$E_1=0 \qquad (r<R_1)$$

在球与球壳之间 $R_1<r<R_2$ 区域作球面 S_2 为高斯面,在此高斯面内的电荷仅是半径为 R_1 球上的电荷 q_1,由高斯定理得球与球壳间的电场强度 $\boldsymbol{E}_2$ 为

$$\oint_{S_2}\boldsymbol{E}_2\cdot \mathrm{d}\boldsymbol{S}=E_2\cdot 4\pi r^2=\frac{q_1}{\varepsilon_0}$$

$$E_2=\frac{q_1}{4\pi\varepsilon_0 r^2} \qquad (R_1<r<R_2)$$

而对于所有 $R_2<r<R_3$ 的球面 S_3 上的各点,由静电平衡条件知其电场强度应为零,即

$$E_3=0 \qquad (R_2<r<R_3)$$

由高斯定理可知,球面 S_3 内所含有电荷的代数和为 0。已知球的电荷为 q_1,所以球壳内的内表面上电荷必为 $-q_1$。这样,球壳的外表面上的电荷就应是 q_1+q_2。

再在球壳外面取 $r>R_3$ 的球面 S_4 为高斯面,在此高斯面内含有的电荷为 q_1+q_2。所以由高斯定理可得 $r>R_1$ 处的电场强度为

$$E_4=\frac{q_1+q_2}{4\pi\varepsilon_0 r^2}\qquad (r>R_3)$$

由电势的定义式可知球心 O 处的电势为：

$$\begin{aligned}V_O&=\int_0^{+\infty}\boldsymbol{E}\cdot \mathrm{d}\boldsymbol{r}\\&=\int_0^{R_1}\boldsymbol{E}_1\cdot \mathrm{d}\boldsymbol{r}_1+\int_{R_1}^{R_2}\boldsymbol{E}_2\cdot \mathrm{d}\boldsymbol{r}_2+\int_{R_2}^{R_3}\boldsymbol{E}_3\cdot \mathrm{d}\boldsymbol{r}_3+\int_{R_3}^{+\infty}\boldsymbol{E}_4\cdot \mathrm{d}\boldsymbol{r}_4\\&=0+\int_{R_1}^{R_2}\frac{q_1}{4\pi\varepsilon_0 r^2}\mathrm{d}r+0+\int_{R_3}^{+\infty}\frac{q_1+q_2}{4\pi\varepsilon_0 r^2}\mathrm{d}r\\&=\frac{q_1}{4\pi\varepsilon_0}\left(\frac{1}{R_1}-\frac{1}{R_2}\right)+\frac{q_1+q_2}{4\pi\varepsilon_0 R_3}\end{aligned}$$

5.2　电容器　电容

电容器是储存电荷或电能的容器。和其他的容器一样，电容器的容量由其自身的形状、大小决定。电容是反映电容器贮存电荷或贮存电能本领的一个重要的电学物理量，是衡量电容器大小的物理量。这一节我们先讨论孤立导体的电容，然后讨论电容器及其电容，最后讨论电容器的串、并联。

5.2.1　孤立导体的电容

孤立导体是指在这个导体附近没有其他导体。在真空中，一个带有电荷 Q 的孤立导体，其电势 V 正比于所带的电荷 Q(无限远处的零电势)，而且还与导体的形状和尺寸相关。例如，在真空中，有一半径为 R、电荷为 Q 的孤立球形导体，由电势定义式可求出其电势为

$$V=\frac{Q}{4\pi\varepsilon_0 R}\tag{5-5}$$

从上式可以看出，当电势 V 为一定值时，球的半径 R 越大，导体所带电荷就越多。然而，当此孤立球形导体的半径一定时，它所带的电荷若增加一倍，则其电势也相应地增加一倍，但 Q/V 比值是一常量。上述结果尽管是对球形孤立导体而言，但对任意形状的孤立导体也是如此。因而，把孤立导体所带的电荷 Q 与其电势 V 的比值叫作孤立导体的电容，电容的符号为 C，即

$$C=\frac{Q}{V}\tag{5-6}$$

电容的物理意义：使导体每升高单位电势所需的电量。例如，导体 A 的电容比导体 B 的电容大，这表示使这两个导体电势升高相同值，导体 A 比 B 需带有更多的电量。由于孤立导体的电势总是正比于电荷，所以它们的比值既不依赖 V，也不依赖 Q，仅与导体的形状和尺寸有关。对于在真空中孤立球形导体来说，其电容为

$$C=\frac{Q}{V}=\frac{Q}{\frac{Q}{4\pi\varepsilon_0 R}}=4\pi\varepsilon_0 R \qquad (5-7)$$

由上式可以发现，真空中球形孤立导体的电容正比于球半径。同学可以尝试估算我们生活的地球的电容为多少？（地球半径 $R=6.4\times10^6$ m）

应当明确，电容是表述导体电学性质的物理量，它与导体是否带电无关，就像导体的电阻与导体是否通有电流无关一样。在国际单位制中，电容的单位为法拉，符号为 F。实际上，法拉单位太大，经常用微法（μF）、皮法（pF）作为电容的单位，它们之间的关系为：$1\ \text{F}=10^6\ \mu\text{F}=10^{12}\ \text{pF}$。

5.2.2 电容器的电容

如果把两个导体靠得很近，且它们接近面的尺度远大于它们间的距离，这就构成一个电容器，这两个导体分别构成电容器的两个电极（也称为极板）。如图 5-14 所示，两个导体 A、B 放在真空中，它们所带的电荷分别为 $+Q$ 和 $-Q$，如果它们的电势分别为 V_1 和 V_2，那么它们之间的电势差 $U=V_1-V_2$，则电容器的电容 C 可定义为：

$$C=\frac{Q}{U} \qquad (5-8)$$

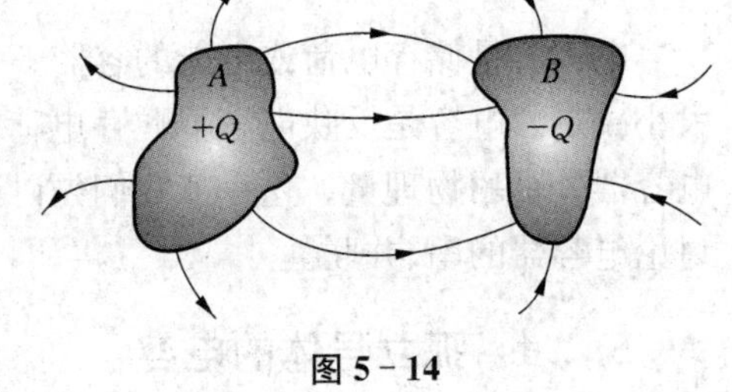

图 5-14

其中，Q 为两导体中任何一个导体所带的电荷，U 为两导体间的电势差。

电容器是现代电工技术和电子技术中的重要元件，其大小、形状不一，种类也繁多，有大到比人还高的巨型电容器，也有小到肉眼无法看见的微型电容器。在超大规模集成电路中，随着纳米（nm）材料的发展，1 平方厘米中可以容纳数百万个超级电容器，电子技术已经向微型化发展。同时，电容器的大型化也日趋成熟，利用高功率电容器已获得高强度的脉冲激光束，为实现人工控制热核聚变提供了条件。

根据不同需求，通过电容器形状以及电容器内所填充的不同电介质来设计电容器的电容。对于电介质，下一小节详细说明。表 5-1 列举了一些常见电介质的相对电容率。除空气的相对电容率近似等于 1 外，其他电介质的相对电容率都大于 1。事实上，电容器的电容不仅依赖于电容器的形状，而且还和极板间电介质（通常用相对电容率大小来区分不同电介质）有关。当极板上加一定的电压时，极板间就有一定的电场强度，电压越大，电场强度也越大。当电场强度增大到最大值时，电介质中分子发生电离，从而使电介质失去绝缘性，这时我们就说电介质被击穿了。电介质能承受的最大电场强度 E_b 称为电介质的击穿场强，此时两极板的电压称为击穿电压 U_b。表 5-1 给出几种电介质的击穿场强。电介质被击穿的原因很多，通常与材料结构、杂质缺陷、电极形状、电极间电压、周围环境以及电极表面状况相关。

表 5-1 几种常见电介质的相对电容率和击穿场强(室温)

电介质	相对电容率 ε_r	击穿场强/(10^5 V/mm)	电介质	相对电容率 ε_r	击穿场强/(10^3 V/mm)
真空	1.000 000	—	聚四氟乙烯	2.1	60
空气(0 ℃)	1.000 59	3	硼硅酸玻璃	5～10	10～50
水	80	—	石英	3.78	8
瓷器	6	12	钛酸锶钡	约 104	5～30
合成橡胶	6.60	12	涂以石蜡的纸	3.5	11
聚苯乙烯	3.56	24	硅铜油	2.5	15

下面举例说明处于真空状态下几种电容器的电容计算。

【例 5-4】 平行板电容器

如图 5-15 所示,A、B 为两块面积均为 S 的平行金属板,相距为 d。且 d 比板的线度要小很多,略去边缘不均匀电场的影响,可用无限大带电平板近似求解两板间的电场强度。若 A、B 两板带有电量分别是 $\pm q$ 时,电荷只分布在两板的内表面,而电荷面密度分别为 $\pm\sigma=\pm\dfrac{q}{S}$。根据高斯定理可得到两板之间的电场强度 E 为:

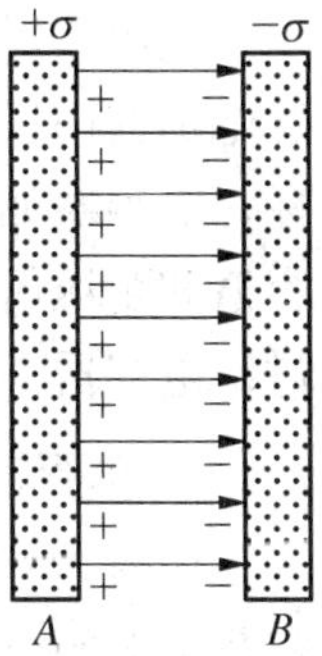

$$E=\frac{\sigma}{S}$$

图 5-15

则两板间的电势差

$$U_{AB}=\int_A^B \boldsymbol{E}\cdot \mathrm{d}\boldsymbol{l}=Ed=\frac{\sigma}{\varepsilon_0}d=\frac{q}{\varepsilon_0 S}d$$

根据电容定义式(5-15)可得板间为真空的平行板电容器电容为:

$$C=\frac{q}{U}=\frac{\varepsilon_0 S}{d}$$

此式表明,**平行板电容器的电容 C 正比于极板面积 S,反比于两板之间距离 d。**

【例 5-5】 球形电容器

球形电容器是由两个同心导体球壳组成。若两导体球壳在真空中,如图 5-16 所示,两个球壳的半径分别为 R_1 和 R_2。设两球壳相对的表面带有 $+q$ 和 $-q$,运用高斯定理可求得两球壳之间的场强为 $E=\dfrac{q}{4\pi\varepsilon_0 r^2}$,则两球壳之间电势差为

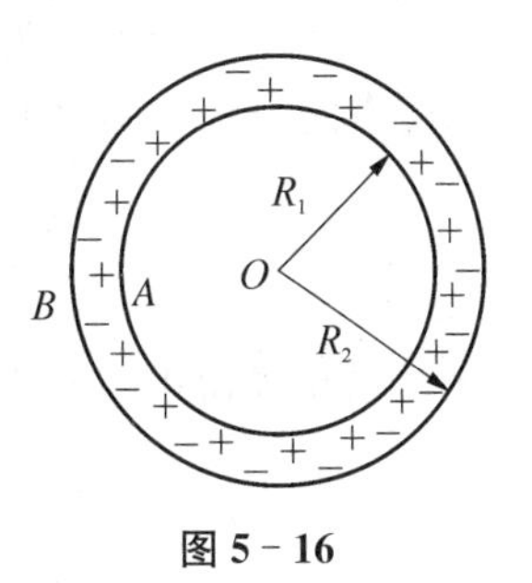

图 5-16

$$U_{AB}=\int_{R_1}^{R_2}\frac{q}{4\pi\varepsilon_0 r^2}\mathrm{d}r=\frac{q}{4\pi\varepsilon_0}\left(\frac{1}{R_1}-\frac{1}{R_2}\right)$$

则球形电容器电容为

$$C=\frac{q}{U_{AB}}=4\pi\varepsilon_0\frac{R_1R_2}{R_2-R_1}$$

【例 5-6】 圆柱电容器

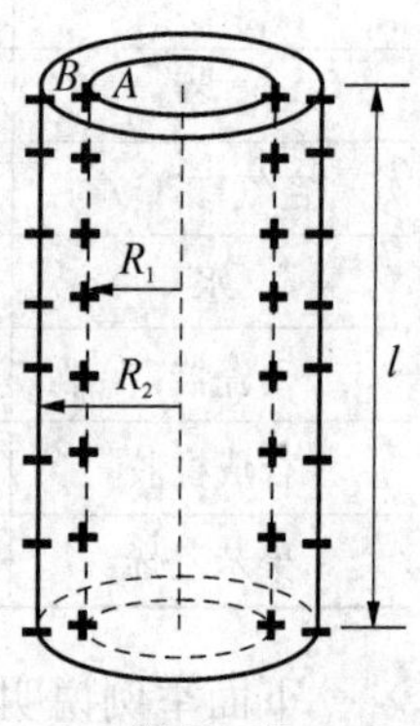

图 5-17

圆柱状电容器是由两个长直同轴导体圆筒组成。如图 5-17 所示，两圆筒 A、B 的半径分别为 R_1 和 R_2（$R_1<R_2$），圆筒长为 l。设内、外圆筒单位长度上带有电荷 $\pm\lambda$，用高斯定理可求出两圆筒间的电场强度 $E=\frac{\lambda}{2\pi\varepsilon_0 r}$，则两圆筒间电势差为

$$U_{AB}=\int_{R_1}^{R_2}\frac{\lambda}{2\pi\varepsilon_0 r}\mathrm{d}r=\frac{\lambda}{2\pi\varepsilon_0}\ln\frac{R_2}{R_1}$$

5.2.3 电容器的串联和并联

电容器反映电学性质的两个主要指标：(1) 电容量；(2) 耐压值。在使用电容器时，要注意施加在两极板上的电压不能超过电容器所规定的耐压值，否则电容器内电介质就会被击穿。电容器如果失去绝缘的特性，那它就被损坏了。在实际应用中，当遇到单一电容器的电容值和耐压值都达不到要求的时候，可以把几只电容器串联或并联使用去设计电路。下面讨论电容器串联和并联后等效电容的计算方法。

1. 电容器的串联

如图 5-18 所示，有一些电容器的极板首尾相连接，这种连接叫作串联。设加在串联电容器组上的电压为 U，则两端的极板分别带有 $+Q$ 和 $-Q$ 的电荷。由于静电感应使虚线框内的两块极板所带的电荷分别为 $-Q$ 和 $+Q$。这就是说，串联电容器组中每个电容器极板上所带的电荷是相等的。根据式(5-8)可得每个电容器的电压为

$$U_1=\frac{Q}{C_1},U_2=\frac{Q}{C_2},\cdots,U_n=\frac{Q}{C_n} \tag{5-9}$$

图 5-18

而总电压 U 则为各电容器上的电压之和，即

$$U=U_1+U_2+\cdots+U_n=Q\cdot\left(\frac{1}{C_1}+\frac{1}{C_2}+\cdots+\frac{1}{C_n}\right) \tag{5-10}$$

如果用一个电容为 C 的电容器来等效地代替串联电容器组，使它两端的电压为 U 时，它所带的电荷为 Q，则有

$$U=\frac{Q}{C} \tag{5-11}$$

把此式和式(5-10)相比，可得

$$\frac{1}{C}=\frac{1}{C_1}+\frac{1}{C_2}+\cdots+\frac{1}{C_n} \tag{5-12}$$

这表明，**串联电容器组等效电容的倒数等于电容器组中各电容倒数之和。**

2. **电容器的并联**

如图 5-19 所示，将 n 个电容器的极板一一对应地连接起来，这种连接叫作**并联**。将它们接在电压为 U 的电路上，则电容器电容为 $C_1, C_2, \cdots, C_n$ 上的电荷分别为 $q_1, q_2, \cdots, q_n$。根据式(5-8)有

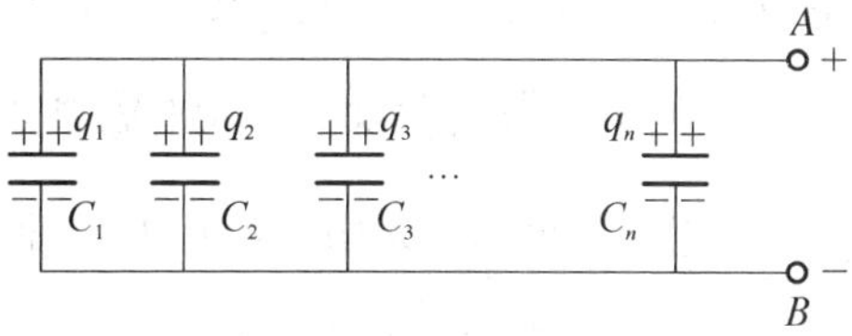

图 5-19

$$q_1 = C_1U, q_2 = C_2U, \cdots, q_n = C_nU \tag{5-13}$$

n 个电容器上总电荷 Q 为

$$Q = q_1 + q_2 + \cdots + q_n = C_1U + C_2U + \cdots + C_nU \tag{5-14}$$

若用一个电容器来等效地代替这 n 个电容器，使它在电压为 U 时，所带电荷为 Q，那么这个等效电容器的电容 C 为 $C = \dfrac{Q}{U}$，把它与式(5-14)相比较可得

$$C = C_1 + C_2 + \cdots + C_n \tag{5-15}$$

这表明，当 n 个电容器并联时，其等效电容等于这 n 个电容器的电容之和。

【例 5-7】 如图 5-20 所示，$C_1 = 5\ \mu\text{F}, C_2 = 10\ \mu\text{F}, C_3 = 10\ \mu\text{F}$。

(1) 求：A、B 间电容 C_{AB}；

(2) A、B 间加 200 V 电压时，C_2 上的电荷和电压。

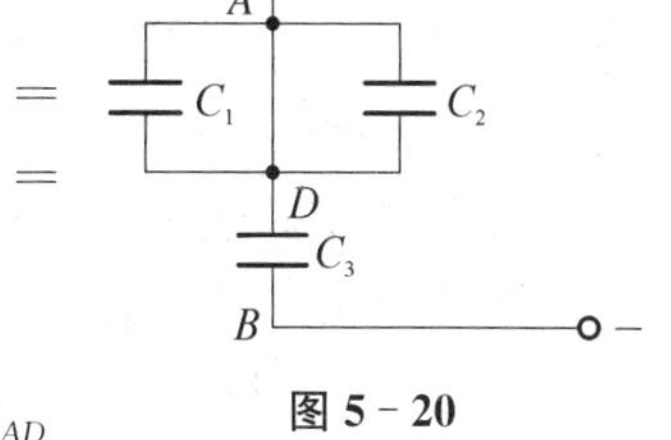

图 5-20

解 (1) 电容 C_1 和 C_2 并联，若并联后的等效电容为 $C_{AD} = C_1 + C_2 = 15\ \mu\text{F}$，然后，$C_{12}$ 与 C_3 串联，其等效电容 $C_{AB} = \dfrac{C_{AD} \cdot C_3}{C_{AD} + C_3} = \dfrac{15 \times 10}{15 + 10} = 6\ \mu\text{F}$。

(2) C_1 和 C_2 并联后的等效电容为 C_{12} 与 C_3 串联，说明 C_{AD} 与 C_3 上电荷量相同，因而，

$$Q_{AD} = Q_{AB} = C_{AB}U_{AB} = 6 \times 10^{-6} \times 100 = 6 \times 10^{-4}(\text{C})$$

则 C_2 上电压：

$$U_2 = U_{AD} = \frac{Q_{AD}}{C_{AD}} = \frac{6 \times 10^{-4}\ \text{C}}{15 \times 10^{-6}\ \text{F}} = 40(\text{V})$$

C_2 上电荷：

$$Q_2 = C_2U_{AD} = 10 \times 10^{-6} \times 40 = 4 \times 10^{-4}(\text{C})$$

5.3 电介质及其极化

静电场与物质的相互作用，既表现在静电场对物质的影响，也表现在物质对静电场的影响。前面主要讨论了静电场中的导体对电场的影响，这一节主要讨论电介质对静电场的影

响、电介质的极化机理、电极化强度的概念以及极化电荷与自由电荷的关系。

5.3.1 电介质对电场的影响

真空中，两无限大均匀带有电荷面密度分别为$+\sigma$和$-\sigma$的平行平板之间的电场强度$E_0=\dfrac{\sigma}{\varepsilon_0}$，$\varepsilon_0$为真空电容率。现维持两板上的电荷面密度$\sigma$不变，而在两板之间充满均匀的各向同性的电介质。实验测得两板间的电场强度$\boldsymbol{E}$的值仅为真空时两板间电场强度$\boldsymbol{E}_0$的$1/\varepsilon_r$倍($\varepsilon_r>1$)，即

$$E=\frac{E_0}{\varepsilon_r} \tag{5-16}$$

上式说明，**将介质放入外电场$\boldsymbol{E}_0$后，介质内部仍存在电场强度，只是电场强度变小，只有原电场$\boldsymbol{E}_0$的$1/\varepsilon_r$倍。**ε_r为电介质的相对电容率。相对电容率ε_r与真空电容率ε_0的乘积$\varepsilon_0\varepsilon_r=\varepsilon$，$\varepsilon$叫作电容率。几种常见电介质的相对电容率已列在5.2小节的表5-1中。

5.3.2 电介质及其极化

从物质的微观结构来看，金属中存在自由电子，它们在外电场作用下可在金属内定向移动；电介质由分子组成，分子通常分为两类：无极分子和有极分子，而构成电介质的分子中，电子和原子核结合得较为紧密，电子处于束缚状态，以至于电介质内几乎不存在自由电子。当把电介质放到外电场中，电介质中的电子或离子，只能在电场力作用下做微小的相对位移。只有在击穿的情形下，电介质中的一些电子才被解除束缚而做宏观定向移动，使电介质失去绝缘特性。这些就是导体和电介质在电学性能上的主要区别。

电介质可分成两类：一些材料，比如氢气、甲烷、石蜡、聚苯乙烯等，它们构成分子的正、负电荷中心，在无外电场时是完全重合的，这种分子叫作无极分子(如图5-21)；一些材料，如水、有机玻璃、纤维素、聚氯乙烯等，即使在外电场不存在时，它们构成分子的正、负电荷中心也是不重合的，这种分子相当于一个有着固有电偶极矩的电偶极子，所以这种分子叫作有极分子(如图5-22)。下面分别对无极分子和有极分子加以讨论。

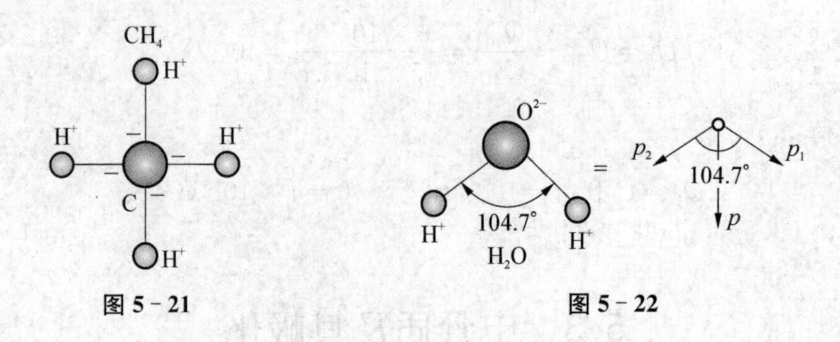

图5-21　　图5-22

1. 无极分子的位移极化

如图5-23(b)所示，在外电场$\boldsymbol{E}_0$的作用下，无极分子中的正、负电荷将偏离原来的位置，正、负电荷中心将产生相对的位移$\boldsymbol{l}$，位移的大小与电场强度大小相关。这时，每个分子

可以看作一个电偶极子。电偶极子的电偶极矩 $\boldsymbol{p}$ 的方向最终和外电场 $\boldsymbol{E}_0$ 的方向将相同，这种电偶极矩叫作**诱导电偶极矩**。这样，在电介质内，如果电介质的密度是均匀的，任一小体积内所含有的异号电荷数量相等，即电荷体密度仍然保持为零，但电介质与外电场垂直的两个表面上却要分别出现正电荷和负电荷(如图 5 - 23(c))。必须注意，这种在电介质表面出现的正、负电荷是不能用诸如接地之类的导电方法使其脱离电介质中原子核束缚而单独存

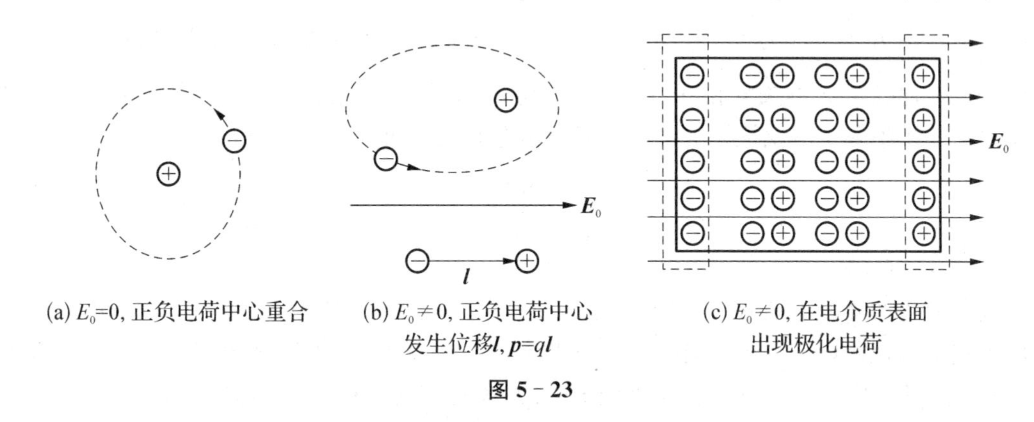

(a) $E_0=0$, 正负电荷中心重合　(b) $E_0\neq0$, 正负电荷中心发生位移 l, $p=ql$　(c) $E_0\neq0$, 在电介质表面出现极化电荷

图 5 - 23

在，所以把它们称作极化电荷，与自由电荷相区别。这种在外电场作用下介质表面产生极化电荷的现象，叫作**电介质的极化现象**。当外电场消失后，无极分子的正、负电荷中心又将重合而恢复原状，极化现象也随之消失。

2. 有极分子的极化

对于有极分子构成的电介质来说，产生极化的过程则与上述无极分子的极化过程截然不同。虽然每个分子都可当作一个电偶极子，并有一定的固有电偶极矩，但在没有外电场的情况下，通常，分子在做无规则的热运动，电介质中各电偶极子的电偶极矩的排列是无序的，电介质对外不呈现电性[如图 5 - 24(a)]。在有外电场作用的情况下，电偶极子都要受到力矩 ($\boldsymbol{M}=\boldsymbol{l}\times\boldsymbol{F}=\boldsymbol{l}\times q\boldsymbol{E}=q\boldsymbol{l}\times\boldsymbol{E}=\boldsymbol{p}\times\boldsymbol{E}$) 的作用。在此力矩的作用下，电介质中各电偶极子的电偶极矩将转向外电场的方向[如图 5 - 24(b)]，就不再转动。也就是电偶极矩 $\boldsymbol{p}$ 方向与外电场的电场强度 $\boldsymbol{E}$ 方向相同时，电偶极子的所受力矩才为零，电偶极子才处在稳定的平衡态。然而，由于分子的热运动，各电偶极矩并不能十分整齐地依照外电场的方向排列起来。尽管如此，对整个电介质来说，如果是均匀的电介质，则在垂直于电场方向的两表面上，也还是有极化电荷出现的[如图 5 - 24(c)]。若撤去外电场，由于分子热运动的缘故，这些电偶极子的电偶极矩的规则排列，又将变成无序状态。

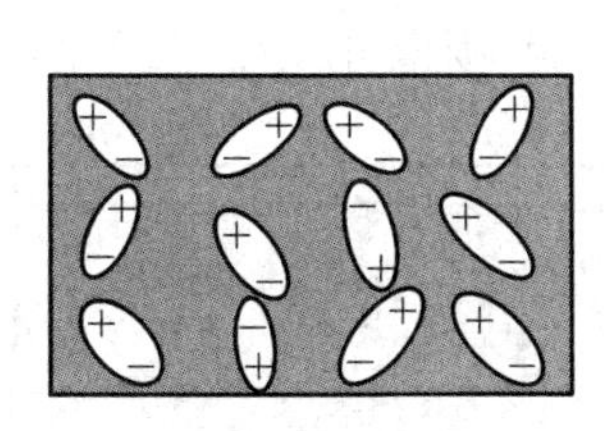

(a) $\boldsymbol{E}_0=\boldsymbol{0}$, 分子电偶极子自由状态

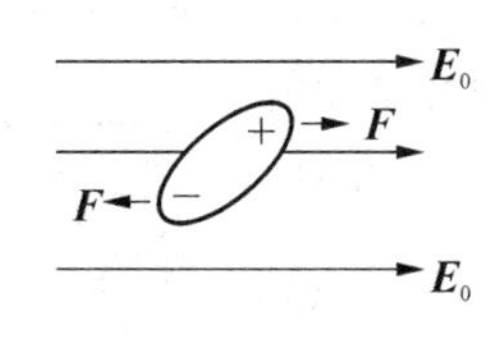

(b) $\boldsymbol{E}_0\neq\boldsymbol{0}$, 分子电偶极子受力矩作用

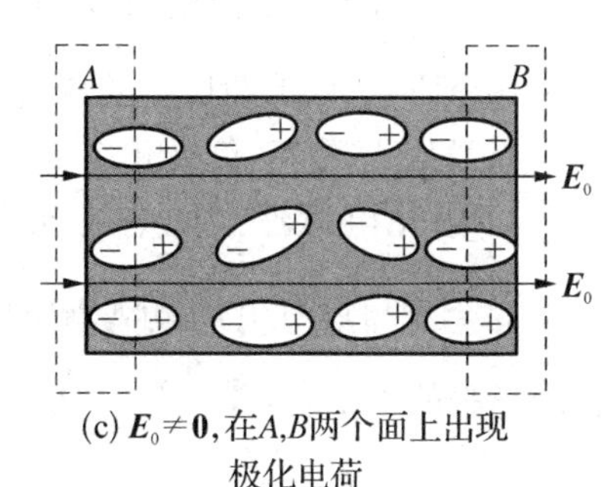

(c) $\boldsymbol{E}_0\neq\boldsymbol{0}$, 在 A, B 两个面上出现极化电荷

图 5 - 24

综上所述，在静电场中，虽然不同电介质极化的微观机理不相同，但是宏观上，都表现为在电介质表面出现极化电荷而产生极化现象。

5.3.3 电极化强度

在没有外电场时，电介质没有被极化，在电介质内任取一小体积 ΔV，此小体积中所有分子的电偶极矩 $\boldsymbol{p}$ 矢量和为零（$\sum_i \boldsymbol{p}_i = 0$）。当电介质处于外电场中，电介质被极化，此小体积中分子电偶极矩 $\boldsymbol{p}$ 的矢量和不为零。外加电场越强，分子电偶极矩的矢量和就越大。通常用单位体积中分子电偶极矩的矢量和来表示电介质的极化程度，即

$$\boldsymbol{P} = \frac{\sum_i \boldsymbol{p}_i}{\Delta V} \tag{5-17}$$

式中 $\boldsymbol{P}$ 叫作电极化强度，它的单位是 $\mathrm{C \cdot m^{-2}}$。如果电介质中各处的 $\boldsymbol{P}$ 均相同，这种电介质可被认为是被均匀极化。当电介质被极化时，极化的程度越高（即 $\boldsymbol{P}$ 越大），电介质表面上的极化电荷面密度 σ' 也越大。它们之间的关系是如何的呢？以电荷面密度分别为 $+\sigma_0$ 和 $-\sigma_0$ 的两平行板间充满均匀电介质为例来进行分析。

如图 5-25 所示，在电介质中取一长为 l，底面积为 ΔS 的圆柱体，圆柱体两底面的极化电荷面密度分别为 $-\sigma'$ 和 $+\sigma'$，体内所有分子电偶极矩的矢量和的大小可用一个大的电偶极子的极矩大小来表示：

$$p = \sum_i p_i = \sigma' \Delta S l \tag{5-18}$$

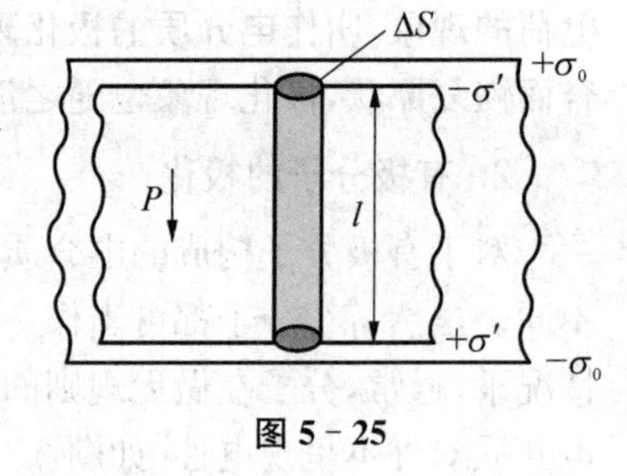

图 5-25

由电极化强度定义可知，此电介质的电极化强度大小为

$$P = \frac{p}{\Delta V} = \frac{\sigma' \Delta S l}{\Delta S l} = \sigma' \tag{5-19}$$

上式表明，两平板间电介质的电极化强度的大小等于极化电荷面密度。

*下面讨论电介质表面的极化电荷与自由电荷的关系

如图 5-26 所示，在两无限大平行板之间，放入一电介质，若两板上自由电荷面密度分别为 $\pm\sigma_0$。在放入电介质以前，自由电荷在两板间激发的电场强度 $\boldsymbol{E}_0$ 值为 $E_0 = \frac{\sigma_0}{\varepsilon_0}$。当两板间充满电介质后，保持两极上的自由电荷面密度 $\pm\sigma_0$ 保持不变，则电介质由于极化，就在板与介质界面处出现正、负极化电荷，其电荷面密度为 $\pm\sigma'$。极化电荷建立的电场强度 $\boldsymbol{E}$ 的值为 $E' = \frac{\sigma'}{\varepsilon_0}$。从图中可以看出，电介质中的电场强度 $\boldsymbol{E}$ 为上述两场强的矢量和：

$$\boldsymbol{E} = \boldsymbol{E}_0 + \boldsymbol{E}' \tag{5-20}$$

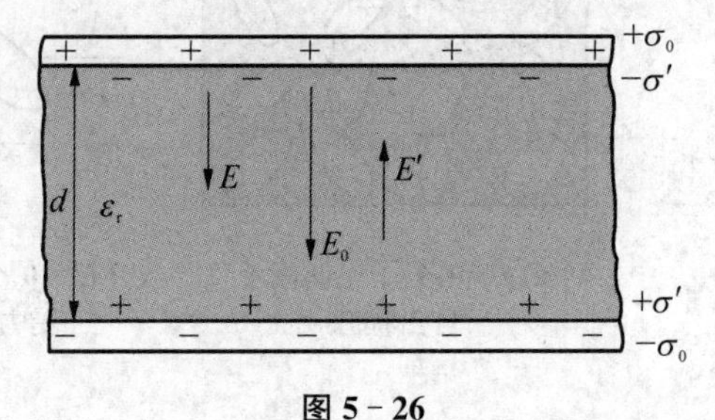

图 5-26

考虑到 $\boldsymbol{E}'$ 方向与 $\boldsymbol{E}_0$ 方向相反，以及 E 与 E_0 的关系式(5-16)，可得电介质中电场强度 E 的值为

$$E = E_0 - E' = \frac{E_0}{\varepsilon_r} \tag{5-21}$$

则

$$E' = \frac{\varepsilon_r - 1}{\varepsilon_r} E_0 \tag{5-22}$$

从而可得

$$\sigma' = \frac{\varepsilon_r - 1}{\varepsilon_r} \sigma_0 \tag{5-23}$$

由于 $Q_0 = \sigma_0 S, Q' = \sigma' S$，故上式亦可写成

$$Q' = \frac{\varepsilon_r - 1}{\varepsilon_r} Q_0 \tag{5-24}$$

式(5-24)给出了电介质极化时表面电荷面密度 σ' 与自由电荷面密度 σ_0 和电介质的相对电容率 ε_r 之间的关系。

如果把 $E_0 = \dfrac{\sigma_0}{\varepsilon_0}, E = \dfrac{E_0}{\varepsilon_r}, P = \sigma'$ 带入式(5-23)，可得到电介质中电极化强度 P 与电场强度 E 之间的关系矢量式可写为：

$$\boldsymbol{P} = (\varepsilon_r - 1)\varepsilon_0 \boldsymbol{E} \tag{5-25}$$

这表明：电介质中的 $\boldsymbol{P}$ 与 $\boldsymbol{E}$ 呈线性关系。取 $\chi = \varepsilon_r - 1$，上式变为 $\boldsymbol{P} = \chi \varepsilon_0 \boldsymbol{E}$，$\chi$ 为电介质的电极化率。

5.4　电介质中的高斯定理

第四章我们讨论了真空中静电场的高斯定理。当静电场中有电介质时，在高斯面内不仅会有自由电荷，而且还会有极化电荷存在。这时，高斯定理的内容会有什么变化呢？

以两平行带电平板间充满均匀电介质为例来进行探讨。如图 5-27 所示，取一闭合的圆柱表面作为高斯面，高斯面的上、下两圆面与极板平行，其中上圆面在电介质内部，圆面的面积为 S。设极板上的自由电荷面密度为 σ_0，电介质表面上的极化电荷面密度为 σ'。由高斯定理得：

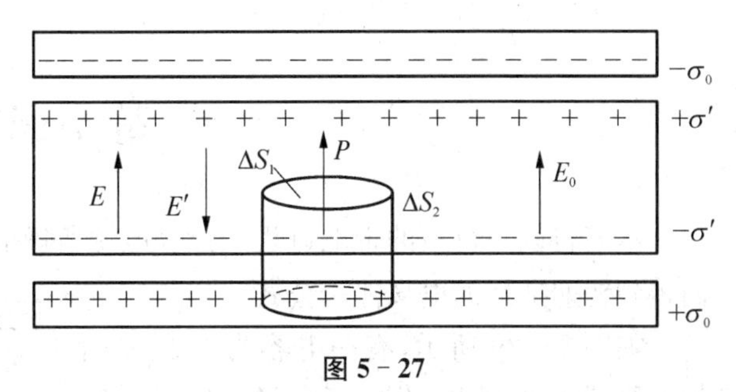

图 5-27

$$\oiint_S \boldsymbol{E} \cdot d\boldsymbol{S} = \frac{1}{\varepsilon_0}(Q_0 - Q') \tag{5-26}$$

如果不希望在上式中出现极化电荷 Q'，从上一小节中可知 Q_0 与 Q' 关系，将极化电荷用自由电荷带入，就可以获得一个新方程：

$$\oint\!\!\oint_S \boldsymbol{E} \cdot \mathrm{d}\boldsymbol{S} = \frac{Q_0}{\varepsilon_0 \varepsilon_r} \text{ 或 } \oint\!\!\oint_S \varepsilon_0 \varepsilon_r \boldsymbol{E} \cdot \mathrm{d}\boldsymbol{S} = Q_0 \tag{5-27}$$

为了使式(5-27)简单，设 $\boldsymbol{D} = \varepsilon_0 \varepsilon_r \boldsymbol{E} = \varepsilon \boldsymbol{E}$，其中 ε 为电介质的电容率，$\boldsymbol{D}$ 称为电位移矢量，则

$$\oint\!\!\oint_S \boldsymbol{D} \cdot \mathrm{d}\boldsymbol{S} = Q_0 \tag{5-28}$$

式中 $\oint\!\!\oint_S \boldsymbol{D} \cdot \mathrm{d}\boldsymbol{S}$ 则是通过任意闭合曲面 $\boldsymbol{S}$ 的电位移通量。$\boldsymbol{D}$ 的单位为 $\mathrm{C \cdot m^{-2}}$。对于有电介质时的高斯定理可表述为：在静电场中、通过任意闭合曲面的电位移通量等于该闭合曲面内所包围的自由电荷的代数和，其数学表达式为

$$\oint\!\!\oint_S \boldsymbol{D} \cdot \mathrm{d}\boldsymbol{S} = \sum_{i=1}^{n} Q_{oi} \tag{5-29}$$

由式(5-29)可以看出，通过闭合曲面的电位移通量只和自由电荷相关。

【例 5-8】 如图 5-28 所示，有一半径为 R 的金属球，均匀带有电荷其电量为 $q(q>0)$。设金属球被浸没在一个“无限大”的均匀电介质中，电介质的相对电容率为 ε_r，求球外任意一点的电场强度大小。

解 由静电平衡可知，金属球上电荷是均匀地分布在球面上，浸没它的均匀电介质又是“无限大”，所以该电场应具有球对称性。可用介质中的高斯定理求解电场强度大小，先作一个半径为 $r(r>R)$ 的球形高斯面，故有

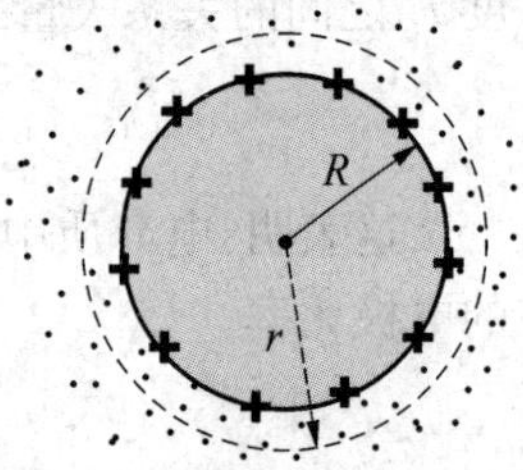

图 5-28

$$\oint\!\!\oint_S \boldsymbol{D} \cdot \mathrm{d}\boldsymbol{S} = D \times 4\pi r^2 = q$$

$$D = \frac{q}{4\pi r^2}$$

由于 $D = \varepsilon_0 \varepsilon_r E$，所以 $E = \dfrac{q}{4\pi \varepsilon_0 \varepsilon_r r^2}$

5.5 静电场的能量

本节将以平行板的带电过程来计算电源所做的功，把电源的能量转变成电场的能量，从而得到普遍适用的电场能量公式。

如图 5-29 所示，有一电容为 C 的平行板电容器正在充电，设在充电过程中某一时刻两极板之间的电势差为 u，极板上的电荷为 $\pm q$，此时若继续把 $+\mathrm{d}q$ 电荷从带负电的

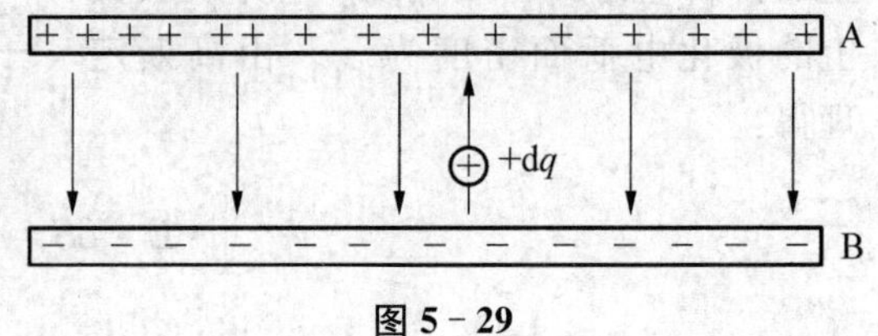

图 5-29

极板拉到带正电的极板时，外力因克服静电场力而需要做的微元功为

$$dW = u\,dq = \frac{q}{C}dq \tag{5-30}$$

当电容器两极板的电势差为U，且极板上充有电荷$\pm Q$时，外力做的总功为

$$W = \frac{1}{C}\int_0^Q q\,dq = \frac{Q^2}{2C} \tag{5-31}$$

由电容定义式$C=\dfrac{Q}{U}$，可知W还可以写成：$W=\dfrac{1}{2}CU^2=\dfrac{1}{2}QU$。根据功能原理，功将使电容器的能量增加，也就是电容器贮存了电能W_e，即

$$W_e = \frac{Q^2}{2C} = \frac{1}{2}CU^2 = \frac{1}{2}QU \tag{5-32}$$

从上述讨论可见，在电容器的带电过程中，外力通过克服静电场力做功，把非静电能转化为电容器的电能了。

电容器的电能贮存在哪里呢？为了简单，以平行平板电容器为例进行分析。对于极板面积为S，间距为d的平行板电容器，若不计边缘效应，则电场所占有的空间体积为$V=Sd$，于是此电容器贮存的电能可以写成

$$W_e = \frac{1}{2}CU^2 = \frac{1}{2}\frac{\varepsilon S}{d}(Ed)^2 = \frac{1}{2}\varepsilon E^2 Sd \tag{5-33}$$

上式说明电容器的电能贮存在电场中，且单位体积电场内所具有的电场能为

$$\omega_e = \frac{W_e}{V} = \frac{1}{2}\varepsilon E^2 \tag{5-34}$$

式中ω_e叫作电场的能量密度。上式表明，电场的能量密度与电场强度的二次方成正比。电场强度越大的区域，电场的能量密度也越大。上述平行板电容器内是匀强电场的情况，如果是非匀强电场的情况，电场能可用微元思想解决，如下式进行计算：

$$W_e = \iiint_V \omega_e\,dV \tag{5-35}$$

上式中，ω_e是体积元dV处的能量密度。

【例 5-9】 真空中，有一半径为R的导体球，带有电量为q，试计算：

(1) 导体球周围电场的能量密度和总能量；

(2) 在球体周围空间多大半径的球面内，储存的电场能量恰为总能量的一半。

解 (1) 导体球处于静电平衡，电荷只分布在导体球表面，它产生的电场强度可用高斯定理求得：

$$E = \begin{cases} 0 & (r < R) \\ \dfrac{q}{4\pi\varepsilon_0 r^2} & (r > R) \end{cases}$$

r 为空间任一点到球心距离，说明球外为非匀强电场。由于电荷分布具有球对称性，导致空间电场具有球对称性，选择 $r \to r+\mathrm{d}r$ 范围作为体积元 $\mathrm{d}V=4\pi r^2\mathrm{d}r$，此体积元内任一点能量密度都和 r 处相同，所以空间总电场能为：

$$
\begin{aligned}
W_e &= \iiint_V \omega_e \mathrm{d}V \\
&= \int_R^{+\infty} \frac{1}{2}\varepsilon_0\left(\frac{1}{4\pi\varepsilon_0 r^2}\right)^2 4\pi r^2 \mathrm{d}r \\
&= \frac{q^2}{8\pi\varepsilon_0 R}
\end{aligned}
$$

(2) 假设距球心 R_1 的空间范围内，存储的电场能为总能的一半，则

$$\int_R^{R_1} \frac{1}{2}\varepsilon_0\left(\frac{1}{4\pi\varepsilon_0 r^2}\right)^2 4\pi r^2 \mathrm{d}r = \frac{1}{2}\times\frac{q^2}{8\pi\varepsilon_0 R}$$

$$R_1 = 2R$$

【例 5-10】 如图 5-30 所示，由内、外半径分别为 R_1 和 R_2 的圆柱形导体构成的同轴电缆，中间夹有各向同性的均匀电介质，电介质的相对电容率为 ε_r。设内导体上单位长度上的带电量为 λ，求单位长度上存储的电场能量。

解 以同轴电缆的轴线为轴，作半径为 r，长为 b 的圆柱面为高斯面，由介质中的高斯定理得：

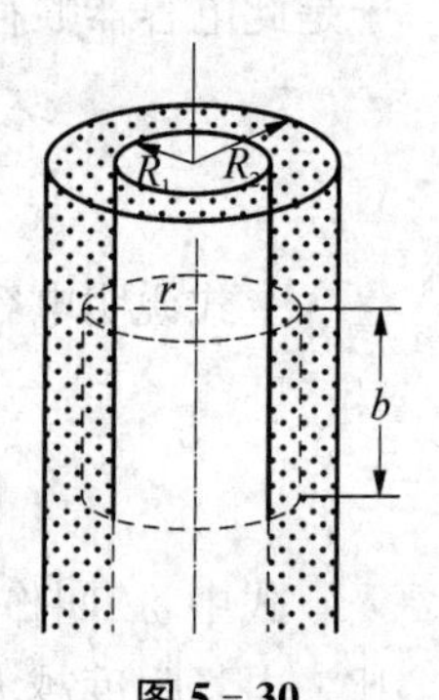

图 5-30

$$\oiint_S D\cdot\mathrm{d}S = D\times 2\pi rb = \lambda b$$

则 $D=\dfrac{\lambda}{2\pi r}$，由于 $D=\varepsilon_0\varepsilon_r E$，所以 $E=\dfrac{\lambda}{2\pi\varepsilon_0\varepsilon_r r}$。

在长为 b 的电缆上，取 $r\to r+\mathrm{d}r$ 范围作为体积元 $\mathrm{d}V=2\pi rb\mathrm{d}r$，圆柱形导体间存储的电场能为

$$
\begin{aligned}
W_e &= \iiint_V \omega_e \mathrm{d}V \\
&= \int_{R_1}^{R_2} \frac{1}{2}\varepsilon_0\varepsilon_r\left(\frac{\lambda}{2\pi\varepsilon_0\varepsilon_r r}\right)^2 \cdot 2\pi rb\mathrm{d}r \\
&= \frac{\lambda^2 b}{4\pi\varepsilon_0\varepsilon_r}\ln\left(\frac{R_2}{R_1}\right)
\end{aligned}
$$

取 $b=1$，同轴电缆单位长度上存储的电场能量为

$$W'_e = \frac{\lambda^2}{4\pi\varepsilon_0\varepsilon_r}\ln\left(\frac{R_2}{R_1}\right)$$

习　题

1. 当一个带电导体达到静电平衡时：（　　）。
   A. 导体表面电荷密度较大处电势较高
   B. 导体表面曲率较大处电势较高
   C. 导体内部电势比导体表面的电势高
   D. 导体内任一点与其表面上任一点的电势差等于零

2. 两个半径不同但带电量相同的导体球，相距很远。现用一细长导线将它们连接起来，两球所带电量重新分配的结果是：（　　）。
   A. 各球所带电量不变　　B. 半径大的球带电量多
   C. 半径大的球带电量少　　D. 无法确定哪一个导体球带电量多

3. 选无穷远处为电势零点，半径为 R 的导体球带电后，其电势为 U_0，则球外离球心距离为 r 处的电场强度的大小为（　　）。
   A. $\dfrac{R^2V_0}{r^3}$　　B. $\dfrac{V_0}{R}$　　C. $\dfrac{RV_0}{r^2}$　　D. $\dfrac{V_0}{r}$

4. 一平行板电容器，两极板相距为 d，对它充电后与电源断开。然后把电容器两极板之间的距离增大到 $2d$，如果电容器内电场的边缘效应忽略不计，则（　　）。
   A. 电容器的电容增大一倍
   B. 电容器所带的电量增大一倍
   C. 电容器两极板间的电场强度增大一倍
   D. 储存在电容器中的电场能量增大一倍

5. 一个不带电的空腔导体球壳，内半径为 R，在腔内离球心的距离为 d 处（$d<R$），固定一电量为 $+q$ 的点电荷，如图所示。用导线把球壳接地后，再把接地线撤去。选无穷远处为电势零点，则球心 O 处电势为（　　）。

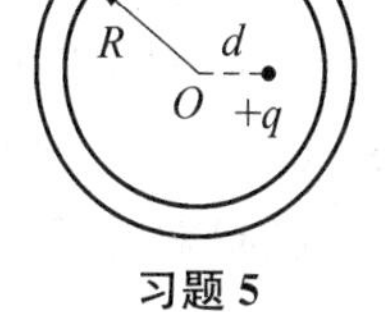

习题 5

   A. 0　　B. $\dfrac{q}{4\pi\varepsilon_0 d}$
   C. $\dfrac{-q}{4\pi\varepsilon_0 R}$　　D. $\dfrac{q}{4\pi\varepsilon_0}\left(\dfrac{1}{d}-\dfrac{1}{R}\right)$

6. 在静电场中，作一闭合曲面 S，若有 $\oiint_S \boldsymbol{D}\cdot d\boldsymbol{S}=\boldsymbol{0}$（式中 $\boldsymbol{D}$ 为电位移矢量），则 S 面内必定（　　）。
   A. 既无自由电荷，也无束缚电荷
   B. 没有自由电荷
   C. 自由电荷和束缚电荷的代数和为零
   D. 自由电荷的代数和为零

7. 平行板电容器极板间为空气。现将电容器极板间充满相对介电常数为 ε_r 的均匀电介质，若维持极板上电量（如切断电源后电介质）不变，则下列哪种说法不正确（　　）。
   A. 电容扩大 $1/\varepsilon_r$ 倍　　B. 电势能扩大 $1/\varepsilon_r$ 倍

C. 电位移矢量保持不变　　　　　　　　　　D. 面电荷密度保持不变

8. 一平行板电容器，两板间充满各向同性均匀电介质，已知相对介电常量为 ε_r。若极板上的自由电荷面密度为 σ，则介质中电位移的大小 $D=$ ________，电场强度的大小 $E=$ ________。

9. 半径为 R_1 和 R_2 的两个同轴金属圆筒，其间充满着相对介电常数为 ε_r 的均匀电介质。设两圆筒上单位长度带电量分别为 $+\lambda$ 和 $-\lambda$，则介质中电位移矢量的大小 $D=$ ______，电场强度的大小 $E=$ ______。

10. 一平行板电容器，充电后与电源保持连接，然后使两极板间充满相对介电常数为 ε_r 的各向同性均匀电介质，这时两极板上的电量是原来的________倍，电场强度是原来的________倍，电容是原来的________倍，电场能量是原来的________倍。

11. 如图所示，在一不带电的金属球旁，有一点电荷 $+q$，金属球半径为 R，点电荷 $+q$ 与金属球心的间距为 r，试问：

(1) 金属球上感应电荷在球心处产生的电场强度？

(2) 若取无穷远处为电势零点，金属球的电势为多少？

(3) 若将金属球接地，球上的净电荷是多少？

习题 11

12. 两个均匀带电的金属同心球壳，内球壳半径 $R_1=5.0$ cm，带电 $q_1=0.60\times10^{-8}$ C，外球壳内半径 $R_2=7.5$ cm，外半径 $R_3=9.0$ cm，所带总电量 $q_2=-2.00\times10^{-8}$ C，求：距离球心 2.0 cm、7.0 cm、8.0 cm、10.0 cm 各点处的电场强度和电势。如果用导线把两个球壳连接起来，结果又如何？

13. A、B、C 是三块平行平板，面积均为 200 cm^2，A、B 相距 4.0 mm，A、C 相距 2.0 mm，B、C 两板都接地(如图示)。设 A 板带正电 3.0×10^{-7} C，不计边缘效应，求：B 板和 C 板上的感应电荷，以及 A 板电势。

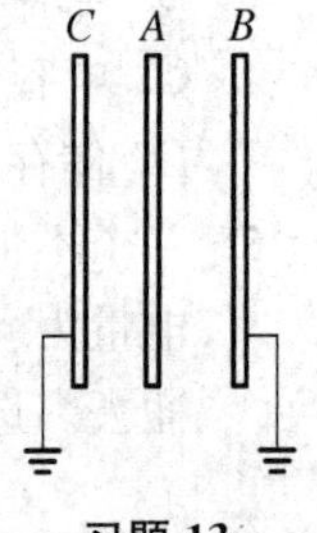

习题 13

14. 一球形电容器，内球壳半径为 R_1，外球壳半径为 R_2，两球壳间充满了相对介电常量为 ε_r 的各向同性均匀电介质。设两球壳间电势差为 U_{12}，求：

(1) 电容器的电容；

(2) 电容器储存的能量。

15. C_1、C_2 两个电容器，分别标明为 200 pF、500 V 和 300 pF、900 V，把它们串联起来后，等值电容为多大？如果两端加上 1 000 V 的电压，是否会击穿？

扫码可见本章补充资料

第六章 稳恒磁场

运动电荷周围除了电场外,同时还存在另一种场——磁场,它与传导电流及变化的电场一起,都是磁场的源。本章主要研究稳恒电流产生的磁场,它不随时间变化,一般称为稳恒磁场。稳恒磁场和静电场是性质不同的两种场,但研究方法却是相似的。本章首先介绍描述磁场性质的重要物理量——磁感强度,然后重点讨论电流激发磁场的规律:毕奥-萨伐尔定律以及磁场的高斯定理、安培环路定理、洛伦兹力计算公式、安培定律等。随着人们对物质磁性的深入研究,现代磁学研究领域涵盖了磁性材料、磁记录、磁电子学等方面。而在现代科技领域,磁学在电子设备、传感器、电机、医疗成像等方面有着广泛的应用。

其实,人们对于磁现象的认识比电现象要早很多,比如“司南勺”、指南针都是我国古代的发明。但长期以来,人们一直没有认识到磁现象的本质,更没有将电现象和磁现象关联起来。直到 19 世纪初,科学家开始对磁场进行系统的研究。1820 年,丹麦物理学家奥斯特发现了电流的磁效应,证明了电场和磁场之间的联系。法国物理学家安培研究了电流之间的相互作用,提出了安培定律。在这一基础上,法国物理学家毕奥和萨伐尔提出了毕奥一萨伐尔定律,这个定律定量描述了电流产生的磁场,该定律是磁场分析的基本工具,为磁场的深入研究提供了重要支持。

6.1 恒定电流

电荷有规则的定向运动形成电流,其中定向运动的带电粒子通常被称为载流子,比如,金属中的载流子是自由电子,半导体中的载流子是电子和带正电的空穴,电解液中的载流子则是正负离子。载流子定向运动形成的电流叫作传导电流。人们习惯性地将正电荷定向运动的方向规定为电流的方向,因此,负电荷的移动方向刚好与电流反向。

电流用符号 I 表示,它定义为单位时间通过导体横截面积的电荷,如图 6-1 所示,某一导体,横截面积为 S,正电荷向右定向运动,若在时间 $\mathrm{d}t$ 内通过截面 S 的电荷为 $\mathrm{d}q$,电流 I 可写为

$$I=\frac{\mathrm{d}q}{\mathrm{d}t} \tag{6-1}$$

图 6-1　导体中的电流

如果电流大小和方向均不随时间变化,则称之为恒定电流。

电流强度 I 只能给出导体内整体的电流特征,没法给出横截面上不同点的细节情况。事实上,当电流在大块导体中或者粗细不均匀的导体中流动时,不同部分电流分布

是不均匀的，各处电流大小和方向都不相同。因此，为了描述导体中各处电流的分布情况，引入电流密度矢量 $\boldsymbol{j}$，电流密度的大小和方向规定如下：$\boldsymbol{j}$ 的大小为单位时间内，通过该点附近垂直于正电荷运动方向的单位面积的电荷，$\boldsymbol{j}$ 的方向为该点正电荷的运动方向。

如图 6－2 所示，导体中某点 A 电流密度定义为

$$j=\frac{\Delta Q}{\Delta t\,\Delta S\cos\alpha}=\frac{\Delta I}{\Delta S\cos\alpha} \tag{6-2}$$

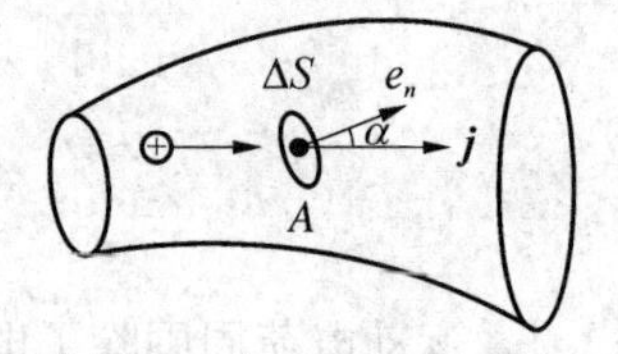

图 6－2 电流密度

其中 ΔS 为该点处一面元，而且面元的单位法向与正电荷运动方向夹角为 α，ΔQ 为 Δt 时间内通过面元的正电荷。上式又可写成：

$$\Delta I=\boldsymbol{j}\cdot\Delta\boldsymbol{S} \tag{6-3a}$$

对导体中任意有限截面，通过的电流可写为

$$I=\int_S \boldsymbol{j}\cdot\mathrm{d}\boldsymbol{S} \tag{6-3b}$$

那电流和电流密度与金属的微观量（分子数密度、漂移速度等）之间是什么样的关系呢？金属中大量自由电子受到电场力的作用，发生定向移动，定向运动的平均速度，一般称之为漂移速度，用 $\boldsymbol{v}_d$ 表示。导体中的自由电子数密度为 n，则可证得：

$$\boldsymbol{j}=ne\boldsymbol{v}_d \tag{6-4}$$

6.2 磁场 磁感强度

6.2.1 磁场

我国是世界上认识磁性和应用磁性最早的国家，早在战国时期，人们就认识到磁石吸铁的现象。人们发现无论是天然磁石还是人工磁铁都有吸引铁、钴、镍等物质的性质，也即磁性。磁铁都有两个磁性最强的位置，定义为磁极，而且任意磁铁都有两个磁极，不存在磁单极。这两个磁极分别为 N 极和 S 极。同名磁极相互排斥，异名磁极相互吸引。

人们曾将磁极之间的相互作用，理解为存在一种“磁荷”，磁极也就是“磁荷”集中的位置或区域，所以磁和电的研究一直独立进行着。直到 1820 年，丹麦物理学家奥斯特发现了电流的磁效应（如图 6－3），首次找到磁现象和电现象的关联。随后经过安培、毕奥等科学家的共同努力，揭示了磁现象的本质。

安培提出分子电流假说（如图 6－4）说明磁现象的本质，他认为，一切磁现象的根源是电流。那该如何理解磁铁的磁性呢？任何物质都是由分子和原子组成，组成分子的电子或质子等带电粒子的运动将会形成环形电流，称之为分子电流。每个分子电流相当于一个小磁铁，如果分子电流无序排列，对外界不显示磁性，如果分子电流有序排列，整体将对外显示磁性。安培分子环流假说，能很好地解释磁单极的问题。

那磁性的根源是什么？当然是电流。而电流的本质则是电荷的定向运动。所以，从根

本上说,磁性根源于运动电荷,磁力是运动电荷之间的相互作用。

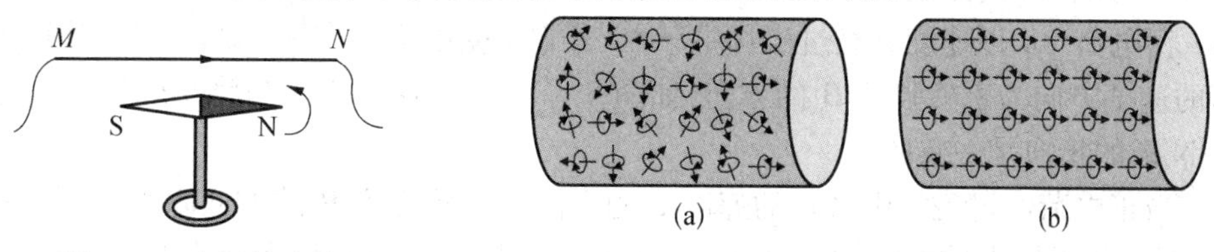

图 6-3　奥斯特实验　　　　图 6-4　安培分子电流假说

6.2.2　磁感强度

从静电场的研究中已经知道,在静止电荷周围的空间存在着电场,静止电荷间的相互作用是通过电场来传递的。电流间(包括运动电荷间)的相互作用也是通过场来传递的,这种场称为磁场。磁场是存在于运动电荷周围空间除电场以外的另一种特殊物质,磁场对位于其中的运动电荷有力的作用。因此,运动电荷与运动电荷之间、电流与电流之间、电流(或运动电荷)与磁铁之间的相互作用,都可以看成是它们中任意一个所激发的磁场对另一个所施加的作用力。

在静电场中,引入电场强度 $\boldsymbol{E}$ 来描述电场对放入其中的电荷的作用。通过在某处放一静止试验电荷 q_0,若 q_0 受到力 $\boldsymbol{F}$ 的作用,电场强度就定义为 $\boldsymbol{E}=\boldsymbol{F}/q_0$。与此类似,将引入磁感强度 $\boldsymbol{B}$ 来描述磁场对运动电荷的作用力,但是,磁场作用在运动电荷上的力不仅与电荷的多少有关,而且还与电荷运动速度的大小和方向有关。所以,磁场作用在运动电荷上的力比电场作用在静止电荷上的力要复杂得多。因此,对 $\boldsymbol{B}$ 的定义比对 $\boldsymbol{E}$ 的定义也要复杂些。下面以运动电荷在磁场力的作用下发生偏转这一事实为基础,进行探讨和分析。

图 6-5(a)为实验装置示意图,其中 1 与 2 为两组平行的多匝线圈。当两线圈内通以流向相同的电流时,在两线圈轴线中心附近的区域可获得比较均匀的磁场。其间放置一个充有少量氩气的圆形玻璃泡,泡内有电子枪 M,可发射不同速率的电子束,而在电子束所经过的路径上,由于氩气被电离而发出辉光,从而可显示出电子束的偏转情况,如图 6-5(b)所示。此外,玻璃泡也能绕水平轴 OO' 旋转,使电子的运动方向随之改变,这样,通过分析电子束的偏转情况就可判断电子所受磁场力的大小和方向了。

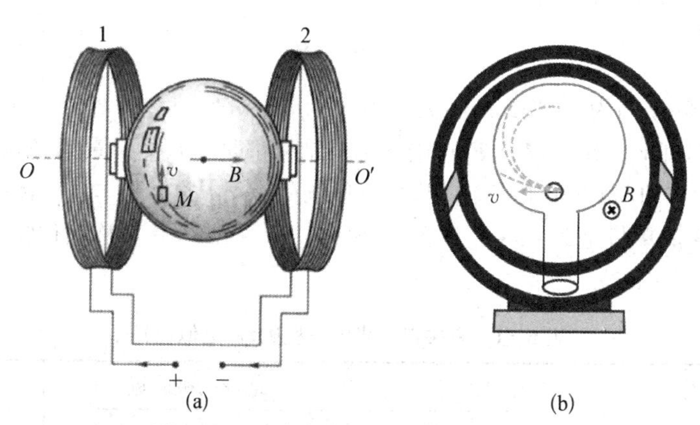

图 6-5　运动电荷在磁场中的运动实验

实验中可以发现,带正电的运动电荷所受磁场力的方向与负电荷所受磁场力的方向相反。而且电荷在磁场中运动时,它所受的磁场力不仅与电荷的正、负有关,还与电荷运动速

度的大小和方向有密切关系。于是,定义磁感强度 $\boldsymbol{B}$ 的方向和大小如下:

(1) 正电荷 $+q$ 以速度 v 经过磁场中某点,若它不受磁场力作用(即 $F=0$),就规定此时正电荷的速度方向为磁感强度 $\boldsymbol{B}$ 的方向(如图 6-6(a))。这个方向与将小磁针置于此处时小磁针 N 极的指向是一致的。

(2) 当正电荷经过磁场中某点的速度 v 的方向与磁感强度 $\boldsymbol{B}$ 的方向垂直时(如图 6-6(b)),它所受的磁场力最大为 $\boldsymbol{F}_{\perp}$,且 $\boldsymbol{F}_{\perp}$ 与乘积 qv 成正比。显然,若电荷经过此处的速率不同,则 $\boldsymbol{F}_{\perp}$ 值也不同;然而,对磁场中某一定点来说,比值 $\boldsymbol{F}_{\perp}/qv$ 却是一定的。这种比值在磁场中不同位置处有不同的量值,它如实地反映了磁场的空间分布。通常把这个比值规定为磁场中某点的磁感强度 $\boldsymbol{B}$ 的大小,即

$$\boldsymbol{B}=\boldsymbol{F}_{\perp}/qv \tag{6-5}$$

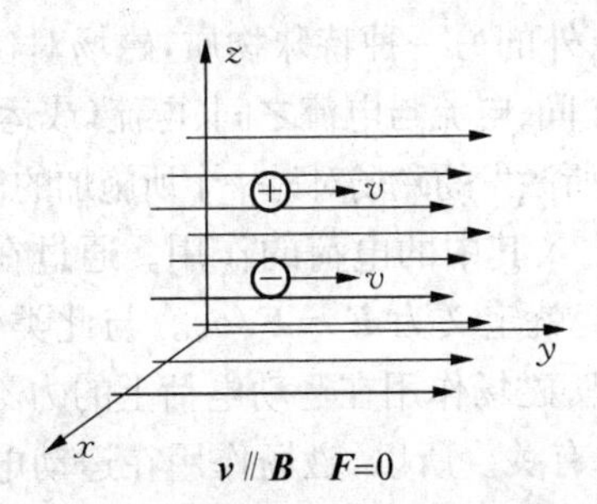

(a) 电荷的运动方向与磁场方向一致时,电荷所受的磁场作用力为零

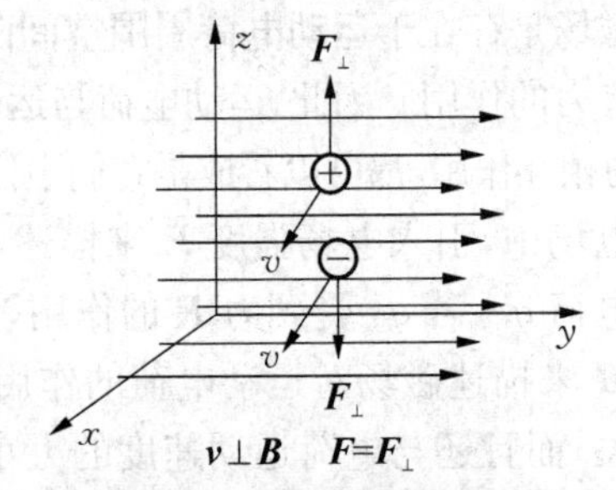

(b) 电荷的运动方向与磁场方向垂直时,电荷所受的磁场作用力最大

图 6-6 运动电荷在磁场中受的磁场力与电荷的符号及运动方向有关

这就如同用 $\boldsymbol{E}=\boldsymbol{F}/q_0$ 来描述电场的强弱一样,现在我们用 $\boldsymbol{B}=\boldsymbol{F}_{\perp}/qv$ 来描述磁场的强弱。从图 6-6(b) 还可以看出,对以速度 v 运动的负电荷来说,其所受磁场力的方向,则与正电荷受磁场力的方向相反,大小却是相同的。

由上述讨论可以知道,磁场力 $\boldsymbol{F}$ 既与运动电荷的速度垂直,又与磁感强度 $\boldsymbol{B}$ 相垂直,且相互构成右手螺旋关系,故它们间的矢量关系式可写成

$$\boldsymbol{F}=q\boldsymbol{v}\times\boldsymbol{B} \tag{6-6}$$

如 $\boldsymbol{v}$ 与 $\boldsymbol{B}$ 之间夹角为 θ,那么 $\boldsymbol{F}$ 的大小为 $F=qvB\sin\theta$。显然,当 $\theta=0$ 或 π,即 $\boldsymbol{v}\parallel\boldsymbol{B}$ 时,$\boldsymbol{F}=\boldsymbol{0}$;当 $\theta=\pi/2$,即 $\boldsymbol{v}\perp\boldsymbol{B}$ 时,$\boldsymbol{F}=\boldsymbol{F}_{\perp}$,这与实验结果都是一致的。最后还需指出,对正电荷 $(+q)$ 来说,$\boldsymbol{F}$ 的方向与 $\boldsymbol{v}\times\boldsymbol{B}$ 的方向相同;而负电荷 $(-q)$ 的 $\boldsymbol{F}$ 则与 $\boldsymbol{v}\times\boldsymbol{B}$ 的方向相反。在国际单位制中,$\boldsymbol{B}$ 的单位是 $\mathrm{N\cdot s\cdot C^{-1}\cdot m^{-1}}$ 或 $\mathrm{N\cdot A^{-1}\cdot m^{-1}}$,其名称叫作特斯拉,符号为 T,即 $1\ \mathrm{T}=1\ \mathrm{N\cdot A^{-1}\cdot m^{-1}}$。

表 6-1 有关自然界的一些磁场(近似值)

中子星(估算)	10^8 T	地球两极附近	6×10^{-5} T
超导电磁铁	5～40 T	太阳在地球轨道上的磁场	3×10^{-9} T
大型电磁铁	1～2 T	人体磁场	10^{-12} T
地球赤道附近	3×10^{-5} T		

顺便指出，如果磁场中某一区域内各点的磁感强度 $\boldsymbol{B}$ 都相同，即该区域内各点 $\boldsymbol{B}$ 的方向一致、大小相等，那么，该区域内的磁场就叫作均匀磁场，如下节将要讨论的长直密绕螺线管内中部的磁场。不符合上述情况的磁场就是非均匀磁场。接下来将讨论各种电流激发磁场的分布规律。

6.3　毕奥-萨伐尔定律

这一节将介绍恒定电流激发磁场的规律。恒定电流的磁场亦称为静磁场或恒定磁场。在静磁场中，磁感强度 $\boldsymbol{B}$ 仅随空间坐标变化，而不随时间变化。

6.3.1　毕奥-萨伐尔定律

在静电场中计算任意带电体在某点的电场强度 $\boldsymbol{E}$ 时，曾把带电体先分成无限多个电荷元 $\mathrm{d}q$，求出每个电荷元在该点的电场强度 $\mathrm{d}\boldsymbol{E}$，而所有电荷元在该点的 $\mathrm{d}\boldsymbol{E}$ 的叠加，即为此带电体在该点的电场强度 $\boldsymbol{E}$。现在可以运用类似思路研究载流导线激发的磁场，把流过某一线元矢量 $\mathrm{d}\boldsymbol{l}$ 的电流 I 与 $\mathrm{d}\boldsymbol{l}$ 的乘积 $I\mathrm{d}\boldsymbol{l}$ 称为电流元，而把电流元中电流的流向作为线元矢量的方向。那么，一载流导线即可看成是由许多个电流元 $I\mathrm{d}\boldsymbol{l}$ 连接而成。这样，载流导线在磁场中某点所激发的磁感强度 $\boldsymbol{B}$，就是由这导线的所有电流元在该点激发的磁感强度 $\mathrm{d}\boldsymbol{B}$ 的叠加。那么，电流元 $I\mathrm{d}\boldsymbol{l}$ 所激发的磁感强度 $\mathrm{d}\boldsymbol{B}$ 与哪些因素有关呢？

如图 6-7 所示，载流导线上有一电流元 $I\mathrm{d}\boldsymbol{l}$，在真空中某点 P 处的磁感强度 $\mathrm{d}\boldsymbol{B}$ 的大小，与电流元的大小 $I\mathrm{d}l$ 成正比，与电流元 $I\mathrm{d}\boldsymbol{l}$ 到点 P 的位置矢量 $\boldsymbol{r}$ 间的夹角 θ 的正弦成正比，并与电流元到点 P 的距离 r 的二次方成反比，即

$$\mathrm{d}B=\frac{\mu_0}{4\pi}\frac{I\mathrm{d}l\sin\theta}{r^2} \tag{6-7a}$$

式中 μ_0 为真空磁导率。在国际单位制中，其值为 $\mu_0=4\pi\times10^{-7}\ \mathrm{N\cdot A^{-1}}$。而 $\mathrm{d}\boldsymbol{B}$ 的方向垂直于 $\mathrm{d}\boldsymbol{l}$ 和 $\boldsymbol{r}$ 所组成的平面，并沿矢积 $\mathrm{d}\boldsymbol{l}\times\boldsymbol{r}$ 的方向，即由 $I\mathrm{d}\boldsymbol{l}$ 经小于 180°的角转向 $\boldsymbol{r}$ 时的右螺旋前进方向(如图 6-7)。若用矢量式表示，则有

$$\mathrm{d}\boldsymbol{B}=\frac{\mu_0}{4\pi}\frac{I\mathrm{d}\boldsymbol{l}\times\boldsymbol{e}_r}{r^2} \tag{6-7b}$$

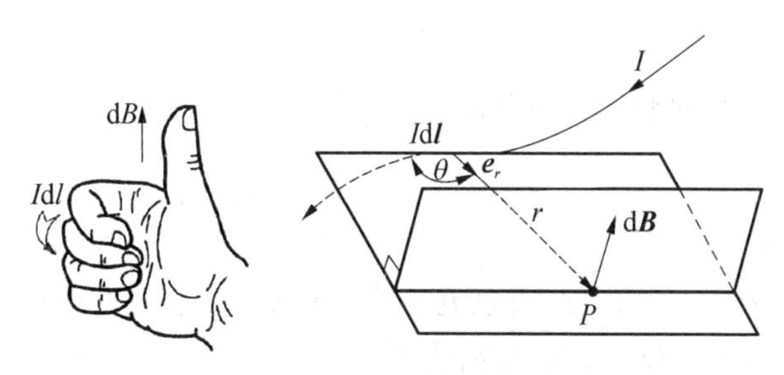

图 6-7　电流元的磁感应强度的方向

$\boldsymbol{e}_r$ 为沿位置矢量 $\boldsymbol{r}$ 的单位矢量。式(6-7b)就是毕奥-萨伐尔定律。由于 $\boldsymbol{e}_r=\boldsymbol{r}/r$，故毕奥-萨伐尔定律也可以写成

$$\mathrm{d}\boldsymbol{B}=\frac{\mu_0}{4\pi}\frac{I\mathrm{d}\boldsymbol{l}\times\boldsymbol{r}}{r^3} \tag{6-7c}$$

这样，任意载流导线在点 P 处的磁感强度 $\boldsymbol{B}$ 可以由式(6-7c)求得

$$\boldsymbol{B}=\int \mathrm{d}\boldsymbol{B}=\int \frac{\mu_0}{4\pi}\frac{I\mathrm{d}\boldsymbol{l}\times\boldsymbol{r}}{r^3} \tag{6-8}$$

毕奥-萨伐尔定律是以毕奥和萨伐尔的实验为基础，又由拉普拉斯经过科学抽象得到的，但它不能由实验直接证明，然而由这个定律出发得出的结果都能很好地和实验相符合。下面应用毕奥-萨伐尔定律来讨论几种载流导体所激起的磁场。

6.3.2 毕奥-萨伐尔定律应用举例

【例6-1】 载流长直导线的磁场。在真空中有一通有电流 I 的长直导线 CD，试求此长直导线附近任意一点 P 处的磁感强度 $\boldsymbol{B}$。已知点 P 与长直导线间的垂直距离为 r_0。

解 选取如图6-8所示的坐标系，其中 Oy 轴通过点 P，Oz 轴沿载流直导线 CD。在载流长直导线上取一电流元 $I\mathrm{d}z$，根据毕奥-萨伐尔定律，此电流元在点 P 所激起的磁感强度 $\mathrm{d}\boldsymbol{B}$ 的大小为

$$\mathrm{d}B=\frac{\mu_0}{4\pi}\frac{I\mathrm{d}zr\sin\theta}{r^2}$$

式中 θ 为电流元 $I\mathrm{d}z$ 与位置矢量 $\boldsymbol{r}$ 之间的夹角。$\mathrm{d}\boldsymbol{B}$ 的方向垂直于 $I\mathrm{d}z$ 与 $\boldsymbol{r}$ 所组成的平面（即 yOz 平面），沿 Ox 负轴方向，从图中可以看出，直导线上各个电流元的 $\mathrm{d}\boldsymbol{B}$ 的方向相同。因此，点 P 的磁感强度的大小等于各个电流元的磁感强度之和，用积分表示，有

$$B=\int \mathrm{d}B=\int \frac{\mu_0}{4\pi}\frac{I\mathrm{d}zr\sin\theta}{r^2}$$

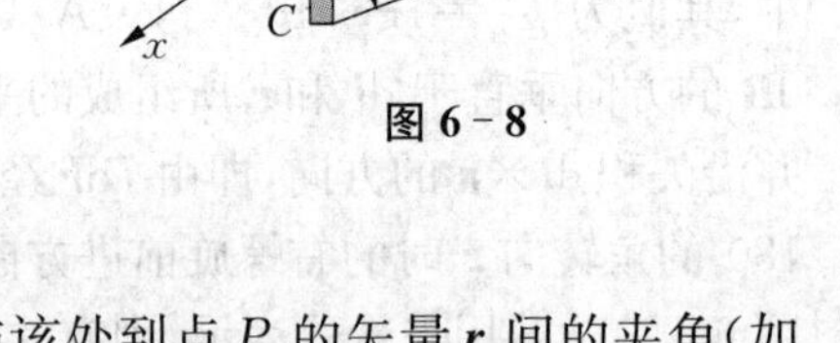

图6-8

从图6-8可以看出 z，r 和 θ 之间有如下关系：

$$z=-r_0\cot\theta,\ r=r_0/\sin\theta$$

于是

$$\mathrm{d}z=r_0\mathrm{d}\theta/\sin^2\theta$$

因而磁感强度可写成

$$B=\int \mathrm{d}B=\frac{\mu_0}{4\pi r_0}\int_{\theta_1}^{\theta_2}\sin\theta\mathrm{d}\theta$$

θ_1 和 θ_2 分别是直电流的始点 C 和终点 D 处电流流向与该处到点 P 的矢量 $\boldsymbol{r}$ 间的夹角（如图6-8）。由上式的积分得

$$B=\frac{\mu_0}{4\pi r_0}(\cos\theta_1-\cos\theta_2)$$

若载流直导线可视为“无限长”直导线，那么，可近似取 $\theta_1=0$，$\theta_2=\pi$。这样由上式可得

$$B=\frac{\mu_0 I}{2\pi r_0}$$

这就是“无限长”载流直导线附近的磁感强度，它表明，其磁感强度与电流 I 成正比，与场

点到导线的垂直距离 r_0 成反比。可以指出，上述结论与毕奥-萨伐尔早期的实验结果是一致的。

【例 6－2】 圆形载流导线轴线上的磁场。设在真空中。有一半径为 R 的载流导线，通过的电流为 I，通常称为圆电流。试求通过圆心并垂直于圆形导线平面的轴线上任意点 P 处的磁感强度。

解　选取如图 6－9 所示的坐标系，其中 x 轴通过圆心，并垂直圆形导线的平面，在圆上任取一电流元，此电流元到点 P 的位置矢量为 r，它在点 P 所激起的磁感强度为

$$\mathrm{d}\boldsymbol{B}=\frac{\mu_0}{4\pi}\frac{I\mathrm{d}\boldsymbol{l}\times\boldsymbol{e}_r}{r^2}$$

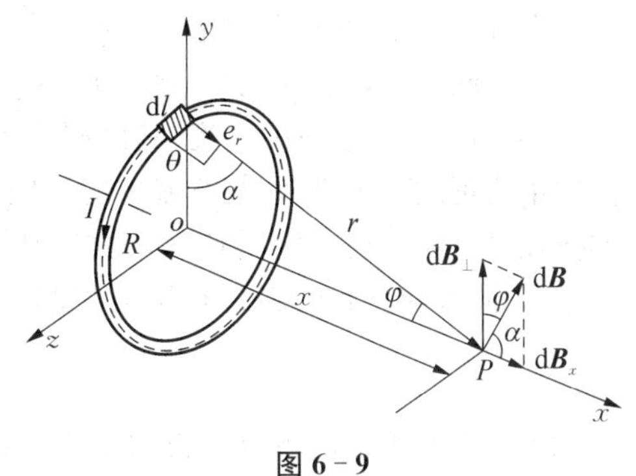

图 6－9

由于 d$\boldsymbol{l}$ 与位置矢量 $\boldsymbol{r}$ 的单位矢量 $\boldsymbol{e}_r$ 垂直，所以 $\theta=90°$，d$\boldsymbol{B}$ 的值为

$$\mathrm{d}B=\frac{\mu_0 I\mathrm{d}l}{4\pi r^2}$$

而 d$\boldsymbol{B}$ 的方向垂直于电流元 Id$\boldsymbol{l}$ 与位置矢量 $\boldsymbol{r}$ 所组成的平面，设 d$\boldsymbol{B}$ 与 Ox 轴的夹角为 α。因此，我们可以把 d$\boldsymbol{B}$ 分解成两个分量：一个是沿 Ox 轴的分量 $\mathrm{d}B_x=\mathrm{d}B\cos\alpha$；另一个是垂直于 Ox 轴的分量 $\mathrm{d}B_\perp=\mathrm{d}B\sin\alpha$。考虑到圆上任一直径两端的电流元对 Ox 轴的对称性，故所有电流元在点 P 处的磁感强度的分量 $\mathrm{d}B_\perp$ 的总和应等于零。所以，点 P 处磁感强度的数值为

$$B=\int_l \mathrm{d}B_x=\int_l \mathrm{d}B\cos\alpha=\int_l \frac{\mu_0 I\mathrm{d}l}{4\pi r^2}\cos\alpha$$

由于 $\cos\alpha=R/r$，且对给定点 P 来说，r，I 和 R 都是常量，有

$$B=\frac{\mu_0}{4\pi}\frac{IR}{r^3}\int_0^{2\pi R}\mathrm{d}l=\frac{\mu_0 IR^2}{2r^3}=\frac{\mu_0 IR^2}{2(R^2+x^2)^{3/2}}$$

$\boldsymbol{B}$ 的方向垂直于圆形导线平面，沿 Ox 轴正向。

由上式可以看出，当 $x=0$ 时，则圆心点 O 处的磁感强度 $\boldsymbol{B}$ 的数值为

$$B=\frac{\mu_0 I}{2R}$$

$\boldsymbol{B}$ 的方向垂直于圆形导线平面，沿 Ox 轴正向。

若 $x\gg R$，即场点 P 在远离原点 O 的 Ox 轴上，则 $(R^2+x^2)^{3/2}\approx x^3$。可得

$$B=\frac{\mu_0 IR^2}{2x^3}$$

由于圆电流的面积为 $S=\pi R^2$，上式又可写成

$$B = \frac{\mu_0 IS}{2\pi x^3}$$

6.3.3 磁矩

在静电场中,我们曾讨论电偶极子的电场,并引入电矩 $\boldsymbol{P}$ 这一物理量。与此相似,我们将引入磁矩 $\boldsymbol{m}$ 来描述载流线圈的性质。如图 6－10 所示,有一平面圆电流,其面积为 S,电流为 I,$\boldsymbol{e}_n$ 为圆电流平面的单位正法线矢量,它与电流 I 的流向遵守右手螺旋定则,即右手四指顺着电流流动方向回转时,大拇指的指向为圆电流单位正法线矢量 $\boldsymbol{e}_n$ 的方向。我们定义圆电流的磁矩

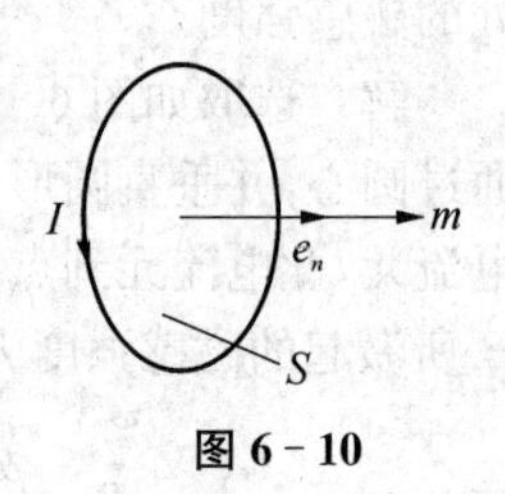

图 6－10

$$\boldsymbol{m} = IS\boldsymbol{e}_n \tag{6-9}$$

$\boldsymbol{m}$ 的方向与圆电流的单位正法线矢量 $\boldsymbol{e}_n$ 的方向相同,$\boldsymbol{m}$ 的量值为 IS。应当指出,上式对任意形状的载流线圈都是适用的。

依此,例 6－2 中圆电流的磁感强度式可写成如下矢量形式:

$$\boldsymbol{B} = \frac{\mu_0}{2\pi}\frac{\boldsymbol{m}}{x^3} = \frac{\mu_0}{2\pi}\frac{m}{x^3}\boldsymbol{e}_n$$

【例 6－3】 载流直螺线管内部的磁场。如图 6－11 所示,有一长为 l,半径为 R 的载流密绕直螺线管,螺线管的总匝数为 N,通有电流 I,设螺线管放在真空中,求管内轴线上一点处的磁感强度。

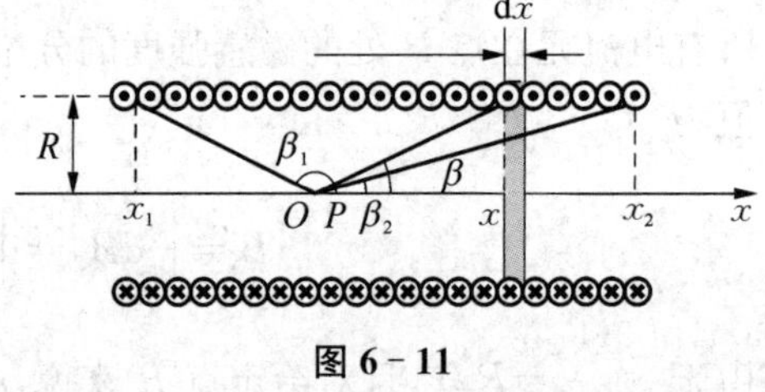

图 6－11

解 由于直螺线管上线圈是密绕的,所以每匝线圈可近似当作闭合的圆形电流。于是,轴线上任意点 P 处的磁感强度 $\boldsymbol{B}$,可以认为是 N 个圆电流在该点各自激发的磁感强度的叠加。现取图 6－11 中轴线上的点 P 为坐标原点 O,并以轴线为 Ox 轴。在螺线管上取长为 $\mathrm{d}x$ 的一小段,匝数为 $\frac{N}{l}\mathrm{d}x$,其中 $\frac{N}{l}=n$ 为单位长度上的匝数。这一小段载流线圈相当于通有电流为 $In\mathrm{d}x$ 的圆形线圈。利用例 6－2 中的结果,可得它们在 Ox 轴上点 P 处的磁感强度 $\mathrm{d}\boldsymbol{B}$ 的值为

$$\mathrm{d}B = \frac{\mu_0}{2}\frac{R^2 In\mathrm{d}x}{(R^2+x^2)^{3/2}} \tag{6-10}$$

$\mathrm{d}\boldsymbol{B}$ 的方向沿 Ox 轴正向。考虑到螺线管上各小段载流线圈在 Ox 上点 P 所激发的磁感强度的方向相同,均沿 Ox 轴正向,所以整个载流螺线管在点 P 处的磁感强度为

$$B = \int \mathrm{d}B = \frac{\mu_0 nI}{2}\int_{x_1}^{x_2}\frac{R^2\mathrm{d}x}{(R^2+x^2)^{3/2}} \tag{6-11}$$

为便于积分,用角变量 β 替换 x,β 为点 P 到小段线圈的连线与 Ox 之间的夹角。从图 6－11

可以看出

$$x=R\cot\beta,(R^2+x^2)=R^2(1+\cot^2\beta)=R^2\csc^2\beta$$

所以

$$\mathrm{d}x=-R\csc^2\beta\mathrm{d}\beta$$

把它们代入式(6-11),得

$$B=-\frac{\mu_0 nI}{2}\int_{\beta_1}^{\beta_2}\frac{R^3\csc^2\beta\mathrm{d}\beta}{R^3\csc^3\beta}=-\frac{\mu_0 nI}{2}\int_{\beta_1}^{\beta_2}\sin\beta\mathrm{d}\beta$$

经积分可得

$$B=\frac{\mu_0 nI}{2}(\cos\beta_2-\cos\beta_1) \tag{6-12}$$

β_1 和 β_2 的几何意义见图 6-11。

下面讨论几种特殊情况。

(1) 如点 P 处于管内轴线上的中点,在这种情况下,$\beta_1=\pi-\beta_2$,$\cos\beta_1=-\cos\beta_2$,而 $\cos\beta_2=\dfrac{l/2}{\sqrt{(l/2)^2+R^2}}$。由式(6-12),可得

$$B=\mu_0 nI\cos\beta_2=\frac{\mu_0 nI}{2}\frac{l}{(l^2/4+R^2)^{1/2}}$$

若 $l\gg R$,即很细而很长的螺线管可看作是无限长的,由上式可得管内轴线上中点处的磁感强度的值为

$$B=\mu_0 nI$$

对“无限长”的螺线管来说,可以取 $\beta_1=\pi$ 及 $\beta_2=0$,亦得

$$B=\mu_0 nI$$

B 的方向沿 Ox 轴正向。

(2) 如点 P 处于半“无限长”载流螺线管的一端,则 $\beta_1=\pi/2$,$\beta_2=0$,或 $\beta_1=\pi$,$\beta_2=\pi/2$ 可得螺线管两端的磁感强度的值均为

$$B=\frac{1}{2}\mu_0 nI$$

比较上述结果可以看出,半“无限长”螺线管轴线上端点的磁感强度只有管内轴线中点磁感强度的一半。

图 6-12 给出了长直螺线管内轴线上磁感强度的分布。从图 6-12 可以看出,密绕载流长直螺线管内轴线中部附近的磁场可以视作均匀磁场。

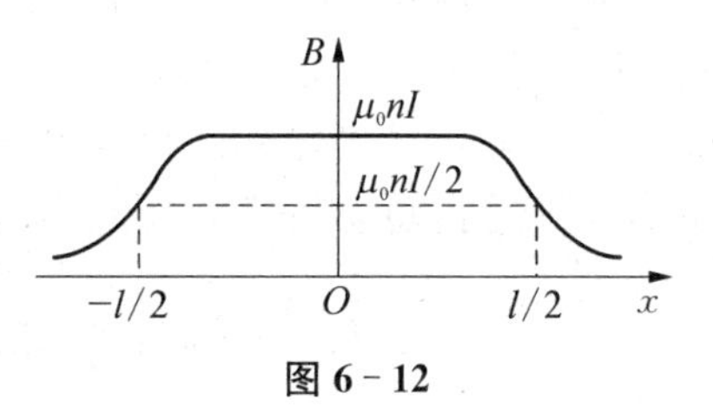

图 6-12

6.3.4 运动电荷的磁场

导体中的电流是由导体中大量自由电子做定向运动形成的，因此，可以认为电流所激起的磁场，其实是由运动电荷所激发的。运动电荷能激发磁场已为许多实验所直接证实。至于运动电荷所激发的磁感强度，很容易由毕奥-萨伐尔定律求得。

有一电流元 $I\mathrm{d}l$，其截面积为 S。设此电流元中做定向运动的电荷数密度为 n，为简便计，这里以正电荷为研究对象，每个电荷带电量为 q，且定向运动速度均为 $\boldsymbol{v}$。由式(6-4)知，此电流元中的电流密度 $\boldsymbol{j}=nq\boldsymbol{v}$。因此，有

$$I\mathrm{d}\boldsymbol{l}=\boldsymbol{j}S\mathrm{d}l=nq\boldsymbol{v}S\mathrm{d}l$$

于是，毕奥-萨伐尔定律的表达式(6-7c)可写成

$$\mathrm{d}\boldsymbol{B}=\frac{\mu_0}{4\pi}\frac{nS\mathrm{d}lq\boldsymbol{v}\times\boldsymbol{r}}{r^3}$$

式中 $S\mathrm{d}l=\mathrm{d}V$ 为电流元的体积，$n\mathrm{d}V=\mathrm{d}N$ 为电流元中做定向运动的电荷数。那么，一个以速度 $\boldsymbol{v}$ 运动的电荷，在距它为 $\boldsymbol{r}$ 处所激发的磁感强度则为

$$\boldsymbol{B}=\frac{\mathrm{d}\boldsymbol{B}}{\mathrm{d}N}=\frac{\mu_0}{4\pi}\frac{q\boldsymbol{v}\times\boldsymbol{r}}{r^3} \tag{6-13a}$$

由于矢量 $\boldsymbol{e}_r$ 是 $\boldsymbol{r}$ 的单位矢量，故上式亦可写成

$$\boldsymbol{B}=\frac{\mathrm{d}\boldsymbol{B}}{\mathrm{d}N}=\frac{\mu_0}{4\pi}\frac{q\boldsymbol{v}\times\boldsymbol{e}_r}{r^2} \tag{6-13b}$$

显然，$\boldsymbol{B}$ 的方向垂直于 $\boldsymbol{v}$ 和 $\boldsymbol{r}$ 组成的平面。当 q 为正电荷时，$\boldsymbol{B}$ 的方向为矢积 $\boldsymbol{v}\times\boldsymbol{r}$ 的方向(如图6-13(a))；当 q 为负电荷时，$\boldsymbol{B}$ 的方向与矢积 $\boldsymbol{v}\times\boldsymbol{r}$ 的方向相反(如图6-13(b))。应当指出，运动电荷的磁场表达式(6-13)是有一定适用范围的，它只适用于运动电荷的速率 v 远小于光速 c(即 $v/c\ll 1$)的情况。对于 v 接近于 c 的情形，式(6-13)就不适用了，这时，运动电荷的磁场应当考虑到相对论性效应。

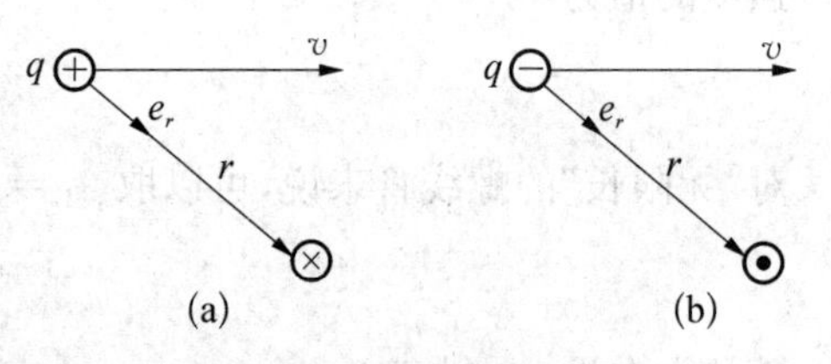

图6-13 运动电荷的磁场

【例6-4】 设半径为 R 的带电薄圆盘的电荷面密度为 σ，并以角速率 ω 绕通过盘心且垂直于盘面的轴转动，求圆盘中心处的磁感强度。

解1 设圆盘带正电荷，且绕轴 O 逆时针旋转。在如图6-14所示的圆盘上取一半径分别为 r 和 $r+\mathrm{d}r$ 的细环带，此环带的电荷为 $\mathrm{d}q=\sigma\cdot 2\pi r\mathrm{d}r$。考虑到圆盘以角速度 ω 绕轴 O 旋转，即转速为 $n=\omega/2\pi$。于是此转动环带相当的圆电流为

$$\mathrm{d}I=n\mathrm{d}q=\frac{\omega}{2\pi}\sigma 2\pi r\mathrm{d}r=\sigma\omega r\mathrm{d}r$$

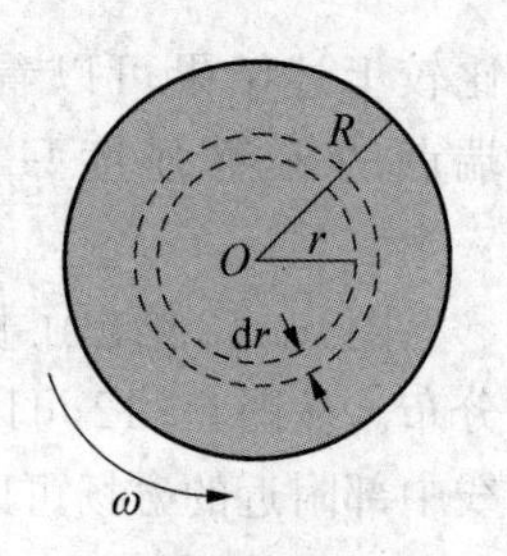

图6-14

由本节例6-2知圆电流在圆心的磁感强度的值为 $B=\mu_0 I/2R$，其中

I 为圆电流，R 为圆电流半径。因此，圆盘上细环带在盘心 O 处的磁感强度的值为

$$\mathrm{d}B=\frac{\mu_0}{2r}\mathrm{d}I=\frac{\mu_0\sigma\omega}{2}\mathrm{d}I\,\mathrm{d}r$$

于是整个圆盘转动时，在盘心 O 处的磁感强度 B 的值为

$$B=\int\mathrm{d}B=\frac{\mu_0\sigma\omega}{2}\int_0^R\mathrm{d}r=\frac{\mu_0\sigma\omega R}{2}$$

已设圆盘带正电，故 $\boldsymbol{B}$ 的方向垂直纸面向外。

解 2　利用式(6－13b)有

$$\mathrm{d}B=\frac{\mu_0}{4\pi}\frac{\mathrm{d}qv}{r^2}$$

其中 $\mathrm{d}q=\sigma 2\pi r\,\mathrm{d}r$，$v=r\omega$，故上式为

$$\mathrm{d}B=\frac{\mu_0\sigma\omega}{2}\mathrm{d}r$$

亦能得到与前面一样的结果。

6.4　磁通量　磁场的高斯定理

6.4.1　磁感线

为了形象地反映磁场的分布情况，就像在静电场中用电场线来表示静电场分布那样，我们将用一些设想的曲线来表示磁场的分布。我们知道，给定磁场中某一点磁感强度 $\boldsymbol{B}$ 的大小和方向都是确定的，因此，我们规定曲线上每一点的方向就是该点的磁感强度 $\boldsymbol{B}$ 的方向，而曲线的疏密程度则表示该点磁感强度 $\boldsymbol{B}$ 的大小。这样的曲线叫作磁感线或 $\boldsymbol{B}$ 线。和电场线一样，磁感线也是人为地画出来的，并非磁场中真的有这种线存在。

磁场中的磁感线可借助小磁针或铁屑显示出来。如果在垂直于长直载流导线的玻璃板上撒上一些铁屑，这些铁屑将被磁场磁化，可以当作一些细小的磁针，它们在磁场中会形成如图 6－15(a)和(b)所示的分布图样。由载流长直导线的磁感线图形可以看出，磁感线的回转方向和电流之间的关系遵从右手螺旋定则，即用右手握住导线，使大拇指伸直并指向电流方向，这时其他四指弯曲的方向，就是磁感线的回转方向[如图 6－15(c)]。

图 6－16 是圆形电流和载流长直螺线管的磁感线图形。它们的磁感线方向，也可由右手螺旋定则来确定。不过这时要用右手握住螺线管(或圆电流)，使四指弯曲的方向沿着电流方向，而伸直大拇指的指向就是螺线管内(或圆电流中心处)磁感线的方向。

由上述几种典型的载流导线磁感线的图形可以看出，磁感线具有如下特性：

(1) 由于磁场中某点的磁场方向是确定的，所以磁场中的磁感线不会相交，磁感线的这一特性和电场线是一样的。

(2) 载流导线周围的磁感线都是围绕电流的闭合曲线，没有起点，也没有终点。磁感线的这个特性和静电场中的电场线不同，静电场中的电场线起始于正电荷，终止于负电荷。

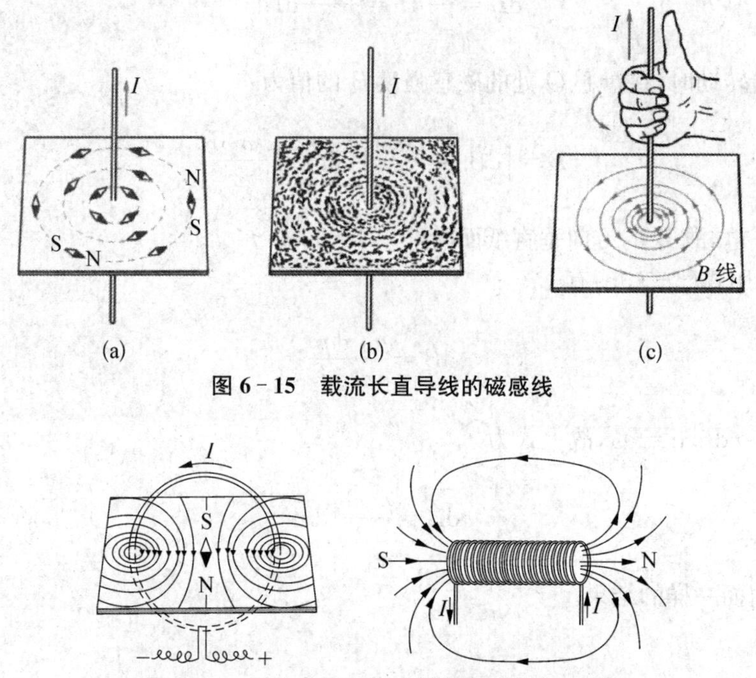

图 6-15　载流长直导线的磁感线

图 6-16　圆形电流和载流长直螺线管的磁感线

6.4.2　磁通量　磁场的高斯定理

为了使磁感线不但能表示磁场方向，而且能描述磁场的强弱，像静电场中规定电场线的密度那样，对磁感线的密度规定如下：磁场中某点处垂直于 $\boldsymbol{B}$ 矢量的单位面积上通过的磁感线数目（磁感线密度）等于该点 $\boldsymbol{B}$ 的值。因此，$\boldsymbol{B}$ 大的地方，磁感线就密集；$\boldsymbol{B}$ 小的地方，磁感线就稀疏。对均匀磁场来说，磁场中的磁感线相互平行，各处磁感线密度相等；对非均匀磁场来说，磁感线相互不平行，各处磁感线密度不相等。

通过磁场中某一曲面的磁感线数叫作通过此曲面的磁通量，用符号 Φ 表示。

如图 6-17(a)所示，在磁感强度为 $\boldsymbol{B}$ 的均匀磁场中，取一面积矢量 $\boldsymbol{S}$，其大小为 S，其方向用它的单位法线矢量 $\boldsymbol{e}_n$ 来表示，有 $\boldsymbol{S}=S\boldsymbol{e}_n$，在图中 $\boldsymbol{e}_n$ 与 $\boldsymbol{B}$ 之间的夹角为 θ，按照磁通量的定义，通过面 S 的磁通量为

$$\Phi=BS\cos\theta \qquad (6-14a)$$

图 6-17　磁通量

用矢量来表示，上式为

$$\Phi=\boldsymbol{B}\cdot\boldsymbol{S}=\boldsymbol{B}\cdot S\boldsymbol{e}_n \qquad (6-14b)$$

在不均匀磁场中，通过任意曲面的磁通量怎样计算呢？

在如图 6-17(b)所示的曲面上取一面积元矢量 d$\boldsymbol{S}$,它所在处的磁感强度 $\boldsymbol{B}$ 与单位法线矢量之间的夹角为 θ,则通过面积元 d$\boldsymbol{S}$ 的磁通量为

$$\mathrm{d}\Phi = B\mathrm{d}S\cos\theta = \boldsymbol{B}\cdot\mathrm{d}\boldsymbol{S}$$

而通过某一有限曲面的磁通量 Φ 就等于通过这些面积元 d$\boldsymbol{S}$ 上的磁通量 dΦ 的总和,即

$$\Phi = \int_s \mathrm{d}\Phi = \int_s B\mathrm{d}S\cos\theta = \int_s \boldsymbol{B}\cdot\mathrm{d}\boldsymbol{S} \tag{6-15}$$

对于闭合曲面来说,人们规定其正单位法线矢量 $\boldsymbol{e}_n$ 的方向垂直于曲面向外。依照这个规定,当磁感线从曲面内穿出时 ($\theta < \pi/2, \cos\theta > 0$),磁通量是正的;而当磁感线从曲面外穿入时($\theta > \pi/2, \cos\theta < 0$),磁通量是负的。由于磁感线是闭合的,因此对任一闭合曲面来说,有多少条磁感线进入闭合曲面,就一定有多少条磁感线穿出闭合曲面。也就是说,通过任意闭合曲面的磁通虽必等于零,即

$$\Phi = \oint_s B\mathrm{d}S\cos\theta = 0$$

或

$$\Phi = \oint_s \boldsymbol{B}\cdot\mathrm{d}\boldsymbol{S} = 0 \tag{6-16}$$

上述结论也叫作磁场的高斯定理,它是表述磁场性质的重要定理之一。虽然式(6-16)和静电场的高斯定理 ($\Phi = \oint_s \boldsymbol{E}\cdot\mathrm{d}\boldsymbol{S} = \sum q/\varepsilon_0$) 在形式上相似,但两者有着本质上的区别。通过任意闭合曲面的电场强度通量可以不为零,而通过任意闭合曲面的磁通量必为零。在国际单位制中,Φ 的单位名称为韦伯,符号为 Wb,有 1 Wb=1 T×1 m^2。

6.5　安培环路定理

6.5.1　安培环路定理

在第五章中,我们在静电场的环路定理中曾指出:电场线是有头有尾的,电场强度 $\boldsymbol{E}$ 沿任意闭合路径的积分等于零,即这是静电场的一个重要特征。那么,磁场中的磁感强度 $\boldsymbol{B}$ 沿任意闭合路径的积分等于什么呢?

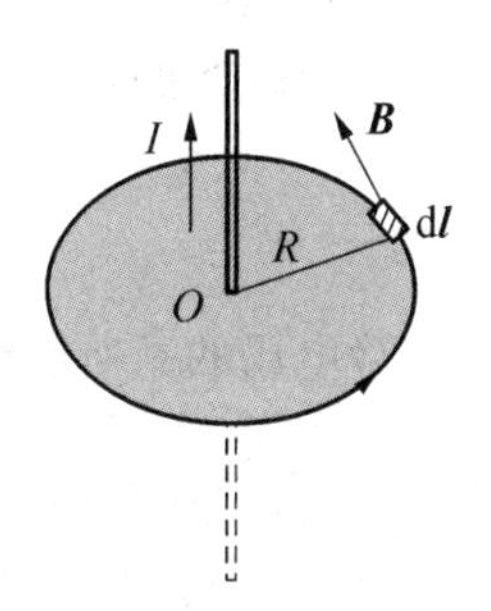

图 6-18　无限长载流直导线 B 的环流

下面先研究真空中一无限长载流直导线的磁场。如图 6-18 所示,取一平面与载流直导线垂直,并以这平面与导线的交点 O 为圆心,在平面上作一半径为 R 的圆。在这圆周上任意一点的磁感强度 $\boldsymbol{B}$ 的大小均为 $B = \mu_0 I/2\pi R$。若选定圆周的绕向为逆时针方向,则圆周上每一点 $\boldsymbol{B}$ 的方向与线元 d$\boldsymbol{l}$ 的方向相同,即 $\boldsymbol{B}$ 与 d$\boldsymbol{l}$ 之间的夹角 $\theta = 0°$。这样,$\boldsymbol{B}$ 沿着上述圆周的积分为

$$\oint_l \boldsymbol{B} \cdot \mathrm{d}\boldsymbol{l} = \oint_l B\cos\theta \mathrm{d}l = \oint_l \frac{\mu_0}{2\pi R}\mathrm{d}l = \frac{\mu_0}{2\pi R}\oint_l \mathrm{d}l$$

上式右端的积分值为圆周的周长 $2\pi R$，所以

$$\oint_l \boldsymbol{B} \cdot \mathrm{d}\boldsymbol{l} = \mu_0 I \tag{6-17a}$$

上式表明，在恒定磁场中，磁感强度 $\boldsymbol{B}$ 沿闭合路径的线积分，等于此闭合路径所包围的电流与真空磁导率的乘积。$\boldsymbol{B}$ 沿闭合路径的线积分又叫作 $\boldsymbol{B}$ 的环流。

应当指出，在式(6－17a)中，积分回路 l 的绕行方向与电流的流向呈右手螺旋关系。若绕行方向不变，电流反向，则

$$\oint_l \boldsymbol{B} \cdot \mathrm{d}\boldsymbol{l} = -\mu_0 I = \mu_0(-I)$$

这时可以认为，对逆时针绕行的回路 l 来讲，电流是负的。

式(6－17(a))是从特例得出的。如果 $\boldsymbol{B}$ 的环流是沿任意闭合路径，而且其中不止一个电流，那么可以证明：在真空的恒定磁场中，磁感强度 $\boldsymbol{B}$ 沿任一闭合路径的积分(即 $\boldsymbol{B}$ 的环流)的值，等于 μ_0 乘以该闭合径所包围的各电流的代数和，即

$$\oint_l \boldsymbol{B} \cdot \mathrm{d}\boldsymbol{l} = \mu_0 \sum_i I_i \tag{6-17b}$$

这就是真空中磁场的环路定理，也称为安培环路定理。它是电流与磁场之间的基本规律之一。在式(6－17(b))中，若电流流向与积分回路呈右手螺旋关系，电流取正值，反之则取负值。

由式(6－17(b))可以看出，不管闭合路径外面电流如何分布，只要闭合路径内没有包围电流，或者所包围电流的代数和等于零，总有 $\oint_l \boldsymbol{B} \cdot \mathrm{d}\boldsymbol{l} = 0$。但是，应当注意，$\boldsymbol{B}$ 的环流为零一般并不意味着闭合路径上各点的磁感强度都为零。

由安培环路定理还可以看出，由于磁场中 $\boldsymbol{B}$ 的环流一般不等于零，所以恒定磁场的基本性质与静电场是不同的，静电场是保守场，磁场是涡旋场。

用静电场中的高斯定理可以求得电荷对称分布体系的电场强度。同样，我们可以应用恒定磁场中的安培环路定理来求某些具有对称性分布电流的磁感强度。把真空中磁场的安培环路定理和真空中静电场的高斯定理对照列出，就不难明白这一点了。

恒定磁场的安培环路定理

$$\oint_l \boldsymbol{B} \cdot \mathrm{d}\boldsymbol{l} = \mu_0 \sum_i I_i$$

静电场的高斯定理

$$\oint_s \boldsymbol{E} \cdot \mathrm{d}\boldsymbol{S} = \frac{\sum_i q_i}{\varepsilon_0}$$

6.5.2 安培环路定理的应用举例

【例 6－5】 载流螺绕环内的磁场。图 6－19(a)为一螺绕环，环内为真空。环上均匀地

密绕有 N 匝线圈，线圈中的电流为 I。由于环上的线圈绕得很密集，环外的磁场很微弱，可以略去不计，磁场几乎全部集中在螺绕环内。

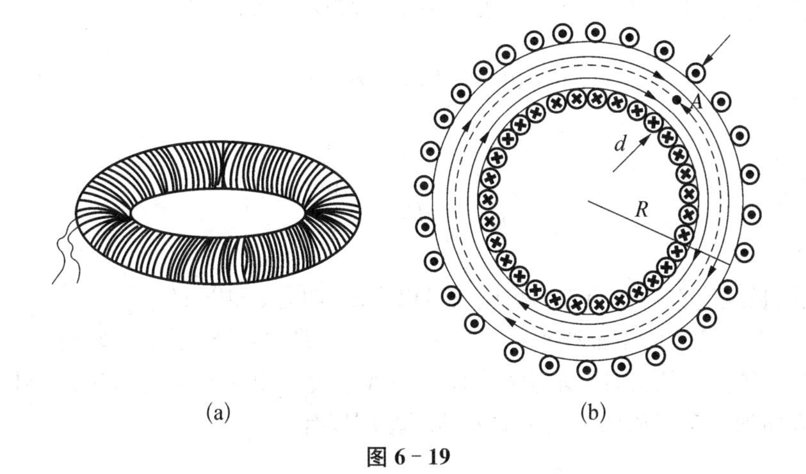

图 6 - 19

此时，呈对称分布的电流使磁场也具对称性，导致环内的磁感线形成同心圆，且同一圆周上各点的磁感强度 $\boldsymbol{B}$ 的大小相等，方向沿圆周的切向。

现通过环内点 A，以半径 r 作一圆形闭合路径(如图 6 - 19(b))。显然闭合路径上各点的磁感强度方向都和闭合路径相切，各点 $\boldsymbol{B}$ 的值都相等。根据安培环路定理有

$$\oint_l \boldsymbol{B}\cdot \mathrm{d}\boldsymbol{l}=B2\pi r=\mu_0 NI$$

可得

$$B=\frac{\mu_0 NI}{2\pi r}$$

从上式可以看出，螺绕环内横截面上各点的磁感强度是不同的，与 r 有关。如果 L 表示螺绕环中心线所在的圆形闭合路径的长度，那么，圆环中心线上一点处的磁感强度为

$$B=\frac{\mu_0 NI}{L}=\mu_0 nI$$

式中 n 为环上单位长度线圈的匝数。当螺绕环中心线的直径比线圈的直径大得多，即 $2r\gg d$ 时，管内的磁场可近似看成是均匀的，管内任意点的磁感强度均可用上式表示。

【例 6 - 6】 无限长载流圆柱体的磁场。在第 6.3 节中，我们用毕奥-萨伐尔定律计算了无限长载流直导线的磁场，当时认为通过导线的电流是线电流，而实际上，导线都有一定的半径，流过导线的电流是分布在整个截面内的。

设在半径为 R 的圆柱形导体中，电流沿轴向流动，且电流在截面积上的分布是均匀的。如果圆柱形导体很长，那么在导体的中部，磁场的分布可视为是对称的。下面先用安培环路定理来求圆柱体外的磁感强度。

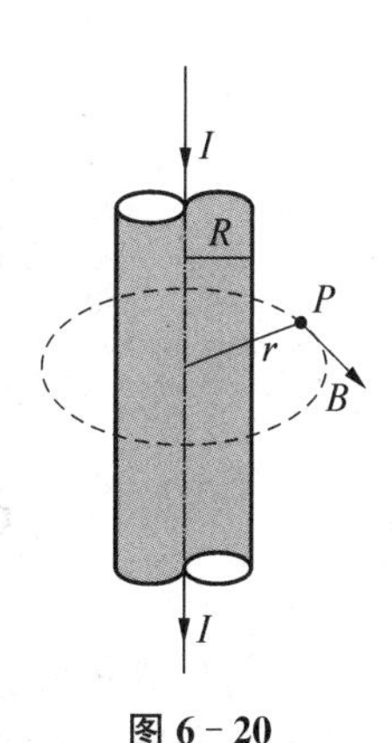

图 6 - 20

如图 6-20 所示,设点 P 离圆柱体轴线的垂直距离为 r,且 $r>R$。通过点 P 作半径为 r 的圆,圆面与圆柱体的轴线垂直。由于对称性,在以 r 为半径的圆周上,$\boldsymbol{B}$ 的值相等,方向都是沿圆的切线,故 $\boldsymbol{B}\cdot \mathrm{d}\boldsymbol{l}=B\mathrm{d}l$。于是根据安培环路定理有

$$\oint_l \boldsymbol{B}\cdot \mathrm{d}\boldsymbol{l}=\oint_l B\mathrm{d}l=B2\pi r=\mu_0 I$$

得

$$B=\frac{\mu_0 I}{2\pi r}(r>R)$$

把上式与无限长载流直导线的磁场相比较可以看出,两者是相同的。

现在来计算圆柱体内距轴线垂直距离为 r 处($r<R$)的磁感强度。如图 6-21(a)所示,通过点 P 作半径为 r 的圆,圆面与圆柱体的轴线垂直。由于磁场的对称性,圆周上各点 $\boldsymbol{B}$ 的值相等,方向均与圆周相切。故根据安培环路定理有

$$\oint_l \boldsymbol{B}\cdot \mathrm{d}\boldsymbol{l}=B2\pi r=\mu_0\sum I_i$$

式中 $\sum I_i$ 是以 r 为半径的圆所包围的电流。如果在圆柱体内电流密度是均匀的,有 $j=I/\pi R^2$,那么,通过截面积 πr^2 的电流为 $j\cdot \pi r^2$。于是上式为

$$\oint_l \boldsymbol{B}\cdot \mathrm{d}\boldsymbol{l}=B2\pi r=\mu_0\frac{Ir^2}{R^2}$$

得

$$B=\frac{\mu_0 Ir}{2\pi R^2}(r<R)$$

由上述结果可得图 6-21(b)所示的图线,它给出了 $\boldsymbol{B}$ 的值随 r 变化的情形。

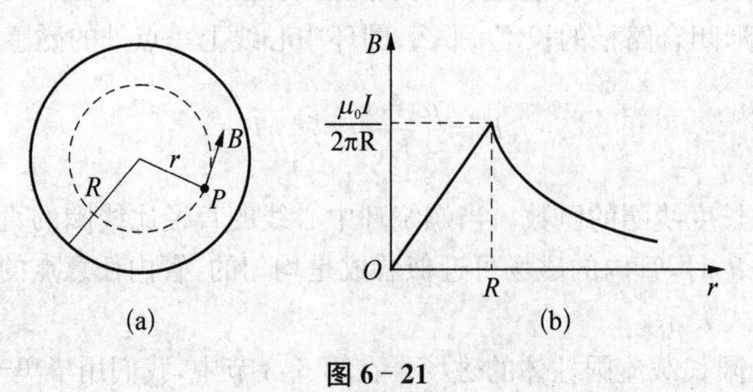

图 6-21

6.6 带电粒子在电场和磁场中的运动

前几节介绍了电流激发磁场的规律:毕奥-萨伐尔定律,以及磁场的两个基本定理:磁场的高斯定理和安培环路定理。这一节将在介绍运动电荷在电场和磁场中受力作用的基础

上,分别讨论带电粒子在磁场中运动以及带电粒子在电场和磁场中运动的一些例子。通过这些例子,我们可以了解电磁学的一些基本原理在科学技术中的应用。

6.6.1　带电粒子在电场和磁场中所受的力

从电场的讨论中,我们知道若电场中点 P 的电场强度为 E,则处于该点的电荷为 $+q$ 的带电粒子所受的电场力为

$$\boldsymbol{F}_e = q\boldsymbol{E}$$

此外,从式(6-6)知道,若点 P 处的磁感强度为 $\boldsymbol{B}$ 且电荷为 $+q$ 的带电粒子以速度 $\boldsymbol{v}$ 通过点 P,如图 6-22 所示,那么,作用在带电粒子上的磁场力为

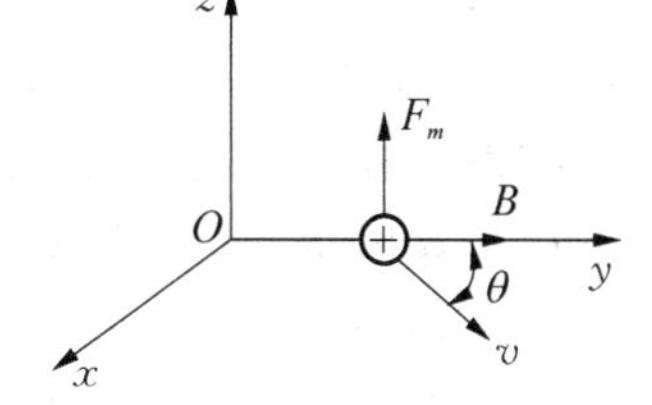

图 6-22　洛伦兹力

$$\boldsymbol{F}_m = q\boldsymbol{v} \times \boldsymbol{B} \tag{6-18}$$

式中 $\boldsymbol{F}_m$ 叫作洛伦兹力。洛伦兹力 $\boldsymbol{F}_m$ 的方向垂直于运动电荷的速度 $\boldsymbol{v}$ 和磁感强度 $\boldsymbol{B}$ 所组成的平面,且符合右手螺旋定则:即以右手四指由 $\boldsymbol{v}$ 经小于 180°的角弯向 $\boldsymbol{B}$,此时,拇指的指向就是正电荷所受洛伦兹力的方向。由式(6-18)还可以看出,当电荷为 $+q$ 时,$\boldsymbol{F}_m$ 的方向与 $\boldsymbol{v}\times\boldsymbol{B}$ 的方向相同;当电荷为 $-q$ 时,$\boldsymbol{F}_m$ 的方向则与 $\boldsymbol{v}\times\boldsymbol{B}$ 的方向相反。

在普遍的情况下,带电粒子若既在电场又在磁场中运动时,那么作用在带电粒子上的力应为电场力 $q\boldsymbol{E}$ 和洛伦兹力 $q\boldsymbol{v}\times\boldsymbol{B}$ 之和,即

$$\boldsymbol{F} = q\boldsymbol{E} + q\boldsymbol{v} \times \boldsymbol{B} \tag{6-19}$$

6.6.2　带电粒子在磁场中运动举例

1. 回旋半径和回旋频率

设电荷为 $+q$,质量为 m 的带电粒子,以初速 $\boldsymbol{v}_0$ 进入磁感强度为 $\boldsymbol{B}$ 的均匀磁场中,且 $\boldsymbol{v}_0$ 与 $\boldsymbol{B}$ 垂直,如图 6-23 所示,如略去重力作用,则作用在带电粒子上的力仅为洛伦兹力 $\boldsymbol{F}$,其值为 $F = qv_0B$,而 $\boldsymbol{F}$ 的方向垂直于 $\boldsymbol{v}_0$ 与 $\boldsymbol{B}$ 所构成的平面,所以带电粒子进入磁场后将以速率 v_0 做匀速圆周运动。根据牛顿第二定律,容易求得圆周半径

$$R = \frac{mv_0}{qB} \tag{6-20}$$

式中 R 又称为回旋半径,它与电荷速度 $\boldsymbol{v}_0$ 的值成正比,与磁感强度 $\boldsymbol{B}$ 的值成反比。通常把粒子运行一周所需要的时间叫作回旋周期,用符号 T 表示,有

$$T = \frac{2\pi R}{v_0} = \frac{2\pi m}{qB} \tag{6-21a}$$

单位时间内粒子所运行的圈数叫作回旋频率,用 f 表示,有

$$f = \frac{1}{T} = \frac{qB}{2\pi m} \tag{6-21b}$$

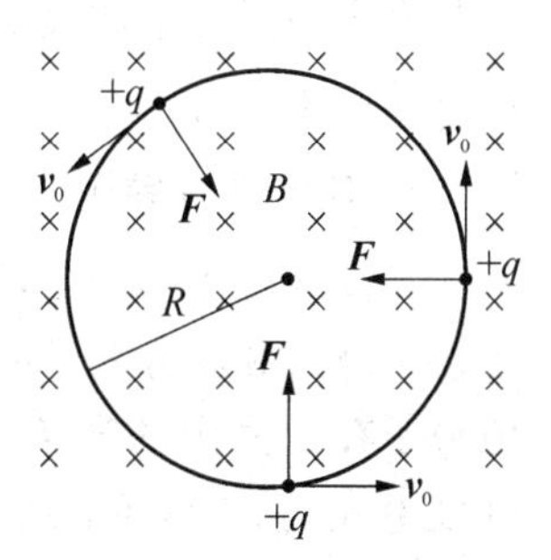

图 6-23　带电粒子速度 $\boldsymbol{v}$ 与 $\boldsymbol{B}$ 垂直时的运动

应当指出，以上种种结论只适用于带电粒子速度远小于光速的非相对论情形。如带电粒子的速度接近于光速，上述公式虽然仍可沿用，但粒子的质量 m 不再为常量，而是随速度趋于光速而增加的，因而回旋周期将变长，回旋频率将减小。考虑到这种情况，人们便研制了同步回旋加速器等。

2. **磁聚焦**

前面讨论了带电粒子的初速 $\boldsymbol{v}_0$ 与磁感强度 $\boldsymbol{B}$ 垂直时带电粒子做圆周运动的情形，下面讨论 $\boldsymbol{v}_0$ 与 $\boldsymbol{B}$ 之间有任意夹角时，带电粒子的运动规律。如图 6-24 所示，设在均匀磁场中，磁感强度 $\boldsymbol{B}$ 沿 z 轴正向，带电粒子的初速 $\boldsymbol{v}_0$ 与 $\boldsymbol{B}$ 之间夹角为 θ。于是，可将初速 $\boldsymbol{v}_0$ 分解为：平行于 $\boldsymbol{B}$ 的纵向分矢量 $\boldsymbol{v}_{/\!/}$ 和垂直于 $\boldsymbol{B}$ 的横向分矢量 $\boldsymbol{v}_{\perp}$。它们的值分别为 $v_{/\!/}=v_0\cos\theta$ 和 $v_{\perp}=v_0\sin\theta$。我们已经清楚，速度的横向分矢量在磁场作用下将使粒子在垂直于 $\boldsymbol{B}$ 的平面内做匀速圆周运动；而速度的纵向分矢量 $\boldsymbol{v}_{/\!/}$ 在磁场作用下将使粒子沿 z 轴做匀速直线运动。带电粒子同时参与这两个运动的结果是它将沿螺旋线向前运动。显然，螺旋线的半径为

$$R=\frac{mv_{\perp}}{qB} \tag{6-22}$$

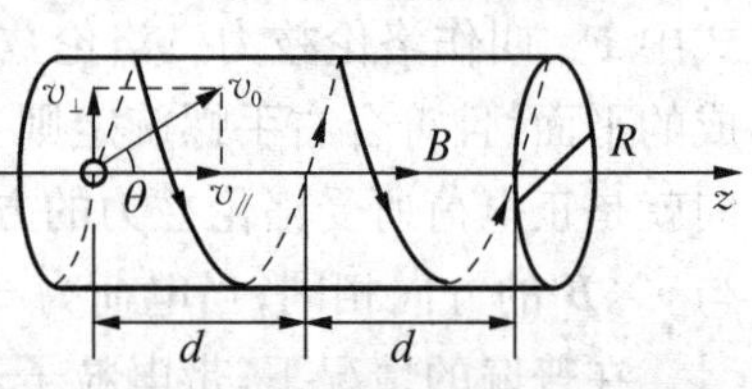

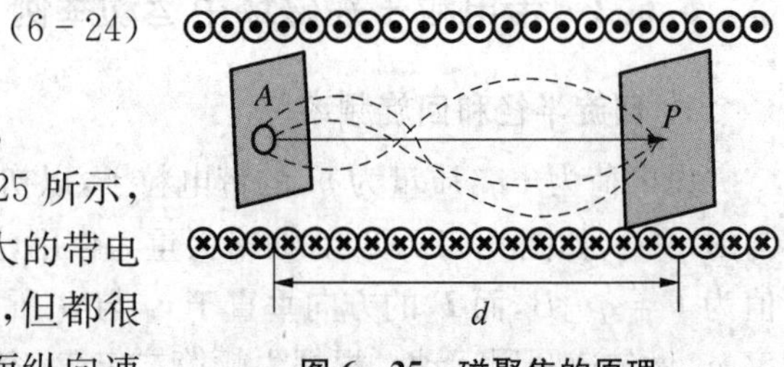

图 6-24 带电粒子在磁场中的螺旋运动

回旋周期为

$$T=\frac{2\pi R}{v_{\perp}}=\frac{2\pi m}{qB} \tag{6-23}$$

而且，如把粒子回转一周所前进的距离叫作螺距，则其值为

$$d=v_{/\!/}\,T=\frac{2\pi m v_{/\!/}}{qB} \tag{6-24}$$

上式表明，螺距 d 与 $v_{\perp}$ 无关，只与 $v_{/\!/}$ 成正比。

利用上述结果可实现磁聚焦。如图 6-25 所示，在均匀磁场中某点 A 发射一束初速相差不大的带电粒子，它们的 $\boldsymbol{v}_0$ 与 $\boldsymbol{B}$ 之间的夹角，不尽相同，但都很小，于是这些粒子的横向速度 $v_{\perp}$ 略有差异，而纵向速度 $v_{/\!/}$ 却近似相等。这样这些带电粒子沿半径不同的螺旋线运动，但它们的螺距却是近似相等的，即经距离 d 后都相交于屏上同一点 P。这个现象与光束通过光学透镜聚焦的现象很相似，故称为磁聚焦现象。磁聚焦在电子光学中有着广泛的应用。

图 6-25 磁聚焦的原理

3. **电子的反粒子——电子偶**

在高能粒子物理中，常用带电粒子在云室中的径迹来观察和区分粒子的性质。图 6-26 是几个带电粒子在云室中的径迹，云室处于强磁场中，磁感强度 $\boldsymbol{B}$ 的方向垂直于纸平面向里。从图中可以看出，其中一个是电荷 $+q_1$ 的径迹，另一个是电荷 $-q_2$ 的径迹，从图中我们还可以看出，它们的轨道

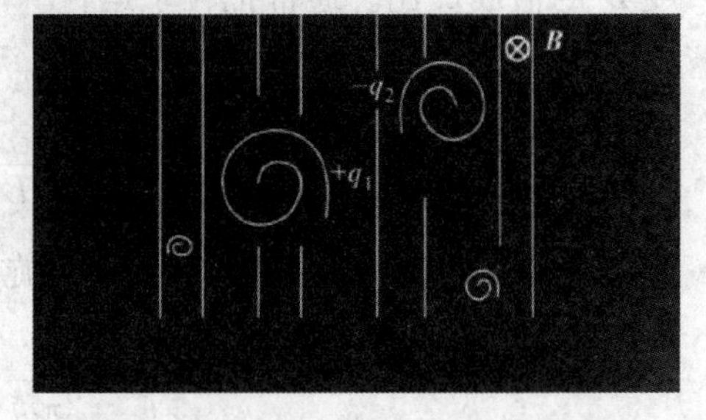

图 6-26 正负电荷在云室中的径迹

半径是逐渐减小的，这是因为带电粒子在运动过程中要与云室内的气体分子不断发生碰撞，致使其速率逐渐减小的缘故。

电子是 J. J. 汤姆孙于 1897 年发现的，其比荷(e/m)也由 J. J. 汤姆孙测出。但电子是否有反粒子呢？即是否存在质量和电荷均与电子相同，只是所带电荷符号与电子电荷相反($+e$)的粒子呢？1930 年前，人们还从来没有提出过这种近乎异想天开的疑问。狄拉克于 1928 年首先从理论上预言了自然界存在电子的反粒子——正电子。接着，1932 年美国物理学家安德森(C. D. Anderson，1905—1991)在分析宇宙射线穿过云室中的铅板后所产生的带电粒子径迹的照片时，如图 6-27，发现了正电子，并因此于 1936 年获得诺贝尔物理学奖。这样，狄拉克关于正电子的预言就被实验所证实了。从此，由狄拉克开创的反粒子、反物质的研究蓬勃开展，如日中天，其意义十分深远。图 6-27 是显示正电子存在的云室照片及其摹描图。云室处于垂直纸平面的强磁场中，图下部的水平细带为铅板，宇宙线中的 γ 射线(即 γ 光子)从铅板下部射入。从图中可以看到在铅板上方有三对人字形的径迹，仔细分析这些径迹可以看到，每对径迹都是对称的，分别偏向相反方向，而且每对径迹是由质量相等、电荷相等但电荷符号相反的两个带电粒子形成的，其中一个为电子，另一个为正电子。理论和实验都表明，正电子总是伴随着电子一起出现，犹如成双成对的配偶，故称为电子-正电子偶，简称电子偶(或电子对)。

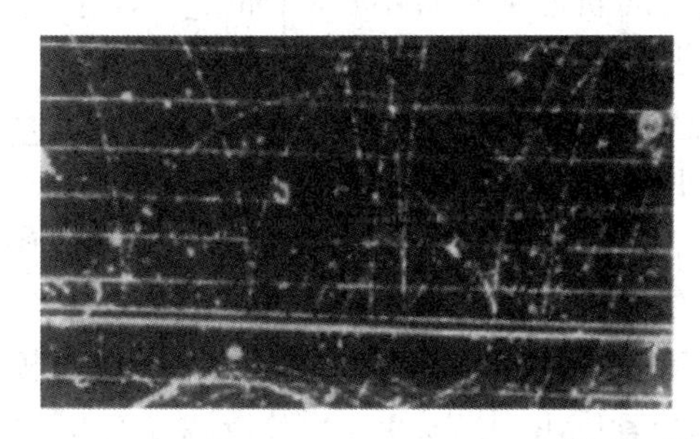

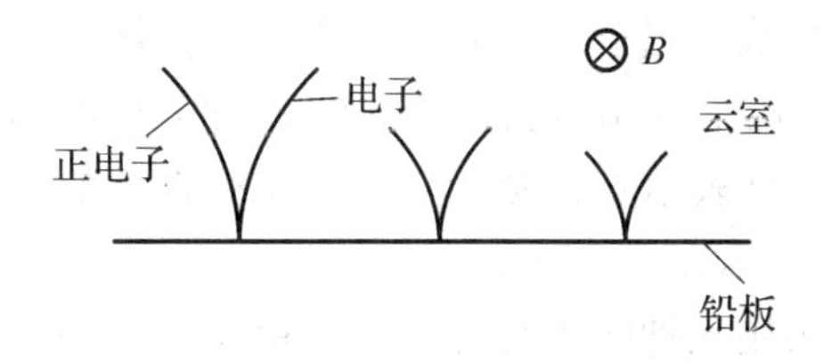

图 6-27　电子偶

还应当指出，电子偶不仅可以由 γ 光子与核或能量很高的带电粒子相撞，以及其他正反粒子湮没等多种方式来产生，而且电子与正电子相撞还会产生一对光子或其他正反粒子，此时电子偶就不存在了，这叫作电子偶的湮没。而对所有上述各种过程的观测，都需要利用带电粒子在磁场中的运动规律。

6.6.3　带电粒子在磁场中运动举例

1. 质谱仪

质谱仪是用物理方法分析同位素的仪器，是由英国实验化学家和物理学家阿斯顿(F. W. Aston，1877—1945)在 1919 年创制的，当年用它发现了氯和汞的同位素。以后几年内又发现了许多种同位素，特别是一些非放射性的同位素。为此，阿斯顿于 1922 年获诺贝尔化学奖。阿斯顿仅拥有学士学位，他的成才主要得力于在长期的实验室平凡工作中力求进取的精神和毅力。

图 6-28 是一种质谱仪的示意图。从离子源(图中未画出)产生的正离子，以速度 v 经过狭缝 S_1 和 S_2 之后，进入速度选择器。设速度选择器中 P_1，P_2 之间的均匀电场的电场强

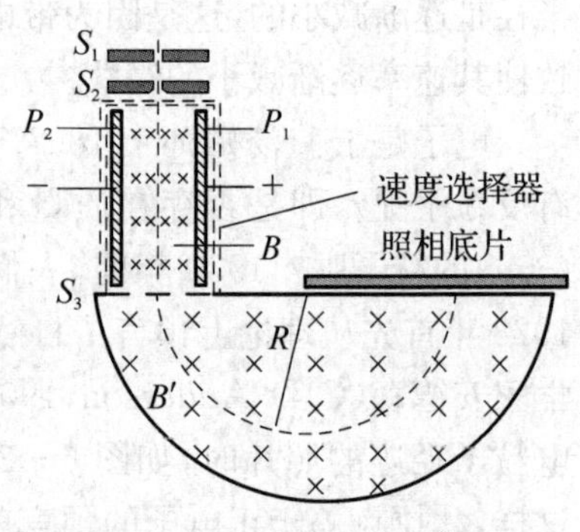

图 6-28 质谱仪的示意图

度为 $\boldsymbol{E}$，而垂直纸面向里的均匀磁场的磁感强度为 $\boldsymbol{B}$。正离子同时受到电场力和磁场力的作用，当电荷为 $+q$ 的正离子的速度满足 $v=E/B$ 时，它们就能径直穿过 P_1，P_2 而从狭缝 S_3 射出。

正离子由 S_3 射出后，进入另一个磁感强度为 $\boldsymbol{B}'$ 的匀强磁场区域，磁场的方向也是垂直纸面而向里的，但在此区域中没有电场。这时正离子在磁场力作用下，将以半径 R 做匀速圆周运动。若离子的质量为 m，则有

$$qvB'=\frac{mv^2}{R} \tag{6-25}$$

所以

$$m=\frac{qB'R}{v} \tag{6-26}$$

由于 B' 和离子的速度 v 是已知的，且假定每个离子的电荷都是相等的，从上式可以看出，离子的质量和它的轨道半径成正比。

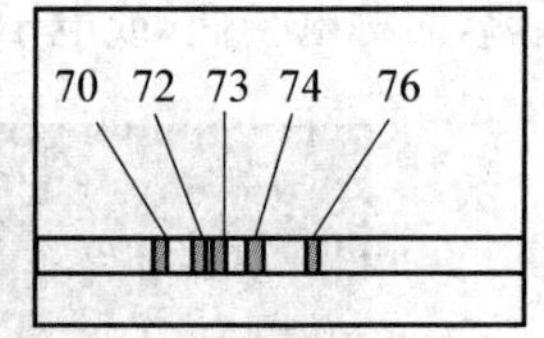

图 6-29 锗的质谱的示意图

如果这些离子中有不同质量的同位素，它们的轨道半径就不一样，将分别射到照相底片上不同的位置，形成若干线状谱的细条纹，每一条纹相当于一定质量的离子。从条纹的位置可以推算出轨道半径 R，从而算出它们相应的质量，所以这种仪器叫作质谱仪。图 6-29 表示锗的质谱，条纹表示质量数为 70，72，…的锗的同位素 ^{70}Ge，^{72}Ge，…

采用某种收集装置代替照相底片，就能进而得知各种同位素的相对成分。阿斯顿等人因此曾先后发现天然存在的镁(Mg)元素中，同位素 ^{24}Mg 占 78.99%，^{25}Mg 占 10.00%，^{26}Mg 占 11.01%。利用质谱仪既可发现新同位素及其所占百分比，而且也能从分离同位素中提供某一特需的同位素产品，其最大优点在于整个过程不需其他物质参与，简捷可靠。

2. 回旋加速器

在研究原子核的结构时，需要有几百万、几千万甚至几十亿电子伏能量的带电粒子来轰击它们，使它们产生核反应。要使带电粒子获得这样高的能量，一种可能的途径是在电场和磁场的共同作用下，使粒子经过多次加速来达到目的。第一台回旋加速器是由美国物理学家劳伦斯(E. O. Lawrence，1901—1958)于 1932 年研制成功的，可将质子和氘核加速到 1 MeV(10^6 eV)的能量。为此，1939 年劳伦斯获诺贝尔物理学奖。下面简述回旋加速器的工作原理。

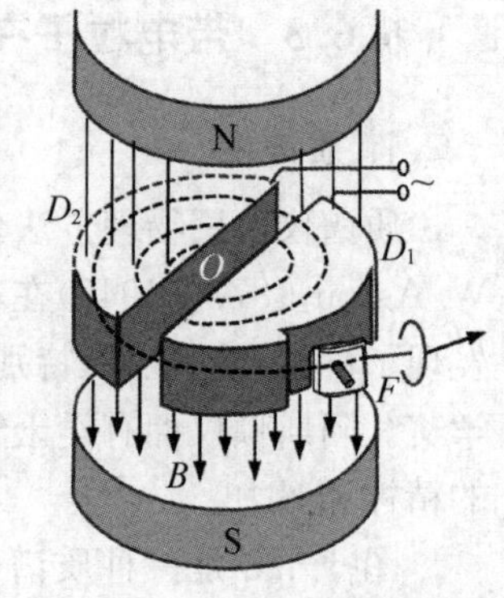

图 6-30 回旋加速器原理图

图 6-30 是回旋加速器原理图，它的主要部分是作为电极的两个金属半圆形真空盒 D_1 和 D_2，放在高真空的容器内。然后将它们放在电磁铁所产生的强大均匀磁场 $\boldsymbol{B}$ 中，磁场方向与半圆形盒 D_1 和 D_2 的平面垂直。当两电极间加有高频交变电压时，两电极缝隙之间就存在高频交变电场 E，致使极缝间电场的方向在相

等的时间间隔 t 内迅速地交替改变。如果有一带正电荷 q 的粒子，从极缝间的粒子源 O 中释放出来，那么，这个粒子在电场力的作用下，被加速而进入半圆盒 D_1。设这时粒子的速率已达 v_1，由于盒内无电场，且磁场的方向垂直于粒子的运动方向，所以粒子在 D_1 内做匀速圆周运动。经时间 t 后，粒子恰好到达缝隙，这时交变电压也将改变符号，即极缝间的电场正好也改变了方向，所以粒子又会在电场力的作用下加速进入半圆盒 D_2，使粒子的速率由 v_1 增加至 v_2，在 D_2 内的轨道半径也相应地增大。由式(6－21b)已知粒子的回旋频率为

$$f=\frac{1}{T}=\frac{qB}{2\pi m} \tag{6-27}$$

式中 m 为粒子的质量。上式表明，粒子回旋频率与圆轨道半径无关，与粒子速率无关。这样，带正电的粒子，在交变电场和均匀磁场的作用下，多次累积式地被加速而沿着螺旋形的平面轨道运动，直到粒子能量足够高时到达半圆形电极的边缘，通过铝箔覆盖着的小窗 F，被引出加速器。高能粒子在科学技术中有广泛的应用领域，如核工业、医学、农业、考古学等。

当粒子到达半圆形盒的边缘时，粒子的轨道半径即为盒的半径 R_0，此时粒子的速率可由式(6－20)得出：

$$v=\frac{qBR_0}{m} \tag{6-28}$$

粒子的动能为

$$E_{\mathrm{k}}=\frac{1}{2}mv^2=\frac{q^2B^2R_0^2}{2m} \tag{6-29}$$

从上式可以看出，某一带电粒子在回旋加速器中所获得的动能，与真空盒半径的二次方成正比，与磁感强度 $\boldsymbol{B}$ 的大小的二次方成正比。可见，要使粒子的能量更高，就得建造巨型的强大的电磁铁，而这显然会受到技术上、经济上的制约。

在本节讲述回旋频率时曾指出，当粒子的速率增加到与光速相近时，其质量要随速率的增加而增加。m_0 为粒子的静质量，这样，在回旋加速器中粒子的回旋频率应为

$$f=\frac{qB}{2\pi m_0}\sqrt{1-(v/c)^2} \tag{6-30}$$

由上式可见，随着粒子速率的增加，其回旋频率要减小，粒子在半圆形盒中的运动周期 T 就要变长，不能与交变电压的周期相一致。也就是说，这时加速器已不能继续使粒子加速了。因此，欲使粒子达到被加速的目的，必须适时地改变交变电压的频率(或周期)使之与粒子速率的变化始终保持相适应的同步状态，以得到稳定加速。这种加速器就称为同步回旋加速器。最早的同步回旋加速器是 1944—1945 年由美国核物理学家 E. M. 麦克米伦(E. M. Macmillan，1907—1991)提出的。欧洲核子研究中心(CERN)已投入运行的质子同步回旋加速器可将质子加速到 600 MeV。现在 CERN 的粒子对撞机可将粒子加速到 100 GeV。加速器的用途十分广泛，有的可产生高能激光源；有的可模拟宇宙的起源；大量的低能量的电子加速器在人们的日常生活中的应用更是非常广泛，如农业中的育种、工业中的探伤以及医学中的检测和治疗等。

3. 霍尔效应

前面我们讨论了带电粒子在空间电场和磁场中运动时受力的情况。那么,在具有载流子的导体或半导体中,若同时存在电场和磁场,情况将会怎样呢?

如图 6-31 所示,把一块宽为 b,厚为 d 的导电板放在磁感强度为 $\boldsymbol{B}$ 的磁场中,并在导电板中通以纵向电流 I,此时在板的横向两侧面 A、A' 之间就呈现出一定的电势差 U_{H},这一现象称为霍尔效应,所产生的电势差 U_{H} 称为霍尔电压。实验表明,霍尔电压的值为

$$U_{\mathrm{H}}=K\frac{IB}{d} \qquad (6-31)$$

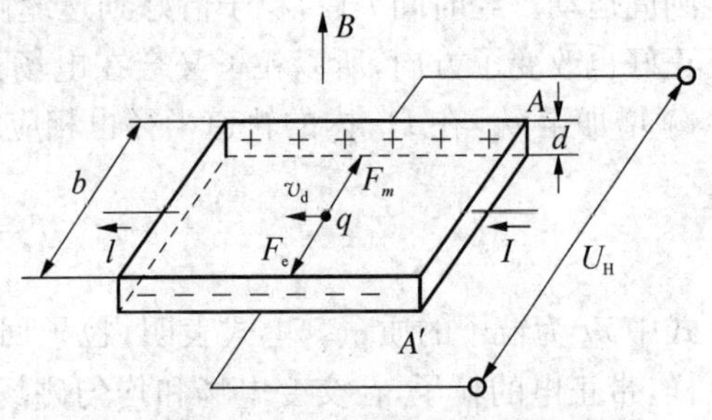

图 6-31　霍尔效应示意图

式中 K 称为霍尔系数。如果撤去磁场,或者撤去电流,霍尔电压也就随之消失。

现在可用洛伦兹力来解释霍尔效应。在图 6-31 中,设导体板中的载流子为正电荷 q,其漂移速度为 $\boldsymbol{v}_{\mathrm{d}}$。于是载流子在磁场中要受洛伦兹力 $\boldsymbol{F}_m$ 的作用,其值为 $F_m=qv_{\mathrm{d}}B$。在洛伦兹力的作用下,导体板内的载流子将向板的 A 端移动,从而使 A,A' 两侧面上分别有正、负电荷的积累。这样,便在 A,A' 之间建立起电场强度为 $\boldsymbol{E}$ 的电场,于是,载流子就要受到一个与洛伦兹力方向相反的电场力 $\boldsymbol{F}_e$,随着 A、A' 上电荷的积累,后将不断增大。当电场力增大到正好等于洛伦兹力时,就达到了动平衡。这时导体板 A、A' 两侧面之间的横向电场称为霍尔电场 $\boldsymbol{E}_{\mathrm{H}}$,此时它与霍尔电压 U_{H} 之间的关系为

$$E_{\mathrm{H}}=\frac{U_{\mathrm{H}}}{b}$$

由于动平衡时电场力与洛伦兹力相等,所以

$$qE_{\mathrm{H}}=qv_{\mathrm{d}}B$$

于是

$$\frac{U_{\mathrm{H}}}{b}=v_{\mathrm{d}}B \qquad (6-32a)$$

上式给出了霍尔电压 U_{H}、磁感强度 $\boldsymbol{B}$ 以及载流子漂移速度 $\boldsymbol{v}_{\mathrm{d}}$ 之间的关系。考虑到 v_{d} 与电流 I 的关系即式(6-4),有

$$I=qnv_{\mathrm{d}}S=qnv_{\mathrm{d}}bd$$

于是可将式(6-32a)改写,得霍尔电压为

$$U_{\mathrm{H}}=\frac{IB}{nqd} \qquad (6-32b)$$

对于一定材料,载流子数密度 n 和电荷 q 都是一定的。上式与式(6-31)相比较,可得霍尔系数为

$$K=\frac{1}{nq} \qquad (6-33)$$

可见 K 与载流子数密度 n 成反比。

以上我们讨论了载流子带正电的情况，所得霍尔电压和霍尔系数亦是正的。如果载流子带负电，则产生的霍尔电压和霍尔系数便是负的。所以从霍尔电压的正负，可以判断载流子带的是正电还是负电。

在金属导体中，由于自由电子的数密度很大，因而金属导体的霍尔系数很小，相应的霍尔电压也就很弱。在半导体中，载流子数密度要低得多，因而半导体的霍尔系数比金属导体大得多，所以半导体能产生很强的霍尔效应。

利用霍尔效应制成的霍尔元件，作为一种特殊的半导体器件，在生产和科研中得到了广泛的应用，如判别材料的导电类型、确定载流子数密度与温度的关系、测量温度、测量磁场、测量电流等。磁流体发电的原理也是依赖于霍尔效应的。

4. 量子霍尔效应

由式(6-32b)，则有

$$R_{\mathrm{H}}=\frac{U_{\mathrm{H}}}{I}=\frac{B}{nqd} \tag{6-34}$$

显然，R_{H} 具有电阻的量纲，故亦称为霍尔电阻。从上式可见，在给定电流 I 和导体厚度 d 的情况下，霍尔电阻随磁感强度 B 的增加而线性地增加。然而，1980 年德国物理学家克利青(Klaus von Klitzing)，在研究 1.5 K 的低温和强磁场下半导体的霍尔效应时，发现霍尔电压 U_{H} 与 B 的关系如图 6-32 所示。从图中可以看出 U_{H} 与 B 之间的关系不再是线性的，而是量子化的。按照霍尔效应的量子理论，霍尔电阻 R_{H} 应为

$$R_{\mathrm{H}}=\frac{h}{ne^{2}}(n=1,2,3,\cdots) \tag{6-35}$$

式中 h 为普朗克常量，e 为元电荷，它们的值可以从物理常量表中查得，所以霍尔电阻为

$$R_{\mathrm{H}}=\frac{25\,812.806}{n}\ \Omega$$

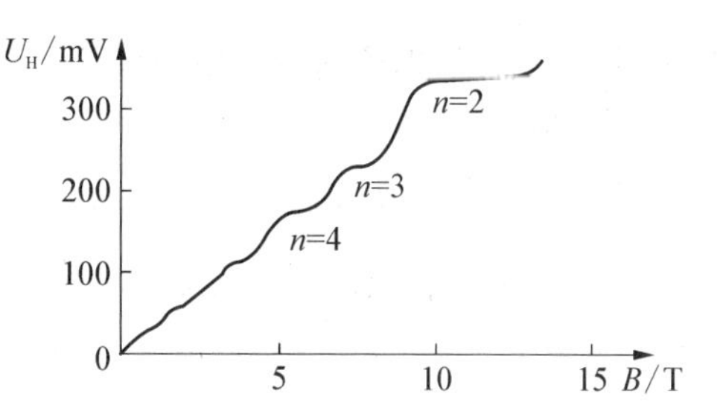

图 6-32　在 1.39 K 的低温和强磁场下，霍尔电压随磁场的变化

当 $n=1$ 时的霍尔电阻为 25 812.806 Ω。由于量子霍尔电阻可以精确地测定，所以 1990 年人们把由量子霍尔效应所确定的电阻 25 812.806 Ω 作为标准电阻。

克利青因发现量子霍尔效应，于 1985 年获诺贝尔物理学奖。

5. 分数量子霍尔效应

1982 年美籍华人物理学家崔琦(1939—　)和德国物理学家施特默(H. L. Störmer 1949—　)在研究超低温和强磁场环境下的量子霍尔效应时，他们在温度低到 0.16 K、磁感强度相当于地球磁感强度的 100 万倍的超低温和超强磁场的极限情况下，发现量子分数霍尔效应，以及具有分数电荷的量子流体。美国物理学家劳克林(R. B. Laughlin 1950—　)于 1983 年对崔琦和施特默的实验做了理论分析，提出分数量子霍尔效应的理论。为表彰他们三位对量子物理学的贡献，他们共获 1998 年的诺贝尔物理学奖。

崔琦

6.7 载流导线在磁场中所受的力

6.7.1 安培力

如图 6-33 所示，在平行纸面向下的均匀磁场中有一电流元 $I\mathrm{d}\boldsymbol{l}$，它与磁感强度 $\boldsymbol{B}$ 之间的夹角为 φ，设电流元中自由电子的漂移速度均为 $\boldsymbol{v}_\mathrm{d}$，且 $\boldsymbol{v}_\mathrm{d}$ 与 $\boldsymbol{B}$ 之间的夹角为 θ，故 $\theta=\pi-\varphi$。

根据洛伦兹力公式(6-6)，电流元中的一个自由电子所受的洛伦兹力的大小为 $F=ev_\mathrm{d}B\sin\theta$，由于电子带负电，所以此力的方向垂直纸面向里。如果电流元的截面积为 S，单位体积中有 n 个自由电子，那么，电流元中的自由电子数为 $nS\mathrm{d}l$，这样，电流元所受的力等于电流元中 $nS\mathrm{d}l$ 个电子所受的洛伦兹力的总和。因为作用在每个电子上的力的大小，方向都相同，所以磁场作用在电流上的力为

$$\mathrm{d}F=nS\mathrm{d}lev_\mathrm{d}B\sin\theta$$

即

$$\mathrm{d}F=nev_\mathrm{d}S\mathrm{d}lB\sin\theta$$

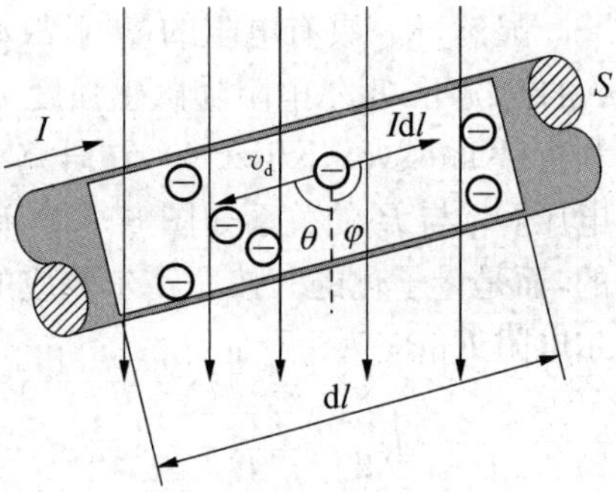

从式(6-4)已知，通过导线的电流为 $I=nev_\mathrm{d}S$，所以上式可写成

$$\mathrm{d}F=I\mathrm{d}lB\sin\theta$$

图 6-33

由于 $\sin\theta=\sin\varphi$，故上式亦可写出

$$\mathrm{d}F=I\mathrm{d}lB\sin\varphi \qquad (6-36a)$$

式子(6-33a)表明：磁场对电流元 $I\mathrm{d}\boldsymbol{l}$ 作用的力，在数值上等于电流元的大小、电流元所在处的磁感强度大小以及电流元 $I\mathrm{d}\boldsymbol{l}$ 和磁感强度 $\boldsymbol{B}$ 之间的夹角 φ 的正弦之乘积，这个规律叫作安培定律。磁场对电流元作用的力，通常叫安培力。安培力的方向可以这样判定：即右手四指 $I\mathrm{d}\boldsymbol{l}$ 经小于 180°的角弯向 $\boldsymbol{B}$，这时大拇指的指向就是安培力的方向(如图 6-34)。

若用矢量式表示安培定律，则有

$$\mathrm{d}\boldsymbol{F}=I\mathrm{d}\boldsymbol{l}\times\boldsymbol{B} \qquad (6-36b)$$

显然，安培力 $\mathrm{d}\boldsymbol{F}$ 垂直于 $I\mathrm{d}\boldsymbol{l}$ 和 $\boldsymbol{B}$ 所组成的平面，且 $\mathrm{d}\boldsymbol{F}$ 的方向与矢积 $I\mathrm{d}\boldsymbol{l}\times\boldsymbol{B}$ 的方向一致。

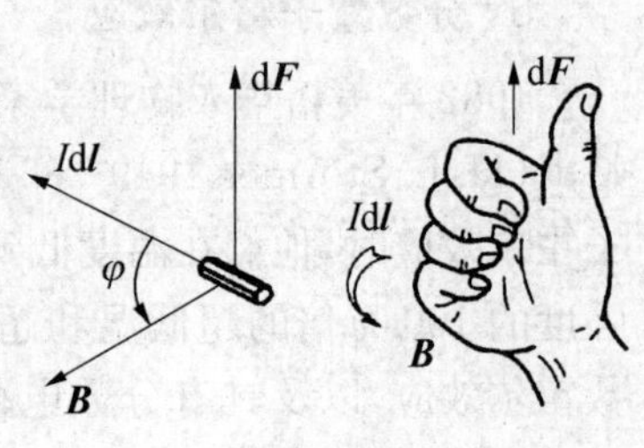

图 6-34

有限长载流导线所受的安培力，等于各电流元所受安培力的矢量叠加，即

$$\boldsymbol{F}=\int_l\mathrm{d}\boldsymbol{F}=\int_l I\mathrm{d}\boldsymbol{l}\times\boldsymbol{B} \qquad (6-37)$$

上式说明，安培力是作用在整个载流导线上，而不是集中作用于一点上的。

如果有一长度为 l，通以电流 I 的直导线，放在磁感应强度为 $\boldsymbol{B}$ 的均匀磁场中，由上式可以求得此载流导线所受力的大小为

$$F = IlB\sin\varphi \tag{6-38}$$

力 $\boldsymbol{F}$ 的方向垂直于直导线和磁感强度所组成的平面，φ 为电流的流向与 $\boldsymbol{B}$ 之间的夹角。由上式可以看出，当 $\varphi = 0°$，即通过导线的电流流向和 $\boldsymbol{B}$ 的方向相同时，载流导线所受的力为零；当 $\varphi = 90°$，即电流流向和 $\boldsymbol{B}$ 的方向垂直时，载流导线所受的力最大，为 $F = IlB$。

在上述讨论中，我们略去了导线的截面积及其形状，而在实际的电力系统中传输线（或者称母线）的形状往往起着重要作用。

【例 6－7】 如图 6－35 所示，一通有电流的闭合回路放在磁感强度为 $\boldsymbol{B}$ 的均匀磁场中，回路的平面与磁感强度 $\boldsymbol{B}$ 垂直，此回路由直导线 ab 和半径为 r 的圆弧导线 bca 组成，若回路的电流为 I，其流向为顺时针，问磁场作用于整个回路的力为多少？

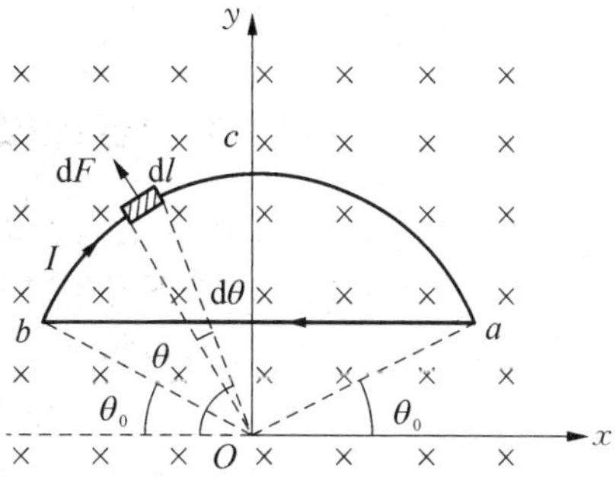

图 6－35

解　整个回路所受的力为导线 ab 和 bca 所受力之矢量和，由式(6－38)可知，作用在直导线 ab 上的力 $\boldsymbol{F}_1$ 的大小为

$$F_1 = IB\mid ab\mid$$

$\boldsymbol{F}_1$ 的方向与 Oy 轴的正向相反。

在弧形导线 BCA 上取一线元 $\mathrm{d}l$，由式(6－36)，可知作用在此线元上的力为 $\mathrm{d}\boldsymbol{F}_2$，即

$$\mathrm{d}\boldsymbol{F}_2 = I\mathrm{d}\boldsymbol{l}\times\boldsymbol{B}$$

$\mathrm{d}\boldsymbol{F}_2$ 的方向为矢量积 $I\mathrm{d}\boldsymbol{l}\times\boldsymbol{B}$ 的方向（如图 6－35 所示），$\mathrm{d}\boldsymbol{F}_2$ 的大小为

$$\mathrm{d}F_2 = BI\mathrm{d}l$$

考虑到圆弧形状导线 bca 上各线元所受的力均在 xy 平面内，故可将 BCA 上各线元所受的力分解称水平和垂直两个分量 $\mathrm{d}F_{2x}$ 和 $\mathrm{d}F_{2y}$。

从对称性上可知，圆弧上所有线元沿 Ox 轴方向的力总和为 0，即 $F_{2x}=0$，而沿着 Oy 轴方向上所有的分力均垂直向上，于是圆弧上所有线元合力 $\boldsymbol{F}_2$ 的大小为

$$F_2 = F_{2y} = \int \mathrm{d}F_2\sin\theta = \int BI\mathrm{d}l\sin\theta$$

式中 θ 为 $\mathrm{d}\boldsymbol{F}_2$ 与 Ox 轴间的夹角，从图中可以看出 $\mathrm{d}l = r\mathrm{d}\theta$，此处 r 为圆弧的半径，于是上式可写出

$$F_2 = BIr\int \sin\theta\mathrm{d}\theta$$

从图中还可以看出，θ 的上、下限是：在弧的一端点 B 处 $\theta = \theta_0$，在弧的另一端点 A 处 $\theta = \pi -$

θ_0，上式的积分为

$$F_2 = BIr\int_{\theta_0}^{\pi-\theta_0} \sin\theta \mathrm{d}\theta$$
$$= BIr[\cos\theta_0 - \cos(\pi - \theta_0)] = BI(2r\cos\theta_0)$$

式中 $2r\cos\theta_0 = |AB|$，于是上式为

$$F_2 = BI|AB|$$

F_2 的方向沿 Oy 轴正向。

从上述计算结果可以看出，载流直导线 ab 与载流圆弧导线 bca 在磁场中所受的力 F_1 和 F_2 大小相等，方向相反，即 $\boldsymbol{F}_2 = -\boldsymbol{F}_1$，这样，图 6-35 所示的闭合回路所受的磁场力，F_1 和 F_2 之和为零。这表明，在均匀磁场中，若载流导线闭合回路的平面与磁感强度垂直，此闭合回路不受磁场力作用。可以证明，上述结论不仅对图 6-35 所示的闭合回路是正确的，而且对于其他形状的闭合回路也是正确的。读者可以选用一些简单的几何形状的闭合回路，给出自己的证明。

6.7.2　磁场对载流线圈作用的磁力矩

在磁电式电流计和直流电动机内，一般都有放在磁场中的线圈，当线圈中有电流通过时，它们将在磁场的作用下发生转动，下面我们用安培定律来分析磁场对载流线圈的作用。

如图 6-36 所示，在磁感强度为 B 的均匀磁场中，有一刚性矩形载流线圈 $MNOP$，它的边长分别为 l_1 和 l_2，电流为 I，流向为 $M \to N \to O \to P$，设线圈平面的单位正法向矢量的方向与磁感应强度 $\boldsymbol{B}$ 方向之间的夹角为 θ，即线圈平面与 $\boldsymbol{B}$ 之间夹角为 $\varphi(\varphi + \theta = \pi/2)$，并且 MN 边及 OP 边均与 B 垂直。

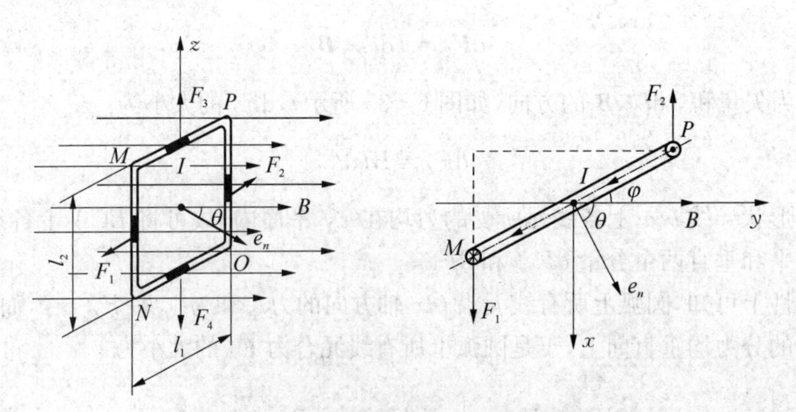

图 6-36　矩形线圈在均匀磁场中所受的磁力矩

根据式(6-38)可以求得磁场对导线 NO 段和 PM 段作用力的大小分别为

$$F_4 = BIl_1\sin\varphi$$
$$F_3 = BIl_1\sin(\pi - \varphi) = BIl_1\sin\varphi$$

$\boldsymbol{F}_3$ 和 $\boldsymbol{F}_4$ 这两个力大小相等、方向相反，并且在同一直线上，所以对整个线圈来讲，它们的合力及合力矩都为零。

而导线 MN 段和 OP 段所受磁场作用力的大小则分别为

$$F_1 = F_2 = BIl_2$$

这两个力大小相等,方向亦相反,但不在同一直线上,它们的合力虽为零,但对线圈要产生磁力矩 $M = F_1 l_1 \cos\varphi$,由于 $\varphi = \pi/2 - \theta$,所以 $\cos\varphi = \sin\theta$,则有

$$M = F_1 l_1 \sin\theta = BIl_2 l_1 \sin\theta \tag{6-39a}$$

$$M = BIS\sin\theta \tag{6-39b}$$

式中 $S = l_1 l_2$ 为矩形线圈的面积。大家记得,IS 为线圈的磁矩 m,其矢量式为 $\boldsymbol{m} = IS\boldsymbol{e}_n$,此处 $\boldsymbol{e}_n$ 为线圈平面的单位正法向矢量,因为角 θ 是 $\boldsymbol{e}_n$ 与磁感应强度 $\boldsymbol{B}$ 之间的夹角,所以上式用矢量式表示则为

$$\boldsymbol{M} = IS\boldsymbol{e}_n \times \boldsymbol{B} = \boldsymbol{m} \times \boldsymbol{B} \tag{6-40a}$$

如果线圈不只一匝,而是 N 匝,那么线圈所受的磁力矩为

$$\boldsymbol{M} = NIS\boldsymbol{e}_n \times \boldsymbol{B} \tag{6-40b}$$

下面讨论几种情况:

(1) 当载流线圈的法向与磁感强度的方向相同时(即 $\theta = 0°$),亦即磁通量为正向极大时,$M = 0$,磁力矩为零,此时线圈处于平衡状态(如图 6-37(a))。

(2) 当载流线圈的法向与磁感强度 $\boldsymbol{B}$ 的方向垂直(即 $\theta = 90°$),亦即磁通量为零时,$M = NBIS$,磁力矩最大(如图 6-37(b))。

(3) 当载流线圈的法向与磁感强度 $\boldsymbol{B}$ 的方向相反(即 $\theta = 180°$)时,$M = 0$,这时没有磁力矩作用在线圈上(如图 6-37(c))。不过,在这种情况下,只要线圈稍稍偏转一个微小角度,它就会在磁力矩的作用下离开这个位置,而稳定在 $\theta = 0°$ 时的平衡状态。所以常把 $\theta = 180°$ 时线圈的状态叫作不稳定平衡状态,而把 $\theta = 0°$ 时线圈的状态叫作稳定平衡状态。总之,磁场对载流线圈作用的磁力矩,总是要使得线圈转到它的法向与磁场方向一致的稳定平衡位置。

应当指出,式(6-40)虽然是从矩形线圈推导出来的,但可以证明它对任意形状的平面线圈都是适用的。

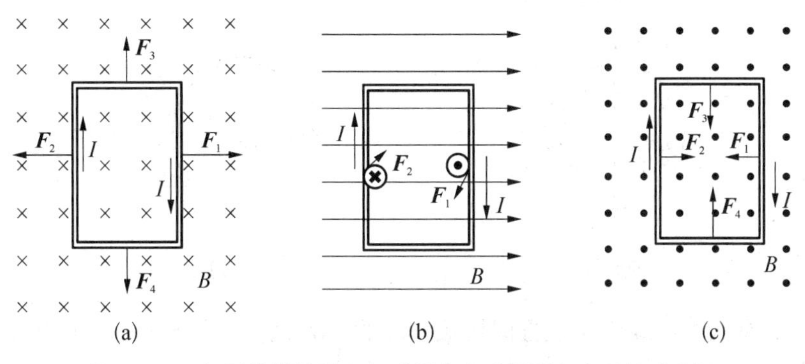

图 6-37　矩形线圈的法向与磁场方向成不同角度时的磁力矩

习 题

1. 两根长度相同的细导线分别多层密绕在半径为 R 和 r 的两个长直圆筒上形成两个螺线管，两个螺线管的长度相同，$R=2r$，螺线管通过的电流相同，均为 I，则螺线管中的磁感强度大小 B_R，B_r 满足（　　）。

   A. $B_R=2Br$　　B. $B_R=B_r$　　C. $2B_R=B_r$　　D. $B_R=4B_r$

2. 一个半径为 r 的半球面如图放在均匀磁场中，通过半球面的磁通量为（　　）。

   A. $2\pi r^2 B$　　B. $2\pi r^2 B\cos\alpha$

   C. $\pi r^2 B$　　D. $\pi r^2 B\cos\alpha$

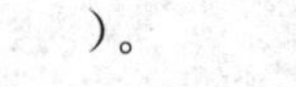

习题 2

3. 下列说法正确的是（　　）。

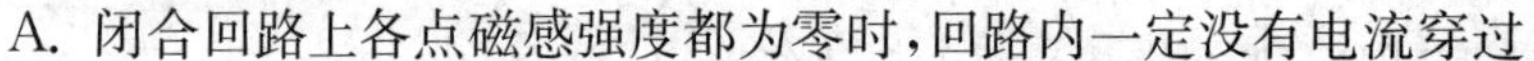

   A. 闭合回路上各点磁感强度都为零时，回路内一定没有电流穿过

   B. 闭合回路上各点磁感强度都为零时，回路内穿过电流的代数和必定为零

   C. 磁感强度沿闭合回路的积分为零时，回路上各点的磁感强度必定为零

   D. 磁感强度沿闭合回路的积分不为零时，回路上任意一点的磁感强度都不可能为零

4. 在图(a)和(b)中各有一半径相同的圆形回路 L_1，L_2，圆周内有电流 I_1，I_2，其分布相同，且均在真空中，但在(b)图中 L_2 回路外有电流 I_3，P_1，P_2 为两圆形回路上的对应点，则（　　）。

   A. $\oint_{L_1}\boldsymbol{B}\cdot d\boldsymbol{l}=\oint_{L_2}\boldsymbol{B}\cdot d\boldsymbol{l}$，$B_{P_1}=B_{P_2}$

   B. $\oint_{L_1}\boldsymbol{B}\cdot d\boldsymbol{l}\neq\oint_{L_2}\boldsymbol{B}\cdot d\boldsymbol{l}$，$B_{P_1}=B_{P_2}$

   C. $\oint_{L_1}\boldsymbol{B}\cdot d\boldsymbol{l}=\oint_{L_2}\boldsymbol{B}\cdot d\boldsymbol{l}$，$B_{P_1}\neq B_{P_2}$

   D. $\oint_{L_1}\boldsymbol{B}\cdot d\boldsymbol{l}\neq\oint_{L_2}\boldsymbol{B}\cdot d\boldsymbol{l}$，$B_{P_1}\neq B_{P_2}$

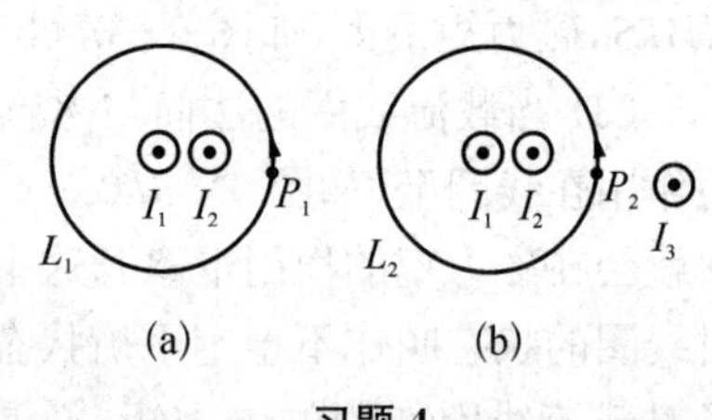

习题 4

5. 如图所示，已知地球北极地磁场磁感强度 $\boldsymbol{B}$ 的大小为 6.0×10^{-5} T。如设想此地磁场是由地球赤道上一圆电流所激发的，此电流有多大？流向如何？

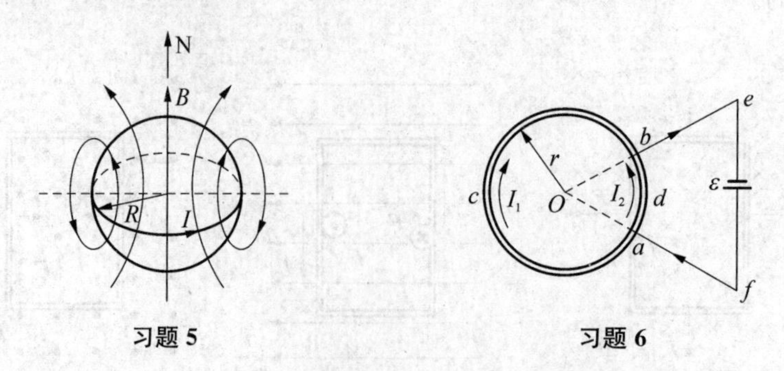

习题 5　　习题 6

6. 如图所示，有两根导线沿半径方向接触铁环的 a，b 两点，并与很远处的电源相接。求环心 O 的磁感强度。

7. 如图所示，几种载流导线在平面内分布，电流均为 I，它们在点 O 的磁感强度各为多少？

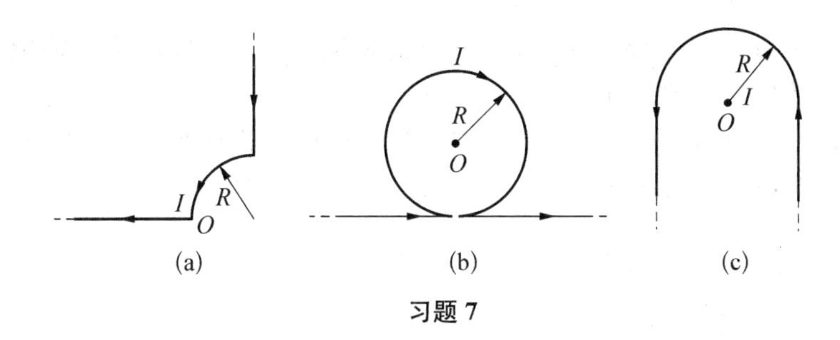

习题 7

8. 载流导线形状如图所示(图中直线部分导线延伸到无穷远),求点 O 的磁感强度 B。

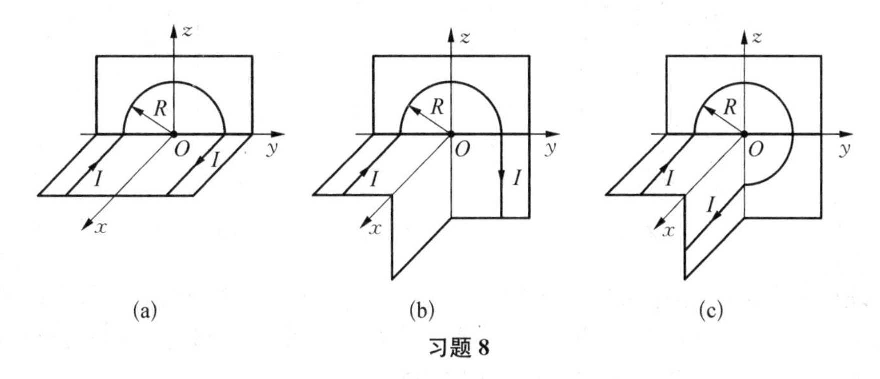

习题 8

9. 如图所示,载流长直导线的电流为 I,试求通过矩形面积的磁通量。

10. 有一同轴电缆,其尺寸如图所示。两导体中的电流均为 I,但电流的流向相反,导体的磁性可不考虑。试计算以下各处的磁感强度:(1) $r < R_1$;(2) $R_1 < r < R_2$;(3) $R_2 < r < R_3$;(4) $r > R_3$。画出 $B-r$ 图线。

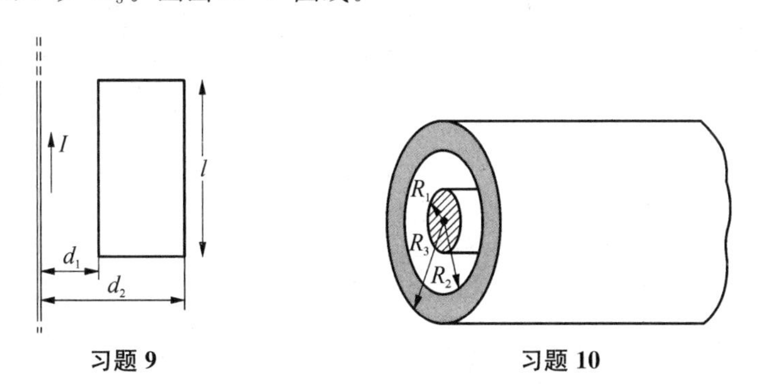

习题 9　　　　习题 10

11. 电流 I 均匀地流过半径为 R 的圆形长直导线,试计算单位长度导线内的磁场通过图中所示剖面的磁通量。

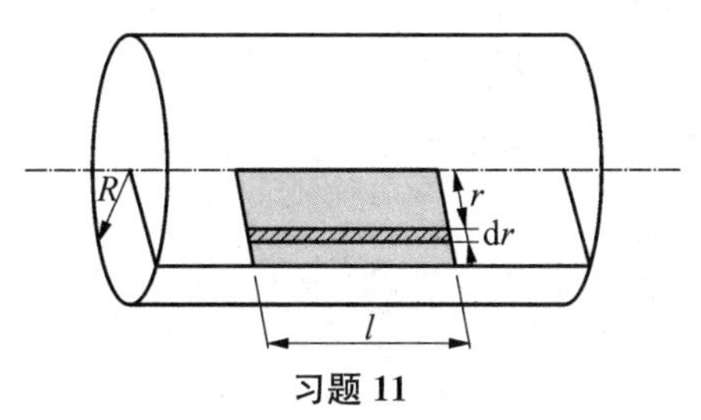

习题 11

12. 设电流均匀流过无限大导电平面，其面电流密度为 j。求导电平面两侧的磁感强度。（提示：用安培环路定理求解）

13. 如图所示，一根长直导线载有电流 $I_1=30$ A，矩形回路载有电流 $I_2=20$ A。试计算作用在回路上的合力。已知 $d=1.0$ cm，$b=8.0$ cm，$l=0.12$ m。

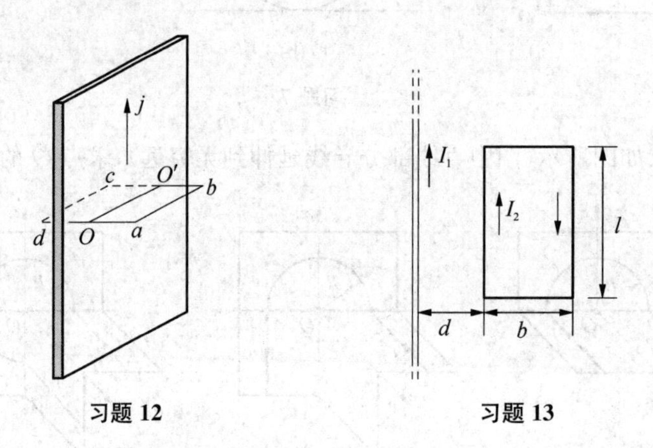

习题 12　　习题 13

14. 已知地面上空某处地磁场的磁感强度为 $B=0.4\times10^{-4}$ T，方向向北。若宇宙射线中有一速率为 5×10^{7} m·s^{-1} 的质子，垂直地通过该处。求：(1) 洛伦兹力的方向；(2) 洛伦兹力的大小，并与该质子受到的万有引力相比较。

第七章 电磁感应　电磁场

电和磁是相互关联的。变化的电流会激发磁场，变化的磁场，也会激发电场。本章则主要探讨磁生电的问题，即各种电磁感应现象及其规律。首先通过电磁感应现象引出电磁感应定律，阐明动生电动势和感生电运动的形成机理、计算方法以及实际应用；同时，介绍自感和互感，并分析磁场的能量；介绍麦克斯韦关于有旋电场和位移电流的假设，以及电磁场理论中的一些基本概念。电磁感应在许多领域都有广泛的应用，例如，发电机、电动机、变压器、高频感应炉、电磁炉、磁卡和刷卡器、磁共振成像、磁悬浮列车和感应传感器等。

1820 年奥斯特发现电流的磁现象之后，科学家们一直在思考和探究磁场能否产生电流的问题。其中，英国实验物理学家法拉第于 1824 年首次提出“磁生电”问题，经过反复实验，于 1831 年发现了电磁感应现象，这一发现为后来的发电机和变压器的设计和制造提供了理论基础。19 世纪中叶，英国物理学家麦克斯韦提出了经典电磁理论，将电场和磁场统一为一个整体，并预言了电磁波的存在。1887 年，德国物理学家赫兹通过实验验证了麦克斯韦预言的电磁波的存在，这一发现为无线通信技术的发展奠定了基础。随着 20 世纪的科技进步，电磁理论在材料科学、电子工程、通信和电子技术等领域都发挥了重要的作用。

7.1　电磁感应定律

7.1.1　电动势

如图 7－1，极板 A 和 B 分别带正负电荷，则 A 极板电势高于 B 极板。如果将 A、B 两极板用导线连接起来，正电荷将会从 A 板运动到 B 板，并与 B 极板上的负电荷中和，两极板所带电荷变少，因此，AB 极板间电势差逐渐减弱，最终消失，电流变为零。要想在导线回路中形成稳定的电流必须维持一个恒定电场，即要求 A、B 板之间有恒定的电势差。因此，当 A 极板正电荷到达 B 极板时，如果能够将正电荷又输送到 A 极板，则 A、B 间将会电势差恒定。很显然，静电力是阻碍这种运动的，只有非静电力才行。电源就是一个能够提供非静电力的装置，在电源内部，非静电力克服静电力做功，将正电荷从 B 极板移动到 A 极板。当然，不同类型的电源，非静电的来源不同，发电机是利用电磁力，电池

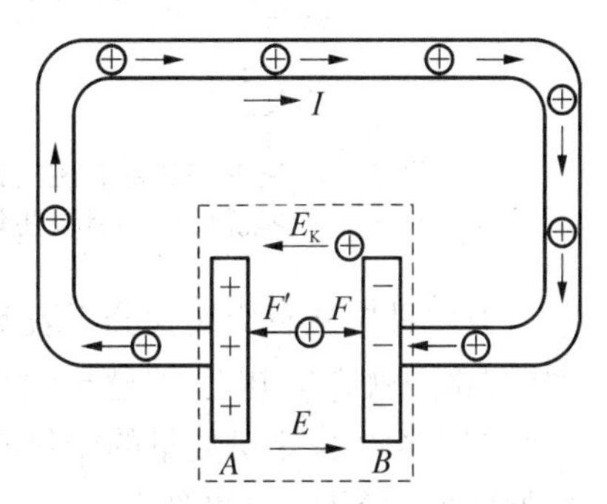

图 7－1　电源内非静电力把正电荷从负极板移到正极板

是利用化学作用。

电源的非静电力通过做功，将其他形式的能量转化为电能，为了定量描述电源将其他形式能量转换成电能本领的大小，定义电源电动势：单位正电荷绕整个闭合回路运动一圈，非静电力所做的功。与静电场类似，可定义非静电电场强度，一般用 $\boldsymbol{E}_{\mathrm{k}}$ 表示，W 表示非静电力把正电荷 q 从负极板移到正极板所做的功，电源电动势用 ε 表示，则根据定义有：

$$\varepsilon=\frac{W}{q}=\oint \boldsymbol{E}_{\mathrm{k}} \cdot \mathrm{d}\boldsymbol{l} \tag{7-1}$$

而闭合回路的外电路中，没有非静电力，非静电电场强度为零，因此，在外电路上有

$$\int_{外} \boldsymbol{E}_{\mathrm{k}} \cdot \mathrm{d}\boldsymbol{l}=0$$

这样，电动势又可写成：

$$\varepsilon=\oint_{l} \boldsymbol{E}_{\mathrm{k}} \cdot \mathrm{d}\boldsymbol{l}=\int_{内} \boldsymbol{E}_{\mathrm{k}} \cdot \mathrm{d}\boldsymbol{l} \tag{7-2}$$

电动势不是矢量，但一般为判断电流通过时非静电力的做功情况，通常把电源内部电势升高的方向定为电动势的方向。值得注意的是，电源电动势的大小由电源本身性质决定，与外电路无关。

7.1.2 法拉第电磁感应定律

法拉第于 1831 年 8 月 29 日从实验中发现，如果闭合回路处在随时间变化的电流附近，那回路中将产生感应电流。这一发现令法拉第激动而兴奋，于是，他又去尝试和完成了一系列实验，证实了电磁感应现象的存在，它可以有不同的产生方式，但规律是相似的。这些实验可归纳为两大类：一类是磁铁相对闭合线圈有运动时，线圈中产生了电流，如图 7－2 所示；另一类是将磁铁用一个通电线圈取代，当改变通电线圈中的电流时，另一个线圈中出现了感应电流，如图 7－3 所示。这些现象称为电磁感应现象。

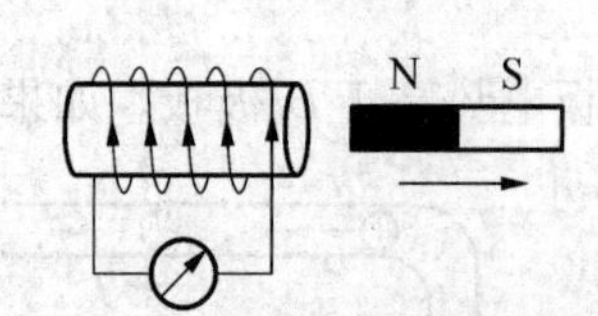

图 7－2 磁铁与线圈有相对运动时，检流计的指针发生偏转

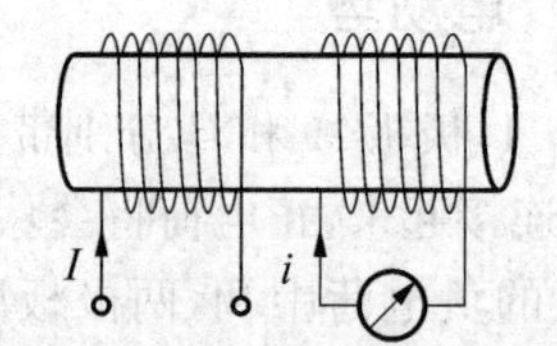

图 7－3 左侧线圈电流变化，右侧线圈电流计的指针发生偏转

对各种电磁感应实验分析表明：当穿过一个闭合导体回路所围面积的磁通量发生变化时，回路中就产生电流，即感应电流。回路中出现了电流，表明回路中一定有电动势存在。这种在回路中由于磁通量的变化而引起的电动势，叫作感应电动势。当然，引起磁通量变化的原因各种各样，比如图 7－2 中，闭合回路（或称探测线圈）保持不动，磁铁远离使得闭合回路中的磁场发生变化，从而磁通量发生改变；同样，也可让磁铁不动，磁场保持不变，而使闭合回路（或线圈）靠近或远离磁铁，引起磁通量变化。这里要大家特别注意的是，电磁感应现

象产生的关键原因不是磁通量本身，而是磁通量的变化。

法拉第电磁感应定律的定量表述为：当穿过闭合回路所围面积的磁通量发生变化时，不论这种变化是什么原因引起的，回路中产生了感应电流，其感应电动势，正比于磁通量对时间变化率的负值，即

$$\varepsilon_i = -\frac{\mathrm{d}\Phi}{\mathrm{d}t} \tag{7-3a}$$

在国际单位制中，ε 的单位为伏特，Φ 的单位为韦伯，t 的单位为秒。式中负号用于感应电动势的方向的判断，将在楞次定律中具体举例说明。

式(7－3a)中的 Φ 表示穿过回路所围面积的磁通量。如果闭合回路是由 N 匝线圈密绕而成，其中，每匝线圈的磁通量均为 Φ，那么，N 匝线圈的磁通匝数（总磁通量）则为 $N\Phi$，也叫磁链。此时，电磁感应定律则可写成

$$\varepsilon_i = -\frac{\mathrm{d}(N\Phi)}{\mathrm{d}t} \tag{7-3b}$$

假设闭合回路的电阻为 R，那由闭合回路欧姆定律 $\varepsilon = IR$，则产生的感应电流可写为

$$I_i = -\frac{1}{R}\frac{\mathrm{d}\Phi}{\mathrm{d}t} \tag{7-4}$$

由上式并结合电流定义式 $I = \mathrm{d}q/\mathrm{d}t$，可计算出在一段时间内，由于电磁感应的缘故，流过回路的总电荷。

设 Φ_1 为 t_1 时刻通过回路所围面积的磁通量，Φ_2 为 t_2 时刻通过回路所围面积的磁通量，于是在 t_1 至 t_2 这段时间，通过回路的感应电荷则为

$$q = \int_{t_1}^{t_2} I\,\mathrm{d}t = -\frac{1}{R}\int_{\Phi_1}^{\Phi_2}\mathrm{d}\Phi = \frac{1}{R}(\Phi_1 - \Phi_2) \tag{7-5}$$

对比式(7－4)和式(7－5)可看出，感应电流与感应电荷跟磁通量有不同的关系。如果电阻 R 确定，感应电流取决于回路中磁通量随时间的变化率（即变化的快慢），变化率越大，感应电流越强，但感应电荷则取决于回路中总磁通量的变化量，而与磁通量随时间的变化率无关。在计算感应电荷时，式(7－5)取绝对值。从式(7－5)不难看出，如果闭合回路的电阻已知，则可通过实验测出流过此回路的电荷 q，从而得到此回路内磁通量的变化。磁强计就是依据该原理进行设计的。它用于探测地球磁场的变化，在地质勘探和地震监测等部门被广泛应用。

7.1.3　楞次定律

现在来说明感应电动势方向的判断问题。依据式(7－3)中的负号进行分析。首先，在回路上任意选一个转向作为回路的绕行正方向，再通过右手螺旋法则（如图 7－4）来确定回路所围面积的正法线方向。当穿过回路面积的磁感强度 B 与正法线夹角小于 $90°$ 时，磁通量为正，反之为负。然后代入(7－3)式判断结果的正负。如果回路中的感应电动势为负（即 $\varepsilon<0$），则感应电动势的方向与回路绕行方向相反；若感应电动势为正（即 $\varepsilon>0$），则感应电动势的方向与回路的绕行方向相同。下面我们通过具体例子来说明电动势方向的判断方法。

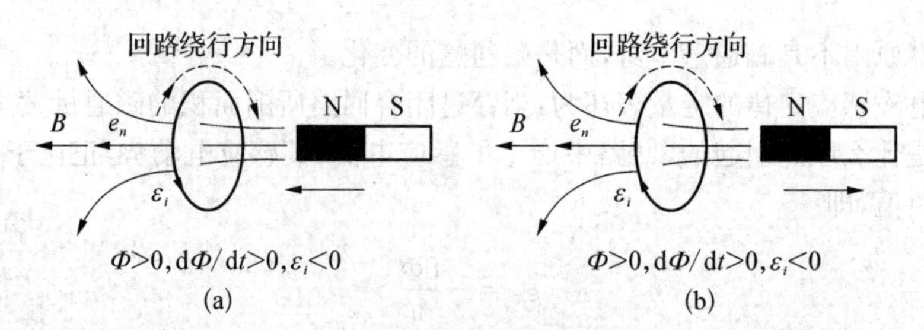

图 7-4　感应电动势方向的判断方法

首先，讨论图 7-2 中磁铁靠近线圈的情况。如图 7-4(a)所示，取回路的绕行方向为顺时针方向，根据右手螺旋法则，回路的正法线方向向左，与磁感强度 $\boldsymbol{B}$ 的方向相同，所以通过回路的磁通量为正值，即 $\Phi>0$。当磁铁靠近线圈时，穿过线圈的磁场变强，磁通量增加，故磁通量随时间的变化率 $d\Phi/dt>0$。由式(7-3a)可知，$\varepsilon<0$，即感应电动势的方向与所选的回路绕行方向相反。

当磁铁远离线圈时，如图 7-4(b)所示，穿过回路的磁通量仍为正，即 $\Phi>0$，但因磁铁远离线圈时，穿过回路的磁场变弱，磁通量将会减少，故有 $d\Phi/dt<0$。由式(7-3a)可知，感应电动势 $\varepsilon>0$，为正值。因此，感应电动势的方向与回路的绕行方向相同。

感应电动势的方向还有一个更为直接的判断方法——楞次定律。其规律可表述为：闭合导线回路中所出现的感应电流，总是使它自身所激发的磁场反抗任何引发电磁感应的原因(反抗相对运动、磁场变化或线圈变形等)，或者表述为：感应电流的方向总是使它自身激发的磁场穿过回路面积的磁通，去抵消或补偿引起感应电流的磁通量的改变。如图 7-4(a)中，导线回路中感应电流所激发的磁场与原磁场 $\boldsymbol{B}$ 的方向相反，反抗磁场的变强，阻碍磁铁向线圈运动。类似的，如图 7-4(b)，导线回路中感应电流所激发的磁场与原磁场 $\boldsymbol{B}$ 方向相同，反抗磁场的变弱，阻碍磁铁远离线圈运动。综上所述，不难看出这两种判断电动势方向的方法是等效的。

【例 7-1】　如图 7-5 所示，空间有向右的均匀磁场 $\boldsymbol{B}$，N 匝面积为 S 的线圈可绕轴 OO' 转动，设线圈以角速度 ω 做匀速转动，求线圈中的感应电动势。

解　设 $t=0$ 时，线圈平面的法线方向与磁感应强度方向相同，那么在 t 时刻，平面法向与 $\boldsymbol{B}$ 的夹角为 $\theta=\omega t$，通过 N 匝线圈的总磁通量或磁链为

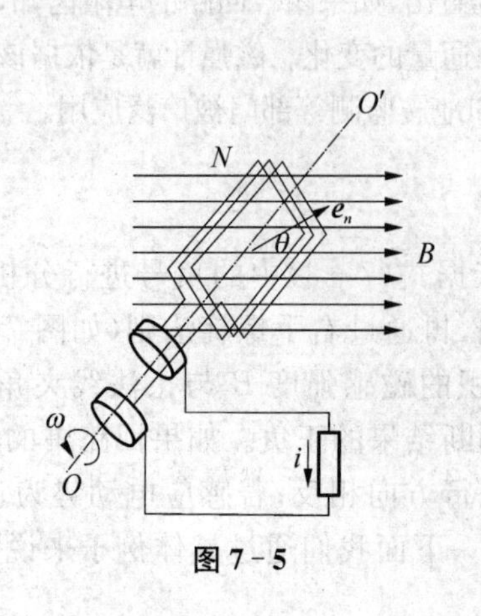

图 7-5

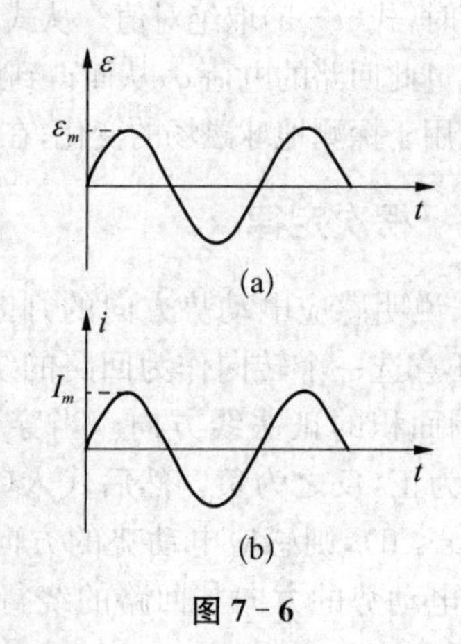

图 7-6

$$N\Phi = NBS\cos\theta = NBS\cos\omega t$$

根据电磁感应定律(7－3b),线圈中的感应电动势为

$$\varepsilon = -\frac{\mathrm{d}(N\Phi)}{\mathrm{d}t} = NBS\omega\sin\omega t$$

令 $\varepsilon_m = NBS\omega$ 为感应电动势的最大值,即电动势的振幅[如图 7－6(a)]。它由线圈匝数、磁感强度大小、线圈面积及转动的角速度大小所决定。根据上式计算结果可以看出,在均匀磁场中匀速转动的线圈,所产生的感应电动势随时间呈正弦函数关系变化。

当外电路上的电阻 R 远大于线圈的电阻 R_i 时,则根据欧姆定律,线圈回路中的感应电流为

$$i = \frac{\varepsilon_m}{R}\sin\omega t = I_m\sin\omega t$$

令 $I_m = \varepsilon_m/R$,表示感应电流的最大值,也即感应电流变化的振幅[如图 7－6(b)]。由上式可以看出,在均匀磁场中匀速转动的线圈,所产生的感应电流也是时间的正弦函数。这种做正弦变化的电流,也即交流电。

7.2　动生电动势和感生电动势

法拉第电磁感应定律指出,只要穿过回路的磁通量发生变化,不管这种变化是什么原因引起的,回路中就会产生感应电动势。那穿过回路的磁通量与哪些因素相关呢?根据前面的学习,我们知道,穿过回路所围面积的磁通量跟磁感强度、回路面积的大小以及回路在磁场中的取向等三个因素相关。因此,只要其中任一因素发生变化,比如磁感强度大小,再比如线圈在磁场中的取向,都会改变回路的磁通量,从而引起感应电动势。根据引起磁通量变化的原因,通常将感应电动势分为两类:

(1) 动生电动势　磁场不变,由于回路所围面积的变化或面积取向变化而引起的感应电动势,称为动生电动势。

(2) 感生电动势　回路及取向均不变,完全是由于磁感强度变化而引起的感应电动势,称为感生电动势。

7.2.1　动生电动势

如图 7－7 所示,在磁感强度为 $\boldsymbol{B}$ 的均匀磁场中,有一导线矩形框,一长为 l 的导体棒 MN 以速度 $\boldsymbol{v}$ 向右运动。由于导体棒内每个自由电子均处于磁场中,且随导体棒一起向右运动,将受到洛伦兹力的作用 $\boldsymbol{F}_m$,如图 7－8 所示,由洛伦兹力的定义可得:

$$\boldsymbol{F}_m = (-e)\boldsymbol{v}\times\boldsymbol{B}$$

式中$(-e)$为电子的电荷,$\boldsymbol{F}_m$ 的方向与 $\boldsymbol{v}\times\boldsymbol{B}$ 的方向相反,由 N 指向 M,洛伦兹力是非静电力,它将会驱使电子沿导体棒由 N 移向 M,于是 M 端形成负电荷的积累,N 端则形成正电荷的积累,从而在导体棒内逐渐建立起静电场。这时电子又会受到静电场力 $\boldsymbol{F}_e$ 的作

用，刚开始电场力较小，随着电荷的累积，电场力逐渐增大，当电场力 $\boldsymbol{F}_e$ 与洛伦兹力 $\boldsymbol{F}_m$ 相平衡（即 $\boldsymbol{F}_e+\boldsymbol{F}_m=\boldsymbol{0}$）时，电子不再向两端移动，$M$、$N$ 间形成稳定的电势差。由于洛伦兹力提供非静电力，所以非静电的电场强度 $\boldsymbol{E}_\text{k}$ 可写为

$$\boldsymbol{E}_\text{k}=\frac{\boldsymbol{F}_m}{-e}=\boldsymbol{v}\times\boldsymbol{B}$$

$\boldsymbol{E}_\text{k}$ 与 $\boldsymbol{F}_m$ 的方向相反，而与 $\boldsymbol{v}\times\boldsymbol{B}$ 的方向相同。由电动势的定义式(7-2)可得，在磁场中运动的导体棒 MN 所产生的动生电动势为

$$\varepsilon_i=\int_{MN}\boldsymbol{E}_\text{k}\mathrm{d}\boldsymbol{l}=\int_{MN}(\boldsymbol{v}\times\boldsymbol{B})\mathrm{d}\boldsymbol{l} \tag{7-6}$$

如图 7-8 中 $\boldsymbol{v}$ 与 $\boldsymbol{B}$ 垂直，而 $\boldsymbol{v}\times\boldsymbol{B}$ 的方向与 $\mathrm{d}\boldsymbol{l}$ 的方向相同，如果 $\boldsymbol{v}$ 与 $\boldsymbol{B}$ 均保持不变，则上式成为

$$\varepsilon_i=\int_0^l vB\mathrm{d}l=vBl$$

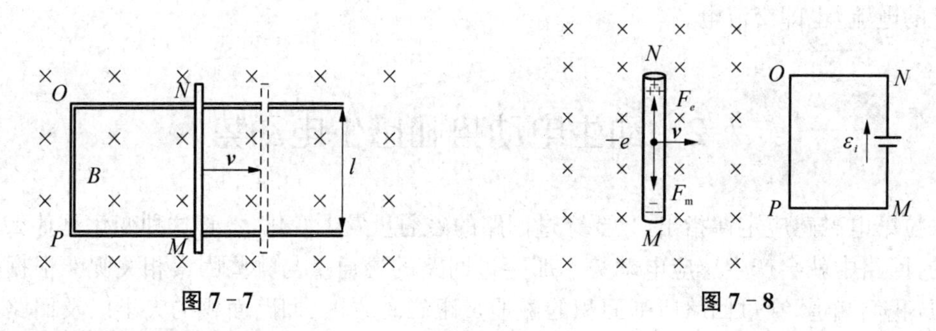

图 7-7　　　　图 7-8

导体棒 MN 上动生电动势的方向是由 M 指向 N（如图 7-8）。该表达式只能用来计算，导体棒或导线在均匀磁场中以恒定速度垂直磁场运动时所产生的动生电动势。如果导线上各点运动速度不同或处在非均匀磁场中，所产生的动生电动势则要根据式(7-6)来进行计算。

【例 7-2】 如图 7-9 所示，一根长度 $L=40$ cm 的铜棒 OM，在磁感强度 $B=0.01$ T 的匀强磁场中，沿着顺时针方向绕棒的一端 O 点做匀速转动，角速度 $\omega=100\pi$ rad/s，求铜棒两端之间产生的动生电动势的大小和方向。

解 在铜棒上取一线段元 $\mathrm{d}l$，设线段元的运动速度为 v，由题意，$\boldsymbol{v}$、$\boldsymbol{B}$、$\mathrm{d}l$ 互相垂直。因此，$\mathrm{d}l$ 两端的动生电动势为

$$\mathrm{d}\varepsilon_i=(\boldsymbol{v}\times\boldsymbol{B})\cdot\mathrm{d}\boldsymbol{l}=Bv\mathrm{d}l$$

于是，铜棒两端的电动势为所有线段元的动生电动势之和。

$$\varepsilon_i=\int_0^L Bv\mathrm{d}l=\int_0^L B\omega l\mathrm{d}l=\frac{B\omega L^2}{2}$$

$$=\frac{0.01\times100\pi\times0.4^2}{2}=0.25\ \mathrm{V}$$

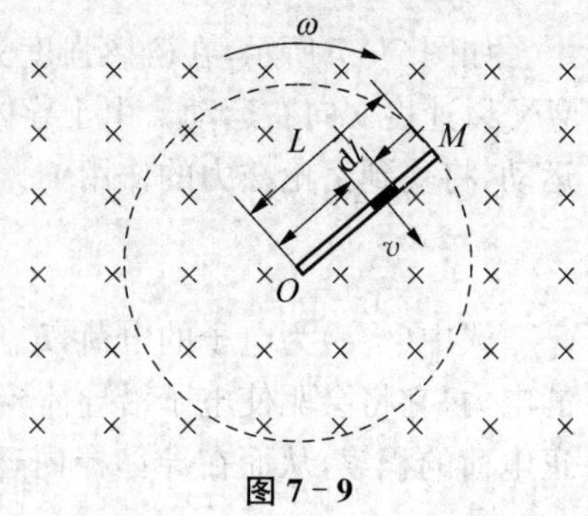

图 7-9

动生电动势的方向是由 O 指向 M，M 端带正电，O 端带负电。

【例 7-3】 如图 7-10 所示，一通有电流 I 的无限长直导线旁，有另一长直导体棒 ab，以速度 $\boldsymbol{v}$ 平行于长直导线做匀速运动。棒的左端距离长直导线的距离为 d，试计算棒中的感应电动势。

解 本题中棒在非均匀磁场中做切割磁力线运动，从而产生动生电动势。首先建立如图的坐标，取线段元 $\mathrm{d}x$，长直导线在 x 处的磁感应强度为 $B=\dfrac{\mu_0 I}{2\pi x}$，因此，棒中的动生电动势为

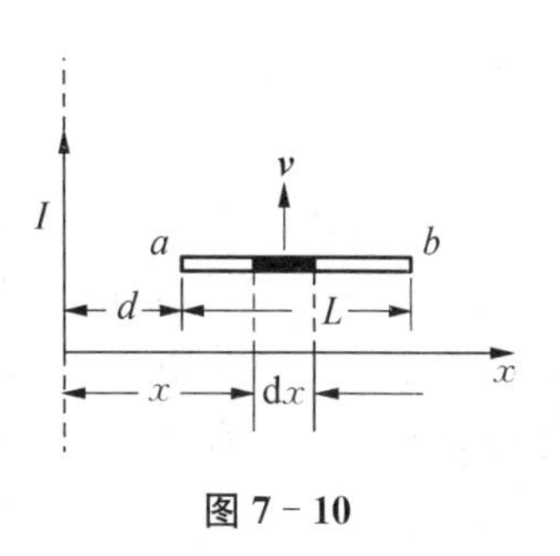

图 7-10

$$\varepsilon=\int_d^{d+L}(\boldsymbol{v}\times\boldsymbol{B})\cdot\mathrm{d}\boldsymbol{x}=-\int_d^{d+L}vB\mathrm{d}x$$

$$=-\int_d^{d+L}v\frac{\mu_0 I}{2\pi}\mathrm{d}x=\frac{\mu_0 I}{2\pi}v\ln\frac{d+L}{d}$$

电动势的方向 $b\to a$ 即 a 端电势高。

【例 7-4】 圆盘发电机，如图 7-11 所示，一半径为 R_1 的金属圆盘，以角速度 ω 绕通过盘心且垂直盘面的金属轴 Oz 转动，轴的半径为 R_2，圆盘放在磁感强度为 $\boldsymbol{B}$ 的均匀磁场中，磁场垂直于盘面，圆盘的边缘和转轴各有一个集电刷 a，b，求 a，b 之间的电势差，并指出哪端的电势较高？

解 如图在圆盘上沿着径向矢量 r 取一线元 $\mathrm{d}r$，线元的速度 v 的大小为 ωr，速度方向与线元方向垂直。由公式(7-6)式，线元的动生电动势为：$\mathrm{d}\varepsilon_i=(\boldsymbol{v}\times\boldsymbol{B})\cdot\mathrm{d}\boldsymbol{r}$。由于速度与磁场方向垂直，$(\boldsymbol{v}\times\boldsymbol{B})$ 的方向与 $\mathrm{d}\boldsymbol{r}$ 的方向相同，于是有

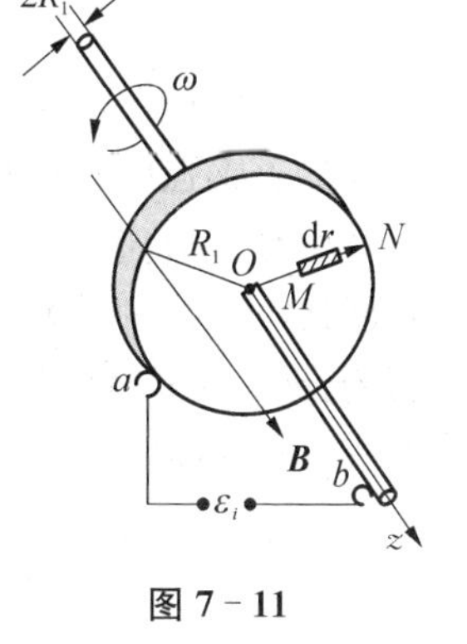

图 7-11

$$\mathrm{d}\varepsilon_i=vB\mathrm{d}r=r\omega B\mathrm{d}r$$

沿着圆盘的径向积分，可得圆盘边缘与转轴之间的动生电动势为

$$\varepsilon_i=\int_{R_1}^{R_2}r\omega B\mathrm{d}r=\frac{1}{2}\omega B(R_1^2-R_2^2)$$

感应电动势的方向由$(\boldsymbol{v}\times\boldsymbol{B})$的方向所决定。因此，转轴圆盘边缘的电势高于圆盘中心转轴的电势，也即 a 端带正电，b 端带负电。

7.2.2　感生电动势

在如图 7-2 的电磁感应实验中，闭合导线回路固定不动，当磁铁远离时，闭合导线回路的磁通量发生变化，从而在回路中产生感应电流，有电流必然有感应电动势。那这个感应电动势怎么产生的呢？因为导线未动，显然不是洛伦兹力。麦克斯韦关注到该电磁感应现象的特殊性，在分析了相关电磁感应现象以后，提出了下述观点：该感应电动势是由另一种电场（非静电场）所形成的，而这种电场完全是由于变化的磁场所激发的，称之为感生电场，用符号 $\boldsymbol{E}_\mathrm{k}$ 表示。不管空间有无导体或导体回路，只要有变化的磁场，在其周围空间必然产生感生电场。那感生电场与静电场的区别是什么呢？它们虽然都对电荷有力的作用，但静电

场存在于静止电荷周围的空间内，其电场线是始于正电荷、终于负电荷的；感生电场则是由变化的磁场所激发的，不是由电荷所激发，感生电场的电场线则是闭合的。感生电场提供了非静电力，从而在闭合回路中形成感生电动势。由电动势的定义式(7-1)及法拉第电磁感应定律，沿任意闭合回路的感生电动势等于感生电场 $\boldsymbol{E}_\mathrm{k}$ 绕回路一周的线积分，即

$$\varepsilon_i=\oint_l \boldsymbol{E}_\mathrm{k}\cdot \mathrm{d}\boldsymbol{l}=-\frac{\mathrm{d}\Phi}{\mathrm{d}t} \tag{7-7}$$

应当注意的是，不管闭合回路是否由导体构成，也不管闭合回路是在真空中还是介质中，感生电动势表达式都是适用的。如果是闭合导体回路，感生电场形成感生电动势，从而在回路中形成感生电流；如果是非导体组成的回路，虽然没法产生电流，但由于感生电场，感生电动势依然会存在。

现在，将磁通量表达式 $\Phi=\oint_S \boldsymbol{B}\cdot \mathrm{d}\boldsymbol{S}$ 代入(7-7)式，可以得到：

$$\varepsilon_i=\oint_l \boldsymbol{E}_\mathrm{k}\cdot \mathrm{d}\boldsymbol{l}=-\frac{\mathrm{d}}{\mathrm{d}t}\int_S \boldsymbol{B}\cdot \mathrm{d}\boldsymbol{S}$$

当回路不动，面积 S 保持不变，只是磁场变化时，上式又可写成

$$\varepsilon_i=\oint_l \boldsymbol{E}_\mathrm{k}\cdot \mathrm{d}\boldsymbol{l}=-\int_S \frac{\mathrm{d}\boldsymbol{B}}{\mathrm{d}t}\cdot \mathrm{d}\boldsymbol{S} \tag{7-8}$$

式中面积 S 是以闭合路径 l 为界所围成的平面或曲面，$\mathrm{d}B/\mathrm{d}t$ 是闭合回路所围面积内某点的磁感强度随时间的变化率。上式表明，只要磁场变化，就会产生感生电场。

由此，我们进一步对比和总结感生电场和静电场的区别。静电场是一种保守场，沿任意闭合回路，静电场的电场强度的回路积分恒为零。而感生电场则不同，由式(7-8)可看出，它沿任意闭合回路的环路积分一般不等于零。因此，感生电场是非保守场。由于静电场的电场线是有头有尾的，而感生电场的电场线是闭合的，像漩涡，因此，感生电场也称为有旋电场。

7.2.3 电子感应加速器

感生电场的一个重要应用就是电子感应加速器，它应用变化磁场所激发的感生电场来对电子进行加速。电子感应加速器的结构原理如图 7-12 所示。首先，在柱形电磁铁两级间产生一个磁场，一个环形真空室置于磁场中，作为电子加速运动的轨道。电磁铁是由几十赫兹的低频交变电流来激磁的，磁场在两级间呈对称分布。当两磁极间的磁场发生变化时，环形真空室所在的闭合回路中产生感生电场(如图 7-13)。然后用电子枪将电子沿回路的切线方向注入环形真空室，电子将受到感生电场的持续作用以及洛伦兹力的作用，绕环形轨道一直加速运动。

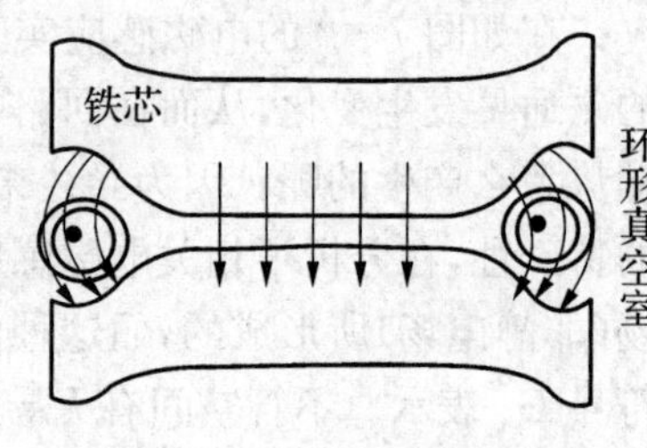

图 7-12 电子感应加速器结构原理图

对于电子感应加速器，值得关注的有这样两个问题。第一个问题是：电子为什么能维持在某个圆形轨道上稳定运动？磁场在变，速度在变，半径为什么不变？第二个问题是：电子在圆形轨道上运动，怎么做到只被加速，而不被减速的？现在先来讨论第一个问题。

电子以速率 v 在半径为 R 的圆形轨道上运动，如图

7-14 中，设圆形轨道所在处的磁感强度为 B_R，则由洛伦兹力提供向心力，有

$$evB_R = m\frac{v^2}{R}$$

半径可写为

$$R = \frac{mv}{eB_R} = \frac{p}{eB_R} \tag{7-9}$$

从上式可以看出，要维持电子的半径 R 不变，磁感强度 B_R 随电子的动量 p 成正比关系增加才行，即：

$$\frac{\mathrm{d}p}{\mathrm{d}t} = Re\frac{\mathrm{d}B_R}{\mathrm{d}t} \tag{7-10}$$

$\mathrm{d}p/\mathrm{d}t$ 只能来自感生电场对它的作用力，由动量定理可得：

$$\frac{\mathrm{d}p}{\mathrm{d}t} = F = eE_{\mathrm{k}} \tag{7-11}$$

式中 $\boldsymbol{E}_{\mathrm{k}}$ 为感生电场的电场强度，$\boldsymbol{E}_{\mathrm{k}}$ 的方向与圆形轨道处处相切。根据感生电动势的式(7-7)，如果只考虑数值关系，有

$$2\pi RE_{\mathrm{k}} = \frac{\mathrm{d}\Phi}{\mathrm{d}t} \text{ 或 } E_{\mathrm{k}} = \frac{1}{2\pi R}\frac{\mathrm{d}\Phi}{\mathrm{d}t}$$

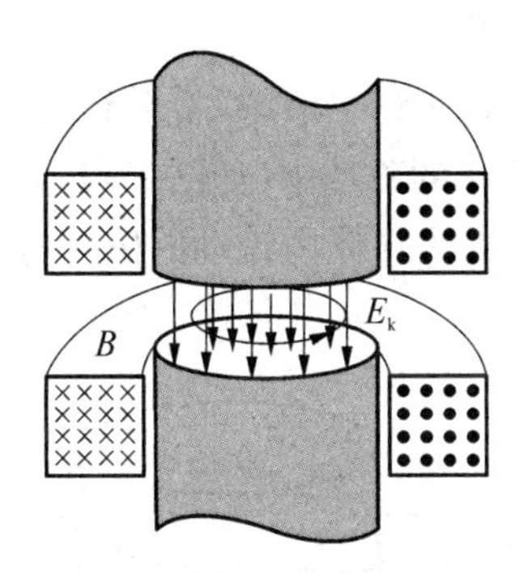

图 7-13　环绕着变化磁场的感生电场

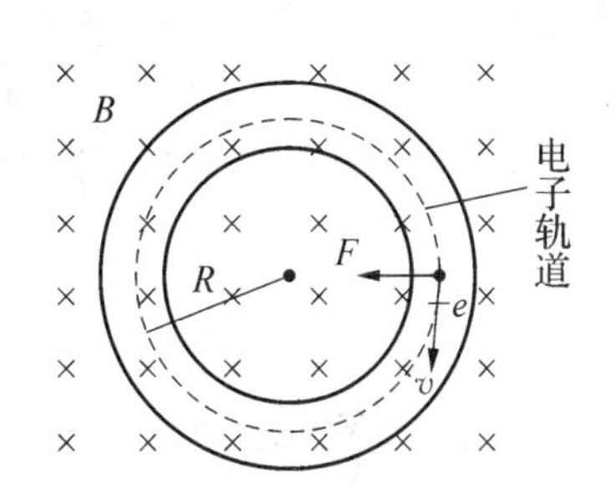

图 7-14　电子在环形真空室内运动

式中 $\mathrm{d}\Phi/\mathrm{d}t$ 为穿过电子圆轨道所包围面积的磁通量随时间的变化率。设此面积内磁感强度的平均值为 B'，则

$$\Phi = \pi R^2 B'$$

把它代入上式，得 $$E_{\mathrm{k}} = \frac{\pi R^2}{2\pi R}\frac{\mathrm{d}B'}{\mathrm{d}t} = \frac{R}{2}\frac{\mathrm{d}B'}{\mathrm{d}t}$$

于是由式(7-11)，得 $$\frac{\mathrm{d}p}{\mathrm{d}t} = eE_{\mathrm{k}} = \frac{eR}{2}\frac{\mathrm{d}B'}{\mathrm{d}t}$$

把上式与式(7-10)相比较，得 $$\frac{\mathrm{d}B_R}{\mathrm{d}t} = \frac{1}{2}\frac{\mathrm{d}B'}{\mathrm{d}t} \tag{7-12}$$

由上式看出，只有环形真空室轨道处的磁场随时间的变化率等于环形轨道所围面积内平均磁场随时间变化率的一半时，电子才能保持在半径为 R 轨道上运动被加速，这也是电子感应加速器的一个玄妙之处。

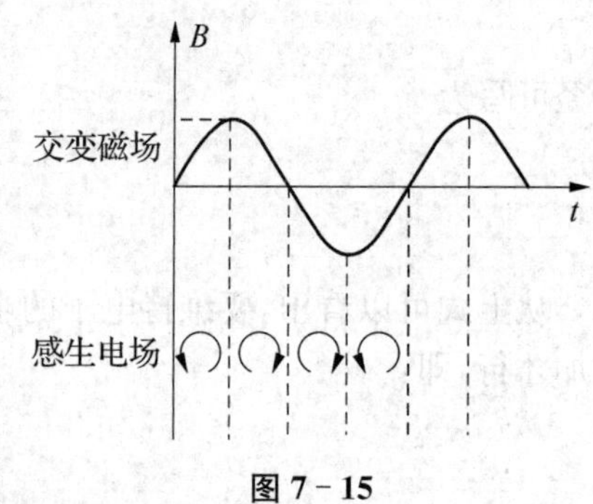

图 7-15

下面我们探讨第二个问题。由于电磁铁的励磁电流是交变的，所以磁感强度必然也是交变的，随时间成正弦关系（如图 7-15）。根据磁场变化，可分析得到感生电场的方向，如图 7-15 所示。所以如果电子在第一个 1/4 周期中，被感生电场作用做逆时针方向的加速运动，那么从第二个 1/4 周期开始，电子受到感生电场的作用力为顺时针，电子将会减速，直至第二个 1/4 周期结束。这样将会起不到加速的效果。因此，要让电子获得最好的加速效果，通常在 $t=0$ 时将电子注入，在 $t=T/4$ 前，将被加速的电子引出轨道完成加速。这是电子感应加速器的另一关键之处。

用电子感应加速器来加速电子，那速度能无限增加吗？除技术问题外，将会受到电子因加速运动而辐射能量的限制。因此，用电子感应加速器还不能把电子加速到极高的能量，一般能达到几十万到几百万电子伏特。加速电子可用于轰击各种靶材，获得高能 X 射线，用于科研、工业探伤及医疗等。

7.2.4 涡电流

在前述的电磁感应实验中，通常都是导线回路。但其实在生活中，常看到大块导体或金属在磁场中运动（如图 7-16），或者是导体不动，处在变化的磁场中（如图 7-17）。导体中同样会激起感应电流。在导体内部形成闭合回路，这种在大块导体内流动的感应电流，被称为涡电流，简称涡流。

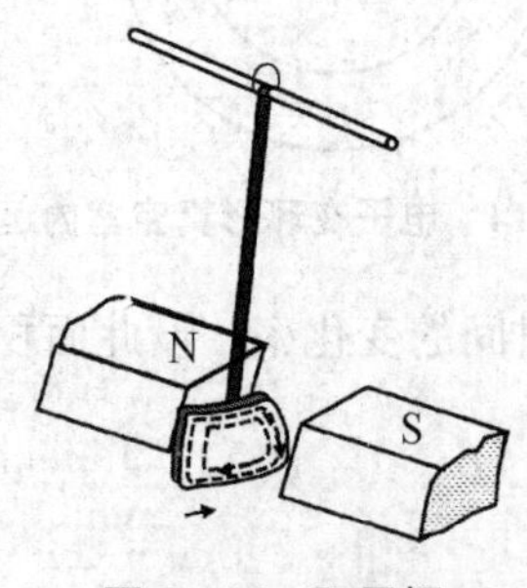

图 7-16 阻尼摆

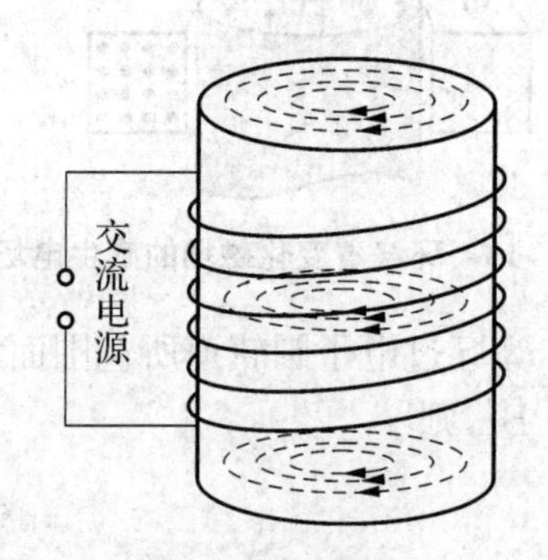

图 7-17 涡电流

涡电流的一个重要应用就是电磁阻尼摆，在一些电磁仪表中是最常用的。如图 7-16 所示，在电磁铁的两极之间悬挂着一块金属板，当电磁铁的励磁线圈不通电时，没有磁场，金属板摆动起来后要经过相当长的时间，才能停下来。当电磁铁的励磁线圈通电后，两极间产生磁场，金属板很快就能停止下来。这是因为感应电流总是阻碍引起电磁感应的原因，当摆朝着两个磁极间的磁场运动时，在板中产生了涡电流（涡电流的方向如图中虚线所示），而涡电流将会阻碍金属板的靠近。同样，当金属板远离两极间的磁场时，涡电流的作用则阻碍其远离，所以摆很快就停止下来。磁场对金属板的这种阻尼作用，我们通常称为电磁阻尼。

涡电流在生活中也有着重要的应用。电磁炉交变电流在铁锅底部形成交变磁场，从而在锅底形成涡电流，涡电流将会产生大量的焦耳热，从而加热食物。再比如工业上的感应炉，用于金属的熔化。涡电流虽然有有用的一面。但是，某些情况下又是有害的。比如涡电流发热是很有害的。变压器和电机中的铁芯由于涡电流而发热，影响工作效率，甚至会因温度过高，致使变压器或电机损坏，造成事故。为了减少涡流，电机和变压器中的铁芯通常是用互相绝缘的硅钢片叠合而成。减少涡电流的另一方法是选择电阻率较高的材料做铁芯。电机、变压器的铁芯用硅钢片而不用铁片的原因之一，就是因为前者的电阻率比后者要大得多。

7.3　自感和互感

根据法拉第电磁感应定律，对一闭合回路，只要穿过它的磁通量发生变化，此闭合回路内就一定会有感应电动势出现。当然，引起磁通量变化的原因有很多，磁场的变化就是其中一种，而实际电路中，磁场的变化则经常是由电流的变化引起的。如图 7-18 所示，闭合回路 1、2 相距很近，分别通有电流 I_1 和电流 I_2。电流 I_1 的变化在自身回路中引起的感应电动势，称为自感电动势，用符号 ε_L 表示；电流 I_1 的变化在回路 2 中引起的电动势，称为互感电动势，用符号 ε_{21} 表示。下面来具体分析这两种感应电动势。

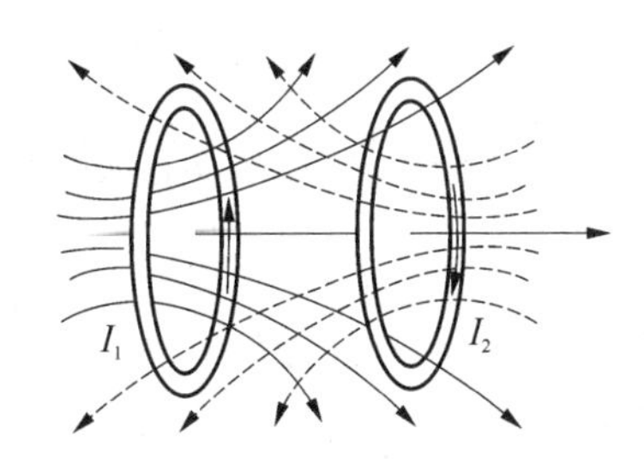

图 7-18　两邻近的载流闭合回路

7.3.1　自感电动势　自感

假设有一个闭合回路，电流强度为 I。根据毕奥-萨伐尔定律，该电流在空间任意一点的磁感强度都与 I 成正比，因此，穿过闭合回路自身所围面积的磁通量也与 I 成正比，可写为

$$\Phi = LI \tag{7-13}$$

L 称为该回路的自感系数或自感。值得注意的是，自感 L 是由回路的形状、大小以及周围介质的磁导率所决定的。在表达式(7-13)中，如果 I 取为单位电流，则 $\Phi = L$。因此，自感的物理意义可理解为自感系数在数值上等于回路中的电流为一个单位时，通过此回路所围面积的磁通量。

根据电磁感应定律及式(7-13)，可求得自感电动势

$$\varepsilon_L = -\frac{\mathrm{d}\Phi}{\mathrm{d}t} = -\left(L\frac{\mathrm{d}I}{\mathrm{d}t} + I\frac{\mathrm{d}L}{\mathrm{d}t}\right)$$

如果回路自感保持不变，即回路的形状、大小和周围介质的磁导率都不随时间变化，则 $\mathrm{d}L/\mathrm{d}t = 0$，因此

$$\varepsilon_L = -L\frac{\mathrm{d}I}{\mathrm{d}t} \tag{7-14}$$

根据上式,自感又可理解为:某回路的自感系数,在数值上等于回路中的电流随时间的变化率为一个单位时,在回路中所引起的自感电动势的大小。而式(7-14)中的负号,是楞次定律的体现,自感电动势将会反抗回路中电流的变化。因此,回路电流减小时,自感电动势与原来电流同向;电流增加时,自感电动势与原来电流反向。必须强调的是,自感电动势所反抗的是电流的变化,而不是电流本身。回路的自感系数越大,自感电动势越大,电流越不容易改变,这种特点跟质点的惯性类似,可理解为回路的电磁惯性。自感的单位是亨利,其符号是 H。自感系数一般通过实验测定,只有在相对简单的情形下才能根据定义计算出来。

自感现象应用广泛,自感线圈经常用于电路中起到稳流、滤波的作用,比如日光灯上用的镇流器,无线电技术和电工中常用的扼流圈等。但是,自感现象在有些情况下又是有危害的,比如,电路中有较大自感的线圈,在断开电路的瞬间,由于电流变化大会出现很大的自感电动势,从而在电闸间产生强烈电弧,环境中如果有易燃物质会引起事故,因此,大电流电路中的电闸一般会有“灭弧”装置。

【例 7-5】 有一长直密绕螺线管 ($l \gg R$),长度为 l,横截面积为 S,线圈的总匝数为 N,管中磁介质的磁导率为 μ。试求其自感。

解 设长直螺线管中有电流 I 通过,因为 $l \gg R$,管内磁感强度可近似看作是均匀的,方向与螺线管的轴线平行,其大小为

$$B = \mu n I$$

其中 $n = N/l$ 为单位长度上的线圈匝数,于是,穿过螺线管的总磁通量为

$$\psi = N\Phi = NBS = \mu NnIS = \mu n^2 ISl$$

由 $\psi = LI$,得

$$L = \frac{\psi}{I} = \mu n^2 lS = \mu n^2 V$$

式中 V 为长直螺线管的体积。由上式可以看出,长直螺线管的自感是由其自身的性质(n,V)及周围介质 μ 所决定的,与电流无关。因此,读者可思考,怎么来获得自感系数大的螺线管呢?

【例 7-6】 如图 7-19 所示,有两个同轴圆筒形导体,其间充满磁导率为 μ 的均匀磁介质,内外圆筒半径分别为 R_1 和 R_2,设通过它们的电流均为 I,但电流的流向相反。试求其自感。

解 由安培环路定理,可得两圆筒之间任一点的磁感强度为

$$B = \frac{\mu I}{2\pi r}$$

如图所示,在两圆筒之间取一长为 l 的截面,并将此面积分成许多小面积元。穿过面积元 $dS = l dr$ 的磁通量则为

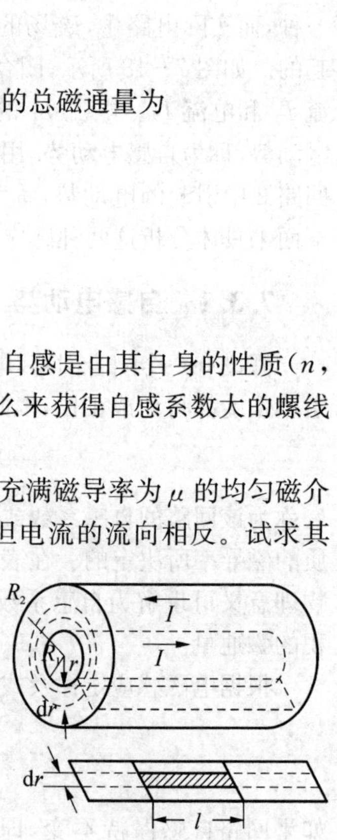

图 7-19

$$d\Phi = \boldsymbol{B} \cdot d\boldsymbol{S} = Bl\,dr$$

穿过横截面的总磁通量为

$$\Phi=\int\mathrm{d}\Phi=\int_{R_1}^{R_2}\frac{\mu I}{2\pi r}l\,\mathrm{d}r=\frac{\mu Il}{2\pi}\ln\frac{R_2}{R_1}$$

根据自感的定义，可得长度为 l 的两圆筒导体的自感系数为

$$L=\frac{\Phi}{I}=\frac{\mu l}{2\pi}\ln\frac{R_2}{R_1}$$

由上式，可得单位长度的自感则为：$\frac{\mu}{2\pi}\ln\frac{R_2}{R_1}$。

7.3.2 互感电动势 互感

如图 7-20，有两个邻近的线圈 1 和 2，分别通有电流 I_1 和 I_2，当其中一个线圈的电流发生变化时，在另一个线圈中就产生感应电动势，即互感电动势。这两个回路，通常叫作互感耦合回路。

设线圈 1 中的电流 I_1 在线圈 2 中所激发的磁场的磁通量是 Φ_{21}。而根据毕奥-萨伐尔定律，I_1 在空间的任意一点所建立的磁感强度都和 I_1 成正比，因此，电流 I_1 的磁场穿过线圈 2 的总磁通量也必然与 I_1 成正比，所以有

$$\Phi_{21}=M_{21}I_1$$

其中 M_{21} 是比例系数。

同样，电流 I_2 所激发的磁场穿过线圈 1 的总磁通量 Φ_{12} 与 I_2 成正比，所以有

$$\Phi_{12}=M_{12}I_2$$

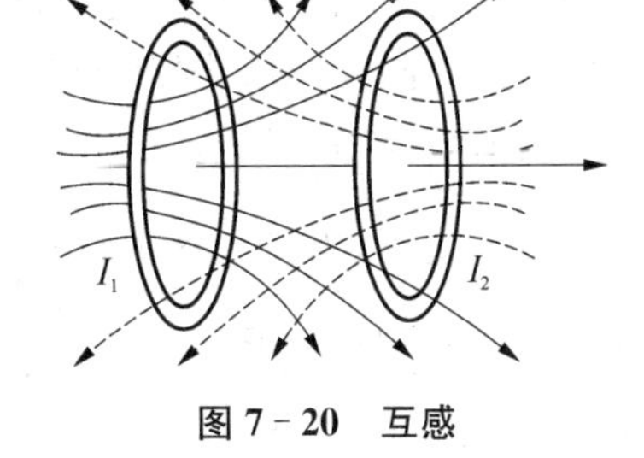

图 7-20 互感

其中 M_{12} 是比例系数。

M_{21} 可理解为线圈 1 对线圈 2 的互感系数，M_{12} 则为线圈 2 对线圈 1 的互感系数。理论和实验都证明，M_{21} 和 M_{12} 是相等的，即 $M_{21}=M_{12}=M$，我们可将 M 称为两线圈的互感系数。它的大小取决于两个线圈的形状、大小、匝数、相对位置以及周围磁介质的磁导率，与两线圈的电流大小无关。此时，前面两式可写为

$$\Phi_{21}=MI_1,\Phi_{12}=MI_2 \tag{7-15}$$

当其他条件不变，只是电流 I_1 发生变化(M 不变)时，由法拉第电磁感应定律，可得线圈 2 中产生的互感电动势为

$$\varepsilon_{21}=-\frac{\mathrm{d}\Phi_{21}}{\mathrm{d}t}=-M\frac{\mathrm{d}I_1}{\mathrm{d}t} \tag{7-16a}$$

同样，只是电流 I_2 发生变化时，由法拉第电磁感应定律，线圈 2 中产生的互感电动势可写为

$$\varepsilon_{12}=-\frac{\mathrm{d}\Phi_{12}}{\mathrm{d}t}=-M\frac{\mathrm{d}I_2}{\mathrm{d}t} \tag{7-16b}$$

上述两式中的负号，是楞次定律的体现，其中一个线圈所产生的互感电动势将会反抗另

一线圈中电流的变化。根据上面两式,也可进一步理解互感系数的意义。假设线圈 1 中的电流 I_1 随时间的变化率一定,那么互感系数越大,则在线圈 2 中产生的互感电动势就越大;反之,互感系数越小,在线圈 2 中产生的互感电动势就越小。所以,互感是表明两个线圈互感强弱或耦合程度的一个物理量。互感系数的单位亦为亨利(H)。互感一般由实验测定,只有在相对简单的情况下,可根据定义直接计算。

互感现象在电子工业中有广泛的应用,变压器就是很重要的一个。应用互感原理,两个电路不需要直接连接,就可将交变信号由一个电路转移到另一个电路。同样,互感现象也有有害的一面。电子电路中许多电感性器件之间存在互感干扰,影响电路的正常工作,因此,常采用磁屏蔽的方法将某些器件保护起来。

【例 7-7】 如图 7-21 所示,有两个同轴长直密绕螺线管,长度均为 l,半径分别为 r_1 和 r_2(其中 $r_1<r_2$),两个螺线管的匝数分别为 N_1 和 N_2,求它们之间的互感系数。

解 根据互感系数的定义,我们可假设其中一线圈的电流 I,然后计算其激发的磁场在另一线圈的磁通量,最后由互感定义式 $M=\Phi/I$ 来计算它们的互感系数。设半径为 r_1 的螺线管中的电流大小为 I_1,则该螺线管内部的磁感应强度大小为

$$B_1=\mu_0\frac{N_1}{l}I_1=\mu_0 n_1 I_1$$

两螺线管之间的空间磁感强度近似为 0,因为它们是长直密绕的。因此,磁感强度 B_1 在半径为 r_2 的螺线管中所引起的磁通量为:

$$N_2\Phi_{21}=N_2B_1(\pi r_1^2)=n_2lB_1(\pi r_1^2)$$

把 B_1 代入,有

$$N_2\Phi_{21}=\mu_0 n_1 n_2 l(\pi r_1^2)I_1$$

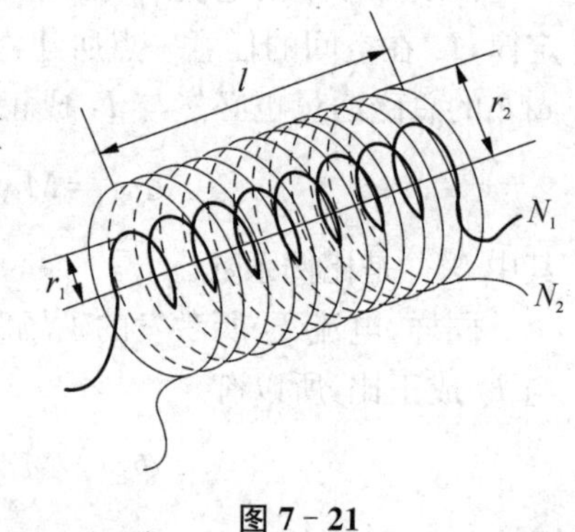

图 7-21

根据互感的定义可得:

$$M_{21}=\frac{N_2\Phi_{21}}{I_1}=\mu_0 n_1 n_2 l(\pi r_1^2)$$

同学们思考一下,如果设半径为 r_2 的螺线管的电流为 I_2,类似地计算互感 M_{12}。它们的结果一样吗?请你们自己试着计算。

$$M_{12}=\frac{N_1\Phi_{12}}{I_2}=\mu_0 n_1 n_2 l(\pi r_1^2)$$

从这里可以看出,两个螺线管的大小、形状、位置、介质确定,互感就是确定的。

【例 7-8】 如图 7-22(a)所示,在磁导率为 μ 的均匀无限大的磁介质中,有一无限长直导线,与一宽、长分别为 b 和 l 的矩形线圈在同一平面内,直导线与矩形线圈的一侧平行,且相距为 d,试计算它们的互感。若将长直导线与矩形线圈按图 7-22(b)放置,它们的互感又为多少?

解 对图 7-22(a),设无限长直导线中通以恒定电流 I,则在距离长直导线垂直距离为 x 处的磁感强度为:

$$B=\frac{\mu I}{2\pi x}$$

这样,穿过矩形线圈的磁通量为

$$\Phi=\int_s \boldsymbol{B}\cdot \mathrm{d}\boldsymbol{S}=\int_d^{d+b}\frac{\mu I}{2\pi x}l\,\mathrm{d}x=\frac{\mu Il}{2\pi x}\ln\frac{d+b}{d}$$

互感可写为:

$$M=\frac{\Phi}{I}=\frac{\mu l}{2\pi}\ln\frac{d+b}{d}$$

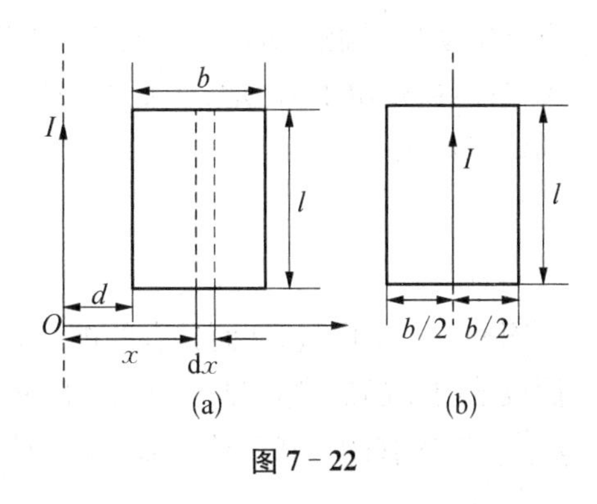

图 7 - 22

对于图 7 - 22(b)来说,仍设电流 I,由磁场的对称性,穿过矩形线圈的磁通量为 0,所以互感为零。从上述结果可以看出,相对位置发生变化,互感会跟着变。

7.3.3　磁能

通过电场部分的学习,我们知道,有电场的地方就有能量,磁场也一样,凡是存在磁场的地方必然具有磁场能量。如图 7 - 23 的实验,电源接入电路后,灯泡发光发热的能量是由电源提供的。当开关由 1 换到 2 时,虽然电源被切断,但可以看到灯泡突然一亮,然后才逐渐熄灭。电源被切断后,灯泡消耗的能量到底由谁提供呢?那便是电感线圈提供的,当开关由 1 换至 2 时,线圈中的磁场能量转化为灯泡的光能和热能。

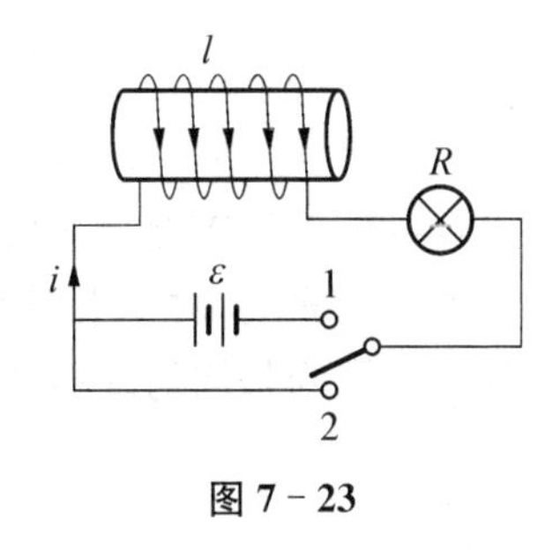

图 7 - 23

当电路中只有电阻时,电源供给的能量完全由电阻转换为热能。当一个电路既含有电阻又有线圈时,情况就不一样了。开关打向 1 时,线圈中的电流逐渐增大,最后达到一个恒定值。与此同时,线圈中电流所激发的磁场逐渐增大,线圈中会有自感电动势产生,阻止磁场的建立,这就需要外界(电源)供给能量来克服自感电动势做功。在此过程中,电源对外做功分为两部分:一部分转化为热能,另一部分克服自感电动势做功转化为磁能。

接下来分析回路中电流增大时能量的转换情况。假设接通后某一瞬时电流为 I,自感电动势为 $-L\mathrm{d}I/\mathrm{d}t$,由全电路欧姆定律得到:

$$\varepsilon-L\frac{\mathrm{d}I}{\mathrm{d}t}=RI$$

其中 R 为灯泡的电阻,ε 为电源电动势,将上式两边同时乘以 $I\mathrm{d}t$,可得到

$$\varepsilon I\mathrm{d}t-LI\mathrm{d}I=RI^2\mathrm{d}t$$

若在时间从 0 到 t_0 时间内电路中电流由 0 增至 I_0,对上式积分,得到:

$$\int_0^{t_0}\varepsilon I\mathrm{d}t=\frac{1}{2}LI_0^2+\int_0^{t_0}RI^2\mathrm{d}t \tag{7-17}$$

等式左边为电源做的总功,右边第二项为电阻上消耗的热能,而右边第一项为电源反抗

自感电动势所做的功。当开关打向 2 时，灯泡突然一亮逐渐熄灭所需的能量是由自感线圈提供的，或是由于磁场的消失而转换来的。一个自感系数为 L 的线圈，当其电流为 I_0 时，磁场的能量为：

$$W_m = \frac{1}{2} L I_0^2 \tag{7-18}$$

线圈通有一定电流，从而具有的能量，可以理解称磁场所具有的能量。以长直螺线管为例，假设管内充满磁导率为 μ 的均匀磁介质，当其通有电流 I_0 时，螺线管的磁感应强度为 $B = \mu n I_0$，螺线管的自感系数为 $L = \mu n^2 V$，则储存的能量又可以写为：

$$W_m = \frac{1}{2} \frac{B^2}{\mu} V$$

单位体积的能量，即磁场能量密度为：

$$\omega_m = \frac{W_m}{V} = \frac{1}{2} \frac{B^2}{\mu}$$

对于各向同性介质，根据 $B = \mu H$，上式又可以写成：

$$\omega_m = \frac{1}{2} \frac{B^2}{\mu} = \frac{1}{2} \mu H^2 = \frac{1}{2} BH \tag{7-19}$$

上述磁场能量密度公式虽然是从螺线管导出的，但它是适用于各种磁场的普遍公式。如果为非均匀磁场，对于不同点，能量密度不同。此时可将磁场空间分成许多体积元 $\mathrm{d}V$，每个小体积元认为是均匀磁场，所以体积 $\mathrm{d}V$ 内的磁场能量为：

$$\mathrm{d}W_m = \omega_m \mathrm{d}V = \frac{1}{2} BH \mathrm{d}V$$

磁场总能量为：

$$W_m = \frac{1}{2} \iiint_V BH \mathrm{d}V$$

7.4 麦克斯韦电磁场理论简介

前面几章介绍了静止电荷激发的静电场和运动电荷或恒定电流所激发的磁场。由于运动和静止是相对的，所以电场和磁场其实是统一的电磁场在给定参考系中显示的特例。1765 年麦克斯韦总结了所有的电磁规律，针对变化磁场激发电场，变化电场激发磁场的问题，提出了有旋电场和位移电流的概念，进而归纳出电磁场的基本方程，即麦克斯韦方程组，并预言了电磁波的存在。1777 年，赫兹通过实验证实了电磁波的存在。麦克斯韦方程组奠定了经典电动力学的基础，为无线电技术的进一步发展开辟了广阔前景。本节我们首先介绍位移电流，然后讨论全电流定律，在此基础上介绍电磁场的基本方程。

7.4.1　位移电流

在第 6 章，学习了恒定电流所激发的磁场中的安培环路定理

$$\oint_l \boldsymbol{H} \cdot \mathrm{d}\boldsymbol{l} = \boldsymbol{I} = \int_S \boldsymbol{j} \cdot \mathrm{d}\boldsymbol{S}$$

这个定理表明，磁场强度沿任一闭合回路的环流等于此闭合回路所围传导电流的代数和。对于非恒定电流产生的磁场，安培环路定理是否还适用呢？在讨论这个问题之前，先来看一下电流的连续性问题。

在一个不含电容器的闭合回路中，传导电流是连续的，通过导体上任一截面的电流与同一时刻通过其他任何截面的电流是相等的，而电路中如果含有电容器，情况就不一样。电容器充放电时，传导电流是不能通过电容器的，这时传导电流就不连续了。

如图 7－24，电容器放电过程中，电路中的电流是非稳恒电流，随时间变化。如图 7－24(b)，若在极板 A 的附近取一闭合回路 L，则以此闭合回路为边界可取两个不同曲面 S_1 和 S_2，S_1 与导线相交，S_2 在两极板之间，不与导线相交，则对 S_1 面，

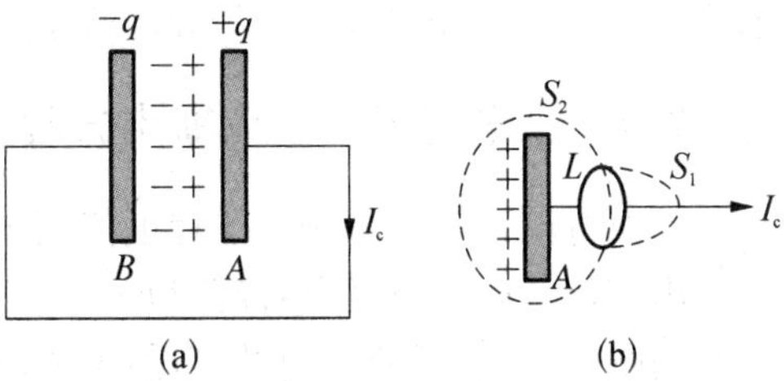

图 7－24　含电容的电路传导电流不连续

$$\oint_l \boldsymbol{H} \cdot \mathrm{d}\boldsymbol{l} = I$$

而对于 S_2 面，则没有电流通过曲面，于是由安培环路定理有

$$\oint_l \boldsymbol{H} \cdot \mathrm{d}\boldsymbol{l} = 0$$

很显然，这两个式子是相互矛盾的，即在电流不恒定的情况下，安培环路定理与闭合回路对应的曲面有关。

对于这一问题，麦克斯韦采用的做法：在原定律基础上提出合理的假设，修正原有定律，并在实际问题中进行检验。他提出位移电流的假设，以修正安培环路定理，使之适用于非稳恒电流的情形。

再来看图 7－25 的电路，当电容器充电或放电时，导线中的电流在电容器极板处被截断了。但电容器两极板的电量和电荷密度都随时间变化，若电容器极板面积为 S，由于电位移矢量的大小 $D=\sigma$，极板间的电位移通量 $\Phi_D = DS = \sigma S$，故两极板间电场中电位移矢量 $\boldsymbol{D}$ 和电位移通量也随时间变化，则电路中的传导电流

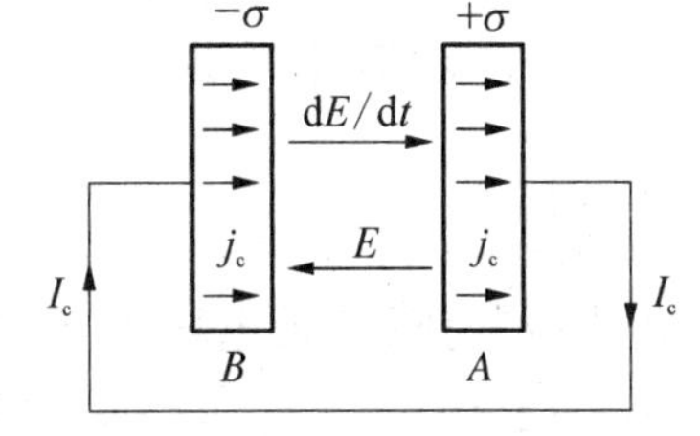

图 7－25　位移电流

$$I = \frac{\mathrm{d}q}{\mathrm{d}t} = \frac{\mathrm{d}(\sigma S)}{\mathrm{d}t} = \frac{\mathrm{d}(\boldsymbol{D} \cdot \boldsymbol{S})}{\mathrm{d}t} = \frac{\mathrm{d}\Phi_D}{\mathrm{d}t}$$

从上式可以看出：板间电位移通量随时间的变化率，在数值上等于电路中的传导电流 I。

于是，麦克斯韦引进位移电流的概念，并定义通过电场中某一截面的位移电流 I_D 等于

通过该截面电位移通量Φ_D 的时间变化率，即

$$I_D = \frac{d\Phi_D}{dt} \tag{7-20}$$

引入位移电流后，在电容器极板处中断的传导电流被位移电流接替，使电路中的电流保持连续不断。传导电流和位移电流之和称为全电流。这样，在非稳恒电流的情况下，安培环路定理可修正为

$$\oint_L \boldsymbol{H} \cdot d\boldsymbol{l} = I + I_D \tag{7-21}$$

上式称为全电路安培环路定理。式中右边第一项为传导电流对磁场的贡献，第二项为位移电流对磁场的贡献，它们所激发的磁场都是有旋磁场，但位移电流不是真实电荷在空间运动，不产生热效应，形成位移电流不需要导体。将电位移通量随时间的变化率称为电流，是因为它在产生磁场这点上和传导电流是一样的。

7.4.2 电磁场 麦克斯韦方程组的积分形式

前面讨论了有旋电场和位移电流两个概念，前者指出变化的磁场要激发有旋电场，后者则指出变化的电场要激发有旋磁场。所以变化的电场、磁场互相激发而形成密切关联不可分割的电磁场，由近而远向外传播，形成电磁场。这便是麦克斯韦关于电磁场的基本概念。

在研究电现象和磁现象的过程中，曾分别得出静电场和稳恒磁场的一些基本方程，即：

(1) 静电场的高斯定理

$$\oiint_S \boldsymbol{D} \cdot d\boldsymbol{S} = \sum_i q_i$$

(2) 静电场的环流定理

$$\oint_L \boldsymbol{E} \cdot d\boldsymbol{l} = 0$$

(3) 磁场的高斯定理

$$\oiint_S \boldsymbol{B} \cdot d\boldsymbol{S} = 0$$

(4) 安培环路定理

$$\oint_L \boldsymbol{H} \cdot d\boldsymbol{l} = \sum_{(L内)} I$$

麦克斯韦引入有旋电场和位移电流后，电场的环流定理修改为

$$\oint_L \boldsymbol{E} \cdot d\boldsymbol{l} = -\frac{d\Phi}{dt} = \iint_S \frac{\partial \boldsymbol{B}}{\partial t} \cdot d\boldsymbol{S}$$

而安培环路定理修改为

$$\oint_L \boldsymbol{H} \cdot d\boldsymbol{l} = \sum (I + I_D)$$

经过修改以后，上面的方程组不仅适用于静电场和稳恒磁场，还适用于一般的电磁场。于是就得到电磁场的四个基本方程：

$$\oint\!\!\oint_S \boldsymbol{D}\cdot \mathrm{d}\boldsymbol{S}=\sum_i q_i \tag{7-22a}$$

$$\oint_L \boldsymbol{E}\cdot \mathrm{d}\boldsymbol{l}=-\frac{\mathrm{d}\Phi}{\mathrm{d}t}=\iint_S \frac{\partial \boldsymbol{B}}{\partial t}\cdot \mathrm{d}\boldsymbol{S} \tag{7-22b}$$

$$\oint\!\!\oint_S \boldsymbol{B}\cdot \mathrm{d}\boldsymbol{S}=0 \tag{7-22c}$$

$$\oint_L \boldsymbol{H}\cdot \mathrm{d}\boldsymbol{l}=\sum (I+I_D) \tag{7-22d}$$

以上便是麦克斯韦方程组的积分形式。当然，也可写出微分形式。

麦克斯韦方程组的形式简洁优美，却能全面反映电磁场的基本性质。它是宏观电磁场理论。麦克斯韦电磁场理论的建立是19世纪物理学发展史上一个重要的里程碑。

习　题

1. 将形状完全相同的铜环和木环静止放置在交变磁场中，并假设通过两环面的磁通量随时间的变化率相等，不计自感时，则　　(　　)。

A. 铜环中有感应电流，木环中无感应电流

B. 铜环中有感应电流，木环中有感应电流

C. 铜环中感应电场强度大，木环中感应电场强度小

D. 铜环中感应电场强度小，木环中感应电场强度大

2. 有两个线圈，线圈1对线圈2的互感为M_{21}，而线圈2对线圈1的互感为M_{12}，若它们分别流过i_1和i_2的变化电流且$|\mathrm{d}i_1/\mathrm{d}t|<|\mathrm{d}i_2/\mathrm{d}t|$，并设由$i_2$变化在线圈1中产生的互感电动势为$\varepsilon_{12}$，由$i_1$变化在线圈2中产生的互感电动势为$\varepsilon_{21}$，则论断正确的是　　(　　)。

A. $M_{12}=M_{21}$，$\varepsilon_{12}=\varepsilon_{21}$　　B. $M_{12}=M_{21}$，$\varepsilon_{12}\neq\varepsilon_{21}$

C. $M_{12}=M_{21}$，$\varepsilon_{12}>\varepsilon_{21}$　　D. $M_{12}=M_{21}$，$\varepsilon_{12}<\varepsilon_{21}$

3. 下列说法正确的是　　(　　)。

A. 感应电场也是保守场

B. 感应电场的电场线是一组闭合曲线

C. $\Phi=LI$，因而线圈的自感与回路的电流成反比

D. $\Phi=LI$，回路的磁通量越大，回路的自感也一定越大

4. 有两根相距为d的无限长平行直导线，它们通以大小相等流向相反的电流，且电流均以$\mathrm{d}I/\mathrm{d}t$的变化率增长。若有一边长为d的正方形线圈与两导线处于同一平面内，如习题4图所示。求线圈中的感应电动势。

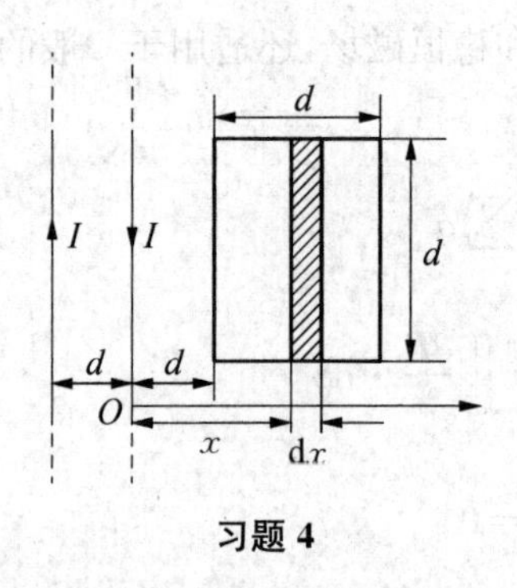

习题 4

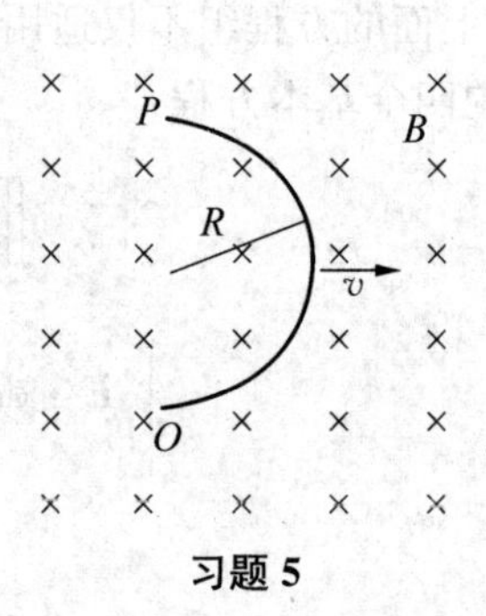

习题 5

5. 如习题 5 图所示，把一半径为 R 的半圆形导线 OP 置于磁感强度为 B 的均匀磁场中，当导线以速率 v 水平向右平动时，求导线中感应电动势 ε 的大小，哪一端电势较高？

6. 如习题 6 图所示，长为 L 的导体棒 OP，处于均匀磁场中，并绕 OO' 轴以角速度 ω 旋转，棒与转轴间夹角恒为 θ，磁感强度 B 与转轴平行。求 OP 棒在图示位置处的电动势。

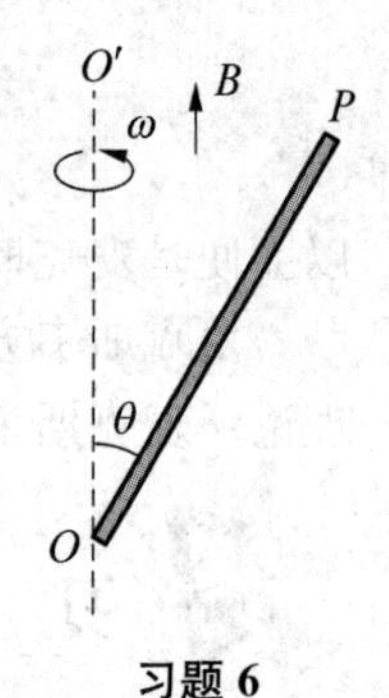

习题 6

7. 如习题 7 图所示，金属杆 AB 以匀速 2 m/s 平行于一长直导线移动，此导线通有电流 $I=40$ A。求杆中的感应电动势，杆的哪一端电势较高？

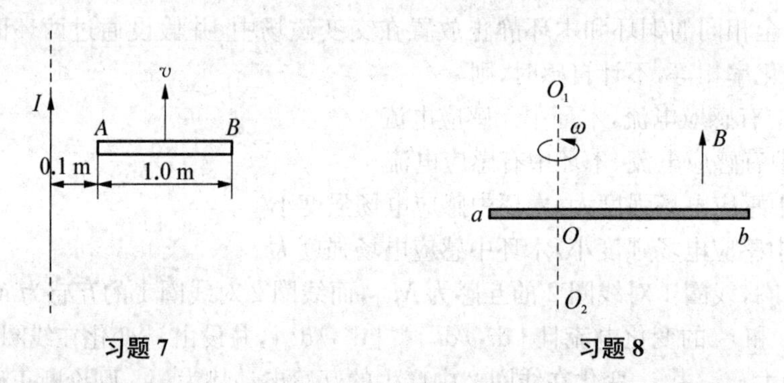

习题 7　　习题 8

8. 如习题 8 图所示，一根长为 L 的金属细杆 ab 绕竖直轴 O_1O_2 以角速度 ω 在水平面内旋转，O_1O_2 在离细杆 a 端 $L/5$ 处，若已知地磁场在竖直方向的分量为 B。求 ab 两端间的电势差 V_a-V_b。

9. 在半径为 R 的圆柱形空间中存在着均匀磁场，$\boldsymbol{B}$ 的方向与柱的轴线平行。如习题 9 图所示，有一长为 l 的金属棒放在磁场中，设 B 随时间的变化率 $\mathrm{d}B/\mathrm{d}t$ 为常量。试证：棒上感应电动势的大小为

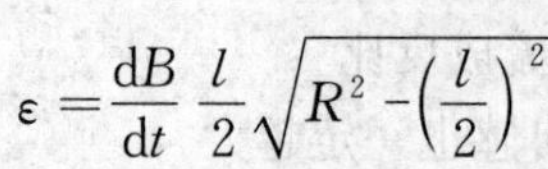

$$\varepsilon=\frac{\mathrm{d}B}{\mathrm{d}t}\frac{l}{2}\sqrt{R^2-\left(\frac{l}{2}\right)^2}$$

习题 9

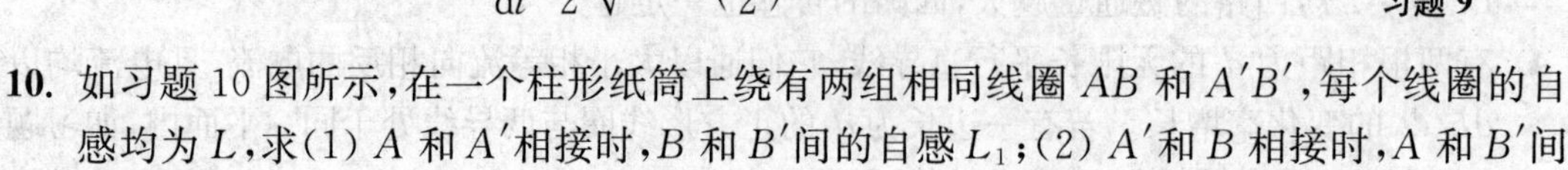

10. 如习题 10 图所示，在一个柱形纸筒上绕有两组相同线圈 AB 和 $A'B'$，每个线圈的自感均为 L，求(1) A 和 A' 相接时，B 和 B' 间的自感 L_1；(2) A' 和 B 相接时，A 和 B' 间的自感 L_2。

11. 如习题 11 图所示，两个同轴单匝线圈 A、C 的半径分别为 R 和 r，两个线圈相距 d，若 r

很小，则可认为线圈 A 在线圈 C 处所产生的磁场是均匀的，求两个线圈的互感。若线圈 C 的匝数为 N 匝，则互感又为多少？

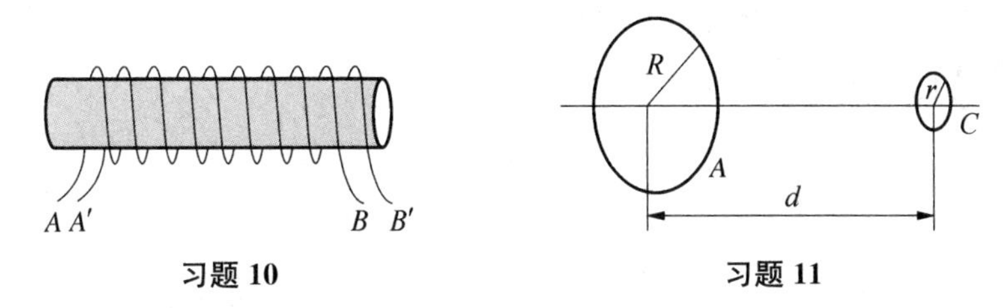

习题 10　　习题 11

12. 一根无限长直导线，截面各处的电流密度相等，总电流为 I，试证明：每单位长度导线内所储存的磁能为 $\mu I^2/16\pi$。

第八章 气体动理论

作为物质的一种存在形态，物理学对气体行为的研究，是通过把气体视为大量分子粒子的运动来实现的。在这个模型中，构成气体的原子或分子不断地随机运动，不仅相互碰撞，而且与容器的侧面不断碰撞，正是这种运动行为导致了气体的物理特性，例如压力和热量传递。本章的气体动理论主要研究了气体分子的无规则运动和分子之间的相互作用。该理论基于微观角度，采用统计平均的方法来研究大量分子的集体行为，解释了气体宏观热学性质和过程的微观本质，给出了宏观量(例如压强、温度、状态方程、内能、比热、输运过程等)与微观量平均值(分子平均平动动能、分子平均速率、分子自由度等)的关系。理想气体的压强公式、气体分子速率分布律的建立，能量均分定理的给出，使人们对平衡态下理想气体分子的热运动、碰撞、能量分配等有了清晰的物理图像和定量的了解，同时也显示了概率、统计分布等对统计理论的特殊重要性。在工业领域中，气体动理论可以帮助理解和掌握气体分子之间的相互作用，从而更好地设计和改进各种化工反应器、燃烧器以及涡轮机等设备。气体动理论在化学反应动力学、燃烧学、热力学、生物学、制药学和工程学等领域均有广泛的应用。

从 17 世纪中期至 18 世纪中期，伽桑迪、胡克、伯努利和罗蒙诺索夫等，在物质是由分子构成的假说基础上，分别解释了物质的固、液、气三态的转变；气体的压力是气体分子与器壁碰撞的结果；导出了玻意耳定律；明确指出热是分子运动的表现，气体分子运动是无规则的。1827 年，布朗观察到悬浮在水中的花粉等物质微粒的无规则运动，进一步证实了分子运动的无规则性。1857 年，克劳修斯第一次清楚地说明统计概念，导出了气体压力、体积和温度间的正确关系，并引入了分子运动自由程概念。1859 年，麦克斯韦导出了速度分布律，建立了输运过程的数学理论模型。此后，玻耳兹曼、德耳索、爱因斯坦、斯莫卢霍夫斯基和朗之万等物理学家持续对气体动理论展开研究，使该理论发展为一门系统理论。

8.1 物质结构的基本图像

8.1.1 物质结构的层次说

人们认识自然的早期，朴素原子论学说和无限可分学说都认为物质是由最小基本单元构成的。直到 19 世纪初，英国科学家道尔顿(J. Dalton)发现，一种物质和另一种物质化合形成其他物质时，它们的重量总呈简单的整数比关系，从而提出物质是由原子构成的，将经典的原子论提高到了一个新的高度。进一步的研究表明，化合物是由分子组成，分子由原子组成，原子不能被分割或改变。1827 年，布朗运动实验真正确立了物质结构的原子分子学说。1897年，英国物理学家约瑟夫·约翰·汤姆生在研究阴极射线时发现了电子。之后，1911年卢瑟福和查德威克的α粒子散射实验表明，原子并不是不可分割的，而是由电子和原子核组成，原子核由质子和中子等强子组成。20世纪以来，现代科学家们通过大型对撞机等实验发现夸克是构成粒子的基本单元，质子和中子都是由三个夸克组成的。可见，物质结构是分层次的，如图8-1所示，对于物质性质的讨论需要建立在相应的结构层次上。例如，在考察以固、液、气相存在的宏观物质的热运动性质时，通常把物质视为由分子组成；但对高能原子核碰撞形成的物质的研究以及对脉冲星等致密天体中的物质的研究，则需在质子、中子及传递其间相互作用的介子的层次上考虑。

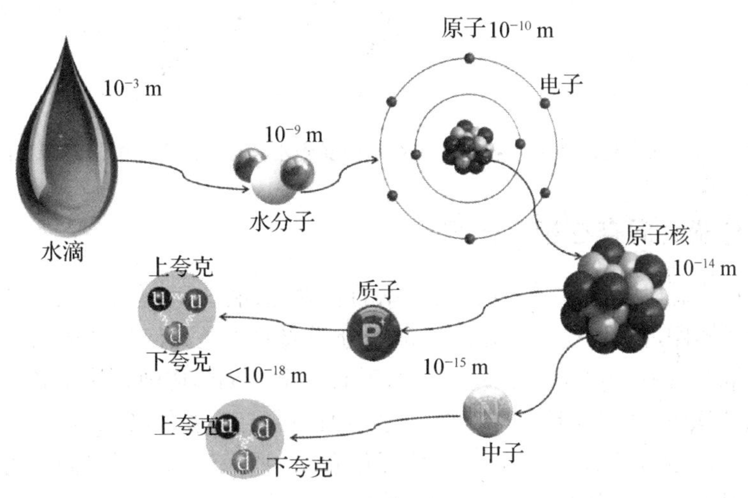

图8-1　物质的微观层次结构示意图

8.1.2　物质分子不停地做无规则运动

体现分子热运动的典型实验就是布朗运动。1827年，英国植物学家布朗在显微镜下观察悬浮在静止的液体中的花粉时，发现花粉颗粒不停地做无规则跳跃，如图8-2所示。后来，人们把这种微小颗粒的无规则运动统称为布朗运动。做布朗运动的微粒直径一般为$10^{-5}\sim10^{-3}$厘米，这些小的微粒处于液体或气体时，由于分子的热运动，微粒受到来自各个方向分子不平衡的冲撞，这种不平衡的冲撞，使得微粒的运动不断地改变方向，从而使微粒出现不规则的运动。实验证明了水分子和花粉颗粒之间存在相互作用的力。因此，布朗运动提供了物质由原子和分子组成的证据。由于分子和原子的运动速度与温度有关，因此，布朗运动的速度也与温度有关。通过测量布朗运动的速度，还可以推算出物质的分子量和分子大小等信息。1905年，爱因斯坦首先在统计力学框架下建立了布朗运动的理论。1908年，佩兰实验精确地证实了爱因斯坦等理论的正确性。随着科学的进步和技术的发展，更多的实验证实了原子分子不仅存在，而且不停地做无规则运动。

物质分子都在不停地做无规则运动。这种无规则运动是完全随机的，其速度的大小和方向都具有随机性。换句话说，对所有分子而言，其运动是各向同性的，没有任何一个方向比别的方向的运动占有优势。分子的这种无规则、随机的与温度有关的运动也称为**热运动**，它区别于物体宏观上的整体运动。热运动是所有分子运动的宏观、整体表现，并不是对某一个具体分子而言的。

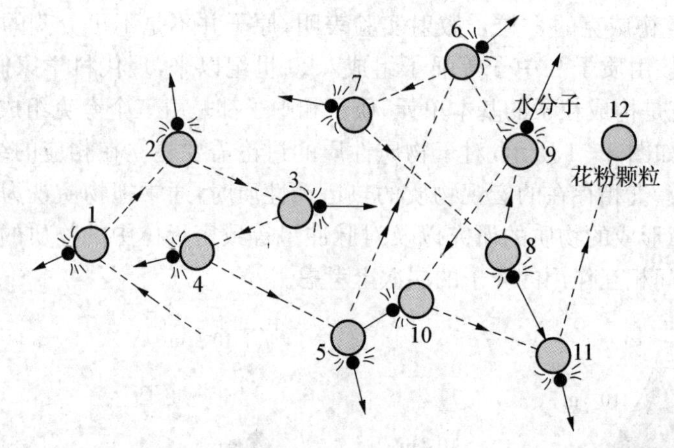

图 8-2　布朗运动实验中花粉颗粒在水中受到水分子冲撞之后的运动示意图

8.1.3　分子之间存在相互作用

人们知道物质总以某种形态存在，如常见的有固态、液态、气态等。上述研究已经表明原子和分子都在不停地做无规则热运动。那么分子或原子是如何凝聚成固体、液体或其他形态的呢？日常生活中，例如，锯开一段木块、敲碎一个石头和切削一块金属时，必须用很大的力，水龙头中流出的水大多形成连续的水流。由此可推知，物体各部分之间存在着相互吸引力。然而，固体和液体又很难被压缩。可见组成固体或液体的分子之间不可能靠得太近。这表明分子之间不仅有吸引力，而且有排斥力。

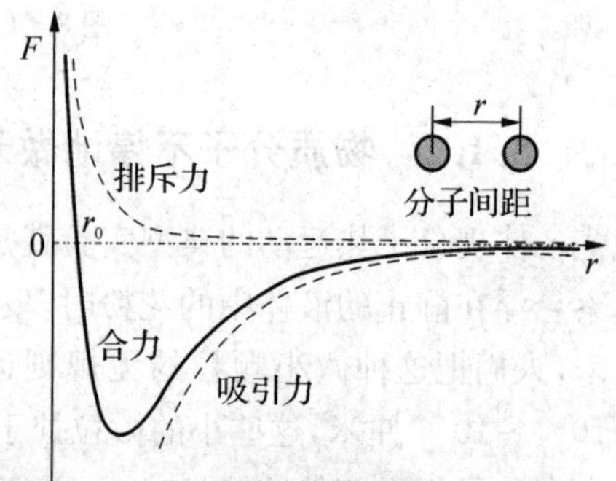

图 8-3　分子间相互作用力示意图

现有的实验研究表明，分子之间相距较远时，分子力表现为吸引力，而分子之间相距较近时就表现为排斥力。图 8-3 为分子力 F 与分子间距离 r 的关系曲线。从图上可以看出，当分子之间的距离 $r < r_0$（研究表明r_0 约在10^{-10} m左右）时，分子力主要表现为排斥力，并且随 r 的减小，斥力急剧增加。当 $r = r_0$ 时，分子力为零。当 $r > r_0$ 时，分子力主要表现为吸引力。当分子之间的距离 r 大于 10^{-9} m时，分子间的作用力已经很弱，几乎可以忽略不计，即分子成为自由粒子。可见，分子力的作用范围是极小的，分子力属短程力。在气体的分子数密度很低的情况下，其分子之间的作用力可不予考虑。

分子之间的相互作用力主要来源于分子之间的电性相互作用和范德华力。分子中的电子运动，电荷分布使得分子产生瞬时偶极矩，这使邻近分子瞬时极化，后者又反过来增强原来分子的瞬时偶极矩，这种相互耦合产生静电吸引作用。同时，当两个产生偶极矩的分子相互接近时，由于它们偶极的同极相斥、异极相吸，两分子将发生相对运动。范德华力又可以分为色散力、取向力和诱导力三种类型。色散力是由于分子的瞬时偶极矩之间的相互作用而产生的，是所有非极性分子相互作用的力；取向力发生在极性分子与极性分子之间；诱导力则是由于一个分子在受到电场或磁场的作用时，会产生诱导偶极矩，从而与另一个分子的固有偶极矩发生相互作用。此外，还有一种被称为氢键的特殊相互作用力。氢键的形成是由于一个原子同时与两个电负性较强的原子（如 N 和 O）存在强共价键，而氢原子与这两个电负性较强的原子之间的作用力相对较弱。因此，当氢原子与一个电负性较强的原子之间的距离接近时，氢原子会与另一个电负性较强的原子形成一种相对较弱的相互作用力，即氢键。氢键是一种较强的相互作用力，比普通的范德华力要强得多。总的来说，分子之间的相互作用力是复杂的，涉及多种类型的相互作用力。这些作用力共同作用，决定了物质的性质和行为。具体物质类型中，其详细的分子间作用力的计算要用到量子力学中的原理。

8.2　平衡态　理想气体物态方程　热力学第零定律

8.2.1　平衡态

科学研究中，常把由大量原子或分子所组成的宏观物质，称为**热力学系统**，也简称**系统**。如图 8-4 所示，以一个密闭孤立容器的系统为例，容器中间初始时用隔板分为左右两部分，左边充满气体（p_1，V_1，T_1），右边为真空，当抽取隔板，左边的气体将自由膨胀，在此过程中，容器中任一处的压强将随时间而变化，此时该热力学系统没有确定的压强，其状态和性质都不确定，这种状态被称为**非平衡态**。更严格的说法是：在没有外界影响的情况下，系统各部分的宏观性质会自发发生变化的状态成为非平衡态。经过足够长的时间后，如果容器中的气体与外界之间没有能量和物质的交换，容器中气体的宏观状态参量（一般指体积、压强和温度）不再随时间而变化（p_2，V_2，T_2），或者说系统达到了一个宏观性质不再随时间变化的稳定状态，这状态称为**平衡态**。应当指出，实际情况中，容器气体不可避免地会与外界发生一定程度的物质和能量的交换，理想的平衡状态是难以存在的。若气体状态的变化很微小，可以略去不计时，此时的状态即可近似看成平衡态。任一孤立系统的非平衡态，总是会自发地朝平衡态的方向发展，经过足够长的时间必定会达到平衡，而这段演化所需的时间称为**弛豫时间**。本章中除特别声明外，气体状态都是指的平衡态。

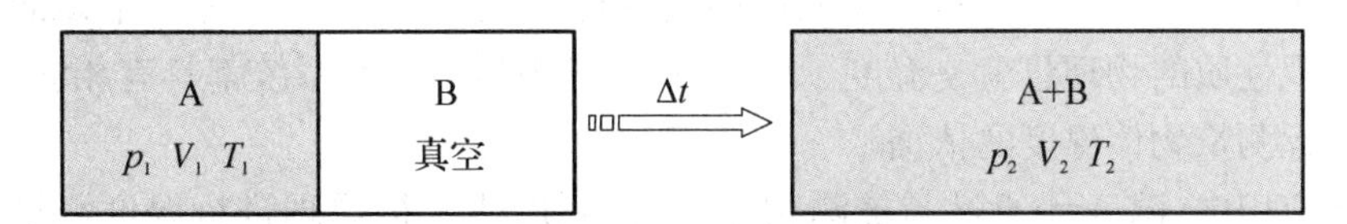

图 8-4　密闭孤立容器系统经过足够长时间后达到平衡态示意图

8.2.2　气体的状态参量和热力学第零定律

在电学中为了描述电场的性质，引入了电场强度和电势等物理量。与之类似，为了描述热力学系统，也需要引入相关的物理量来描述。宏观热力学系统是由大量气体分子构成的，参与热运动的分子数量巨大，不可能去追踪每一个分子的运动状态。每个分子所具有的质量、速度、动量和能量等物理量都是**微观量**。在热力学系统中，通常不对微观量进行直接的观察和测量，宏观上所能获得的是气体的压强、体积和温度等状态参量，这些物理量称为**宏观量**。这些宏观量能很好地描述出热力学系统处于平衡态时的宏观性质。

气体的体积是指气体所能达到的空间。在国际单位制中,体积的单位是立方米,符号为 m^3。气体的压强是作用于容器器壁单位面积上的正压力,$p=\dfrac{F}{S}$。在国际单位制中,压强的单位是帕斯卡,符号为 Pa,且 $1\ Pa=1\ N\cdot m^2$。其他常用压强单位有标准大气压(atm)、毫米汞柱(mmHg)等。其单位换算关系如下:

$$1\ atm=1.013\ 25\times10^5\ Pa=760\ mmHg \tag{8-1}$$

温度是热力学中一个非常重要和特殊的状态参量,它反映物体的冷热程度,是建立在热平衡的基础上的物理量。如图 8-5 所示,假设有两个处于平衡态的系统 A 和 B,若使 A、B 两系统相互接触,让两系统之间发生热量的传递,则两系统的状态都会发生变化。经过足够长时间后,两个相互接触的系统 A 和 B 处于一个新的共同的平衡态。即使把两系统分开,它们仍然保持这个平衡态。若考虑三个各自处于平衡态的系统 A、B 和 C。将 A、B 两系统同时与 C 系统热接触,经过足够长时间后,系统 A、B 将与第三个系统 C 达到热平衡。然后将系统 A、B 与系统 C 隔离开,让 A 和 B 热接触,则会发现 A、B 两系统的平衡状态不会发生任何变化。

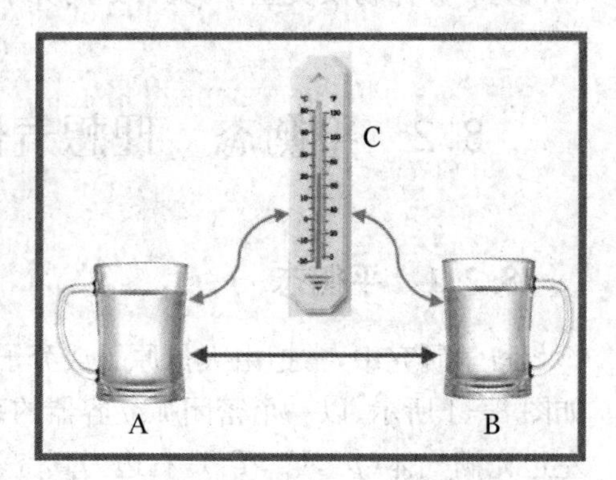

图 8-5　若系统 A 和 B 与系统 C 是热平衡的,则 A 和 B 之间也是处于热平衡状态

上述实验可以概括为:**在不受外界影响下,如果两个热力学系统中的每一个都与第三个热力学系统处于热平衡,则这两个热力学系统彼此也必定处于热平衡。这个结论称为热力学第零定律**。热力学第零定律是由英国物理学家拉尔夫·福勒(R. H. Fowler)于 1939 年正式提出的。尽管这一定律比热力学第一定律和热力学第二定律晚提出了 80 多年,但它被视为这些定律的基础,因此,在逻辑上被排在了第一位,而被称为热力学第零定律。

热力学第零定律为建立温度概念提供了实验基础,因为该定律反映出处于同一热平衡状态的所有的热力学系统都具有一个共同的宏观性质,即表征处于同一热平衡的系统所具有的共同宏观性质的物理量就是温度。因此,一切互为热平衡的系统都具有相同的温度,这也是用温度计测量物体温度的依据。

在实际应用中,温度计通过与被测物体接触,利用热平衡原理进行温度测量。具体来说,当温度计与被测物体达到热平衡时,温度计的温度值与被测物体的温度值相等,此时就可以读取温度计上的读数,得到被测物体的温度。因此,热力学第零定律是温度计能够准确测量物体温度的理论基础。此外,热力学第零定律并不局限于接触后达到热平衡的情况,而是基于实验事实给出一个数学假设,即赋予热平衡以传递性。如图 8-5 所示,即使 A 和 B 系统与 C 系统不同时处于热平衡状态,只要它们都与 C 系统达到热平衡,则 A 和 B 系统之间也处于热平衡状态。因此,温度计的测量不仅仅依赖于接触后达到热平衡的情况,而是基于更加广泛的热平衡原理。

温度的数值表示方法叫作**温标**。根据 1987 年第 18 届国际计量大会对国际使用温标规定,以**热力学温标**为基本温标。热力学温度用符号 T 表示,单位叫开尔文,简称开(K)。在国际单位制中，热力学温度是7个基本量之一。在工程上和日常生活中，还常使用**摄氏温标**，用t表示，单位是摄氏度(℃)。人们将一个标准大气压下水的冰点定义为摄氏温标的0 ℃，一个标准大气压下水的沸点定义为摄氏温标的100 ℃，并将冰点温度和沸点温度之差的1%规定为1 ℃。摄氏温度与热力学温度之间的关系为

$$t/℃ = T/\mathrm{K} - 273.15 \text{ 或 } T/\mathrm{K} = t/℃ + 273.15 \tag{8-2}$$

温度没有上限，但有下限。温度的下限是热力学温标的绝对零度。温度可以无限接近于0 K，但永远不能达到0 K。目前实验室能够达到的最低温度为2.4×10^{-11} K。

此外，美国等一些国家还使用着华氏温标，华氏温标是由德国人华伦海特制定的温度标记，符号为F，单位为℉。1724年，华伦海特发现液体金属水银比酒精更适宜制造温度计，以水银为测温介质，发明了玻璃水银温度计，选取氯化铵和冰水的混合物的冰点温度为温度计的零度，人体温度为温度计的100度。在标准大气压下，冰的熔点为32 ℉，水的沸点为212 ℉，中间有180等分，每等分为华氏1度，记作"1 ℉"。华氏温标与摄氏温标之间的转换公式为：华氏温度=32+摄氏度 × 1.8。在华氏温标中，水的冰点是32 ℉，沸点是212 ℉。上述三种温标的对比，如图8-6所示。

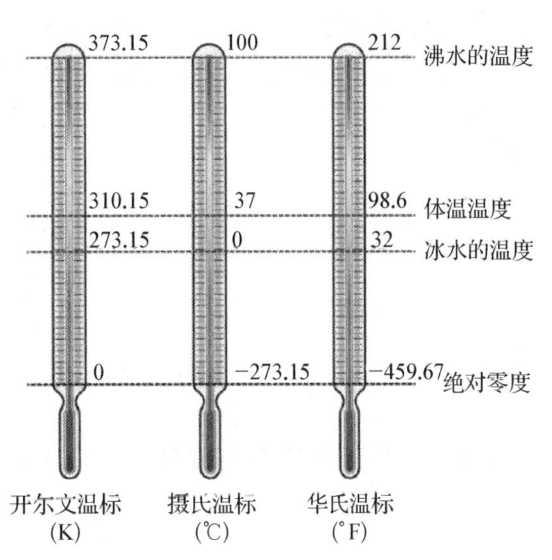

图8-6　三种温标的温度标识对比

8.2.3　理想气体的状态方程

根据材料热胀冷缩的性质，对于固体和液体，若物体的初始体积为V_i，其体积将随温度的变化而变化，一般的有$\Delta V=\beta V_i \Delta T$，其中$\beta$为系数，与材料属性相关。而就气体而言，体积随温度的变化则完全不同。处于平衡态的气体系统，若系统从一平衡态变化至另一平衡态，其状态参量也随之改变。但不管系统状态如何改变，对于处于平衡态的确定的系统，各状态参量之间总存在确定的函数关系。若一定量气体的体积为V，压强为p，温度为T，一般情况下，当其中一个状态参量发生变化时，其他两个状态参量会随之改变。这三个状态参量之间一定存在某种关系，即其中一个状态参量是其他两个状态参量的函数，如

$$T=f(p,V) \tag{8-3}$$

这就是一定量气体处于平衡态时的状态方程。通常情况下，这个方程的形式是很复杂的，它与气体的性质和具体环境有关。

研究发现，当一定质量的某种气体，在压强不太大(与大气压相比)、温度不太低(与室温相比)的实验条件下，各种气体都遵守以下四个定律：

玻意耳定律：当其温度一定时，它的压强与体积成反比。

盖·吕萨克定律：当体积一定时，它的压强与温度成正比。

查理定律:当其压强一定时,它的体积与热力学温度成正比。

阿伏伽德罗定律:在同样的温度和压强下,相同体积的气体含有相同数量的分子。

研究人员把能够满足上述四个定律的气体,称为理想气体。理想气体是一种理想模型。一般气体在压强不太高和温度不太低时,都可近似看作理想气体。19 世纪时期,法国物理学家克拉伯龙和德国物理学家克劳修斯,在研究理想气体实验后,提出了平衡态时一定量的理想气体可以满足的状态方程为:

$$pV=\nu RT \tag{8-4}$$

式中 ν 为物质的量,$R=8.31\ \mathrm{J\cdot mol^{-1}\cdot K^{-1}}$,为普适气体常量。根据阿伏伽德罗定律,气体的量用物质的量摩尔数来描述,1 mol 物质所包含的原子或分子数目是一定的,记为阿伏伽德罗常数,即$N_A=6.022\times10^{23}$。若气体的质量为m,摩尔质量为M,则理想气体状态方程可变为:

$$pV=\frac{m}{M}RT \tag{8-5}$$

引入玻耳兹曼常数

$$k=\frac{R}{N_A}=1.38\times10^{-23}(\mathrm{J\cdot K^{-1}}) \tag{8-6}$$

记分子的总数目为 N,则还可有:

$$pV=\nu N_A kT=NkT \tag{8-7}$$

$$p=\frac{N}{V}kT=nkT \tag{8-8}$$

式中 n 是表示单位体积中的分子数目,也称为气体的分子数密度。

利用(8-8)式,可以讨论为什么部分飞行物飞行速度存在“音障困难”。在有关波动的内容中可了解到声波是振动在介质中形成的疏密波,声速就是该疏密波在介质中的传播速度。当外界压迫气体的速度大于声速时,由于压迫速度大于疏密波传播、扩散的速度,在气体中就形成高密度气体层。由理想气体状态方程(8-8)式可以知道,分子数密度增加时,压强以相同倍数增加。对于飞行物体,该强大的压强就会导致其严重受损。因此,对于超音速飞行物(如超音速飞机、火箭等)都需要从飞行动力学的角度进行研究,从而设计合适的外形,避免因“音障”导致的破坏。

8.3 理想气体的压强

8.3.1 理想气体的微观模型

根据分子的无规则运动和分子间存在相互作用的特点,为了便于分析和讨论气体的宏观热现象,德国物理学家克劳修斯首先提出了理想气体的微观模型。其所满足的微观模型要求如下：

（1）气体分子本身的线度与气体分子之间的平均距离相比要小得多，因而可忽略不计，可将理想气体分子看作质点。

（2）除碰撞的瞬间外，分子间的相互作用力可忽略不计，分子在连续两次碰撞之间做匀速直线运动。

（3）处于平衡态的理想气体，分子之间及分子与器壁之间的碰撞是完全弹性碰撞，即在碰撞前后气体分子的动能是守恒的。

上述的基本假设可通过以下的简单分析来了解。

由(8－8)式，代入标准状态下的压强(1.013×10^5)和温度(273.15 ℃)，可以计算出单位体积时的分子数密度为 $n_0=2.69\times10^{25}\ \mathrm{m}^{-3}$，由此可以估算出分子之间的距离为：

$$L=\left(\frac{1}{n_0}\right)^{\frac{1}{3}}=3.3\times10^{-9}\ \mathrm{m} \tag{8-9}$$

而一般分子的平衡距离 r_0 的数量级约为 10^{-10} m，显然满足条件 $L>10r_0$，因此分子之间的相互作用可以忽略。而且，由于分子之间的距离约为分子本身线度的10倍，因此，可以把理想气体分子视为质点。对于第三条假设，不妨设想：如果碰撞是非弹性的，由于分子间的碰撞非常频繁，分子的动能损失会很大，最终使得分子的动能将趋于零，这显然有悖于实验事实。基于上述合理假设，理想气体可视为是由大量永不停息做无规则运动的、本身体积及彼此之间相互作用可忽略不计的弹性小球所组成，小球运动遵守经典力学规律。

此外，由于分子运动的无规则性，且每个分子运动速度各不相同，并且通过碰撞不断发生变化。当理想气体系统处于平衡态时，忽略重力的影响，每个分子往任何方向运动的概率是均等的，分子在容器内空间任何一点出现的概率是一样的，或者说，分子按位置的分布是均匀的。下面将以理想气体微观模型为对象，运用牛顿运动定律，采取求平均值的统计方法来导出理想气体处于平衡态时的压强公式。

8.3.2　理想气体的压强公式

对于理想气体的压强，伯努利和克劳修斯均认为：气体作用于器壁的压强是气体中大量分子对器壁碰撞的平均结果。撞碰时气体分子对器壁作用以冲量，从而使器壁受到几乎不变的气体压力的作用。正如撑着雨伞在大雨中行走时，会感觉到由于密集的雨点打在雨伞上所产生的压力。其实，构成气体的大量分子与容器壁碰撞产生的效果与雨点打在雨伞上的效果是类似的。

结合上述理想气体的微观模型要求和经典力学规律，气体的压强是由大量分子持续不断地撞击器壁而以力的作用所引起的，单个分子的碰撞，没有这种效果，所以气体压强是在一段时间内的统计平均量。在数值上应该等于单位时间内与器壁相碰撞的所有分子作用于器壁单位面积上的总冲量。下面以一个长方形容器装有处于平衡态的理想气体来推导气体压强公式。如图8－7所示，设长方形边长分别为 x_0，y_0，z_0，体积为 V，贮有 N 个同类理想气体分子，每个分子的质量为 m_0，分子数密度为 n。气体处于平衡态时，容器壁各处压强相同，选择与 x 轴垂直的 A 面作为研究对象，其面积为 $A=y_0z_0$，下面讨论该

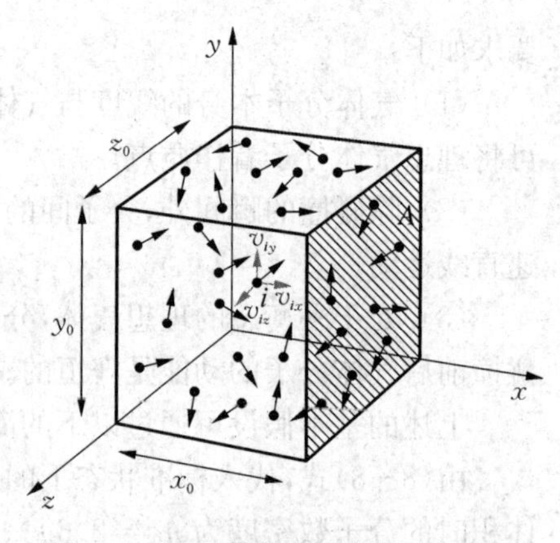

图 8-7　理想气体分子分布于长方形容器的微观模型

面所受的压强。

(1) 计算单个分子撞击器壁 A 面后单次施于 A 面的冲量

任选一个分子 i，如图 8-7 中所示，设其速度为 v_i，分量为 v_{ix}，v_{iy}，v_{iz}。分子 i 与 A 面发生完全弹性碰撞，因此，碰撞后分子在 y 和 z 方向上的速度分量不变，而 x 方向的速度分量将由 v_{ix} 变为 $-v_{ix}$，故分子在碰撞过程中动量的改变为 $-m_0v_{ix}-m_0v_{ix}=-2m_0v_{ix}$，根据动量定理，分子动量的增量等于器壁 A 面对分子的作用力的冲量，由牛顿第三定律可知，此时，气体分子 i 施于器壁 A 面的冲量为 $2m_0v_{ix}$。

(2) 计算 Δt 时间内单个分子施于器壁 A 面的冲量

分子 i 从 A 面弹回后，需要与对面相碰后才能再次与 A 面相碰，理想情况下与 A 面做连续两次碰撞的时间间隔为 $\frac{2x_0}{v_{ix}}$，因此，在单位时间内分子 i 与 A 面碰撞的次数为 $\frac{v_{ix}}{2x_0}$。则在 Δt 时间间隔内，单个分子施于器壁 A 面的冲量为：

$$2m_0v_{ix}\times\frac{v_{ix}}{2x_0}\times\Delta t=\frac{m_0v_{ix}^2}{x_0}\times\Delta t \tag{8-10}$$

(3) 计算 N 个分子在 Δt 时间内施于器壁 A 面的总冲量和平均冲力

单个分子对器壁的撞击是间歇性的，形成不了压强效果。实际情况中，有数目巨大的分子对器壁 A 进行撞击，宏观上显示出一个持续作用的、恒定的平均冲力，从而产生了压强。根据上述推导，理想气体模型下，N 个分子在 Δt 时间内施于器壁 A 面的总冲量为：

$$\Delta I=\sum_{i=1}^{N}\frac{m_0v_{ix}^2}{x_0}\Delta t=\frac{m_0\Delta t}{x_0}\sum_{i=1}^{N}v_{ix}^2 \tag{8-11}$$

根据动量定理，求得 A 面的平均冲力为：

$$\bar{F}=\frac{\Delta I}{\Delta t}=\frac{m_0}{x_0}\sum_{i=1}^{N}v_{ix}^2 \tag{8-12}$$

(4) 计算理想气体对器壁的压强

根据一般的压强计算公式，A 面单位面积上所受的力，就是压强：

$$p=\frac{\bar{F}}{A}=\frac{m_0}{x_0y_0z_0}\sum_{i=1}^{N}v_{ix}^2=\frac{m_0}{V}\sum_{i=1}^{N}v_{ix}^2=\frac{N}{V}m_0\sum_{i=1}^{N}\frac{v_{ix}^2}{N} \tag{8-13}$$

式中

$$\sum_{i=1}^{N}\frac{v_{ix}^2}{N}=\frac{v_{1x}^2+v_{2x}^2+\cdots+v_{Nx}^2}{N}=\overline{v_x^2} \tag{8-14}$$

(8-14)为容器内 N 个分子沿 x 方向速度分量的平方的平均值。类似地有 y 方向和 z 方向速度分量的平方的平均值：

$$\sum_{i=1}^{N}\frac{v_{iy}^2}{N}=\frac{v_{1y}^2+v_{2y}^2+\cdots+v_{Ny}^2}{N}=\overline{v_y^2} \tag{8-15}$$

和

$$\sum_{i=1}^{N}\frac{v_{iz}^2}{N}=\frac{v_{1z}^2+v_{2z}^2+\cdots+v_{Nz}^2}{N}=\overline{v_z^2} \tag{8-16}$$

及 N 个分子的速度平方的平均值

$$\sum_{i=1}^{N}\frac{v_i^2}{N}=\frac{v_1^2+v_2^2+\cdots+v_N^2}{N}=\overline{v^2} \tag{8-17}$$

根据气体分子微观模型分析，处于平衡状态的理想气体每个分子往任何方向运动的概率是均等的，可得分子的速度沿各个方向分量的平方的平均值应相等，即有

$$\overline{v_x^2}=\overline{v_y^2}=\overline{v_z^2}=\frac{1}{3}\overline{v^2} \tag{8-18}$$

把数密度和上式代入(8－3)，可得

$$p=\frac{1}{3}nm_0\overline{v^2}=\frac{2}{3}n\bar{\varepsilon}_k \tag{8-19}$$

式中，$\overline{\varepsilon_k}=\frac{1}{2}m_0\overline{v^2}$ 是大量气体分子平动动能的统计平均值，称为分子的平均平动动能。式(8－19)是气体分子动理论的**理想气体压强公式**。关于压强的理解还应注意以下几点：

(1) 分子的数密度越大，压强越大；分子平均平动动能越大，压强也越大。

(2) 单个分子对器壁的碰撞是不连续的，器壁所受到的冲量的数值是起伏不定的，只有在气体的分子数足够大时，器壁所获得的冲量才有确定的统计平均值。若说个别分子产生多大压强，这是无意义的。

(3) 理想气体压强公式反映了宏观量与微观量统计平均值之间的关系，从而揭示了压强的微观本质和统计意义。离开了大量和平均的概念，压强就失去了意义，所以说，压强是一个统计宏观量。

(4) 讨论压强时，把分子看作质点，且只考虑了分子的平动，这是因为压强是大量分子对容器壁碰撞而产生的效应，而分子的碰撞效应主要取决于分子的平动。

压强可以从实验直接测得。但(8－19)式的右方是不能直接测量的微观量，所以(8－19)式是无法直接用实验来验证的。但是从此公式出发，可以解释或论证理想气体诸定律。(8－19)式是气体动理论的基本公式之一。

8.4 理想气体分子的平均平动动能与温度的关系

把(8－19)式与理想气体状态方程推导的压强公式 $p=nkT$ 相比较，可得：

$$\bar{\varepsilon}_k=\frac{1}{2}m_0\overline{v^2}=\frac{3}{2}kT \tag{8-20}$$

这就是理想气体分子的平均平动动能 $\bar{\varepsilon}_k$ 与温度 T 之间的关系式，也是气体动理论的基本公式之一。它揭示了气体温度的微观本质：**气体温度标志着气体内部分子无规则热运动剧烈程度，是气体分子平均平动动能大小的量度。**关于温度的理解还应注意以下几点：

(1) 温度是描述热力学系统平衡态的一个物理量，若处于平衡态的两种气体分子的平均平动动能相等，则两种气体的温度相等。此时，若两种气体相接触，则两种气体间没有宏观的能量传递，它们处于各自的平衡态，这也是热力学第零定律的微观机理。

(2) 温度是一个统计宏观量。式(8－20)中的平均值就表明了这一点。温度只能用来描述大量分子的集体状态，对单个分子讨论它的温度是毫无意义的。温度起因于大量微观粒子的无规则运动，是对组成系统的大量微观粒子的无规则运动的剧烈程度的度量。式(8－20)中分子的平均动能是分子无规则运动的平动动能。温度和物体的整体运动无关，物体的整体运动是其中所有分子的一种有规则运动的表现。

(3) 热力学系统的温度越高，分子的平均平动动能越大；分子平均平动动能越大，分子热运动的越剧烈。事实上，这一结论还可以从气体推广到固体和液体。

从式(8－20)可看出，气体分子平均平动动能降低时，温度将随之降低。但是按照气体动理论，分子的热运动是永不停息的，因此，系统的温度不可能达到 0 K。量子理论研究指出，即使在热力学温度 0 K 时，微观粒子仍具有能量，称为零点能。当温度低于 1 K 时，几乎所有气体都已液化或固化，这时式(8－20)已不再适用。根据式(8－20)，可以计算在任何温度下气体分子的**方均根速率**$\sqrt{\overline{v^2}}$，用符号 v_{rms} 表示：

$$v_{rms}=\sqrt{\overline{v^2}}=\sqrt{\frac{3kT}{m_0}}=\sqrt{\frac{3RT}{M}} \tag{8-21}$$

式中，M 为气体分子的摩尔质量。(8－21)式说明方均根速率与气体的种类和温度有关。在温度相同时，不同摩尔质量的分子的方均根速率不同。

【例 8－1】 一容器内贮有氧气，其压强为 1 atm，温度为 27 ℃，试确定：(1) 单位体积内的分子数；(2) 氧气的密度；(3) 氧分子的质量；(4) 分子间的平均距离；(5) 分子的平均平动动能；(6) 若容器是边长为 0.30 m 的正方体，当一个分子下降的高度等于容器边长时，其重力势能改变多少？并将重力势能的改变与其平均动能相比较。

分析 处于平衡态时的理想气体，其分子的平均平动动能与气体的温度成正比。

解 (1) 因为氧气的压强 $p=1\ \text{atm}=1.013\ 25\times10^5\ \text{N/m}^2$，温度 $T=(273+27)\text{K}=300\ \text{K}$，那么，由理想气体状态方程 $p=nkT$ 得，单位体积内的氧分子数为

$$n = \frac{p}{kT} = \frac{1.013\,25 \times 10^{5}}{1.38 \times 10^{23} \times 300}\ \mathrm{m^{-3}} = 2.447 \times 10^{25}\ \mathrm{m^{-3}}$$

(2) 由理想气体状态方程

$$pV = \nu RT$$

$$\nu = \frac{m}{M}$$

ν 为物质的量，也叫摩尔数，m 为气体的质量，M 为摩尔质量。

$$\rho = \frac{m}{V} = \frac{pM}{RT} = \frac{1.013\,25 \times 10^{5} \times 32.0 \times 10^{-3}}{8.31 \times 300}\ \mathrm{kg/m^3} = 1.30\ \mathrm{kg/m^3}$$

(3) 设氧气分子的质量为 m，则

$$m = \frac{\rho}{n} = \frac{1.30}{2.447 \times 10^{25}}\ \mathrm{kg} = 5.312 \times 10^{-26}\ \mathrm{kg}$$

(4) 设分子之间的平均距离为 $\bar{L}$，则 $\bar{L}^3$ 相当于一个分子的有效体积，那么

$$\bar{L} = \left(\frac{1}{n}\right)^{1/3} = \left(\frac{1}{2.447 \times 10^{25}}\right)^{1/3} = 3.444 \times 10^{-9}\ \mathrm{m}$$

(5) 容器中氧分子的平均平动动能为

$$\bar{\varepsilon}_k = \frac{3}{2}kT = \left(\frac{3}{2} \times 1.38 \times 10^{-23} \times 300\right)\mathrm{J} = 6.21 \times 10^{-21}\ \mathrm{J}$$

(6) 由 $\Delta E_{\mathrm{p}} = mg\Delta h$ 可得，氧分子重力势能的改变为

$$\Delta E_{\mathrm{p}} = mg\Delta h = (5.312 \times 10^{-26} \times 9.80 \times 0.30)\mathrm{J} = 1.562 \times 10^{-25}\ \mathrm{J}$$

所以

$$\frac{\Delta E_{\mathrm{p}}}{\bar{\varepsilon}_k} = 2.52 \times 10^{-5}$$

可见，氧气分子重力势能的改变与其平均平动动能相比可以忽略不计。

8.5　能量均分定理　理想气体的内能

实际气体分子是具有一定的大小和比较复杂的结构，不能视为质点。除了单原子分子只有平动外，其他分子不仅有平动，还有转动和分子内原子之间的振动。在讨论气体热运动的能量时，就应考虑这些运动形式所引起的能量。热力学系统中，把系统处于某种状态时具有的能量称为系统的内能。本节将从分子热运动能量所遵从的统计规律出发，探讨理想气体内能的微观本质。

8.5.1 自由度

在数学中，自由度可以理解为函数方程中，所包含的独立变化的自变量的数目。物理学中，自由度是指为了描述一个物理状态时，能独立对物理状态结果产生影响的变量的数量。例如，力学中的自由度通常是指确定一个系统的位置所需的独立坐标的数量。一个质点在空间中的位置需要用三个独立的坐标(x,y,z)来确定，因此，它的自由度为3。对于一个由n个质点组成的系统，如果它没有受到任何约束，那么它的自由度是$3n$，若存在一个变量之间的约束关系，就意味着自由度要减小1。研究表明，气体分子热运动中，引入自由度概念，可更加简洁和准确地描述分子无规则运动的能量所遵守的统计规律。实际上，自由度是物理学中一个非常重要的概念，广泛应用于各个领域的物理分析和计算中。分子类型中，除单原子分子之外，其他分子都有一定的内部结构。如双原子分子(NO，如图8-8(a))，三原子分子(H_2S，如图8-8(b))，多原子分子(CH_4，C_2H_6，如图8-8(c)和(d))等。因此，气体分子除了平动之外，还可能有转动及分子内原子的振动。

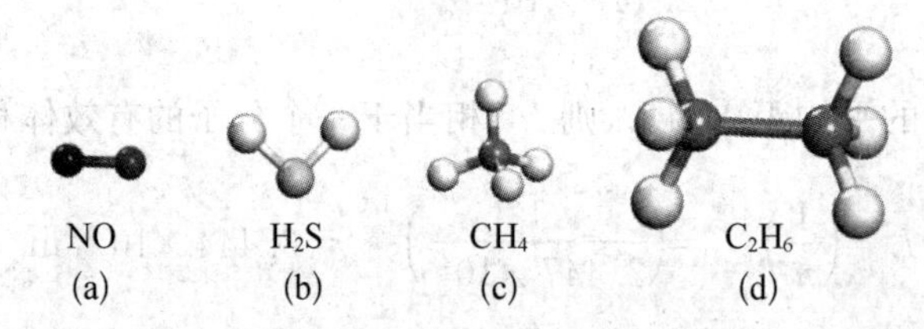

图8-8 双原子分子、三原子分子及多原子分子结构示例

对单原子分子，可视为一质点。确定单原子分子的位置需要有3个独立的坐标x,y,z，因此，它具有3个平动自由度。对刚性双原子分子，即组成分子的原子间的相对位置保持不变，这样的分子可视为由保持一定距离的两个质点组成。确定质心位置需要有3个独立坐标x,y,z，连线的方位需要用3个方位角(α,β,γ)来表示，但这3个方位角并不相互独立，由关系式$\cos^2\alpha+\cos^2\beta+\cos^2\gamma=1$来约束，因此，决定连线方位的独立变量只有2个，而两质点以连线为轴的转动可忽略不计。因此，刚性双原子分子具有3个平动自由度、2个转动自由度，一共有5个自由度。由3个及以上原子组成的刚性多原子分子，可视为自由刚体，确定质心位置需要有3个独立坐标x,y,z，确定通过质心的轴线的方位需要2个独立变量，而轴线方位确定后，刚体还可以绕轴转动，因此，还有一个转动自由度。所以多原子分子共有6个自由度，其中有3个平动自由度，3个转动自由度。事实上，双原子或多原子分子一般不是完全刚性的。此时，组成分子的原子还会有因振动而改变原子间的距离。因此，除平动、转动自由度外，还有振动自由度。只是在常温下，这种振动通常可以忽略；但在高温时，必须考虑振动自由度。

8.5.2 能量均分定理

根据理想气体分子的平均平动动能与温度的关系(8-20)式及分子做无规则热运动时所满足的速率分量平方平均关系式(8-18)有：

$$\frac{1}{2}m_0\overline{v_x^2}=\frac{1}{2}m_0\overline{v_y^2}=\frac{1}{2}m_0\overline{v_z^2}=\frac{1}{3}\left(\frac{1}{2}m_0\overline{v^2}\right)=\frac{1}{2}kT \tag{8-22}$$

上式表明，分子的平均平动动能在每一个平动自由度上分配了相同的能量$\frac{1}{2}kT$。对于刚性双原子分子，假设两原子在x轴上，则这两原子分子的运动，可看作质心C的平动，以及通过质心而绕y轴和z轴的转动。其分子的平均运动动能，可以表示为质心C的平均平动动能与绕y轴和绕z轴的平均转动动能之和。

$$\overline{\varepsilon_k}=\overline{\varepsilon_{kt}}+\overline{\varepsilon_{kr}}=\frac{1}{2}m_c\overline{v_x^2}+\frac{1}{2}m_c\overline{v_y^2}+\frac{1}{2}m_c\overline{v_z^2}+\frac{1}{2}J_y\overline{\omega_y^2}+\frac{1}{2}J_z\overline{\omega_z^2} \tag{8-23}$$

上式中$\overline{\varepsilon_{kt}}$为平均平动动能，$\overline{\varepsilon_{kr}}$为平均转动动能；$J_y$为绕过质心点$C$的$y$轴的转动惯量，$J_x$为绕过质心点$C$的$x$轴的转动惯量；$\overline{\omega_y}$绕过质心点$C$的$y$轴的角速度，$\overline{\omega_x}$绕过质心点$C$的$x$轴的角速度。对于存在振动情况的非刚性分子体系，其能量除了平动动能、转动动能外，还有振动动能和振动势能，一般的，平均振动势能可以写为：

$$\bar{\varepsilon}_v=\frac{1}{2}k\overline{x^2} \tag{8-24}$$

式中的x是两原子沿振动方向发生的相对位移。

综合(8-22)、(8-23)和(8-24)式，分子能量总可以表示为速度或坐标的二次方项。气体动理论中，把这些二次方项的数目也称为分子能量自由度的数目，也简称自由度。

应用玻耳兹曼统计方法可以推导出：气体处于平衡态时，分子任何一个自由度的平均能量都相等，均为$\frac{1}{2}kT$，这就是能量按自由度均分定理，或简称**能量均分定理**。能量均分定理指出，无论是平动、转动还是振动，每一个速度二次方项或每一个坐标二次方项所对应的平均能量均相等，都等于$\frac{1}{2}kT$。由能量均分定理，可以很方便地求得各种分子的平均能量。对自由度为i的分子，其平均能量为：

$$\bar{\varepsilon}=\frac{i}{2}kT \tag{8-25}$$

如以t，r和v分别表示分子能量中属于平动、转动和振动的速度和坐标的二次方项的数目，也即对应的平动自由度、转动自由度或振动自由度，则分子的平均能量亦可一般表示为：

$$\bar{\varepsilon}=\frac{1}{2}(t+r+v)kT \tag{8-26}$$

上述结论也可以推广到处于平衡态的液体和固体物质。关于能量均分定理还应注意以下几点：

(1) 类比于前面学过的压强和温度的微观解释，可以看出能量均分定理也是一个统计规律，它是在平衡态条件下对大量分子统计平均的结果。

(2) 对个别分子而言，它的各种形式的动能随时间而变，而且在某一瞬间它的各种形式的动能也不按自由度均分。但对大量分子整体而言，由于分子的无规则热运动及频繁的碰撞，能量可以从一个分子传递给另一个分子，从一种形式的能量转化为另一种形式的能量，而且能量还可以从一个自由度转移到另外的自由度。

(3) 能量均分定理在量子力学中失效。因为玻耳兹曼统计方法推导的最基本假设就是经典力学假设。在量子力学中粒子的能量是分立的，设能级之间的间隔是 ΔE，只有当 $\Delta E \ll \frac{1}{2}kT$ 的时候，量子力学效应才不明显，这个时候能量均分定理是适用的。同时，只有当温度到达一定的程度，能均分定理才使用，当温度很低的时候，量子力学效应就会非常明显。

8.5.3 理想气体的内能

气体的内能除了分子的动能和势能外，还应包含分子间的相互作用能。而理想气体分子间的相互作用可略去不计，所以理想气体的内能只是气体内所有分子的动能和分子内原子间的势能之和。已知 1 mol 理想气体的分子数为 N_A，若该气体分子的自由度为 i，则 1 mol 理想气体分子的平均能量，即 1 mol 理想气体的内能 E_m 为：

$$E_m = N_A\bar{\varepsilon} = N_A i \frac{1}{2}kT = \frac{i}{2}N_A kT \tag{8-27}$$

已知 $N_A k = R$，故 1 mol 理想气体的内能也可写为：

$$E_m = \frac{i}{2}RT \tag{8-28}$$

而物质的量为 ν 的理想气体的内能则为：

$$E = \nu \frac{i}{2}RT \tag{8-29}$$

从上式可以看出，对于一定量的某种理想气体(m、i 确定)，内能仅与温度有关，与体积和压强无关。因此，理想气体的内能仅是温度的单值函数，是一个状态量，即 $E = E(T)$。这是理想气体的一个重要性质。当气体的温度改变 $\mathrm{d}T$ 时，其内能也相应变化 $\mathrm{d}E$，即

$$\mathrm{d}E = \nu \frac{i}{2}R\mathrm{d}T \tag{8-30}$$

而当温度改变 ΔT 时，内能的改变量为

$$\Delta E = \nu \frac{i}{2}R\Delta T \tag{8-31}$$

上式表明，一定量的某种理想气体状态发生变化时，内能的改变量只取决于始末状态的温度，而与系统状态变化的具体过程无关。

【例 8-2】 储有氧气(视为刚性双原子分子)的容器以速度 $v = 100$ m/s 运动，假设该容器突然停止，全部定向运动的动能都变为气体分子热运动的动能，容器中氧气的温度将会上升多少？

解 容器做匀速运动，由于体积和压强不变，所以容器内的温度不变。

氧气的内能 $E = \frac{M}{M_{\mathrm{mol}}}\frac{5}{2}RT$(双原子分子)，其中 M 为容器内氧气的质量，M_{mol} 为氧气分

子的摩尔质量。

根据题意：$\Delta E=\frac{1}{2}Mv^2$，$\Delta E=\frac{M}{M_{\text{mol}}}\frac{5}{2}R\Delta T$，$\Delta T=\frac{M_{\text{mol}}v^2}{5R}$

容器中氧气的温度变化：$\Delta T=\frac{32\times10^{-3}}{5\times8.31}\times100^2$，$T=7.7\ \text{K}$

8.6　麦克斯韦气体分子速率分布律

处于平衡态的理想气体，从宏观上看，气体的分子数密度、压强和温度处处相同；从微观上看，气体中各个分子的速度和动能是各不相同的；而当气体的温度恒定时，总体来看，气体分子的方均根速率是恒定的。可实际上，分子数目是巨大的，标准状态下，1 cm^3 气体中约有 2.7×10^{19} 个分子，所有气体分子都在以各种大小的速度沿着各个方向运动，且相互频繁地碰撞，一个分子在 1 s 的时间里大约要经历 10^9 次碰撞，这种碰撞使得气体分子的速度大小和方向时刻不停地发生变化。在某一时刻某个分子的速度具有怎样的方向和量值，完全是偶然的。但对大量的分子，实验和理论都表明，在平衡态下，它们的速率分布却遵从一定的统计规律。

最早是麦克斯韦从概率论的角度导出了气体分子的速率分布律，而后玻耳兹曼从经典统计力学的角度也导出了气体分子的速率分布律。1920 年，施特恩第一次从实验中验证了分子按速率分布的统计规律。但是直到 1955 年，才由美国哥伦比亚大学的密勒和库什以更高的分辨率、更强的分子射束和螺旋槽速度选择器，对分子速率分布定律做出了高度精确的实验验证。

8.6.1　麦克斯韦气体分子速率分布定律

麦克斯韦根据气体在平衡态下，分子热运动具有各向同性的特点，运用概率的方法，导出了在平衡态下气体分子按速率的分布规律。这里简单介绍下其最基本的内容。设在一定量理想气体中，总分子数为 N，速率在 $v\sim v+\Delta v$ 范围内的分子数为 ΔN，用$\frac{\Delta N}{N}$表示处于这一速率区间内的分子数占总分子数的百分比，或者说分子速率处于这一区间内的概率。$\frac{\Delta N}{N}$不仅与速率 v 有关，而且与速率的间隔 Δv 有关，显然 Δv 越大，分布在该速率区间内的分子数就越多。$\frac{\Delta N}{N\Delta v}$为单位速率区间内的分子数占总分子数的百分率，当 Δv 趋于无穷小时，$\frac{\Delta N}{N\Delta v}$的极限变成速率 v 的一个连续函数，数学上可表示为

$$f(v)=\lim_{\Delta\to0}\frac{\Delta N}{N\Delta v}=\frac{1}{N}\lim_{\Delta\to0}\frac{\Delta N}{\Delta v}=\frac{\mathrm{d}N}{N\mathrm{d}v}\tag{8-32}$$

也即：

$$f(v)\mathrm{d}v=\frac{\mathrm{d}N}{N}\tag{8-33}$$

式中的 $f(v)=\frac{dN}{N dv}$ 就称为速率分布函数。其物理意义是:气体分子速率处于 v 附近单位速率区间内的分子数占总分子数的百分比,或气体分子的速率处于 v 附近单位速率区间的概率,也称为概率密度。根据概率分布函数的性质,速率在整个所有可能的区间内气体分子出现的概率应等于 1,也即应满足归一化条件:

$$\int_0^{\infty} f(v) dv=1 \tag{8-34}$$

麦克斯韦根据气体在平衡态下分子热运动具有各向同性的特点,运用概率的方法,从理论上导出了一定量的理想气体在平衡态下分子的速率分布函数,如下所示:

$$f(v)=4\pi\left(\frac{m_0}{2\pi kT}\right)^{\frac{3}{2}} e^{-\frac{m_0 v^2}{2kT}} v^2 \tag{8-35}$$

上式就称为**麦克斯韦速率分布函数**,其中 T 为热力学温度,m_0 为分子质量,k 为玻耳兹曼常数。对于确定的理想气体,麦克斯韦速率分布函数只与温度有关。这样(8-33)式可写为:

$$f(v)dv=\frac{dN}{N}=4\pi\left(\frac{m_0}{2\pi kT}\right)^{\frac{3}{2}} e^{-\frac{m_0 v^2}{2kT}} v^2 dv \tag{8-36}$$

上式表示一定量的理想气体,当它处于平衡态时,速率处于区间 $v \sim v+dv$ 内的分子数占总分子数的百分比。图 8-9 是分布函数 $f(v)$ 与 v 的图线,速率分布函数曲线从原点出发后,随速率的增加而迅速上升,达到一极大值后又随速率的增加而逐渐下降至趋于零。这表示气体分子速率可以取区间内一切可能的值(实际上速率不可能超过光速,不影响这里计算结果),但速率很大和很小的分子出现的概率都很小,具有中等速率的分子出现的概率较大。图中的矩形面积,表示在某一速率区间的相对分子数,或分子处于此速率区间的概率。如果速率区间取得越小,则矩形面积数目就越多,这无数个矩形面积的总和就越接近于分布曲线下面的总面积。曲线下的总面积表示速率分布在由零到无限大整个区间内的全部相对分子数的总和,也即分子具有各种速率的概率的总和,应当等于 100%。麦克斯韦气体分子速率分布定律是气体动理论的基本规律之一。

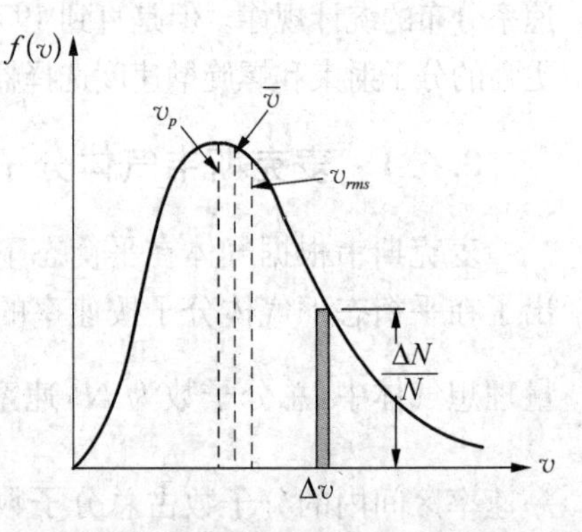

图 8-9 麦克斯韦速率分布函数曲线及同样温度时三种特征速率之间的关系

【例 8-3】 导体中自由电子的运动可以看作类似于气体分子的运动,所以通常称导体中的自由电子为电子气。设导体中共有 N 个自由电子,电子气中电子的最大速率为 v_F(称作费米速率)。电子的速率分布函数为

$$f(v)=\begin{cases}4\pi A v^2 & 0 \leqslant v \leqslant v_F \\ 0 & v > v_F\end{cases}$$

式中 A 为常量,试求

（1）用 N 和 v_F 确定常数 A；

（2）电子气中一个自由电子的平均动能。

解　（1）由速率分布函数的归一化条件，有

$$\int_0^{v_F} 4\pi A v^2 \mathrm{d}v + \int_{v_F}^{\infty} 0 \mathrm{d}v = 1$$

得：

$$\frac{4}{3}\pi A v_F^3 = 1$$

所以，常量 A 为

$$A = \frac{3}{4\pi v_F^3}$$

（2）电子气中一个电子的平均动能

$$\begin{aligned}\bar{\varepsilon} &= \int_0^{v_F} \frac{1}{2} m_e v^2 f(v) \mathrm{d}v = \frac{1}{2} m_e \int_0^{v_F} v^2 \cdot 4\pi A v^2 \mathrm{d}v \\ &= \frac{2}{5}\pi A m_e v_F^5 = \frac{3}{10} m_e v_F^2 = \frac{3}{5}\varepsilon_F \quad \left(\varepsilon_F = \frac{1}{2} m_e v_F^2\right)\end{aligned}$$

8.6.2　三种统计特征速率

应用麦克斯韦速率分布函数可以求出气体分子运动的 3 种具有代表性的特征分子速率：方均根速率、最概然速率和平均速率，它们都是分子速率统计平均值。

（1）方均根速率 v_{rms}

前面已得到了方均根速率的表达式，利用麦克斯韦速率分布函数，通过统计平均的方法同样可以得到。根据统计平均的定义，速率平方的平均可以表示为：

$$\overline{v^2} = \int_0^{\infty} v^2 f(v) \mathrm{d}v \tag{8-37}$$

将麦克斯韦速率分布函数式代入上式，得

$$\overline{v^2} = 4\pi \left(\frac{m_0}{2\pi k T}\right)^{\frac{3}{2}} \int_0^{\infty} \mathrm{e}^{-\frac{m_0 v^2}{2kT}} v^4 \mathrm{d}v \tag{8-38}$$

利用已有的定积分公式

$$\int_0^{\infty} \mathrm{e}^{-\alpha x^2} x^4 \mathrm{d}x = \frac{3}{8}\sqrt{\frac{\pi}{\alpha^5}} \tag{8-40}$$

可得到

$$\overline{v^2} = \frac{3kT}{m_0} \tag{8-41}$$

同样得到分子的方均根速率为

$$v_{rms} = \sqrt{\overline{v^2}} = \sqrt{\frac{3kT}{m_0}} = \sqrt{\frac{3RT}{M}} \approx 1.73\sqrt{\frac{RT}{M}} \tag{8-42}$$

这与由平均平动动能与温度关系式所得是相同的。

(2) 最概然速率 v_p

从图 8-9 中,可以看到麦克斯韦速率分布函数 $f(v)$ 有极大值,根据极值条件 $\left.\frac{\mathrm{d}f(v)}{\mathrm{d}v}\right|_{v=v_p}=0$,可求得该极值,用 v_p 表示为:

$$v_{\mathrm{p}}=\sqrt{\frac{2kT}{m_0}}=\sqrt{\frac{2RT}{M}}\approx 1.41\sqrt{\frac{RT}{M}} \tag{8-43}$$

上式的其物理意义是:在一定温度下,处于平衡态的理想气体,在 v_p 附近单位速率区间内的分子数占总分子数的百分比最大,因此,把 v_p 称为最概然速率(也叫最可几速率)。(8-43)式也表明,对于同种理想气体,当温度升高时,气体分子的速率普遍增大,最概然速率 v_p 相应增大,曲线的峰值向速率增大的方向移动。但由于曲线下的面积恒等于 1,所以温度升高时曲线变得较为平坦,如图 8-10 所示。在温度相同的条件下,不同气体的最概然速率 v_p 随分子质量(m_0)的增大而减小。

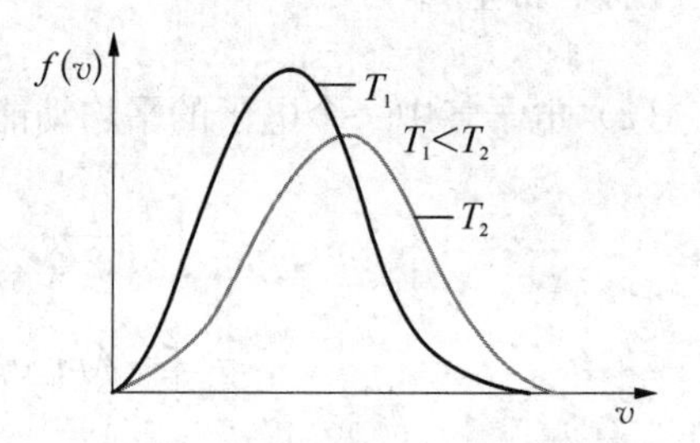

图 8-10 某种气体分子在两种温度下的速率分布对比示意图

(3) 平均速率 $\bar{v}$

若一定量气体的分子数为 N,则所有分子速率的算术平均值叫作平均速率。平均速率为大量分子速率的算术平均值,用 $\bar{v}$ 表示。根据算术平均值的定义,有:

$$\bar{v}=\frac{v_1\mathrm{d}N_1+v_2\mathrm{d}N_2+\cdots+v_i\mathrm{d}N_i+\cdots+v_n\mathrm{d}N_n}{N}=\frac{\int_0^{\infty}v\mathrm{d}N}{N}=\int_0^{\infty}vf(v)\mathrm{d}v \tag{8-44}$$

将麦克斯韦速率分布函数式代入上式,得

$$\bar{v}=4\pi\left(\frac{m_0}{2\pi kT}\right)^{\frac{3}{2}}\int_0^{\infty}\mathrm{e}^{-\frac{m_0v^2}{2kT}}v^3\mathrm{d}v \tag{8-45}$$

利用已有的定积分公式

$$\int_0^{\infty}\mathrm{e}^{-\alpha x^2}x^3\mathrm{d}x=\frac{1}{2\alpha^2} \tag{8-46}$$

可得

$$\bar{v}=\sqrt{\frac{8kT}{\pi m_0}}=\sqrt{\frac{8RT}{\pi M}}\approx 1.60\sqrt{\frac{RT}{M}} \tag{8-47}$$

以上 3 种速率各有不同的含义,也各有不同的用处。方均根速率 v_{rms} 用于计算分子的平均平动动能;最概然速率 v_p 用于讨论速率分布、比较两种不同温度或不同分子质量气体的分布曲线等;平均速率 $\bar{v}$ 用于讨论气体分子的碰撞、计算分子的平均自由程(分子在连续两次碰撞之间所经过的路程的平均值称为平均自由程)等。3 种速率都有统计平均的意义,对少量分子无意义。它们都与温度的平方根成正比,与分子摩尔质量的平方根成反比。

习　题

1. 1 mol 的氮气(视为刚性双原子分子理想气体),温度为 T,其内能为　　(　　)。

A. $\frac{3}{2}RT$　　B. $\frac{3}{2}kT$　　C. $\frac{5}{2}RT$　　D. $\frac{5}{2}kT$

2. 在标准状态下,若氧气和氦气(均视为刚性分子理想气体)的体积比 $V_1/V_2=1/2$,则其内能之比E_1/E_2 为　　(　　)。

A. 3/10　　B. 1/2　　C. 5/6　　D. 5/3

3. 如图所示,在某个过程中,一定量的理想气体的内能 E 随压强 p 的变化关系为一直线,则该过程为　　(　　)。

A. 等温过程　　B. 等压过程　　C. 等体过程　　D. 绝热过程

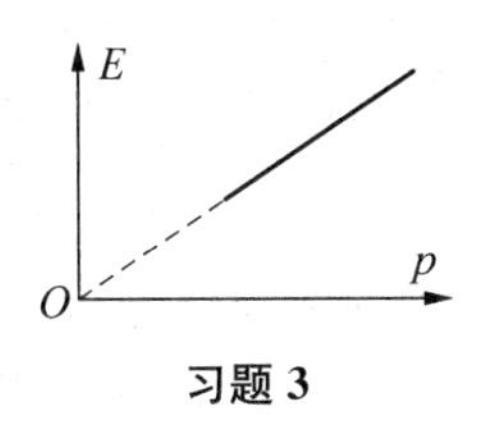

习题 3

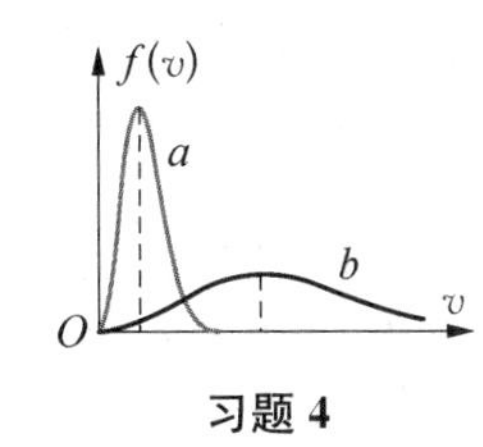

习题 4

4. 如图所示,曲线表示在相同温度下氧分子和氢分子的速率分布曲线,v_{pO} 和 v_{pH} 分别为氧分子和氢分子的最概然速率,则表示氧分子的速率分布曲线为　　(　　)。

A. a,且 $v_{pO}/v_{pH}=4$　　B. a,且 $v_{pO}/v_{pH}=1/4$

C. b,且 $v_{pO}/v_{pH}=1/4$　　D. b,且 $v_{pO}/v_{pH}=4$

5. 已知一定量的某种理想气体,在温度为 T_1 与 T_2 时的分子最概然速率分别为 v_{p1} 和 v_{p2},分子速率分布函数的最大值分别为 $f(v_{p1})$和 $f(v_{p2})$。若 $T_1>T_2$,则　　(　　)。

A. $v_{p1}>v_{p2}, f(v_{p1})>f(v_{p2})$　　B. $v_{p1}>v_{p2}, f(v_{p1})<f(v_{p2})$

C. $v_{p1}<v_{p2}, f(v_{p1})>f(v_{p2})$　　D. $v_{p1}<v_{p2}, f(v_{p1})<f(v_{p2})$

6. 若氧分子[O_2]气体离解为氧原子[O]气后,其热力学温度提高一倍,则氧原子的平均速率是氧分子的平均速率的　　(　　)。

A. $\sqrt{2}/2$ 倍　　B. $\sqrt{2}$倍　　C. 2 倍　　D. 4 倍

7. 已知分子总数为 N,它们的速率分布函数为 $f(v)$,则速率分布在 $v_1\sim v_2$ 区间内的分子的平均速率为　　(　　)。

A. $\int_{v_1}^{v_2} vf(v)\mathrm{d}v$　　B. $\int_{v_1}^{v_2} vf(v)\mathrm{d}v\Big/\int_{v_1}^{v_2} f(v)\mathrm{d}v$

C. $\int_{v_1}^{v_2} Nvf(v)\mathrm{d}v$　　D. $\int_{v_1}^{v_2} vf(v)\mathrm{d}v/N$

8. 一定量的理想气体,在温度不变的条件下,当体积增大时,分子的平均碰撞频率 $\bar{Z}$ 和平均自由程 $\bar{\lambda}$ 的变化情况是　　(　　)。

A. $\bar{Z}$ 减小而 $\bar{\lambda}$ 不变　　B. $\bar{Z}$ 减小而 $\bar{\lambda}$ 增大

C. $\bar{Z}$ 增大而 $\bar{\lambda}$ 减小　　D. $\bar{Z}$ 不变而 $\bar{\lambda}$ 增大

9. 若某种理想气体分子的方均根速率$\sqrt{\overline{v^2}}=450\ \mathrm{m/s}$，气体压强为$p=7\times10^4\ \mathrm{Pa}$，则该气体的密度为$\rho=$________。

在容积为10升的容器中，装有质量150 g的气体，若气体分子的方均根速率为200 m/s，则气体的压强为________。

10. 下面给出理想气体的几种状态变化的关系，指出它们各表示什么过程。

(1) $p\mathrm{d}V=(m'/M)R\mathrm{d}T$ 表示________过程；(2) $p\mathrm{d}V+V\mathrm{d}p=0$ 表示________过程；(3) $V\mathrm{d}p=(m'/M)R\mathrm{d}T$ 表示________过程。

11. 一定量的理想气体，温度为T，分子的质量为m。根据理想气体分子模型和统计假设，分子速度在x方向的分量的下列平均值$\overline{v_x}=$________；$\overline{v_x^2}=$________。

12. 氦气、氢气和氨气各1 mol（均视为刚性分子的理想气体），若其温度都升高1 K，则内能增量分别为：$\Delta E_{\mathrm{He}}=$________；$\Delta E_{\mathrm{H_2}}=$________；$\Delta E_{\mathrm{NH_3}}=$________。

13. 一个容器内盛有一定量的理想气体，气体的密度为$\rho=1.24\times10^{-2}\ \mathrm{kg/m^3}$，温度为273 K，压强为$1.0\times10^{-2}$ atm。试求：(1) 气体的平均平动动能$\overline{\varepsilon_k}$；(2) 气体分子的方均根速率$\sqrt{\overline{v^2}}$；(3) 气体的摩尔质量M。

14. 容积$V=1\ \mathrm{m^3}$的容器内混有$N_1=1.0\times10^{25}$个氧气分子和$N_2=4.0\times10^{25}$氮气分子，混合气体的压强是2.76×10^5 Pa。求：(1) 混合气体的温度；(2) 分子的平均平动动能。

15. 容器内有4 kg甲烷和2 kg氢气（均视为刚性分子的理想气体），已知混合气体的内能是8.1×10^6 J。求：(1) 混合气体的温度T；(2) 甲烷、氢气分子的平均动能。

16. 一定量的氢气和一定量的氦气（视为刚性双原子分子气体），质量分别为m'_1和m'_2，内能分别为E_1和E_2。已知它们的压强、体积和温度都相等，求：m'_1/m'_2和E_1/E_2。

第九章 热力学基础

本章用热力学理论方法，从能量观点出发，探讨宏观热现象。包括功、热量、内能、热力学定律、热力学等值过程、绝热过程、循环过程、卡诺循环和熵增加原理等内容。日常生活中的热机、制冷机等，都涉及热力学过程中的能量转换和利用，需要通过对热力学过程的分析和计算来设计和优化。

18 世纪中叶逐步确立了气体动理论系统内容之后，热力学理论也获得了迅速的发展。1850 年克劳修斯发表《论热的动力以及由此推出的关于热学本身的诸定律》的论文。论文首先从焦耳确立的热功当量出发，将热力学过程遵守的能量守恒定律归结为热力学第一定律。论文在卡诺定理的基础上研究了能量的转换和传递方向问题，提出了热力学第二定律的克劳修斯表述形式。1851 年，开尔文提出了热力学第二定律开尔文表述。在热力学第二定律基础上，人们提出了用熵这个物理量来建立一个普适的判据，以判断自发过程的进行方向。1877 年，玻尔兹曼提出玻尔兹曼熵关系式，说明了熵与系统状态的无序程度之间的联系。

9.1 热力学第一定律

9.1.1 准静态过程 功 热量

当热力学系统受到外界的影响而发生能量或物质交换时，其状态会发生变化。例如，处于容器中的气体或液体，在外力作用下体积被压缩，或外界给容器加热而使得体积发生膨胀；或热力学系统中的物质被点燃等等。这些状态发生变换的过程，可能既有能量的交换，又有质量的交换；从气体动理论来说，气体的压强、温度和体积都可能会伴随着系统的变化而变化。系统状态发生变化的整个历程称为热力学过程。也可以说该过程是系统从一个平衡态到另一个平衡态的过渡过程。一般地，这个过渡过程的状态不可能是平衡态，根据过程中间状态的特征，可以把热力学过程分为**准静态过程**和**非静态过程**。

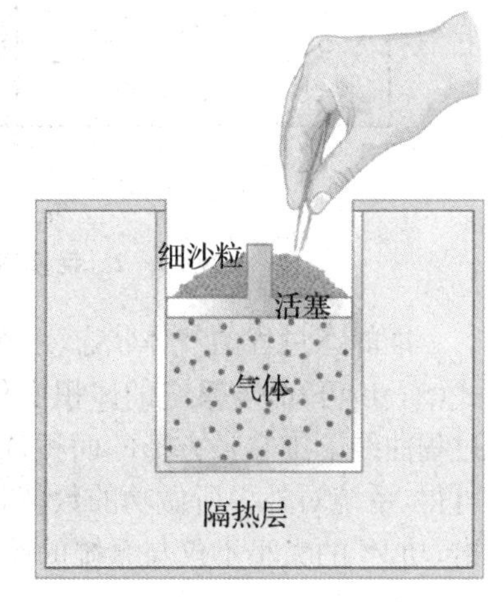

图 9-1 准静态过程示意例子

如图 9-1 所示，在带有活塞的容器内贮有一定量的气体，活塞可沿容器壁无摩擦滑动。在活塞上放置一些细沙粒，开始时气体处于平衡态。若将细沙粒一颗一颗缓慢地取走，容器中气体状态变化得非常非常缓慢，以至于每个中间状态都无限接近于平衡态，这种极为缓慢的状态变化过程，就可视为准静态过程。但若将活塞上面的细沙粒突然全部取走，则活塞将快速上升，气体膨胀，气体的平衡状态被破坏，要经过足够长的时间才能达到新的平衡。在这个过程中，气体均处于非平衡态，这样的过程就是非静态过程。

气体动理论中指出，宏观状态参量之间所满足的关系式是系统处于平衡态时候的规律。例如状态方程中压强 p 和体积 V 之间的关系，就可以用 p—V 图上用一条曲线表示，此时曲线上的每一点都对应过程中的一个平衡态，具有确定的 p，V 值。由于准静态过程的特点，所以准静态过程中的压强 p 和体积 V 也可以用 p—V 图来表示。但非静态过程无法在 p—V 图上用曲线表示，因为每一个中间态都没有确定的状态参量值。

准静态过程中，热力学系统体积的变化，从能量交换来讲，会体现为系统对外做功或外界对系统做功。如图 9-2(a)所示，带有活塞的圆柱形气缸，贮有一定量气体。假设系统状态的变化过程均为无摩擦的准静态过程。图中 p 为气体的压强，S 为活塞的面积，气体作用在活塞上的压力 $F=pS$。当活塞缓慢地移动一微小距离 dl，气体的体积增加了 $dV=Sdl$。在这一过程中系统对外界所做的元功可表示为：

$$dW = F\,dl = pS\,dl = p\,dV \tag{9-1}$$

通常，当系统膨胀时，$dV>0$，记 $dW>0$，即系统对外界做功；而当系统被压缩时，$dV<0$，则记 $dW<0$，即系统对外界做负功，或外界对系统做正功。系统对外界做功与外界对系统做的功总是大小相等，符号相反。若系统体积不变，即外界或系统均不做功。若系统从初态 $A(p_1,\ V_1)$ 经过准静态过程变化到末态 $B(p_2,\ V_2)$，则系统对外界做的总功为：

$$W = \int_{V_1}^{V_2} p\,dV \tag{9-2}$$

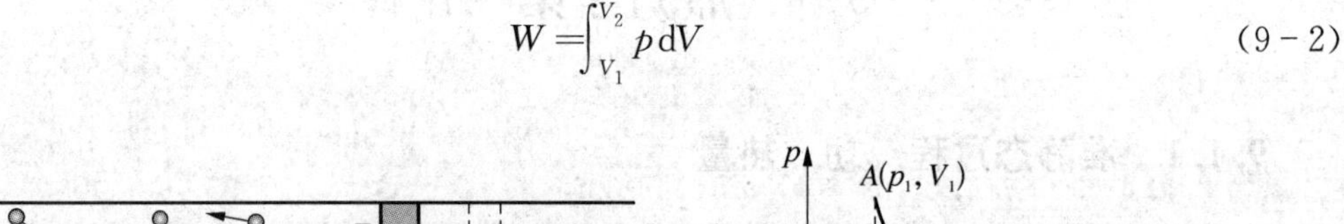

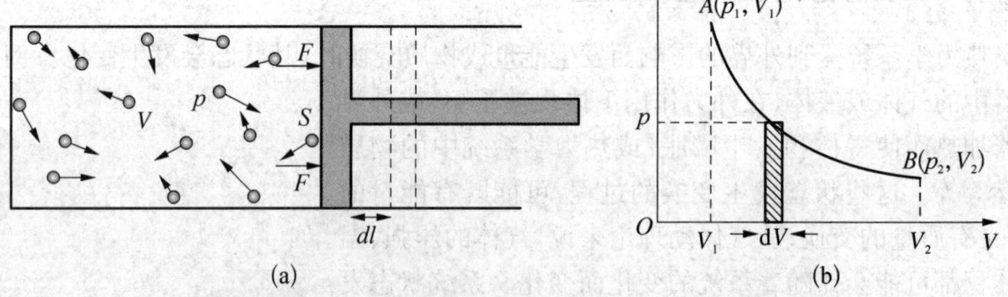

图 9-2　活塞气缸气体体积变化时做功及其 p—V 曲线图表示

准静态过程的气体状态变化还可以用 p—V 图上的曲线来表示，如图 9-2(b)所示。由式(9-1)可知，若系统的体积变化 dV，系统对外所做的元功 dW 在数值上就等于 p—V 图上过程曲线下细窄长方形的面积；而气体体积从 V_1 变化到 V_2 的整个过程中，由式(9-2)积分可得，系统对外界所做功的数值就等于 p—V 图上整条曲线下的面积。从图 9-2 中还可看出，功 W 的大小不仅与系统的始末状态有关，还与发生的路径有关，因此，功不是状态量，而是一个过程量。

从上述活塞气缸模型的热力学系统中，可以看出体积变化导致了系统的能量传递。热力学系统中，通过热传递也是系统能量传递的一种方式。生活中，可以说时刻在发生热传递，热传递的方式也有多种，一般可以分为热传导、热对流和热辐射，如图 9-3 所示。人们把由于系统与外界存在温度差而传递的能量叫作**热量**(Q)。在热量传递过程中若要实现系统的温度由 T_1 升高到 T_2 的过程为准静态过程，则要求在任一时刻，系统状态变化前后的温度差均在非常小的范围 ΔT 之内($\Delta T/T \ll 1$，其中 T 为任一时刻的温度)。热量传递的多少与其传递方式密切相关，所以热量与功一样，也是一个过程量。

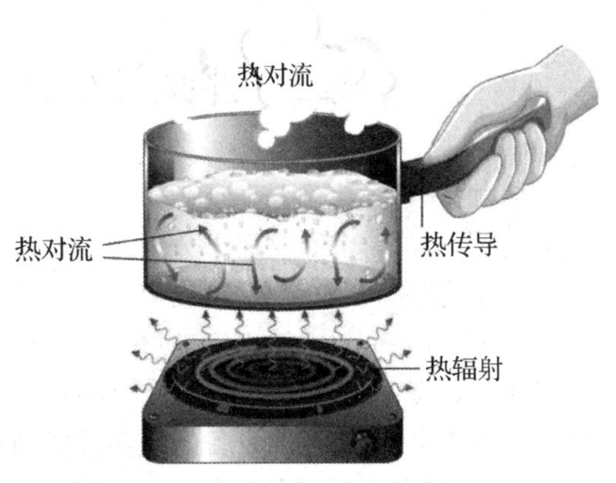

图 9-3　热传递的多种形式

9.1.2　热力学第一定律

通过做功方式和传递热量方式都可以改变热力学系统的体积、温度或压强状态，从而使系统的能量发生改变，人们也常常把系统处于某一状态时具有的能量，称为**内能**。内能只与状态有关，而与过程无关。上一章已经分析过，微观上，理想气体的内能只是气体内所有分子的动能和分子内原子间的势能之和。现假设有一系统，初始内能为 E_1，从外界吸收的热量为 Q，达到新的平衡状态后内能为 E_2，同时系统对外做功为 W，此过程中，内能变化为 $\Delta E = E_2 - E_1$，则根据能量守恒定律，整个过程总有：

$$Q = \Delta E + W \tag{9-3}$$

上式的物理意义是：系统从外界吸收的热量，一部分用于增加系统的内能，另一部分用来系统对外界做功。这就是**热力学第一定律**。其实，热力学第一定律就是包括热量在内的能量守恒定律。为便于应用，做如下规定：系统从外界吸收热量时 $Q > 0$，系统向外界放出热量时 $Q < 0$；系统对外界做功时 $W > 0$，外界对系统做功时 $W < 0$；系统内能增加时 $\Delta E = E_2 - E_1 > 0$，系统内能减小时 $\Delta E < 0$。

热力学第一定律不仅适用于气体，也适用于液体和固体。热力学第一定律的适用条件为始末状态均是平衡态，状态变化的中间过程可以是准静态过程，也可以是非静态过程。对于微小的过程中系统状态的变化，热力学第一定律的数学表达式可写为：

$$\mathrm{d}Q = \mathrm{d}E + \mathrm{d}W \tag{9-4}$$

使用上式微分式时，要求系统所经历的过程必须是准静态过程。

人类工业文明发展史上，蒸汽机的出现，极大地促进了人类生产力的发展。此后，与蒸汽机类似的动力装置持续出现，人们在享受动力装置带来便利的同时，也感叹动力装置不可或缺的能源消耗。因此，历史上有不少人企图制造一种机器，既不消耗系统的内能，又不需要从外界吸收热量，即不消耗任何能量而能不断地对外做功，这种机器叫作**第一类永动机**。制造这种机器的所有尝试均以失败告终。热力学第一定律指出，做功必须由能量转换而来，很显然第一类永动机违反了热力学第一定律，所以热力学第一定律也可表述为：第一类永动机是不可能实现的。

9.2　理想气体的热力学第一定律应用

热力学第一定律广泛应用于工程、物理、化学和能源管理等领域，例如：在制冷与空调系统中，热力学第一定律可用于分析冷藏、制冷和空调系统的能量转换。通过控制压缩机、冷凝器和蒸发器的工作参数，可以提高系统的制冷效率和能源利用率；在化学反应和化学平衡研究中，热力学第一定律用于计算反应焓变，即通过测量反应物和生成物的焓变来计算化学反应的热效应；在能源管理中，热力学第一定律用于对能源系统进行能量平衡分析，评估能源的利用效率，通过增加设备的绝热性能，减少能量的损失，可以提高能源的利用率；在宇宙航空领域，热力学第一定律应用于火箭推进原理、航天器的轨道设计和姿态控制等；在生物医学工程中，热力学第一定律用于分析和优化人工心脏、心脏起搏器和神经刺激器等设备的性能。下面仍然以理想气体为工作物质，研究热力学第一定律在等容过程、等压过程、等温过程和绝热过程中的应用。理解这些单值过程，是研究上述领域中复杂过程的基础。

9.2.1　热容、比热容、摩尔热容

系统的热性质与系统的质量、物质的种类、状态和温度等因素有关。在不发生相变和化学变化的前提下，系统与环境所交换的热与由此引起的温度变化之比称为该系统的**热容**。它反映了物质在升高或降低温度时吸收或放出的热量的能力，一般用 C 表示，对于准静态的微观过程，吸收或放出热量 $\mathrm{d}Q$，温度升高或降低 $\mathrm{d}T$，可定义：

$$C=\frac{\mathrm{d}Q}{\mathrm{d}T} \tag{9-5}$$

在国际单位制中，热容的单位是焦耳/开(J/K)。而定义单位质量物质的热容称为比热容，用 c 表示，单位为 $\mathrm{J\cdot kg^{-1}\cdot K^{-1}}$。设系统的质量为 m，则有：

$$c=\frac{\mathrm{d}Q}{m\mathrm{d}T} \tag{9-6}$$

而每摩尔(mol)物质的热容称为**摩尔热容**，用 C_m 表示，设系统物质的摩尔质量为 M，则有：

$$C_m=\frac{M}{m}\left(\frac{\mathrm{d}Q}{\mathrm{d}T}\right) \tag{9-7}$$

即 1 mol 物质温度升高(或降低) 1 K 所吸收(或放出)的热量。摩尔热容单位为 $\mathrm{J\cdot mol^{-1}\cdot K^{-1}}$。当温度升高 $\mathrm{d}T$ 时，根据摩尔热容的定义，可得在微小过程中系统吸收的热量为：

$$\mathrm{d}Q=mc\,\mathrm{d}T=\frac{m}{M}C_m\mathrm{d}T \tag{9-8}$$

当温度由 T_1 升高至 T_2 时，系统从外界吸收的热量为：

$$Q=\int_{T_1}^{T_2}\frac{m}{M}C_m\mathrm{d}T \tag{9-9}$$

9.2.2　等容过程　摩尔定容热容

等容过程，也称为等体过程，其特点是系统的体积保持不变。常见的等体过程装置包括气缸、真空室、反应器等。在这些装置中，气体被密封在一个固定的容器内，容器的体积无法改变，因此，气体的体积在整个过程中保持不变。这种装置常用于高真空环境、化学反应、激光气体测试等领域。封闭一定量气体(物质的量为 ν mol)的气缸模型，若活塞保持固定不动(V 不变)，让它与一系列有微小温差的恒温热源相接触，使得气缸的气体经历一个准静态升温过程，则根据理想气体状态方程可以得到等容过程的状态量特征方程为：

$$\frac{p}{T}=\nu\frac{R}{V}=\text{恒量} \tag{9-10}$$

由上述可得，该过程的温度升高，则压强增大；反之，温度降低，就压强减小。等容过程的 p—V 图上是一条平行于 p 轴的直线，如图 9-4 所示，且由于气体的体积 V 是常量，气体不对外做功，即 $\mathrm{d}W_V=p\mathrm{d}V=0$，根据热力学第一定律，有：

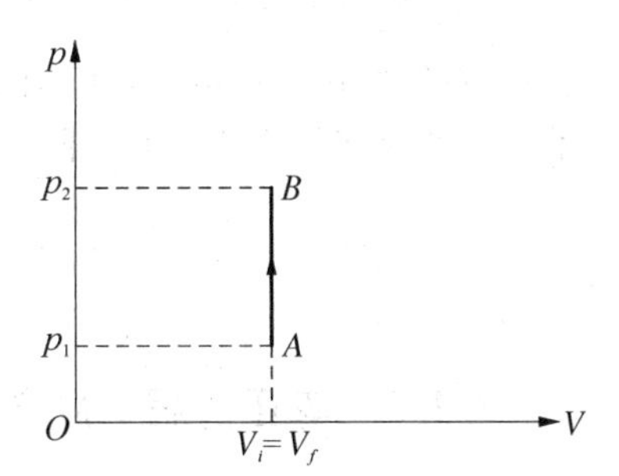

图 9-4　理想气体等容过程 p—V 曲线图

$$\mathrm{d}Q_V=\mathrm{d}E \tag{9-11}$$

Q_V 表示体积不变情况下所吸收或释放的热量。

对有限的等容过程，则有：

$$Q_V=E_2-E_1 \tag{9-12}$$

上式表明，在等容过程中，气体吸收的热量全部用来增加气体的内能。引入**定容摩尔热容** $C_{V,m}$，根据摩尔热容的定义 $C_m=\frac{\mathrm{d}Q_m}{\mathrm{d}T}$，有：

$$C_{V,m}=\left(\frac{\mathrm{d}Q_m}{\mathrm{d}T}\right)_V \tag{9-13a}$$

上式中，下标 V 分别表示该过程中的体积保持不变。对于 1 mol 理想气体有 $\mathrm{d}E=\frac{i}{2}R\mathrm{d}T$，代入(9-13)式，有：

$$C_{V,m}=\frac{i}{2}R \tag{9-13b}$$

上式中 i 为分子自由度，R 为普适气体常量，上式表明理想气体的定容摩尔热容只与分子自由度有关，而与其他的状态参量压强和体积无关(非理想气体状态时，实验已证实定容摩尔热容与温度有关)。如此，单原子理想气体 $i=3$，则 $C_{V,m}=\frac{3}{2}R$；刚性双原子理想气体 $i=5$，则 $C_{V,m}=\frac{5}{2}R$；刚性多原子理想气体 $i=6$，则 $C_{V,m}=\frac{6}{2}R$。

质量为 m、摩尔质量为 M 的理想气体，在无限小等容过程中吸收的热量为：

$$dQ_V=\frac{m}{M}C_{V,m}dT=\frac{m}{M}\frac{i}{2}RdT \tag{9-14}$$

对有限等容过程，上式进行积分之后有：

$$Q_V=\frac{m}{M}C_{V,m}(T_2-T_1)=\frac{m}{M}\frac{i}{2}R(T_2-T_1)=\frac{i}{2}(p_2-p_1)V \tag{9-15}$$

将(9-14)式代入式(9-11)，可得在等体过程中内能的增量为：

$$dE=\frac{m}{M}C_{V,m}dT=\frac{m}{M}\frac{i}{2}RdT \tag{9-16}$$

因理想气体的内能仅是温度 T 的单值函数，系统内能的增量与过程无关，只要温度的增量 dT 相同，则系统内能的增量 dE 都相同。所以式(9-16)是计算理想气体内能增量的通用公式，对任何过程都成立，并不仅仅限于等容过程，后面分析的其他过程，同样可以采用该式子来计算内能的变化。对有限过程，对上式积分运算之后有：

$$\Delta E=E_2-E_1=\nu C_{V,m}\int_{T_1}^{T_2}dT=\frac{m}{M}C_{V,m}(T_2-T_1)=\frac{m}{M}\frac{i}{2}R(T_2-T_1) \tag{9-17}$$

9.2.3 等压过程 摩尔定压热容

等压过程的特点是系统的压力保持不变。常见的等压过程装置包括恒压阀、恒压容器、气瓶等。在这些装置中，气体的压力在整个过程中保持不变，因此，气体可以对外界做功，或者从外界吸收热量。这种装置常用于气体压缩、气体输送、制冷等领域。封闭一定量气体(物质的量为 ν mol)的气缸模型，若与一系列有微小温差的恒温热源相接触，接触过程中活塞上所加的外力保持不变。每次接触的过程，都是微小热量的传递，气体温度缓慢升高，压强也增加一微小量，于是推动活塞对外做功，体积微小膨胀，压强降低，从而使得气缸内外的压强保持不变，系统在这样一系列过程中，经历一个准静态等压过程。在等压过程中，理想气体的压强保持不变，则根据理想气体状态方程可以得到等压过程的特征方程为：

$$\frac{V}{T}=\nu\frac{R}{p}=\text{恒量} \tag{9-18}$$

等压过程在 p—V 图上是一条平行于 V 轴的直线，如图 9-5 所示，这条直线称为等压线。

当等压过程中体积增加时，根据(9-2)式和图 9-5，系统对外界做功为：

$$W=\int_{V_1}^{V_2}p\,dV=p(V_2-V_1) \tag{9-19a}$$

根据理想气体状态方程 $pV=\nu RT$，上式又可改写为：

$$W=\nu R(T_2-T_1) \tag{9-19b}$$

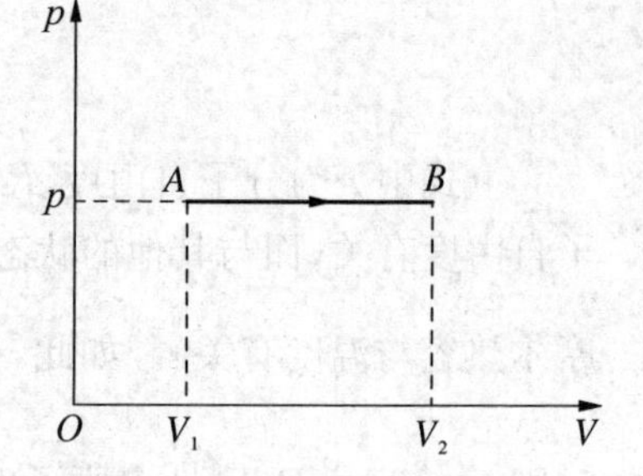

图 9-5 理想气体等压过程 p—V 曲线图

系统的内能变化与过程无关，根据(9-16)式，当温度由 T_1 变为 T_2 时，内能的增量可写为：

$$\Delta E=\nu C_{V,m}(T_2-T_1) \tag{9-20}$$

把上述结论代入热力学第一定律，可得在等压过程中系统吸收热量的如下计算表达式：

$$\begin{aligned}Q_p&=W+\Delta E=p(V_2-V_1)+\nu C_{V,m}(T_2-T_1)\\&=\nu R(T_2-T_1)+\nu C_{V,m}(T_2-T_1)\end{aligned} \tag{9-21}$$

上式表明，等压过程中，系统若吸收热量，则一部分用来对外做功，而另一部分用来增加系统的内能，整理 (9-21)式可得：

$$Q_p=\nu(C_{V,m}+R)(T_2-T_1) \tag{9-22}$$

引入**定压摩尔热容** $C_{p,m}$，根据摩尔热容的定义 $C_m=\dfrac{\mathrm{d}Q_m}{\mathrm{d}T}$，有：

$$C_{p,m}=\left(\frac{\mathrm{d}Q_m}{\mathrm{d}T}\right)_p \tag{9-23}$$

上式中下标 p 表示该过程中的压强保持不变，则 ν mol 理想气体，在无限小等容过程中吸收的热量为：

$$\mathrm{d}Q_p=\nu C_{p,m}\mathrm{d}T \tag{9-24}$$

则在整个等压过程中从外界吸收的热量，又可写为：

$$Q_p=\nu C_{p,m}(T_2-T_1) \tag{9-25}$$

比较(9-22)式与式(9-25)，可以得到定容摩尔热容和定压摩尔热容的关系为：

$$C_{p,m}=C_{V,m}+R \tag{9-26}$$

(9-26)式称为**迈耶公式**，表示要使同一状态下 1 mol 理想气体温度升高 1 K，等压过程要比等体过程多吸收 8.31 J 的热量。这是因为在这两个过程中内能的增量相同，但等压过程需要吸收更多的热量用来对外做功。

系统的定压摩尔热容 $C_{p,m}$ 与定体摩尔热容 $C_{V,m}$ 的比值称为系统的比热容比，工程上又称为绝热系数，用 γ 表示，结合理想气体分子自由度和(9-13b)式，有：

$$\gamma=\frac{C_{p,m}}{C_{V,m}}=\frac{C_{V,m}+R}{C_{V,m}}=\frac{i+2}{i} \tag{9-27}$$

可以看出，绝热指数 $\gamma>1$。γ 的理论值有以下几种情况：对于单原子分子理想气体，$\gamma=\dfrac{5/2}{3/2}=1.67$；对于刚性双原子分子理想气体，$\gamma=\dfrac{7/2}{5/2}=1.40$；对于刚性多原子分子理想气体，$\gamma=\dfrac{4}{3}=1.33$。

研究发现，在 1.013×10^5 Pa、25 ℃的实验条件下，各种单原子分子气体和双原子分子气体，其 $C_{p,m}-C_{V,m}$ 的差值，实验值与理论值较为接近。这表明能量均分定理关于自由度均分$\dfrac{1}{2}kT$ 的说法，对理想气体是合适的。但对某些三原子分子气体，它们的 $C_{p,m}-C_{V,m}$ 的差值，则实验值与理论值则有较大差异，这也反映了能量均分定理的局限性。后来的实验发现

$C_{V,m}$ 与温度有关。例如,研究发现氢气的温度低于 100K 时,其 $C_{V,m}$ 近似为$\frac{3}{2}R$,此时似乎只有分子的平均平动动能对 $C_{V,m}$ 有贡献;而当氢气的温度介于 500～1 000 K 之间时,其 $C_{V,m}$ 约为$\frac{5}{2}R$,此时除分子的平均平动动能外,转动动能也对 $C_{V,m}$ 起作用;当氢气的温度高达 2 500 K 以上时,其 $C_{V,m}$ 逐渐达到$\frac{7}{2}R$,这时分子的平动、转动和振动能量都对 $C_{V,m}$ 有贡献。这种 $C_{V,m}$ 随 T 的增加而变化的特点,不是氢气所独有,其他气体也有类似的情况。能量均分定理是无法对此予以说明的,只有用量子理论才能较好地处理这个问题,这也说明了能量均分定理的局限性。

9.2.4 等温过程

等温过程的特点是系统的温度保持不变。常见的等温过程装置包括恒温箱、恒温水浴、恒温容器等。在这些装置中,气体的温度在整个过程中保持不变,因此,气体可以与外界进行热量交换,但始终保持温度不变。这种装置常用于温度控制、化学反应、气体分离等领域。封闭一定量气体(物质的量为 ν mol)的气缸模型,若气缸四壁与活塞是绝对不导热的,而底部是导热的,让气缸底部与一个恒温热源接触,当活塞外界的压强非常缓慢地降低时,缸内气体随之非常缓慢地膨胀而对外做功,使得内能缓慢减小,温度伴随着稍稍降低,但由于气体通过气缸底部与恒温热源相接触,因而会有微小的热量传给气体,使得气缸气体的温度可以维持原值,整个过程气体经历一个准静态等温过程。

在等温过程中,理想气体的温度保持不变。由理想气体状态方程可得到等温过程的特征方程为:

$$pV=\frac{m}{M}RT=\text{恒量} \tag{9-28}$$

则可得,等温过程在 p—V 图上是在第一象限内的一条双曲线,如图 9-6 所示,这条曲线也称为等温线。由上式可知,等温线以上区域为气体温度大于 T,也即温度越高,式中的恒量值越大,曲线离两坐标轴越远。

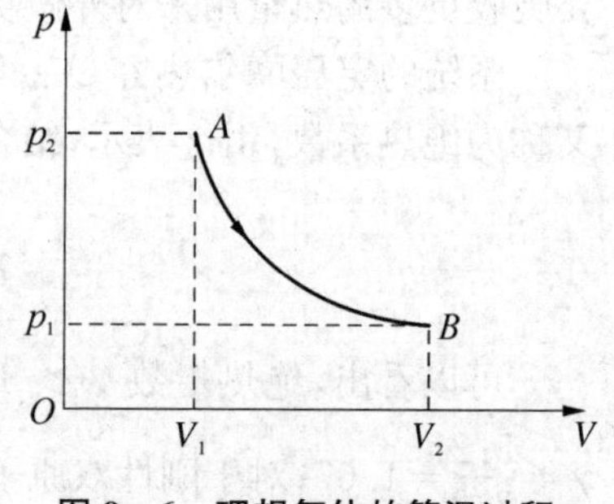

图 9-6 理想气体的等温过程 p—V 曲线图

由于等温过程中温度保持不变 ($\Delta T=0$),其内能也不变,即 $\Delta E=0$。则根据气体做功计算公式(9-2) 式和热力学第一定律(9-3) 式,有:

$$Q_T=W=\int_{V_1}^{V_2}p\,\mathrm{d}V=\int_{V_1}^{V_2}\frac{m}{M}RT\,\frac{1}{V}\mathrm{d}V=\nu RT\ln\frac{V_2}{V_1} \tag{9-29a}$$

而等温过程中状态方程满足(9-28)式,即 $p_1V_1=p_2V_2$,故上式又可表示为

$$Q_T=W=\nu RT\ln\frac{V_2}{V_1}=\nu RT\ln\frac{p_1}{p_2} \tag{9-29b}$$

上式表明,等温过程中,理想气体的膨胀 (即 $V_2>V_1$) 时,W 和 Q_T 均取正值,气体从恒温热

源吸收的热量全部用于对外做功；而当气体被压缩(即 $V_2 < V_1$)时，W 和 Q_T 均取负值，此时外界对气体所做的功，全部以热量形式由气体传递给恒温热源。

9.2.5　绝热过程

绝热过程的特点是热力学系统状态发生变化过程中，它与外界没有热量的交换。生活中，绝对的绝热过程是没有的，但是有些过程进行得非常快，以至于系统来不及与外界交换热量，或者所传递的热量非常少，能忽略不计，这样的热力学过程就可以看作是绝热过程。在绝热过程中，热力学系统所积累的能量将被转化为温度和压力的变化。例如，在内燃机中，绝热过程用于描述气体在活塞运动时的压缩和膨胀过程，以实现能量转化；制冷和空调系统利用绝热压缩技术降低空气温度；喷气发动机中的压气机利用绝热压缩技术将空气压缩到高压；化学反应中提高反应温度和压力；超导材料制备中通过绝热压缩技术将原料气体压缩到高压和高温状态；给自行车打气时，可以感觉到气筒温度上升，这正是因为气体压强上升得足够快到可视为绝热过程的缘故，热量没有逃逸，因而温度上升等等。而准静态绝热过程是指一个系统在绝热条件下经历的状态变化过程，其中系统的状态变化速率非常缓慢，使得系统内部各处温度可以看作是均匀分布，并且与外界没有显著的热量交换，这样的模型要求是可以把这个过程用物态方程和微积分计算来进行描述，下面介绍的就是进行得非常缓慢的准静态绝热过程。

设有一密闭气缸，气缸壁、底部和活塞均由绝热材料制成，存储有一定量理想气体(物质的量为 ν mol)，活塞与缸壁间的摩擦略去不计，绝热过程的特征是 $\mathrm{d}Q=0$。根据热力学第一定律，可得：

$$0=\mathrm{d}E+\mathrm{d}W \text{ 或 } -\Delta E=W \tag{9-30}$$

上式说明在绝热过程中，外界对系统做的功全部用来增加系统的内能；或在绝热过程中，系统要对外界做功只能靠消耗自身的内能。由于理想气体内能的变化与过程无关，可由(9-16)式来计算，因此，在绝热过程中系统所做的功可以表示为：

$$\mathrm{d}W=p\,\mathrm{d}V=-\mathrm{d}E=-\nu C_{V,m}\,\mathrm{d}T \tag{9-31}$$

绝热过程中，气体的温度、压强和体积三个参量都同时改变。把理想气体状态方程 $pV=\nu RT$ 两边取微分，有：

$$p\,\mathrm{d}V+V\,\mathrm{d}p=\nu R\,\mathrm{d}T \tag{9-32}$$

把(9-31)式和(9-32)式联立，消去以上两式中的 $\mathrm{d}T$，移项整理后得：

$$(C_{V,m}+R)p\,\mathrm{d}V=-C_{V,m}V\,\mathrm{d}p \tag{9-33}$$

前面已知 $C_{p,m}=C_{V,m}+R$ 及 $\gamma=\dfrac{C_{p,m}}{C_{V,m}}$，代入上式得：

$$\frac{\mathrm{d}p}{p}+\gamma\frac{\mathrm{d}V}{V}=0 \tag{9-34}$$

将上式移项，两边积分，可得：

$$pV^{\gamma}=C_1 \quad (C_1\text{ 为常量}) \tag{9-35}$$

将上式与理想气体状态方程 $pV=\nu RT$ 联立，分别消去 p 或者 V，可得：

$$V^{\gamma-1}T=C_2 \quad (C_2\text{ 为常量}) \tag{9-36}$$

$$p^{\gamma-1}T^{-\gamma}=C_3 \quad (C_3\text{ 为常量}) \tag{9-37}$$

(9-35)～(9-37)式统称为理想气体的绝热过程方程，简称**绝热方程**，注意三个方程的常量一般是不相等的。上式中，也说明了 γ 被称为绝热系数的原因。若系统的初始状态为(p_1, V_1, T_1)，经绝热膨胀后到达状态(p_2, V_2, T_2)，根据式(9-31)，可得准静态绝热过程中系统对外界做功为：

$$W=\int_{V_1}^{V_2}p\,\mathrm{d}V=-\int_{T_1}^{T_2}\nu C_{V,m}\,\mathrm{d}T=\nu C_{V,m}(T_1-T_2) \tag{9-38}$$

又由绝热指数的定义式：

$$\gamma=\frac{C_{p,m}}{C_{V,m}}=\frac{C_{V,m}+R}{C_{V,m}}=1+\frac{R}{C_{V,m}}$$

推导出：

$$C_{V,m}=\frac{R}{\gamma-1} \tag{9-39}$$

将(9-39)式代入(9-38)式，结合理想气体方程 $pV=\nu RT$，可得绝热做功的另一表达式为：

$$W=\nu R(T_1-T_2)\frac{1}{\gamma-1}=\frac{p_1V_1-p_2V_2}{\gamma-1} \tag{9-40}$$

以(9-28)式和(9-35)式，分别做出气体等温过程和做绝热变化时的 p—V 关系曲线，如图 9-7 所示，图中实线曲线为等温线，而图中虚线曲线为绝热线。

现对等温线($pV=$常量)和绝热线($pV^{\gamma}=$常量)状态方程两边分别微分，整理后可得在交点 C 处的斜率分别为：

$$\left(\frac{\mathrm{d}p}{\mathrm{d}V}\right)_T=-\frac{p_C}{V_C} \quad (\text{等温线斜率}) \tag{9-41}$$

$$\left(\frac{\mathrm{d}p}{\mathrm{d}V}\right)_a=-\gamma\frac{p_C}{V_C} \quad (\text{绝热线斜率}) \tag{9-42}$$

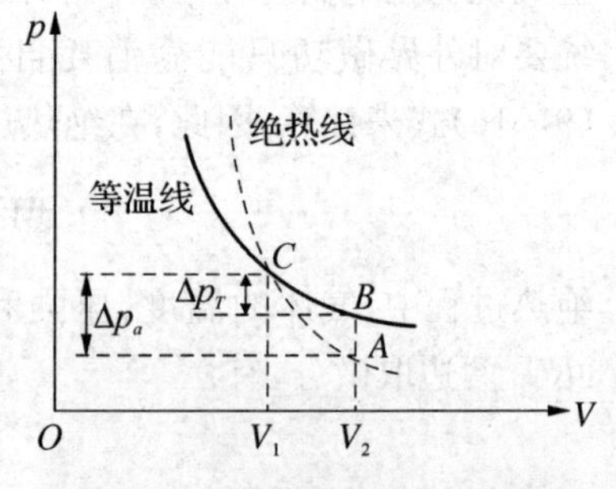

图 9-7　绝热过程中 p—V 曲线图及其与等温线的 C 点斜率对比

图 9-7 中可以看出，绝热线与等温线形状相似，但绝热线要比等温线稍陡些。因为绝热指数 $\gamma>1$，所以在两条线交点处，绝热线斜率的绝对值大于等温线斜率的绝对值，这说明处于某一状态的气体，虽经等温过程或地热过程膨胀相同的体积，但在绝热过程中压强的降低 Δp_a，比在等温过程中压强的降低 Δp_T 要多，如图 9-7 所示。这是因为在等温过程中，压强的降低仅由气体密度的减小而引起。而在绝热过程中，压强的降低，除气体密度减小这个因素外，温度降低也是使压强降低的一个因素。所以，当气体膨胀相同体积时，在绝热过程

中降低的压强比在等温过程中要多。

而若同一气体从同一初始状态压缩相同的体积时，压强的增加量在绝热过程中也是要比在等温过程中的大。产生这种差别的原因与膨胀过程类似在于：等温压缩时，外界对气体做功，压强的增大只是由于体积的减小或分子数密度的增加而引起的；而绝热压缩时，外界对气体做功，不仅使气体的体积减小，同时还使气体的温度升高。因此，在绝热过程中气体压强不仅会因气体体积的减小而增大，还会由于温度的升高而增加。

【例 9-1】 有 1 mol 的氢气，在压强为 1.0×10^5 Pa，温度为 20 ℃时，其体积为 V_0。使它经过以下两种过程而达到同一状态：(1) 先保持体积不变，加热使其温度升高到 80 ℃，然后令它做等温膨胀，体积变为原体积的 2 倍；(2) 先使它做等温膨胀至原体积的 2 倍，然后保持体积不变，加热使其温度升到 80 ℃。

试分别计算以上两种过程中吸收的热量，气体对外做的功和内能的增量。

解　(1) 理想气体内能与过程无关，只与温度有关；压强不太大，温度不太高，氢气可视为刚性双原子分子，其自由度为 5，代入内能计算公式可得：

$$\Delta E=\frac{5}{2}R\Delta T=\frac{5}{2}\times8.31\times60=1\,246.5(\mathrm{J})$$

采用等温过程中的做功计算公式，有

$$W=RT\ln\frac{V_2}{V_1}=8.31\times(273+80)\ln 2=2\,033.3(\mathrm{J})$$

由热力学第一定律有：$Q=W+\Delta E=3\,279.8(\mathrm{J})$

(2) 采用与上述类似的思路，可得如下的计算结果：

$$W=RT\ln\frac{V_2}{V_1}=8.31\times(273+20)\ln 2=1\,687.7(\mathrm{J})$$

$$\Delta E=\frac{5}{2}R\Delta T=\frac{5}{2}\times8.31\times60=1\,246.5(\mathrm{J})$$

$$Q=W+\Delta E=2\,934.2(\mathrm{J})$$

【例 9-2】 一定量的单原子分子理想气体，从初态 A 出发，沿图示直线过程变到另一状态 B，又经过等容、等压两过程回到状态 A。

(1) 求 $A\to B$，$B\to C$，$C\to A$ 各过程中系统对外所做的功 W，内能的增量 ΔE 以及所吸收的热量 Q.

(2) 整个循环过程中系统对外所做的总功以及从外界吸收的总热量(过程吸热的代数和)。

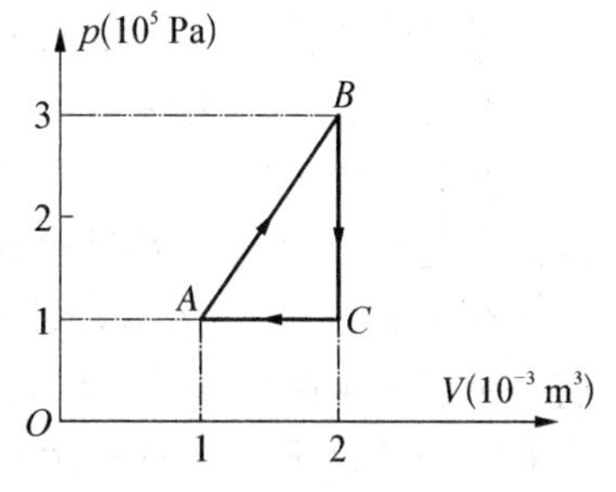

图 9-8　例 9-2 中的题意示意图

解　(1) 单原子理想气体分子的自由度为 3，p—V 曲线图中，热力学过程为直线段形式，其与横坐标所包围的面积就是该过程所做的功，但分析时要注意正功和负功的区别，内能的计算总是与过程无关，还注意图中给出的数据提示信息，利用状态方程可以得出相关量的具体值，综合代入相关计算公式进行计算。

$A\to B$：　　$W_1=\dfrac{1}{2}(p_B+p_A)(V_B-V_A)=200\ \mathrm{J}$

$$\Delta E_1=\nu C_V(T_B-T_A)=3(p_BV_B-p_AV_A)/2=750\ \mathrm{J}$$

$$Q = W_1 + \Delta E_1 = 950\ \text{J}$$

$B \rightarrow C$：

$$W_2 = 0$$

$$\Delta E_2 = \nu C_V (T_C - T_B) = 3(p_C V_C - p_B V_B)/2 = -600\ \text{J}$$

$$Q_2 = W_2 + \Delta E_2 = -600\ \text{J}$$

$C \rightarrow A$：

$$W_3 = p_A (V_A - V_C) = -100\ \text{J}$$

$$\Delta E_3 = \nu C_V (T_A - T_C) = \frac{3}{2}(p_A V_A - p_C V_C) = -150\ \text{J}$$

(2)

$$Q_3 = W_3 + \Delta E_3 = -250\ \text{J}$$

$$W = W_1 + W_2 + W_3 = 100\ \text{J}$$

$$Q = Q_1 + Q_2 + Q_3 = 100\ \text{J}$$

9.3 循环过程 卡诺循环

9.3.1 循环过程

在前面的热力学过程分析中，注意到做功以及能量转化。这在人们日常的生产生活和工业应用上都是需要的，而且希望这种做功以及能量转化过程能持续下去，这就需要利用热力学的循环过程。物质系统从某个状态出发，经过一系列的变化过程后，又回到原来状态的过程称为**循环过程**，简称循环。热力学的循环过程在许多技术领域都有应用，例如，蒸汽动力系统利用热能转化为机械能，是目前最常用的能源转换系统之一，其基本原理是将水加热到高温高压状态，然后通过膨胀，机械装置将蒸汽的热能转化为机械功；在火力发电、汽轮机发电等场景中，其基本原理是利用水加热、膨胀、冷却、压缩等循环过程，将热能转换为机械能，机械能做功再转化为电能；在制冷和空调领域，其基本原理是利用气体膨胀、冷却、压缩、加热等循环过程，实现制冷或制热效果；内燃机中应用的热力学循环主要是二冲程循环和四冲程循环。这种循环中，气体在压缩和膨胀过程中，通过燃烧产生热量和压力，从而实现热能到机械能的转换。因此，研究循环过程的规律在实践上和理论上都有重要的意义。

在循环过程中，用来吸收热量并对外做功的物质称为工作物质。由于工作物质的内能是状态的单值函数，经历一个循环过程回到初始状态时。若在循环过程中的每一过程都是准静态过程，则整个循环过程在 p—V 图上表示为一条闭合曲线。如图 9-9 所示，系统经过的 $ABCDA$ 闭合曲线就表示了一个循环过程。系统又回到了初始位置，其内能没有改变，即 $\Delta E = 0$，这是循环过程的重要特征。

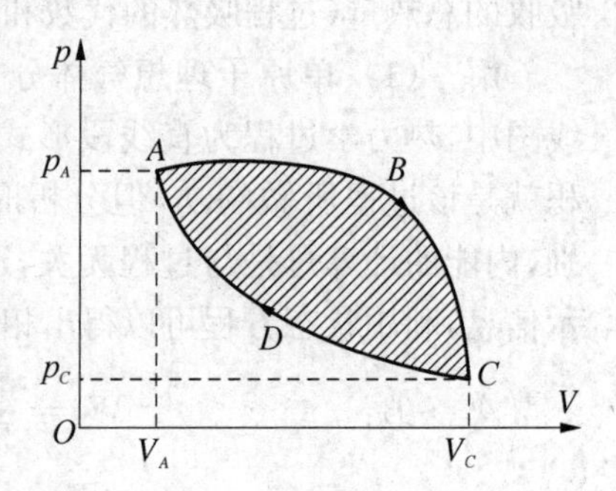

图 9-9 循环过程 p—V 曲线示意图

图 9-9 中的 $ABCDA$ 的循环过程变化沿顺时针方向进行。系统由状态 A 出发，沿过程 ABC 到达状态 C，系统膨胀对外做功 W_{ABC}，所做功在数值上等于过程曲线 ABC 下的面积。然后系统沿过程 BDA 回到初始状态 A，系统压缩，外界对系统所做功 W_{BDA}，在数值上等于过程曲线 BDA 下的面积。整个循环过程中系统对外界所做的

净功为：

$$W = W_{ABC} - W_{BDA} > 0 \tag{9-43}$$

上式表明，整个循环过程中系统对外界所做的净功在数值上等于循环过程曲线所围的面积。

循环过程沿顺时针方向进行时，系统对外界所做的净功为正，这样的循环过程称为**正循环**；若循环过程沿逆时针方向进行时，系统对外界所做的净功为负，这样的循环称为**逆循环**。

设整个循环过程中，工作物质从外界吸收的热量总和为 Q_1，向外界放出热量总和为 Q_2，则工作物质从外界吸收的净热量为 $\Delta Q = Q_1 - Q_2$，且 $\Delta Q > 0$。由于系统在完成一个循环回到初始状态时，内能不变。根据热力学第一定律，工作物质从外界吸收的净热量 $Q_1 - Q_2$ 就等于系统对外界所做功 W，即

$$Q_1 - Q_2 = W \tag{9-44}$$

9.3.2　热机和制冷机

在(9-44)式中，若 $W > 0$ 则 $Q_1 > Q_2$，这表示正循环过程中的能量转换是将吸收的热量 Q_1 中的一部分转化为有用功，而另一部分 Q_2 放回给外界或者损耗掉了。可见，正循环是一种通过工作物质使热量不断转换为功的循环，这个过程也对应着从高温热源吸收热量，而在低温热源放出热量。

工作物质做正循环，能够把热量转变为功的机器称为**热机**。热机也就是指各种利用内能做功的机械，能将燃料的化学能转化成内能再转化成机械能的机器动力机械的一类，具体包括蒸汽机、汽轮机、燃气轮机、内燃机、喷气发动机。根据正循环的原理，这些热机工作时，需要有高温和低温两个热源。例如，汽车发动机中的燃烧室是高温热源，汽车尾管排出的废气散逸在大气中，大气就是低温热源。工作物质在高温热源吸收热量 Q_1，对外做功 W，将多余的热量 Q_2 在低温热源放出，如图 9-10 所示。为了反映热机的工作效能，工程上引入热机效率，用 η 表示，其定义为：在循环过程中，系统（工作物质）对外所做的有用功 W 与它从高温热源吸收的热量 Q_1 之比，即

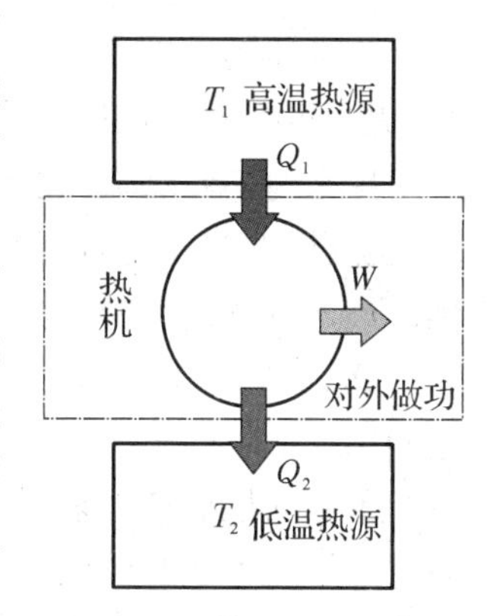

图 9-10　热机工作示意图

$$\eta = \frac{W}{Q_1} = \frac{Q_1 - Q_2}{Q_1} = 1 - \frac{Q_2}{Q_1} \tag{9-45}$$

上式中，Q_1 和 Q_2 均取绝对值。在整个循环过程中，工作物质总要向外界放出一部分热量，即 Q_2 不能等于零，因此，热机效率 $\eta < 1$。例如，蒸汽机的效率一般在 6% ～ 15% 之间，汽油机的效率一般在 20% ～ 30% 之间，柴油机的效率一般在 30% ～ 45% 之间，燃气轮机和喷气发动机的效率一般还要再高些。

在(9-44)式中，对于逆循环若 $W < 0$，此时需要外界对工作物质做功 W，使工作物质从低温热源吸收热量 Q_2，并在高温热源放出热量 Q_1，其原理如图 9-11 所示。可见，逆循环是必须是外界做功，才能从低温热源吸收热量，这样也就使得低温热源温度更低，这也就是制冷机的工作原理。或者说工作物质做逆循环的机器称为**制冷机**，制冷机的工作过程与热机

正好相反，制冷机可以把热量从低温热源传递到高温热源，使低温热源的温度降得更低，从而达到制冷的效果，但必须是以消耗一定的外界做功为代价。外界对制冷机做功越少而制冷机从低温热源吸收热量越多，则制冷的效能就越好。为了描述制冷机的制冷效能，工程上引入制冷系数的概念，定义为：在一个完整的循环中，制冷机从低温吸收的热量 Q_2 与外界所做功的比值称为制冷系数，常用 e 表示，即：

$$e=\frac{Q_2}{W}=\frac{Q_2}{Q_1-Q_2} \tag{9-46}$$

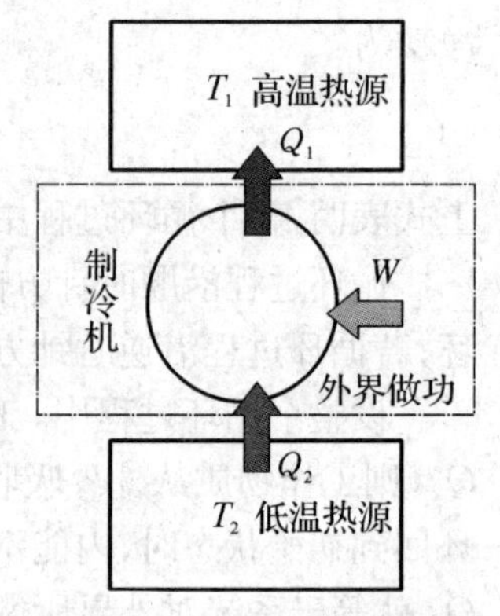

图 9－11　制冷机工作示意图

上式中 W，Q_1 和 Q_2 均取绝对值。(9－45)和 (9－46)式，从经济学上理解，其实也都是产出与投入的比值计算。

制冷机内参与热力学过程变化(能量转换和热量转移)的工作物质称为制冷剂。制冷的温度范围通常在 120 K 以上，120 K 以下属深低温技术范围。制冷机广泛应用于工农业生产和日常生活中，例如各种食品和物品的冷藏以及夏天时的空气调节等。常见的制冷机可以分为压缩制冷机、吸收制冷机和蒸汽喷射式制冷机等类型。在制冷循环中，制冷剂通过压缩、冷凝、膨胀和蒸发等过程完成循环，其中蒸发过程是制冷的核心环节。

9.3.3　卡诺循环

热机和制冷机在人们日常生成和生活中都有重要的应用。由 (9－45)和 (9－46)式可知，提高热机效率和制冷系数的值，是工程技术人员非常关注的问题。18 世纪末，蒸汽机被发明出来时，效率却非常低，只有 3%～5%左右。人们在享受蒸汽机带来的带来的好处同时，也急切地想提高蒸汽机的工作效率。那么在两个不同温度热源之间工作的热机所能达到的最大效率是多少呢？为此众多的科学家和工程师进行了很多的理论和实践研究。

1824 年，法国年仅 28 岁的工程师卡诺发表了《关于火力动力的见解》的著名论文，对上述问题进行了回答。卡诺的父亲也是一位工程师，他研究过有关水轮的设计，水轮在当时是一个重要的机械动力来源。卡诺本篇论文的工作受到了其父亲工作的鼓舞。卡诺的父亲在研究水轮的工作时认识到，将所有的水在最高点注入并在最低点排放会使水轮的效率极大。类似的，卡诺推测：在单个高温度下输入全部热量进入热机，剩余未用的热量在单个低温度下从热机排出。这将使热源温度与环境温度之间的有效温差极大。于是，他提出了一种理想的热机，工作物质只与一个高温恒温热源和一个低温恒温热源交换热量。整个循环过程由两个准静态等温过程和两个准静态绝热过程所组成，该循环称为**卡诺循环**。

设有 ν mol 理想气体作为工作物质，讨论卡诺正循环的工作效率计算。如图 9－12 所示，在 1→2 过程中，气体由体积 V_1 等温膨胀至 V_2，气体从高温热源 T_1 吸收的热量为：

$$Q_1=\nu RT_1\ln\frac{V_2}{V_1} \tag{9-47}$$

在 2→3 过程中，气体绝热膨胀，在此过程中，气体与外界无热量交换。在 3→4 过程中，气体由体积 V_3 等温压缩至 V_4，在此等温过程中，气体向低温热源 T_2 放出的热量的绝对值为：

$$Q_2 = \nu R T_2 \ln \frac{V_3}{V_4} \tag{9-48}$$

在 4→1 过程中，气体进行绝热压缩，在此过程中，气体与外界无热量交换。

根据热机循环效率式(9－45)，可得到以理想气体为工作物质的卡诺热机的效率为：

$$\eta = 1 - \frac{Q_2}{Q_1} = 1 - \frac{T_2 \ln \frac{V_3}{V_4}}{T_1 \ln \frac{V_2}{V_1}} \tag{9-49}$$

在 2→3 以及 4→1 的绝热过程中，根据绝热过程方程，分别有：

$$T_1 V_2^{\gamma-1} = T_2 V_3^{\gamma-1} \tag{9-50}$$

$$T_1 V_1^{\gamma-1} = T_2 V_4^{\gamma-1} \tag{9-51}$$

上两式联立两边对应相除，得：

$$\frac{V_2}{V_1} = \frac{V_3}{V_4} \tag{9-52}$$

把上式代入式(9－49)，得卡诺热机的效率为：

$$\eta = 1 - \frac{T_2}{T_1} \tag{9-53}$$

从式 (9－53)可以看出，卡诺循环的效率只与两个热源温度有关，而与工作物质无关。其循环的效率与两个热源的温度有关，高温热源温度越高，低温热源温度越低，卡诺循环效率越高。但由于不能实现 T_1 取值无穷大或 T_2 取值为零(为零时称为单一热源，这违反后面讲到的热力学第三定律)，因此，卡诺循环的效率总是小于 1。在引入可逆和不可逆的热力学过程分析之后(若某过程每一步可沿相反方向进行，且不引起外界任何变化，这个过程可称为可逆过程，否则就是不可逆过程)，**卡诺定理**指出：工作在相同的高温热源 T_1 与相同的低温热源 T_2 之间的一切不可逆卡诺热机，其效率都小于可逆热机的效率。

$$\eta \leqslant 1 - \frac{T_2}{T_1} \quad \text{(可逆机取等号)} \tag{9-54}$$

卡诺循环是无摩擦准静态的理想循环，是对实际热机抽象的结果。实际上，低温热源的温度受到大气温度的限制，所以在实际工业中一般是通过尽可能地提高高温热源的温度来提高卡诺热机效率。

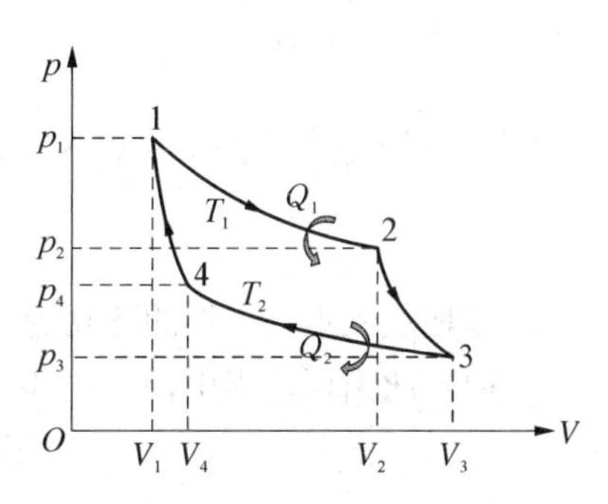

图 9－12　卡诺正循环 p—V 曲线示意图

如果卡诺循环逆时针方向进行，那就是卡诺制冷循环，如图 9－13 所示。在逆循环过程中，外界对系统做功 W，使系统从低温热源 T_2 吸收热量 Q_2，并向高温热源 T_1 放出热量 Q_1，可以得到卡诺逆循环的制冷系数为：

$$e=\frac{Q_2}{W}=\frac{Q_2}{Q_1-Q_2} \qquad (9-55)$$

综合(9-49)式和(9-53)式可知，$Q_2/Q_1=T_2/T_1$，代入上式可得：

$$e=\frac{T_2}{T_1-T_2} \qquad (9-56)$$

上式表明，卡诺制冷机的制冷系数也只与两个热源的温度有关。低温热源温度越低，制冷系数就越小，即从温度越低的低温热源中吸收热量，需要外界做更多的功。

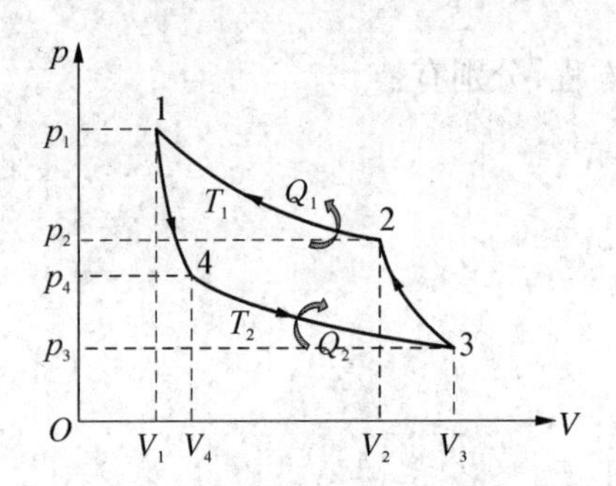

图 9-13 卡诺逆循环 p—V 曲线示意图

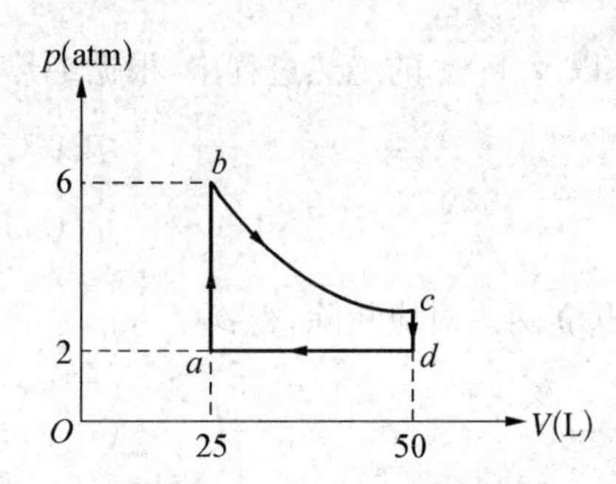

图 9-14 例 9-3 示意图

【例 9-3】 气缸内贮有 36 g 水蒸气(视为刚性分子理想气体)经 $abcda$ 循环过程如图 9-14 所示。其中 $a\to b$、$c\to d$ 为等体过程，$b\to c$ 为等温过程，$d\to a$ 为等压过程。试求：(1) $d\to a$ 过程中水蒸气做的功 W_{da}；(2) $a\to b$ 过程中水蒸气内能的增量 ΔE_{ab}；(3) 循环过程水蒸气做的净功 W；(4) 循环效率。

解 (1) $d\to a$ 过程——水蒸气做的功 W_{da} 为过程曲线下的面积，因体积减小，故功为负

$$W_{da}=-P\Delta V=-2\times 1.013\times 10^5\times 25\times 10^{-3}=-5.065\times 10^3\ \text{J}$$

(2) 水蒸气分子可视为刚性三原子分子，自由度为 6，$a\to b$ 过程为等体过程，内能的增量为：

$$\Delta E_{ab}=\frac{m}{M}\frac{i}{2}R\Delta T=\frac{i}{2}(P_bV_b-P_aV_a)=\frac{6}{2}\times 25\times 10^{-3}\times 4\times 1.013\times 10^5=3.039\times 10^4(\text{J})$$

(3) 循环过程水蒸气做的净功为过程曲线下所围的面积。在等温过程 $b\to c$ 中 $\Delta E=0$，依热力学第一定律有：

$$W_{bc}=Q_{bc}=\int p\,\mathrm{d}V=\frac{m}{M}RT_b\ln\frac{V_c}{V_b}=p_bV_b\ln\frac{V_c}{V_b}=6\times 1.013\times 10^5\times 25\times 10^{-3}\ln 2$$
$$=1.0532\times 10^4(\text{J})$$

循环过程水蒸气做的净功为 $W'=W_{bc}-|W_{da}|\approx 5.467\times 10^3(\text{J})$

(4) 此循环过程中，$a\to b$ 过程是吸热的 $Q_{ab}=\Delta E_{ab}=3.039\times 10^4(\text{J})$

$b\to c$ 过程吸热，$Q_{bc}=W=1.053\times 10^4(\text{J})$

$$Q_{吸热}=Q_{ab}+Q_{bc}=4.082\times 10^4(\text{J})$$

其他两个过程都是放热过程，从 $c\to d\to a$ 过程中，

$$W_{cda}=W_{da}=-5.065\times10^3(\mathrm{J})$$
$$\Delta E_{cda}=\Delta E_{ca}=\Delta E_{ba}=-\Delta E_{ab}=-3.039\times10^4(\mathrm{J})$$
$$Q_{放热}=W_{cda}+\Delta E_{cda}=-3.5455\times10^4(\mathrm{J})$$

故循环过程的效率为 $\eta=1-\left|\dfrac{Q_{放热}}{Q_{吸热}}\right|=1-\dfrac{3.5455\times10^4}{4.082\times10^4}\approx13\%$

【例 9－4】　一卡诺热机(可逆的)，当高温热源的温度为 127 ℃、低温热源温度为 27 ℃时，其每次循环对外做净功 8 000 J。今维持低温热源的温度不变，提高高温热源温度，使其每次循环对外做净功 10 000 J。若两个卡诺循环都工作在相同的两条绝热线之间，试求：

(1) 第二个循环的热机效率；

(2) 第二个循环的高温热源的温度。

解　(1) 根据热机的效率计算公式，有：$\eta=\dfrac{W}{Q_1}=\dfrac{Q_1-Q_2}{Q_1}=\dfrac{T_1-T_2}{T_1}$

$$Q_1=W\frac{T_1}{T_1-T_2}\quad 且\quad \frac{Q_2}{Q_1}=\frac{T_2}{T_1}$$

所以
$$Q_2=T_2Q_1/T_1$$

即
$$Q_2=\frac{T_1}{T_1-T_2}\cdot\frac{T_2}{T_1}W=\frac{T_2}{T_1-T_2}=24\ 000\ \mathrm{J}$$

由于第二循环吸热　$Q'_1=W'+Q'_2=W'+Q_2$(因为 $Q'_2=Q_2$)

$$\eta'=W'/Q'_1=29.4\%$$

(2)
$$T'_1=\frac{T_2}{1-\eta'}=425\ \mathrm{K}$$

9.4　热力学第二定律的两种表述

热力学第一定律既是热力学过程中的能量守恒定律，也给出了各种形式能量在热力学过程中相互转化所必须遵循的规律。然而在实际的热力学过程中，满足能量守恒的热力学过程并不一定都能进行，实际过程的进行是有方向性和条件的。例如，能否有一种热机把从单一热源吸收的热量完全用来做功呢？能否有一种制冷机不需要外界做功，而能把热量从低温物体传递给高温物体呢？混合的气体能不能自动地分离？与热现象有关的实际宏观过程是不是可逆的？为此，人们在理论和实践研究的基础上，总结出了热力学第二定律。

9.4.1　热力学第二定律的开尔文表述

根据热机循环效率公式(9－45)可知，若循环过程中，在低温热源放出的热量 Q_2 越少，热机效率就越高。而若 $Q_2=0$，那么热机效率就可达到 100%，即系统只从单一热源吸收热量完全用来对外做功。这种仅从单一热源吸收热量并完全用来对外做功的机器称为**第二类永动机**，这类机器没有违反能量守恒定律，曾经使人陷入其中开展研究而不能自拔。若真这样可行,有人估计从海水中吸收热量而做功,只要使海水的温度降低 0.01 K,所做的功就可供全世界所有工厂工作多年。然而大量的实践说明,循环效率达 100% 的热机是无法实现的。任何热机必须工作在两个热源之间,在高温热源吸取的热量中只有一部分能转化为有用的功,而另一部分则会在低温热源释放掉。1851 年英国物理学家开尔文指出:**不可能制成这样一种热机,它只从单一热源吸取热量,并将其完全转变为有用的功而不产生其他影响,这就是热力学第二定律的开尔文表述。**显然,热力学第二定律否定了第二类永动机的存在。

热力学第二定律的开尔文表述指的是循环工作的热机。就前面讲过的单值过程,例如等温膨胀过程,是可以把从一个热源吸收的热量全部用来做功的,但这样的单值过程,是无法持续做功的。

9.4.2 热力学第二定律的克劳修斯表述

下面来看逆循环的制冷机的制冷系数问题,根据计算公式(9-46)可知,在吸收热量 Q_2 一定时,外界对系统做功越少,制冷系数越高。取极限情况分析,当外界做功 W 趋近于零时,制冷系数 e 值趋近于无穷大,即外界不对系统做功,热量可以不断地从低温热源传到高温热源。若真能如此,则低温物体温度会越来越低,而高温物体温度会越来越高。这一过程也没有违反能量守恒定律。人们在大量的观察和实践中,发现这不可能实现。1850 年,德国物理学家克劳修斯进行研究后指出:**不可能把热从低温物体传到高温物体而不产生其他影响。这是热力学第二定律的克劳修斯表述。**克劳修斯表述也可以表述为:热量不可能自发地从低温物体向高温物体传递。

综上所述,热力学第二定律的两种表述分别用到了两个不可逆过程。开尔文表述反映了热功转换的不可逆性;而克劳修斯表述则反映了热传导的不可逆性。两种表述形式上虽然不同,但其实质却是一致的。也就是说,克劳修斯表述与开尔文表述是完全等价的。需要指出的是,热力学第一定律和热力学第二定律都是通过对大量实验事实的总结和概括得到的,不能从任何其他更基本的定律中推导出来。热力学第一定律指出不消耗任何能量而连续做功的第一类永动机是不可能被制造出来的,指明了自然界所发生的一切过程能量必须守恒。热力学第二定律则说明符合能量守恒的过程并非都能自动发生,从单一热源吸收热量全部用来做功的第二类永动机也是不可能被制造出来的,它反映了自然界中与热现象有关的一切自发的实际过程的进行都是有方向性的。这个方向性就是:在孤立系统中,热量只能自动地从高温物体传递给低温物体,而不能相反进行;在循环系统中,功能转化为热,而热不能全部转化为功。前面提到的气体混合,只能是气体趋于均匀分布,而不能自动地相反进行。

9.5 熵及熵增加原理

9.5.1 熵

实际热力学发生的自发过程都会使得系统发生显著变化,以至于系统无法通过自身的力量回到初始状态,而要使得系统复原,就必须依靠外界的作用,这就给外界带来了无法消除的影响。这表明了系统的初态和末态之间存在差异，也正是这种差异决定了过程的发展方向。那能否找到一个描述这种差异的状态函数物理量，并根据其大小来判断自发过程进行的方向呢？1865年，克劳修斯找到了这样的状态参量，把它称为**熵**，并用熵的变化来表示系统中实际过程进行的方向。对于可逆卡诺循环过程，由(9-49)、(9-53)和(9-54)式的循环效率计算有：

$$\eta=\frac{Q_1-Q_2}{Q_1}=\frac{T_1-T_2}{T_1} \tag{9-57}$$

即有：

$$\frac{Q_1}{T_1}=\frac{Q_2}{T_2} \tag{9-58}$$

若 $Q>0$ 表示系统从外界吸热，$Q<0$ 表示系统向外界放热，则上式中 Q_2 引入负号有：

$$\frac{Q_1}{T_1}+\frac{Q_2}{T_2}=0 \tag{9-59}$$

上式中，$\frac{Q_1}{T_1}$和$\frac{Q_2}{T_2}$分别为可逆卡诺循环的等温膨胀过程与等温压缩过程中吸收和放出的热量与热源温度的比值，称为**热温比**。

图9-15表示任意的循环过程 $ABCD$，在循环区域画出与循环曲线相交的 $n+1$ 条绝热线，再在两相邻的绝热线间画出与循环曲线相交的 $2n$ 条等温线，从而将此任意可逆循环分解为 n 个小卡诺循环。若 $ABCD$ 是可逆卡诺循环，则每个小循环均是可逆卡诺循环。根据式(9-59)式，全部小卡诺循环(即图中的锯齿形循环)的热温比的总和为：

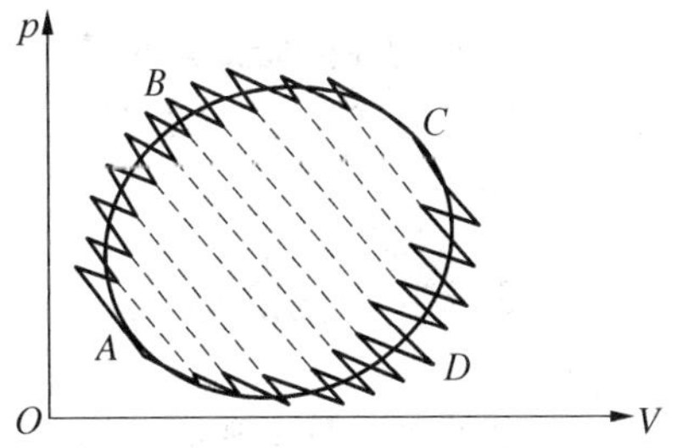

图9-15　任意可逆过程的 p—V 曲线示意图，虚线表示的小区域是把整个循环过程分解为许多小卡诺循环过程

$$\sum_{i=1}^{2n}\frac{\Delta Q_i}{T_i}=0 \tag{9-60}$$

当小循环趋于无限小，即式中 $n\to\infty$ 时，上式的求和变为积分：

$$\oint_{\text{可逆}}\frac{\mathrm{d}Q}{T}=0 \tag{9-61}$$

上式称为克劳修斯等式，积分号中的圈表示积分一周。上式的物理意义是系统经历任意的可逆循环后，其热温比之和为零。

如图9-16所示，将上述循环过程分解为由 ABC 和 CDA 两个可逆过程所组成，则有：

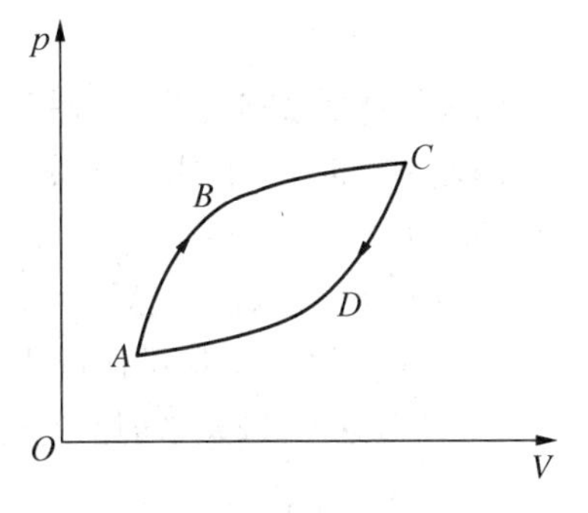

图9-16　熵值计算的 p—V 曲线示意图

$$\oint_{可逆ABCDA}\frac{\mathrm{d}Q}{T}=\int_{可逆ABC}\frac{\mathrm{d}Q_{ABC}}{T}+\int_{可逆CDA}\frac{\mathrm{d}Q_{CDA}}{T}=0 \tag{9-62}$$

由于上述过程都是可逆的，故正过程和逆过程热温比的值相等且反号：

$$\int_{可逆ABC}\frac{\mathrm{d}Q_{ABC}}{T}=-\int_{可逆CDA}\frac{\mathrm{d}Q_{CDA}}{T} \tag{9-63}$$

因此有：

$$\int_{可逆ABC}\frac{\mathrm{d}Q_{ABC}}{T}=\int_{可逆ADC}\frac{\mathrm{d}Q_{ADC}}{T} \tag{9-64}$$

上式表明，从状态 A 沿不同的可逆过程变到状态 B 的热温比的积分值仅决定于始态 A 和末态 B，而与具体的过程无关。在力学的学习中，学过保守力做功只取决于初始和末端位置而与其通过的具体路径无关，从而引入了势能这个态函数物理量。类似的，1865 年，克劳修斯根据上述热力学过程宏观量的分析引入了一个态函数 S，记为系统的“熵”。如果设系统在状态 A 与状态 C 的熵分别为 S_A 和 S_C，则系统沿任意可逆过程由状态 A 到状态 C 时，熵的增量为：

$$S_C-S_A=\int_{可逆ABC}\frac{\mathrm{d}Q_{ABC}}{T}=\int_{可逆ADC}\frac{\mathrm{d}Q_{ADC}}{T} \tag{9-65}$$

这个公式称为**克劳修斯熵公式**。熵的单位为 $\mathrm{J\cdot K^{-1}}$。克劳修斯熵公式的物理意义在于定义了系统在状态 A 到状态 C 之间的熵增量等于连接这两种状态之间的任一可逆过程的热温比的积分。

9.5.2 熵增加原理

克劳修斯根据卡诺定理的卡诺热机效率计算公式 $\eta\leqslant 1-\frac{T_2}{T_1}$，对上述(9-57)～(9-61)式的结论分别做了进一步的推广：

$$\sum_{i=1}^{2n}\frac{\Delta Q_i}{T_i}\leqslant 0 \tag{9-66}$$

$$\oint\frac{\mathrm{d}Q}{T}\leqslant 0 \tag{9-67}$$

上两式也称为**克劳修斯不等式**。因此，从热力学宏观状态量进一步分析，当系统经历一个可逆循环过程时，它的热温比总和等于零，而当系统经历一个不可逆循环过程时，它的热温比总和小于零。

引入状态函数熵之后，对应于如图 9-16 的热力学的循环过程，现假设 ABC 过程是不可逆过程，而 CDA 是可逆过程。此时 $ABCDA$ 是不可逆循环过程，根据上述克劳修斯不等式(9-67)，(9-62)式需修改为：

$$\oint_{不可逆ABCDA}\frac{\mathrm{d}Q}{T}=\int_{不可逆ABC}\frac{\mathrm{d}Q_{ABC}}{\mathrm{d}T}+\int_{可逆CDA}\frac{\mathrm{d}Q_{CDA}}{\mathrm{d}T}=\int_{不可逆ABC}\frac{\mathrm{d}Q_{ABC}}{\mathrm{d}T}-\int_{可逆ADC}\frac{\mathrm{d}Q_{ADC}}{\mathrm{d}T}<0 \tag{9-68}$$

则有：

$$\int_{\text{不可逆}ABC} \frac{dQ_{ABC}}{dT} < \int_{\text{可逆}ADC} \frac{dQ_{ADC}}{dT} \tag{9-69}$$

ADC 是可逆过程，所以(9－69)式中右边的积分结果，根据(9－65)式的熵增量定义，有：

$$S_C - S_A = \int_{\text{可逆}ADC} \frac{dQ_{ADC}}{T} > \int_{\text{不可逆}ABC} \frac{dQ_{ABC}}{T} \tag{9-70}$$

综合上述结果，应该有：

$$S_C - S_A \geqslant \int_A^C \frac{dQ}{T} \tag{9-71}$$

上式对于微小过程的微分描述形式为：

$$dS \geqslant \frac{dQ}{T} \tag{9-72}$$

(9－71)式和(9－72)式中，对可逆过程取等号；对不可逆过程取大于号。这两式也称为热力学第二定律的数学表示式。

对于孤立系统(或绝热过程)来说，由于 $\Delta Q=0$，根据式(9－60)、(9－61)和(9－71)及式(9－72)，任意热力学过程的末态与初态之间的熵增量满足下述式子：

$$S_2 - S_1 \geqslant 0 \tag{9-73}$$

或

$$dS \geqslant 0 \tag{9-74}$$

由上式可以看出，**孤立系统中发生的一切不可逆过程，系统的熵是增加的；而在孤立系统中发生的一切可逆过程，系统的熵保持不变。**这一结论称为**熵增加原理**。自然界实际发生的过程都是不可逆的，故孤立系统发生的一切实际过程都是使得系统熵增加，直到熵达到最大值为止(平衡态)。这也就可以利用熵的变化来判断自发过程进行的方向和限度。

熵增加原理是对整个孤立系统而言的，对系统内部的个别物体，熵值可以增加、不变或减少。对于非孤立系统，经过一过程它的熵也有可能增加，也有可能减少。但只要扩大系统的边界，总可以把它及对它有作用的其他系统合在一起看作一个复合系统，以致这个新系统成为一个孤立系统，就仍然可对它运用熵增加原理。

孤立系统内进行的热量从高温物体向低温物体传递，这是一个不可逆过程，使得系统熵增加；当系统达到温度平衡时，系统的熵值最大。从这同时满足热力学第二定律和熵增加原理的叙述，可以看出它们对热力学过程描述的等效性。它们对热功转化等其他的不可逆过程的热现象描述也是等效的。对于孤立系统(绝热过程)中的热力学过程，熵增加原理相当于是把这些过程进行的方向和限度用简明的数量关系表达出来了。

还应指出，熵也是描述热力学系统的宏观状态量函数，与前面已经学过的温度、压强宏观状态量存在微观解释一样，熵状态量也有对应的微观解释。此项结论的定量描述由玻尔兹曼于 1877 年初步提出，1900 年普朗克引入比例系数后描述为：

$$S = k\ln\Omega \tag{9-75}$$

上式称为**玻尔兹曼熵公式**。k 称为玻尔兹曼常数。Ω 为所研究的系统宏观态包含的微观状态数(所有分子按照位置、速度等信息排列组合成各种可能宏观态的数目),也称为**热力学概率**。某宏观态所对应的微观状态数目越多,对应的系统内分子热运动的无序性越大。而微观状态数目越多,出现这种微观态的热力学概率越大,即系统熵就越大。所以从微观上理解,熵也是热力学系统内分子热运动的无序性量度,是可以用于描述系统“内部状态的混乱程度”的物理量。

现今,熵和熵增加原理已广泛应用于化学、信息学、工程学、生态学和经济学等,例如,在化学反应中,熵增加越大,反应速率就越快,从而确定反应的方向和结果,因此,熵增原理对于化学反应的机理研究和反应优化具有重要的指导意义。在信息论中,熵被用来量化信息的无序程度或不确定性和信息量,用于数据压缩、编码和解码技术以及信噪比估算等方面。在生态学中,熵被用来描述生态系统的复杂性和无序性,帮助解释生态变化和环境污染等问题。

习 题

1. 当气缸的活塞迅速向外移动使气缸中气体膨胀时,气体所经历的过程 (　　)。

A. 是准静态过程,能用 p—V 图上的曲线表示

B. 不是准静态过程,能用 p—V 图上的曲线表示

C. 不是准静态过程,不能用 p—V 图上的曲线表示

D. 是准静态过程,不能用 p—V 图上的曲线表示

2. 一定量的理想气体,从 a 态出发经过①或②过程到达 b 态,acb 为等温线,如图。a①b、a②b 两过程中外界对系统传递的热量分别为 Q_1、Q_2,则 (　　)。

A. $Q_1 > 0, Q_2 > 0$　　B. $Q_1 > 0, Q_2 > 0$

C. $Q_1 > 0, Q_2 < 0$　　D. $Q_1 < 0, Q_2 > 0$

习题 2

3. 理想气体系统经历下列哪种过程,系统所吸收的热量、内能的增量和对外做的功三者均为负值? (　　)。

A. 等体降压　　B. 等温膨胀　　C. 绝热膨胀　　D. 等压压缩

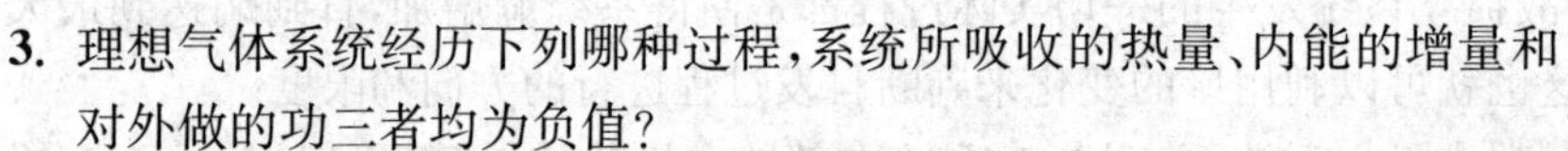

4. 一定量的理想气体向真空做绝热膨胀,则膨胀后 (　　)。

A. 温度不变,压强减小　　B. 温度降低,压强减小

C. 温度升高,压强减小　　D. 温度不变,压强不变

5. 摩尔数相同的氦气、氮气、水蒸气(均视为刚性分子理想气体),初始状态相同。现使它们在体积不变情况下吸收相等的热量,则它们 (　　)。

A. 温度升高相同,压强增加相同　　B. 温度升高相同,压强增加不同

C. 温度升高不同,压强增加不同　　D. 温度升高不同,压强增加相同

6. 理想气体经历如图所示的 abc 准静态过程,系统对外做功 W,从外界吸收热量 Q,内能增量为 ΔE,则 (　　)。

A. $\Delta E > 0, Q > 0, W < 0$　　B. $\Delta E > 0, Q > 0, W > 0$

C. $\Delta E>0, Q<0, W<0$　　D. $\Delta E<0, Q<0, W<0$

习题 6　　习题 7

7. 一定量的理想气体，分别经历如图所示的 abc 过程和 def 过程，图中虚线 ac 为等温，虚线 df 为绝热线，则（　　）。

A. abc 过程吸热，def 过程放热　　B. abc 过程放热，def 过程吸热

C. abc 过程和 def 过程都吸热　　D. abc 过程和 def 过程都放热

8. 质量一定的理想气体，从同一状态出发，分别经历等温过程、等压过程和绝热过程，体积增加一倍，则气体温度的改变量（绝对值）最大和最小的过程分别是（　　）。

A. 绝热过程和等压过程　　B. 绝热过程和等温过程

C. 等压过程和绝热过程　　D. 等压过程和等温过程

9. 室温下的双原子分子理想气体，在等压膨胀过程中，系统对外所做的功与从外界吸收的热量之比 W/Q 等于（　　）。

A. 2/3　　B. 1/2　　C. 2/5　　D. 2/7

10. 计算理想气体内能增量可用公式 $\Delta E=\nu C_{V,m}\Delta T$（$C_{V,m}$ 视为常量），此式（　　）。

A. 只适用于准静态的等体过程　　B. 只适用于一切等体过程

C. 只适用于一切准静态过程　　D. 适用于一切始末态为平衡态的过程

11. 理想气体经历如图所示的循环过程，两条等体线分别和该循环过程曲线相切于 a、c 点，两条等温线分别和该循环过程曲线相切于 b、d 点。循环过程的 ab、bc、cd、da 四个阶段中，肯定为放热阶段的是（　　）。

A. ab　　B. bc　　C. cd　　D. da

12. 卡诺热机的循环曲线所包围的面积从 $abcda$ 增大为 $ab'c'da$，那么循环 $abcda$ 与 $ab'c'da$ 所做的净功和热机效率变化情况是（　　）。

A. 净功增大，效率提高　　B. 净功增大，效率降低

C. 净功和效率都不变　　D. 净功增大，效率不变

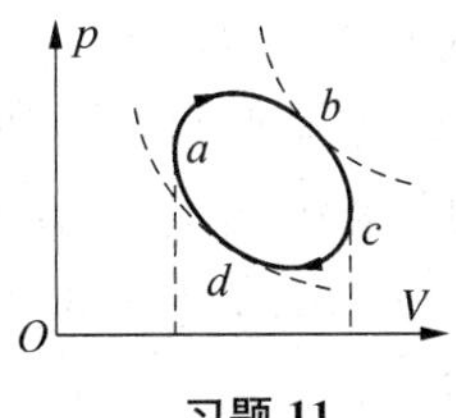

习题 11

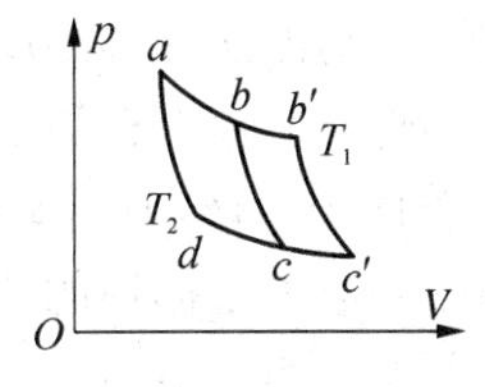

习题 12

13. 设高温热源的热力学温度是低温热源的热力学温度的 4 倍，则理想气体在一次卡诺循环中，传给低温热源的热量是从高温热源吸取热量的（　　）。

A. 4倍　　B. 3倍　　C. 1/4　　D. 1/3

14. 理想气体卡诺循环过程的两条绝热线下的面积大小(图中阴影部分)分别为 S_1 和 S_2,则 S_1 和 S_2 大小关系是 (　　)。

A. $S_1 > S_2$　　B. $S_1 = S_2$

C. $S_1 < S_2$　　D. 无法确定

习题 14

15. 根据热力学第二定律,下列哪种说法是正确的 (　　)。

A. 功可以全部变为热,但热不能全部变为功

B. 热量能从高温物体传到低温物体,但不能从低温物体传到高温物体

C. 气体能够自由膨胀,但不能自动收缩

D. 无规则运动的能量不能变为有规则运动的能量

16. 在 p—V 图上,系统的某一平衡态用________来表示;某一准静态过程用________来表示;某一准静态循环过程用________来表示。

17. 某理想气体等温压缩到给定体积时气体对外界做功 W_1,又经绝热膨胀返回原来体积时气体对外做功 W_2,则整个过程中,气体从外界吸收的热量 $Q=$________,内能增加了 $\Delta E=$________。

18. 压强、体积和温度都相同的氢气和氦气(均视为刚性分子理想气体),它们的质量之比为 $m_1 : m_2=$________,它们的内能之比为 $E_1 : E_2=$________,若它们分别在等压过程中吸收了相同的热量,则它们对外做功之比为 $W_1 : W_2=$________。

19. 一定量的理想气体从状态 A 出发,分别经历等压、等温、绝热三种过程,体积由 V_1 膨胀到体积 V_2,画出这三种过程的示意图。

(1) 气体的内能增加的是________过程;

(2) 气体的内能减少的是________过程。

习题 19

20. 1 mol 双原子分子理想气体从状态 $A(p_0, V_0)$ 沿如图所示直线变化到状态 $B(2p_0, 2V_0)$,求:

(1) 气体对外界所做的功 W;(2) 气体的内能增量 ΔE;

(3) 气体吸收的热量 Q;(4) 此过程的摩尔热容 C。($C=Q/\Delta T$)。

习题 20

21. 汽缸内有 2 mol 氧气(视为理想气体),初始温度为 27 ℃,体积为 20 L。先将氧气等压膨胀,直至体积加倍,然后绝热膨胀,直至回复初温为止。

(1) 在 p—V 图上大致画出该过程;(2)求过程中氧气吸热 Q;

(3) 求氧气的内能变化 ΔE;(4)求氧气所做的总功 W。

22. 一可逆卡诺热机,当高温热源的温度为 127 ℃、低温热源温度为 27 ℃时,每次循环对外做净功 8 000 J。现维持低温热源的温度不变,提高高温热源温度,使其每次循环对外做净功 16 000 J。若两个卡诺循环都工作在相同的两条绝热线之间,试求:(1) 第一个循环系统的放热;(2) 第二个循环的热机效率;(3) 第二个循环的高温热源的温度。

23. 一定量的理想气体经历如图所示的循环程,AB 和 CD 是等压过程,BC 和 DA 是绝热过程。已知:$T_C=300$ K,$T_B=400$ K。求此循环的效率 η。

习题 21

第十章
振　动

振动是存在于自然界中的一种非常常见的周期性运动形式。物体或者物体的某一部分在某个位置附近做来回往复的运动，称为振动。狭义的振动，常见于琴弦的振动、脉搏的跳动、机械钟表摆轮的摆动、心脏的跳动和发动机气缸活塞的运动等，这类振动，人们也称为机械振动。振动并不局限于机械振动范围，广义的振动，包含交流电路中电流与电压围绕着一定数值往复变化、空间某点的电场强度和磁场强度随时间做周期性的变化、生态循环、社会消费指数的振荡等。这些振动虽然在表面形式上和机械振动不同，但就运动的本质而言，它们都具有振动的共性。从物理学角度来说，它们都是所代表的物理量在围绕某个值做来回往复的周期性变化；从数学上来说，它们遵从统一的数学形式规律。本章主要研究振动的基本规律，这些规律是研究其他振动以及波动、光学、电磁波技术的基础，在生产和生活技术中有着广泛的应用。

早期的振动现象研究，最著名的例子莫过于1583年伽利略在比萨大教堂祈祷时，对微风吹拂着的吊灯来回摆动的观察，之后发现了小角度摆动时单摆的等时性，在此基础上，惠更斯发现了单摆的周期规律，并由此发明了能精确计时的摆钟。而有关振动的动力学规律的本质解释，依赖于牛顿定律和胡克定律。

10.1　简谐振动

实际的振动是比较复杂的，但研究发现这些复杂的振动总可以由一种最简单、最基本的振动合成。这种最简单而又最基本的振动，数学上可以用单一的谐和函数，即一个余弦或正弦函数来描述，人们把这种振动称为简谐振动。

10.1.1　简谐振动解析

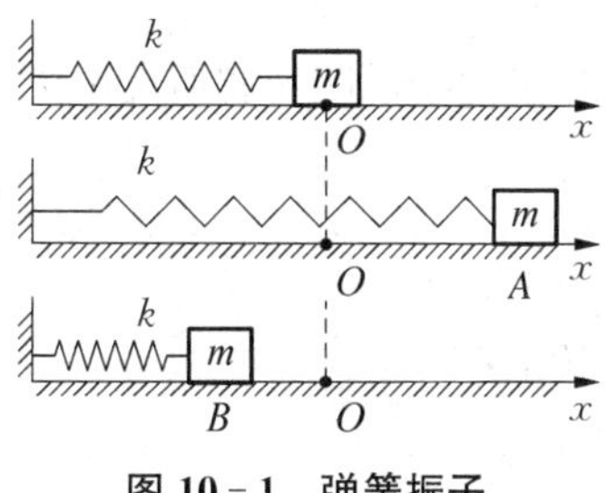

图10-1　弹簧振子

弹簧振子系统是研究简谐振动的最理想模型。如图10-1所示，这一系统是由一根轻弹簧和系于轻弹簧一端的质量为m的物体组成，弹簧的另一端固定，系统放置在光滑的水平面上。以弹簧处于自然长度时的O点为坐标原点，此位置也称为平衡位置，沿着弹簧方向建立坐标轴x。若将物体向右拉伸移动，弹簧发生弹性形变，此时，由于弹簧被拉长而使得物体受到一个指向平衡位置的弹性力，然后释放。此

时刻 t，物体的位移为 x，根据胡克定律，物体所受的弹性力 F 可表示为

$$F=-kx \tag{10-1}$$

式中比例常量 k 是弹簧的弹性系数，它由弹簧本身的材料、形状和大小等决定，负号表示力和位移的方向相反。若弹簧处于压缩状态，弹性力也始终指向平衡位置，故也把这样的力称为**回复力**。根据牛顿第二定律，有

$$F=ma=m\frac{\mathrm{d}^2x}{\mathrm{d}t^2}=-kx$$

一般说来，k 和 m 都是常量，且都是正值，令 $\omega^2=\frac{k}{m}$，ω 取决于弹簧的弹性系数和物体的质量，上式可写作

$$\frac{\mathrm{d}^2x}{\mathrm{d}t^2}+\omega^2x=0 \tag{10-2}$$

式(10-2)这样的二阶常系数齐次线性微分方程，就是代表简谐振动的最基本的、最普遍的**动力学方程一般形式，也称为无阻尼自由振动微分方程。**

求解这样的微分方程，设初始条件为：

$$x\Big|_{t=0}=x_0,\frac{\mathrm{d}x}{\mathrm{d}t}\Big|_{t=0}=v_0$$

方程(10-2)的特征方程为 $r^2+\omega^2=0$，其根 $r=\pm\mathrm{i}w$，是一对共轭复根，这样得到方程(10-2)的通解为：

$$x=C_1\cos\omega t+C_2\sin\omega t \tag{10-3}$$

应用初始条件，推导出：

$$C_1=x_0,C_2=\frac{v_0}{w}$$

得到特解为：

$$x=x_0\cos\omega t+\frac{v_0}{\omega}\sin\omega t \tag{10-4}$$

为了便于说明特解所反映的振动现象，结合式(10-3)和(10-4)，令

$$x_0=A\cos\varphi,\frac{v_0}{\omega}=A\sin\varphi(0\leqslant\varphi\leqslant2\pi) \tag{10-5}$$

其中：

$$A=\sqrt{x_0^2+\frac{v_0^2}{\omega^2}},\tan\varphi=\frac{v_0}{\omega x_0} \tag{10-6}$$

把式(10-5)代入(10-4)，根据和差化积公式，可得如下余弦函数表达式

$$x = A\cos(\omega t + \varphi) \tag{10-7}$$

由式(10-6)可以看出,A 和 φ 都是常量,且其值取决于振动系统本身。(10-7)称为**简谐振动的运动学方程的一般形式**。这是一个描述周期性变化规律的数学函数。

从上述讨论可知,物体只要受到一个形如 $F = -kx$ 的弹性回复力的作用,它的动力学方程就一定满足微分方程式(10-2),其解也必定是时间 t 的余弦(或正弦)函数。因此,回复力 $F = -kx$ 方程式(10-1)、动力学微分方程式(10-2)和振动物体的运动方程式(10-7)是**简谐振动的三项基本特征**,其中的任何一项都可以作为判断物体是否做简谐振动的依据。一般说来,不管 x 代表什么物理量,只要它的变化规律遵循微分方程式(10-2),就表示这个物理量在做简谐振动。

由运动方程(10-7)对时间求一阶、二阶导数,得到任意时刻振动物体的速度和加速度方程

$$v = \frac{dx}{dt} = -A\omega\sin(\omega t + \varphi) \tag{10-8}$$

$$a = \frac{d^2x}{dt^2} = -A\omega^2\cos(\omega t + \varphi) = -\omega^2 x \tag{10-9}$$

由此可见,物体做简谐振动时,其速度和加速度也随时间做周期性变化,加速度大小和位移大小成正比,但两者方向相反。

10.1.2 描述简谐振动特征的物理量

简谐振动运动学方程 $x = A\cos(\omega t + \varphi)$ 数学表达式中出现了 3 个特征量 A,ω 及 φ,下面我们来讨论它们所代表的物理意义及相关概念。

一、振幅

数学上 $\cos(\omega t + \varphi)$ 的取值在 $+1$ 和 -1 之间,根据式(10-7)可知,物体的振动范围在 $+A$ 和 $-A$ 之间,我们把简谐振动时,振动物体离开平衡位置的最大位移的绝对值 A,称为振幅。当 $t=0$ 时,由初始条件 $x = x_0$,$v = v_0$,代入式(10-7)、式(10-8)可得式(10-6)的表达式结果

$$A = \sqrt{x_0^2 + \left(\frac{v_0}{\omega}\right)^2}$$

二、周期和频率

1. 周期

物体做简谐振动,振动往复一次(即完成一次全振动)所经历的时间称为周期,用 T 表示。由于每隔一个周期,振动状态就完全重复一次,这也是这类运动被称为周期性运动的来源,此外,由数学的运算,有:

$$x = A\cos(\omega t + \varphi) = A\cos[\omega(t + T) + \varphi]$$

而根据余弦函数的周期性,物体做一次完全振动后应有 $\omega T = 2\pi$,于是得

$$T=\frac{2\pi}{\omega} \tag{10-10}$$

把 $\omega^2=\frac{k}{m}$ 代入式(10-10),可得弹簧振子的周期为

$$T=\frac{2\pi}{\omega}=2\pi\sqrt{\frac{m}{k}}$$

2. **频率**

单位时间内物体完成完全振动的次数称为**频率**,用 ν 表示,单位是**赫兹**(Hz)。频率与周期的关系为

$$\nu=\frac{1}{T}=\frac{\omega}{2\pi} \tag{10-11}$$

其中 ω 称为**角频率或圆频率**,也是单位时间内转过的角度,其表达式为

$$\omega=\frac{2\pi}{T}=2\pi\nu \tag{10-12}$$

这与圆周运动中的角速度物理量是一致的。把式 $\omega^2=\frac{k}{m}$ 代入式(10-11),可得弹簧振子的频率为

$$\nu=\frac{1}{2\pi}\sqrt{\frac{k}{m}}$$

根据上述得到的公式结论,可知弹簧振子的振动频率或周期由系统本身的固有属性(质量 m 和劲度系数 k)决定。这种只由振动系统本身的固有属性所决定的周期和频率称作**固有(本征)周期**和**固有(本征)频率**。

三、相位和初相位

1. **相位**

我们知道物体在某时刻的运动状态可由位置矢量和速度描述。由式(10-7)、式(10-8)、式(10-9)可知,当振幅 A 和角频率 ω 给定时,物体振动的位移、速度和加速度都取决于 $\omega t+\varphi$,或者说 $\omega t+\varphi$ 能反映出振动物体在任一时刻的相对于平衡位置的运动状态,因而把 $\omega t+\varphi$ 称为**相位**。相位是决定简谐振动的物体运动状态的重要物理量。

2. **初相位**

$t=0$ 时,相位 $\omega t+\varphi=\varphi$,称 φ 为**初相位**或**初相**。它反映初始时刻振动物体的运动状态。若 $\varphi=0$,则在 $t=0$ 时,由式(10-7)和(10-8)可得 $x_0=A, v_0=0$。

3. **同相、反相、超前和落后**

我们还可以通过比较两个系统的相位来比较两个简谐振动的运动状态。以两个同频率的简谐振动为例,设两物体 M_1 和 M_2 的简谐振动运动学方程表达式分别为

$$x_1=A_1\cos(\omega t+\varphi_1)$$

$$x_2 = A_2\cos(\omega t + \varphi_2)$$

两振动的相位差为

$$\Delta\varphi = (\omega t + \varphi_2) - (\omega t + \varphi_1) = \varphi_2 - \varphi_1 \tag{10-13}$$

分析上式可知，在任意时刻它们的相位差都等于其初相之差。有意思的是，当 $\Delta\varphi = 2k\pi(k=0,1,2,\cdots)$（$\pi$ 的偶数倍）时，两个简谐振动的发生过程将完全同步，同时到达同方向的位移最大值或同时到达同方向的最小值，又同时越过平衡位置向同样方向运动，这种情况被称为**同相**；当 $\Delta\varphi = (2k+1)\pi(k=0,1,2,\cdots)$（$\pi$ 的奇数倍）时，两振动物体一个在正方向最大位移处时候，另一个在负方向最大位移处，也即同时到达各自相反方向的最大位移处，又同时越过平衡位置向相反方向运动，其振动步调完全相反，这种情况则被称为**反相**，如图 10－2 所示。

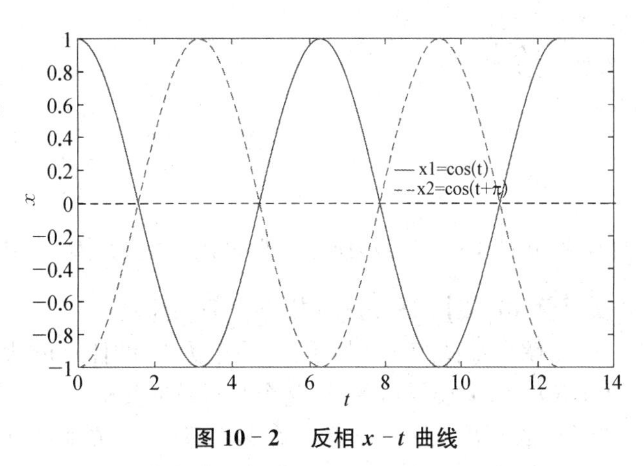

图 10－2　反相 $x-t$ 曲线

如果 $\Delta\varphi = \varphi_{M_2} - \varphi_{M_1} > 0$，就说振动物体 M_2 的相位超前振动物体 M_1，或者说振动物体 M_1 的相位落后于振动物体 M_2；反之亦然。由于振动的周期性运动规律，相位差 2π 表示相同的运动状态，所以相位超前和落后的描述是相对性。例如，当 $\Delta\varphi = \frac{4}{3}\pi$ 时，可以说振动物体 M_2 的相位超前振动物体 M_1 的相位为 $\frac{4}{3}\pi$，但也可以这样说：振动物体 M_2 的相位落后于振动物体 M_1 的相位为 $\frac{2}{3}\pi$，或者说振动物体 M_1 的相位超前振动物体 M_2 的相位为 $\frac{2}{3}\pi$。为了描述的一致性，通常把 $|\Delta\varphi|$ 的值限制在 $0 \sim \pi$ 以内来描述相位的超前和落后。

【例 10－1】 求证单摆做简谐振动。

证明 如图 10－3 所示，一质量为 m 的小球，用一长度为 l 的细绳悬挂于某点。小球在竖直面内做小角度摆动（$\varphi<5°$）。

小球可以视作质点。它受重力与悬线拉力的合力作用，质点在铅垂面内沿圆弧摆动，且摆动中相对于悬线铅锤位置的角位移 φ（右正左负）很小。现在分析质点沿运动方向所受的力——切向力 f_τ。用 m 表示质点质量，切向力 f_τ 的大小为 $mg\sin|\varphi|$，且总指向 $\varphi=0$ 这个平衡位置。将 $\sin\varphi$ 做级数展开：

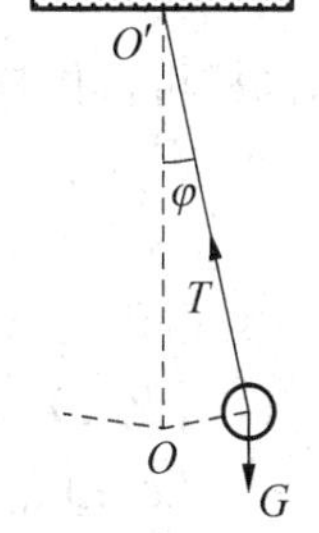

图 10－3　单摆

$$\sin\varphi = \varphi - \frac{\varphi^3}{3!} + \frac{\varphi^5}{5!} - \cdots$$

当角位移 φ 很小时略去级数展开式中的高次项，$\sin\varphi \approx \varphi$，切向力可写为

$$F_\tau = -mg\varphi$$

负号表示切向力与角位移反号，促使质点返回平衡位置。根据前面的定义可知 F_τ 是线性回复力，所以单摆做简谐振动。根据牛顿第二定律可写出单摆的动力学方程，为

$$m\frac{\mathrm{d}^2(l\varphi)}{\mathrm{d}t^2}=-mg\varphi$$

$$\frac{\mathrm{d}^2\varphi}{\mathrm{d}t^2}=-\frac{g}{l}\varphi$$

令 $\omega^2=\frac{g}{l}$，有

$$\frac{\mathrm{d}^2\varphi}{\mathrm{d}t^2}+\omega^2\varphi=0$$

上式与式(10－2)一致，所以单摆做简谐振动，固有周期 $T=\frac{2\pi}{\omega}=2\pi\sqrt{\frac{l}{g}}$。

【例 10－2】 求证复摆模型做简谐振动。

证明 如图 10－4 所示，一质量为 m 的任意形状的物体，被悬挂通过 P 点的轴，将它拉开小角度（$\theta<5°$）后释放，这个装置就叫复摆。设复摆对轴 P 的转动惯量为 J，复摆的质心 C 到 P 的距离为 l。设复摆在某时刻的位置如图所示。此时复摆受到的重力矩为 $M=mgl\sin\theta$，在微小摆动时摆角很小，此时有 $\sin\theta\approx\theta$。根据转动定律 $M=J\alpha$，可得复摆摆动的动力学微分方程为：

$$mgl\theta=-J\frac{\mathrm{d}^2\theta}{\mathrm{d}t^2}$$

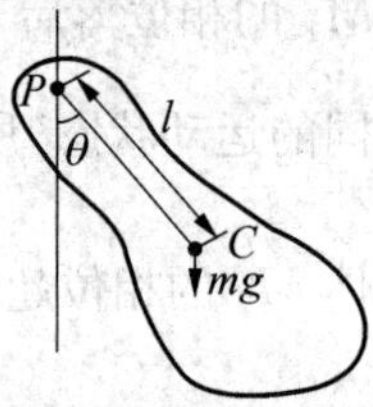

整理可得

$$\frac{\mathrm{d}^2\theta}{\mathrm{d}t^2}+\frac{mgl}{J}\theta=0$$

图 10－4 复摆

令 $\omega^2=\frac{mgl}{J}$，代入上式，可求得复摆运动所遵循的微分方程为

$$\frac{\mathrm{d}^2\theta}{\mathrm{d}t^2}+\omega^2\theta=0$$

该式与(10－2)式和单摆的动力学微分方程具有一样的形式，所以可得解为：

$$\theta=\theta_m\cos(\omega t+\varphi)$$

同样可得周期 T 为

$$T=2\pi\sqrt{\frac{J}{mgl}}$$

【例 10－3】 求证电磁振荡模型做简谐振动。

LC 电路中，电流和电荷都随时间做周期性变化，而且电场能量和磁场能量也都随时间做周期性变化和转化，人们把电流和电荷、电场和磁场都随时间做周期性变化的情况，称为电磁振荡，如图 10－5 所示。

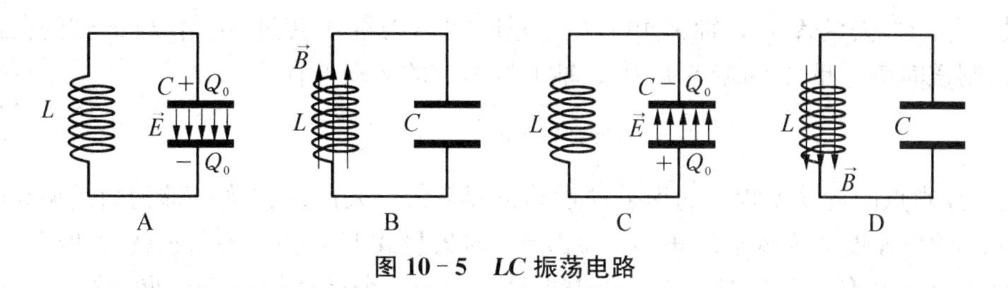

图 10-5 *LC* 振荡电路

设某时刻 LC 电路中的电流为 i，电容器极板上的电量为 q，根据欧姆定律，此时线圈 L 的自感电动势与电容 C 两端的电势差满足

$$L\frac{\mathrm{d}i}{\mathrm{d}t}=-\frac{q}{C}$$

因 $i=\mathrm{d}q/\mathrm{d}t$，上式可写为

$$\frac{\mathrm{d}^2q}{\mathrm{d}t^2}=-\frac{1}{LC}q$$

令 $\omega^2=\frac{1}{LC}$，代入上式，可求得电磁振荡运动所遵循的微分方程为

$$\frac{\mathrm{d}^2q}{\mathrm{d}t^2}+\omega^2q=0$$

该式与(10-2)式、单摆及复摆的动力学微分方程具有一样的形式，所以可得解为：

$$q=Q_0\cos(\omega t+\varphi)$$

同样可得周期 T 为

$$T=2\pi\sqrt{LC}$$

10.2 旋转矢量方法描述

根据简谐振动的运动学方程以及振幅、角频率和相位等物理量的物理意义，在研究简谐振动时，可以采用一种非常直观的几何方法来描述简谐振动这种周期性运动，该方法的核心是采用了一个旋转的矢量，故称为旋转矢量法。该方法十分形象地描述了简谐振动，也为处理振动的初相和合成问题提供了简洁的手段，并能进一步帮助我们加深对简谐振动三个特征量的认识。

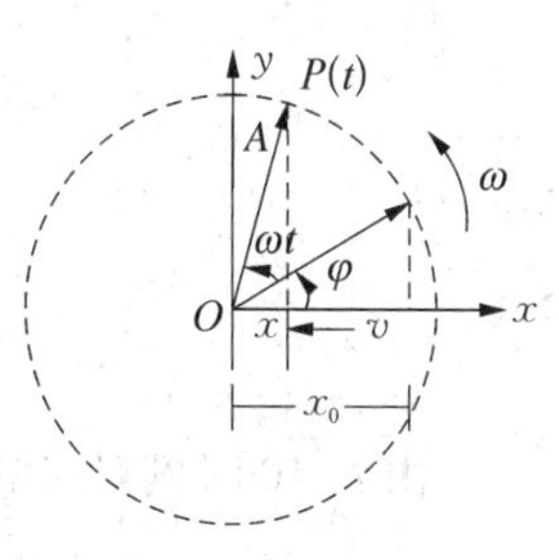

图 10-6 旋转矢量

在如图 10-6 所示的直角坐标系 Oxy 中，做一矢量 $\boldsymbol{A}$，该矢量以角速度 ω 在平面内绕 O 点做逆时针方向的转动。可以看到，旋转过程中，矢量端点 P 在 x 轴上的投影点将以 O 点为中心做往复振动。矢量 $\boldsymbol{A}$ 以角速度 ω 旋转一周，就相当于振动物体做了一次完全振动。矢量 $\boldsymbol{A}$ 称为旋转矢量。

设 $t=0$ 时，矢量 $\boldsymbol{A}$ 与 x 轴夹角为 φ，经过时间 t，矢量 $\boldsymbol{A}$ 转过 ωt 角，与 x 轴的夹角变为 $\omega t+\varphi$，则该时刻矢量 $\boldsymbol{A}$ 的端点 P 在 x 轴上投影点的运动方程为

$$x=A\cos(\omega t+\varphi)$$

这个投影点的运动方程与简谐振动运动方程一致。矢量 $\boldsymbol{A}$ 的大小即为简谐振动的振幅 $\boldsymbol{A}$，矢量 $\boldsymbol{A}$ 的角速度即为振动的角频率 ω，$t=0$ 时矢量 $\boldsymbol{A}$ 与 x 轴的夹角 φ 就为初相。可以看出，旋转矢量 $\boldsymbol{A}$ 的任意位置都对应着简谐振动系统的一个运动状态，转一圈所需的时间正好是简谐振动的一个周期 T。特别的，两个简谐振动的相位差正好是两个旋转矢量之间的夹角。

必须说明，旋转矢量 $\boldsymbol{A}$ 本身并不做简谐振动，只是旋转矢量 $\boldsymbol{A}$ 在坐标轴上的投影点的运动形象地表示了简谐振动，图 10-7 为旋转矢量图与简谐振动的 x—t 图的对应关系，理解旋转矢量与简谐振动的对应关系，对以后分析两个及以上简谐振动的合成十分有用且方便，这在后面内容中将详细阐述。

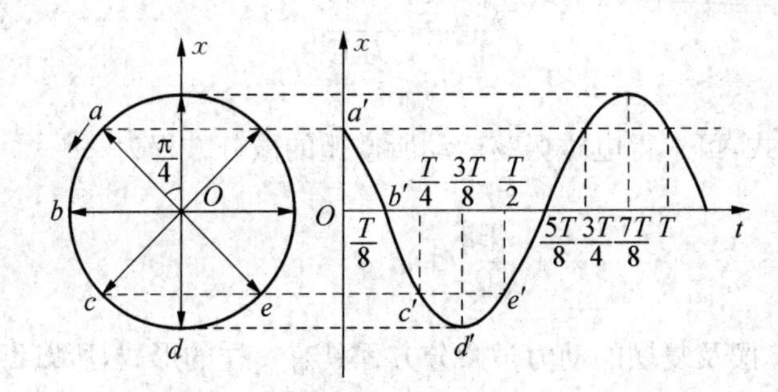

图 10-7 旋转矢量图及简谐振动的 x—t 图

【例 10-4】 如图 10-8 为某质点做简谐振动的曲线，求该质点的振动方程。

分析 若要求质点的振动方程，必须求出 3 个特征量 A,φ,ω。利用振动曲线可以看出 $A=4\times10^{-2}$ m，$t=0$ 时，质点位移 $x_0=-\dfrac{\sqrt{2}}{2}A$；$t=0.5$ s 时，$x=0$。利用这些信息可以确定 φ,ω。

解 方法 1：解析法。

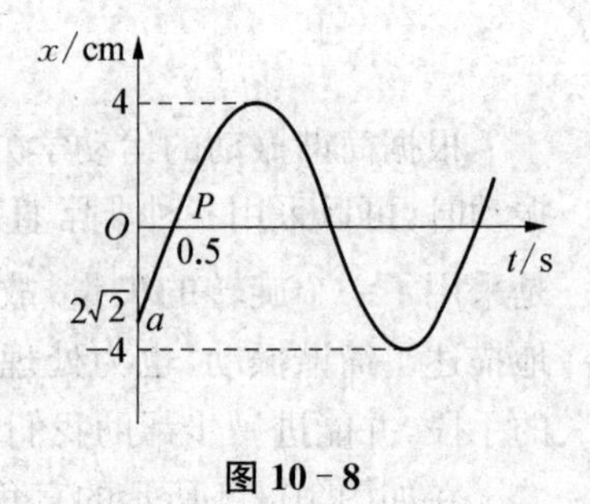

图 10-8

$t=0$ 时，$x_0=-\dfrac{\sqrt{2}}{2}A$，于是有

$$x_0=A\cos\varphi=-\frac{\sqrt{2}}{2}A$$

解得

$$\varphi=\pm\frac{3}{4}\pi$$

由 $t=0$ 时刻对应的曲线斜率 $\dfrac{\mathrm{d}x}{\mathrm{d}t}>0$ 可知，质点速度 $v_0>0$，即

$$v_0=-A\omega\sin\varphi>0$$

所以
$$\varphi = -\frac{3}{4}\pi$$

为求 ω,先写出质点振动方程
$$x = 4\times10^{-2}\cos\left(\omega t - \frac{3}{4}\pi\right)\ \text{m}$$

将 $t = 0.5$ s,$x = 0$ 代入上式得
$$\cos\left(\frac{\omega}{2} - \frac{3}{4}\pi\right) = 0$$

同样结合该点的速度方向可以得到 $\omega = \frac{\pi}{2}$,所以质点的振动方程是
$$x = 4\times10^{-2}\cos\left(\frac{\pi}{2}t - \frac{3}{4}\pi\right)\ \text{m}$$

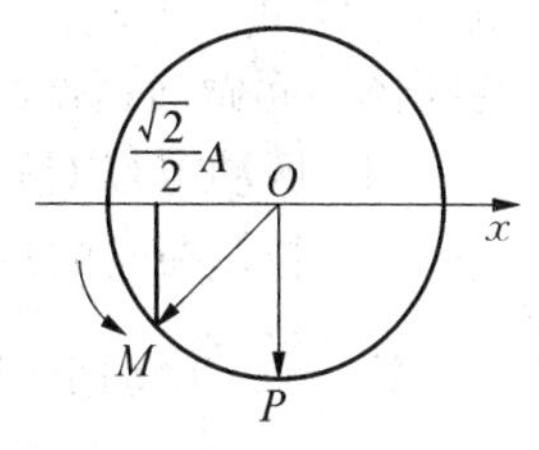

图 10-9

方法 2:旋转矢量法。

由振动曲线可知,$t = 0$ 时刻,质点位移 $x_0 = -\frac{\sqrt{2}}{2}A$,质点速度 $v_0 > 0$,对应的旋转矢量如图 10-9 所示,由图可知 $\varphi = -\frac{3}{4}\pi$。

$t = 0.5$ s 时,$x = 0$,$v > 0$。此运动状态对应矢量 $\overrightarrow{OP}$,即旋转矢量由 $t = 0$ 时的 $\overrightarrow{OM}$ 经 0.5 s 转至 $\overrightarrow{OP}$,共转了 $\frac{\pi}{4}$,$\omega = \frac{\frac{\pi}{4}}{0.5} = \frac{\pi}{2}(\text{rad}\cdot\text{s}^{-1})$。

质点的振动方程是
$$x = 4\times10^{-2}\cos\left(\frac{\pi}{2}t - \frac{3}{4}\pi\right)\ \text{m}$$

10.3 简谐振动的能量

以图 10-1 的弹簧振子所代表的简谐振动为例,在振动过程中,若系统不受外力和非保守内力的作用,则动能和势能之和不变。在 t 时刻,把弹簧振子的速度方程和位移方程代入动能和弹性势能公式中,分别得到
$$E_k = \frac{1}{2}mv^2 = \frac{1}{2}m\omega^2A^2\sin^2(\omega t + \varphi) \tag{10-14}$$

由 $\omega^2 = k/m$,又有
$$E_k = \frac{1}{2}kA^2\sin^2(\omega t + \varphi) \tag{10-15}$$

此时系统的弹性势能为

$$E_p=\frac{1}{2}kx^2=\frac{1}{2}kA^2\cos^2(\omega t+\varphi) \tag{10-16}$$

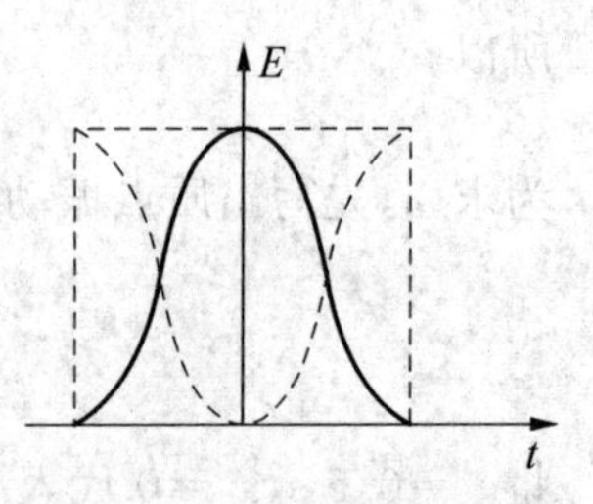

图 10-10　$\varphi=0$ 时，弹簧振子动能和势能随时间变化的曲线

将以上两式相加可得简谐振动的总能量为

$$E=kA^2/2=m\omega^2A^2/2 \tag{10-17}$$

根据上述的计算，可分析得出，动能最大时，势能最小；动能最小时，势能最大，简谐振动的过程正是动能与势能相互转换的过程，但总机械能守恒。图 10-10 表示当 $\varphi=0$ 时，动能和势能随时间变化的曲线。

【例 10-5】　一质量 $M=3.96$ kg 的物体，悬挂在劲度系数 $k=400$ N/m 的轻弹簧下端。一质量 $m=40$ g 的子弹以 $v=152$ m/s 的速度从下方竖直朝上射入物体之中，然后子弹与物体一起做简谐振动。若取平衡位置为原点。x 轴指向下方，如图 10-11 所示，求：

(1) 振动方程（因 $m\ll M$，m 射入 M 后对原来平衡位置的影响可以忽略）；

(2) 弹簧振子的总能量。

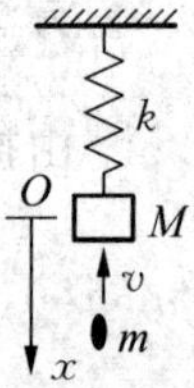

图 10-11

解　(1) 由动量守恒定律 $mv=(M+m)V$，得 $V=\dfrac{mv}{M+m}$

又 $$\omega_0=\sqrt{\frac{k}{M+m}}=10 \text{ rad/s}$$

$t=0$ 时，$x_0=0=A\cos\varphi$，$v_0=-A\omega_0\sin\varphi=-V$

由上两式解得 $$A=0.152 \text{ m},\varphi=\frac{1}{2}\pi$$

所以，振动方程 $$x=0.152\cos\left(10t+\frac{1}{2}\pi\right)\quad(\text{SI})$$

(2) 振子中的总能量 $$E=\frac{1}{2}(M+m)V^2=4.62 \text{ J}$$

10.4　简谐振动的合成

在现实中，系统的振动比简谐振动要复杂得多。1747 年，欧拉在研究空气中声传播时，建立了弹簧联结等质量质点模型，列出了运动微分方程并求出精确解，发现系统的振动是各简谐振动的合成。后续的研究者们也进一步证实复杂的振动总可以看作是多个不同频率、不同振幅的简谐振动的合成。而在实际问题中，人们也经常会遇到一个质点同时参与两个或两个以上振动的情况。例如，行驶的轮船上悬挂的摆钟，摆的运动就是多种振动的合成；两个声源的声振动传到耳膜，耳膜就要同时参与两种振动。本节就简谐振动的合成问题进行讨论。

10.4.1 两个同方向同频率的简谐振动合成

两个同方向的振动频率都是 ω 的简谐振动，振幅分别为 A_1 和 A_2，初相分别为 φ_1 和 φ_2，则它们的简谐振动方程分别为

$$x_1 = A_1\cos(\omega t + \varphi_1)$$
$$x_2 = A_2\cos(\omega t + \varphi_2)$$

由于两振动是同方向的，它们在任一时刻的合位移 x 也应在同一直线，且等于两份振动位移的代数和，也即

$$x = x_1 + x_2 = A_1\cos(\omega t + \varphi_1) + A_2\cos(\omega t + \varphi_2)$$

若是振幅相等的情况下，直接可以用三角函数公式从上式得到合成结果。一般情况下，用旋转矢量法可以更方便且形象地得到同样的结果。如图 10-12 所示，$\boldsymbol{A}_1$ 和 $\boldsymbol{A}_2$ 分别为两个分振动的旋转矢量，角速度均为 ω，$t=0$ 时刻，它们与 x 轴的夹角分别为 φ_1 和 φ_2。根据矢量的平行四边形法则，可得 $\boldsymbol{A}_1$ 和 $\boldsymbol{A}_2$ 的合矢量为 $\boldsymbol{A}$。因为 $\boldsymbol{A}_1$ 和 $\boldsymbol{A}_2$ 均以相同的角速度 ω 沿逆时针转动，因此，合矢量 $\boldsymbol{A}$ 也以 ω 朝同一方向旋转，且在任何时刻都有 $\boldsymbol{A} = \boldsymbol{A}_1 + \boldsymbol{A}_2$ 的关系。由上述推导，可知矢量 $\boldsymbol{A}$ 的运动与此坐标系其他的矢量运动一样，所以矢量 $\boldsymbol{A}$ 代表的合振动也是简谐振动。由图中的矢量与投影之间的关系，在时刻 t，处于合成振动的质点对平衡位置的合位移为

$$x = x_1 + x_2 = A\cos(\omega t + \varphi)$$

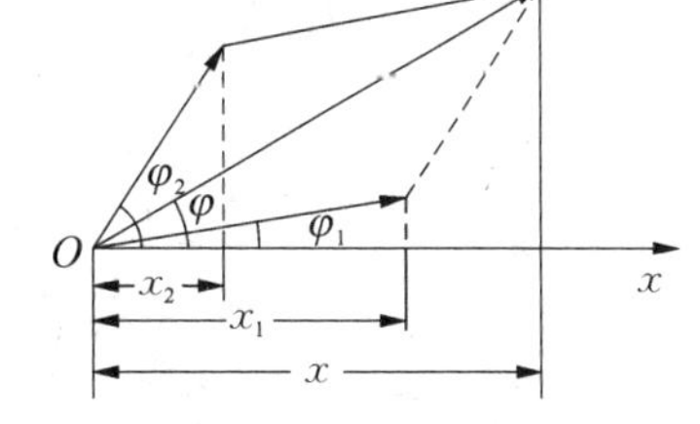

图 10-12 简谐振动合成

而由余弦定理可求得合振动的振幅为

$$A = \sqrt{A_1^2 + A_2^2 + 2A_1A_2\cos(\varphi_2 - \varphi_1)} \quad (10-18)$$

由图 10-12 中的角度和边长关系，可得合振动的初相 φ 满足如下式子：

$$\tan\varphi = \frac{A_1\sin\varphi_1 + A_2\sin\varphi_2}{A_1\cos\varphi_1 + A_2\cos\varphi_2} \quad (10-19)$$

由(10-18)式分析，合振动的振幅不仅与两个分振动的振幅有关，而且与它们的初相位有关。下面讨论相位差满足两种特殊情况时的结果：

(1) 当两个分振动的相位差 $\varphi_2 - \varphi_1 = 2k\pi, k = 0, \pm 1, \pm 2, \cdots$ 时，则

$$A = A_1 + A_2$$

也即相位差为 0 和相位差为 π 的偶数倍时，合振动振幅等于两个分振动振幅之和，合成振动加强。

(2) 当两个分振动的相位差 $\varphi_2 - \varphi_1 = (2k+1)\pi, k = 0, \pm 1, \pm 2, \cdots$ 时，则

$$A = |A_1 - A_2|$$

也即相位差为 π 的奇数倍时，合振动振幅等于两个分振动振幅之差绝对值，合成振动减弱。如果 $A_1 = A_2$，则 $A = 0$，这时两个等幅且反相的简谐振动的合成将使质点处于静止状态。

一般情况时，合振幅在 $A=A_1+A_2$ 和 $A=|A_1-A_2|$ 之间。

实际的振动，往往也不仅是两个振动的合成，上述用旋转矢量法求简谐振动合成的方法，也适用于多个简谐振动的合成。

【例 10-6】 3 个同方向、同频率的简谐振动分别为

$$x_1=0.08\cos\left(314t+\frac{\pi}{6}\right)(\text{m})$$

$$x_2=0.08\cos\left(314t+\frac{\pi}{2}\right)(\text{m})$$

$$x_3=0.08\cos\left(314t+\frac{5\pi}{6}\right)(\text{m})$$

求：(1) 合振动的角频率、振幅、初相位及振动表达式。

(2) 合振动由初始位置运动到 $x=\frac{\sqrt{2}}{2}A$，且向正向运动，所需的最短时间（A 为合振动的振幅）。

解 (1) 先将两个简谐振动合成，再与第三个合成。

$$\begin{aligned}x_{12}&=x_1+x_2\\&=0.08\cos\left(314t+\frac{\pi}{6}\right)+0.08\cos\left(314t+\frac{\pi}{2}\right)\\&=0.08\sqrt{3}\cos\left(314t+\frac{\pi}{3}\right)(\text{m})\end{aligned}$$

$$\begin{aligned}x&=x_{12}+x_3\\&=0.08\sqrt{3}\cos\left(314t+\frac{\pi}{3}\right)+0.08\cos\left(314t+\frac{5\pi}{6}\right)\\&=0.16\cos\left(314t+\frac{\pi}{2}\right)(\text{m})\end{aligned}$$

由此可知，合振动的角频率为 314 rad/s，振幅为 0.16 m，初相位为$\frac{\pi}{2}$。

(2) 设从初始位置经过时间 t 后运动到 $x=\frac{\sqrt{2}}{2}A$ 的位置，依题意知其所对应的相位为$\frac{7}{4}\pi$，于是

$$314t+\frac{\pi}{2}=\frac{7}{4}\pi$$

解得 $t=0.0125$ s。

10.4.2 两个同方向不同频率的简谐振动合成

仍用旋转矢量法来分析两个同方向但不同频率的简谐振动的合成。旋转矢量 $\boldsymbol{A}_1$，$\boldsymbol{A}_2$ 代表两个分振动，它们的角速度分别为 ω_1 和 ω_2。由于两分振动的角速度不同，它们之间相

位差随时间是不断变化的，所以合矢量 **A** 的大小也随时间不断变化。合振动一般不再是简谐振动，而是一种比较复杂的振动。研究发现，当两个简谐振动的频率 ν_1 和 ν_2 都比较大，而两振动的频率之差 $|\nu_1-\nu_2|$ 却比较小时，会使得合成振动的振幅出现时而加强时而减弱的现象，人们把这种现象称为拍，如图 10－13 所示。

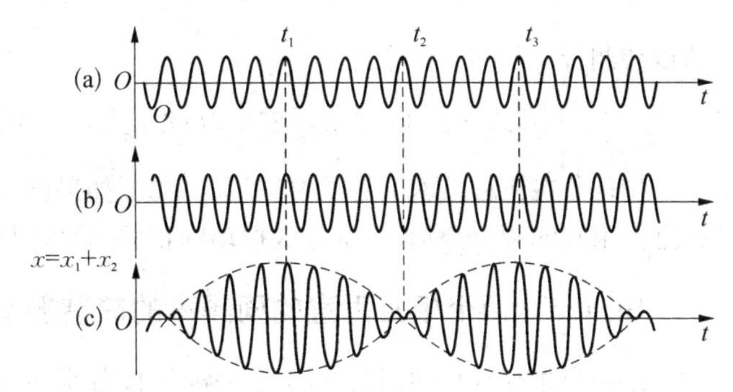

图 10－13　两个不同频率简谐振动的合成

再用解析法来讨论拍的现象。为了便于推导，令两个分振动的振幅和初相都相等，此时它们的振动方程可分别写为：

$$x_1=A\cos(\omega_1 t+\varphi)$$
$$x_2=A\cos(\omega_2 t+\varphi)$$

由三角函数的和差化积运算，可得合振动的表达式为：

$$\begin{aligned}x(t)&=A\cos(\omega_1 t+\varphi)+A\cos(\omega_2 t+\varphi)\\&=2A\cos\left(\frac{\omega_2-\omega_1}{2}t\right)\cos\left(\frac{\omega_2+\omega_1}{2}t+\varphi\right)\end{aligned} \tag{10-20}$$

这个式子所代表的合振动已经不再是简谐振动。两个分振动的角频率很大，且相差很小时，即 $\omega_2-\omega_1\ll\omega_2+\omega_1$，(10－20) 式中第一项因子 $\cos\left(\frac{\omega_2-\omega_1}{2}t\right)$ 比第二项因子 $\cos\left(\frac{\omega_2+\omega_1}{2}t+\varphi\right)$ 随时间变化缓慢得多，可把合振动的振幅近似认为是 $\left|2A\cos\left(\frac{\omega_2-\omega_1}{2}t\right)\right|$。根据余弦函数的绝对值的变化周期为 π，因此，合成振动的振幅 $\left|2A\cos\left(\frac{\omega_2-\omega_1}{2}t\right)\right|$ 变化的周期为：

$$T=\frac{2\pi}{\omega_2-\omega_1} \tag{10-21}$$

合振动振幅变化的频率，也称为拍频，大小为：

$$\nu=\frac{\omega_2-\omega_1}{2\pi}=\nu_2-\nu_1 \tag{10-22}$$

拍频中，若其中一个振动频率已知，那么通过拍频的测量可以知道另一个待测量的频率。这种技术在声学、速度测量、无线电技术、卫星跟踪等工程领域经常被采用。例如，乐队里面的“定音”就是根据此法；利用标准音叉校准钢琴，当钢琴发出的频率与音叉发出的标准频率有微小差别时，合成振动就会产生拍音，调整到拍音消失，就校准了钢琴的一个琴音。管乐器中的双簧管也是利用两个簧片振动频率的微小差别，产生振动的拍音。多普勒效应中，从运动物体反射回来的电磁波的频率会发生微小的变化，通过测量反射波与入射波叠加后形成的拍频，就可推算出运动物体的速度。

【例 10－7】　分别敲击待测音叉与标准音叉(标准音叉的频率为 256 Hz)，使它们同时发声，听到时强时弱的嗡嗡响声。测得在 30 s 内音响的强弱变化为 75 次，问待测音叉的固有频率是多少？

解 由题意知，拍频为

$$\nu_b = 75/30 = 2.5(\text{Hz})$$

所以待测音叉的固有频率为

$$\nu_1 = 256 + 2.5 = 258.5(\text{Hz}) \text{ 或 } \nu_2 = 256 - 2.5 = 253.5(\text{Hz})$$

拍现象在工程技术上有重要应用。例如，如果已知一个高频振动频率，使它和另一频率相近但未知的频率叠加，测量合成振动的拍频，就可以求出未知的频率。

10.4.3 两个相互垂直的同频率的简谐振动合成

设两个相互垂直的同频率的简谐振动，以分别在 x 轴和 y 轴上的振动为例，振动表达式分别为

$$x = A_1\cos(\omega t + \varphi_1)$$
$$y = A_2\cos(\omega t + \varphi_2)$$

当一个静态质点同时受到两个不同方向的振动影响时，质点的合振动位移是两个分振动位移的矢量和。消除上面两式中的参量 t，可得合成振动质点的轨迹方程为

$$\frac{x^2}{A_1^2} + \frac{y^2}{A_2^2} - \frac{2xy}{A_1A_2}\cos(\varphi_2 - \varphi_1) = \sin^2(\varphi_2 - \varphi_1) \qquad (10-23)$$

这是一个椭圆方程，椭圆轨迹局限在 $x = \pm A_1$ 和 $y = \pm A_2$ 的矩形区域内，轨迹方程所对应的图形，也称为利萨如图形。由式(10-23)可知，椭圆形状由两个分振动的振幅和相位差 $\varphi_2 - \varphi_1$ 决定。下面讨论由相位差引起的几种特殊情况：

(1) $\varphi_2 - \varphi_1 = 0$，即两振动同相时，式(10-23)变为

$$y = \frac{A_2}{A_1}x$$

此时，可看出两个相互垂直的同频率、同相位的简谐振动合成轨迹为一条过原点的斜率为 $\frac{A_2}{A_1}$ 的直线，如图 10-14(a)所示。

(2) 若 $\varphi_2 - \varphi_1 = \pm(2k+1)\pi(k = 0,1,2,\cdots)$ 时，式(10-23)变为

$$y = -\frac{A_2}{A_1}x$$

与上述情况相比，此处斜率为负值，其轨迹如图 10-14(b)所示。

(3) $\varphi_2 - \varphi_1 = \pm\frac{\pi}{2}$ 时，式(10-23)变为

$$\frac{x^2}{A_1^2} + \frac{y^2}{A_2^2} = 1$$

这是一个椭圆方程，其轨迹如图 10-14(c)对应于 $\varphi_2-\varphi_1=\frac{\pi}{2}$ 的情况，如图 10-14(d)对应的是 $\varphi_2-\varphi_1=-\frac{\pi}{2}$ 的情况，这两种情况质点的运动轨道相同，但质点的运动方向有右旋和左旋之分。此时，若两个分振动的振幅还相等，则上述的轨迹将变为圆。可见，圆周运动可以分解成两个相互垂直的简谐振动的合成。图 10-15 给出了振幅相同的情况下，不同相位差的合运动轨迹。

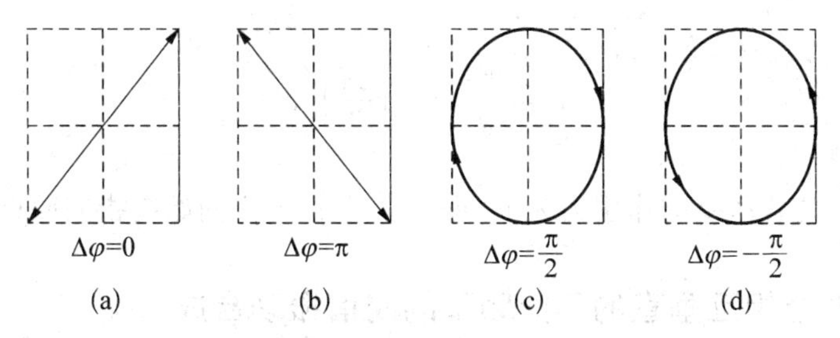

图 10-14 两个相互垂直、同频率简谐振动的合成

图 10-15 为两个等幅振动 ($A_1=A_2$) 在不同相位差情况下的合成轨迹。

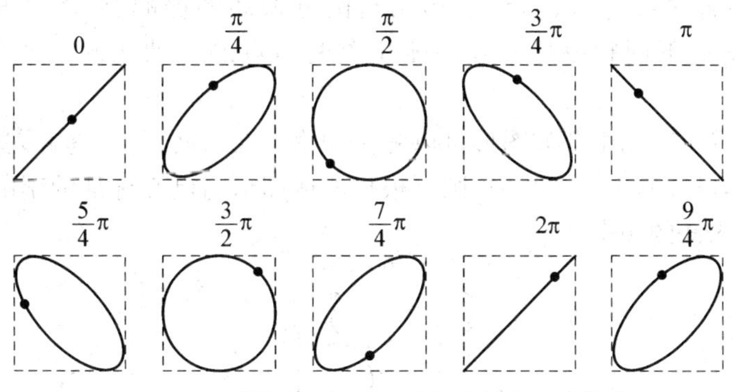

图 10-15 等幅振动、不同位相差的合运动轨迹

【例 10-8】 质量为 m 的质点同时参与互相垂直的两个振动，其振动方程分别为

$$x=4.0\times10^{-2}\cos\left(\frac{2\pi}{3}t+\frac{\pi}{3}\right)\quad(\text{SI})$$

$$y=3.0\times10^{-2}\cos\left(\frac{2\pi}{3}t-\frac{\pi}{6}\right)\quad(\text{SI})$$

试求：

(1) 质点的运动轨迹方程；

(2) 质点在任一位置时所受的作用力。

解 (1) 由题意知

$$x=4.0\times10^{-2}\cos\left(\frac{2\pi}{3}t+\frac{\pi}{3}\right)$$

$$y=3.0\times10^{-2}\cos\left(\frac{2\pi}{3}t-\frac{\pi}{6}\right)=3.0\times10^{-2}\cos\left(\frac{2\pi}{3}t+\frac{\pi}{3}-\frac{\pi}{2}\right)=3.0\times10^{-2}\sin\left(\frac{2\pi}{3}t+\frac{\pi}{3}\right)$$

化简以上两式后得

$$\frac{x^2}{0.04^2}+\frac{y^2}{0.03^2}=1$$

(2) t 时刻质点的位矢为

$$\boldsymbol{r}=x\boldsymbol{i}+y\boldsymbol{j}=4.0\times10^{-2}\cos\left(\frac{2\pi}{3}t+\frac{\pi}{3}\right)\boldsymbol{i}+3.0\times10^{-2}\cos\left(\frac{2\pi}{3}t-\frac{\pi}{6}\right)\boldsymbol{j}$$

所以加速度为

$$\boldsymbol{a}=\frac{\mathrm{d}^2\boldsymbol{r}}{\mathrm{d}t^2}=-\left(\frac{2\pi}{3}\right)^2\boldsymbol{r}$$

因此,质点在任一位置所受的作用力为 $F=-m\left(\frac{2\pi}{3}\right)^2 r$,方向始终指向原点。

10.4.4 两个相互垂直的不同频率的简谐振动合成

两个互相垂直、频率不同的简谐振动,其合振动较为复杂。一般情况下,合振动的轨迹是不稳定的。而若两个分振动的频率为简单的整数比时,则合振动的轨迹将展示为沿一稳定的闭合曲线进行,曲线的形状与两分振动的振幅、频率及相位差有关。图 10-16 给出了对应不同频率比和不同相位差时质点的运动轨迹。这些曲线称为李萨如图形。

在无线电技术中利用李萨如图形可以测量频率。在示波器上,垂直方向与水平方向同时输入两个振动,已知其中一个频率,则可根据所成图形与已知标准的李萨如图形去比较,就可得知另一个未知的频率。

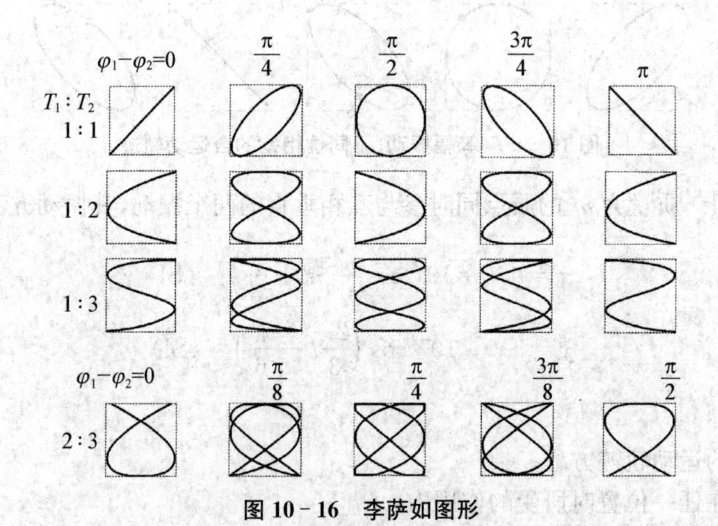

图 10-16 李萨如图形

10.5 阻尼振动和受迫振动

10.5.1 阻尼振动

实际的振动难免还要受到各种阻力的影响，例如簧振子和单摆，在振动过程中要受到摩擦阻力和空气阻力的作用，由于需要克服阻力做功，振动系统的能量会不断减少，所看到的现象就是振幅会不断减小，直至最后停止。这种振动系统在回复力和阻力作用下的振幅随时间而减小的振动叫作**阻尼振动**，前面所讨论的简谐振动是一种无阻尼的**自由振动**。

研究发现，当物体以不太大的速率在黏性介质中发生振动时，受到的阻力 f_r 与其运动的速率 v 成正比，即

$$f_r = -\gamma v = -\gamma \frac{dx}{dt} \tag{10-24}$$

式中比例系数 γ 称为**阻力系数**，它与介质的性质和振动物体的形状、大小等有关，负号表示阻力与速度方向相反。当弹簧振子受到弹性力 $F_{弹} = -kx$ 和阻力 $f_r = -\gamma v$ 时。由牛顿第二定律得

$$m\frac{d^2x}{dt^2} = -kx - \gamma \frac{dx}{dt}$$

或得

$$\frac{d^2x}{dt^2} + \frac{\gamma}{m}\frac{dx}{dt} + \frac{k}{m}x = 0 \tag{10-25}$$

与(10-2)式相比，(10-25)式称为阻尼振动微分方程。

令 $\frac{k}{m} = \omega_0^2$，ω_0 是无阻尼时振动系统的固有角频率；令 $\frac{\gamma}{2m} = \beta$，$\beta$ 也称为阻尼系数，它由阻力系数决定。这样式(10-25)可改写为

$$\frac{d^2x}{dt^2} + 2\beta\frac{dx}{dt} + \omega_0^2 x = 0 \tag{10-26}$$

求解阻尼振动微分方程，可以得到有阻尼时系统的振动方程。

式(10-26)的解可有 3 种不同的形式，也代表了物体的 3 种阻尼存在时的运动方式。

1. 欠阻尼状态

当阻力较小，即 $\beta < \omega_0$ 时，阻尼振动微分方程(10-26)的解为

$$x = Ae^{-\beta t}\cos(\omega t + \varphi) \tag{10-27}$$

式中 $\omega = \sqrt{\omega_0^2 - \beta^2}$，(10-27)式中 $\cos(\omega t + \varphi)$ 因子表明位移以 ω 为圆频率做周期性变化，

$Ae^{-\beta t}$ 因子表明振幅 $Ae^{-\beta t}$ 随时间做指数衰减，阻尼系数越大，振幅衰减就越快。由于物体做振幅不断缩小的往复振动，已出现的振动状态不再重复发生，所以阻尼振动不是简谐振动。这里阻尼较小时，也可近似看作是一种振幅逐渐减小的简谐振动，它的周期 $T = 2\pi/\omega = 2\pi/\sqrt{\omega_0^2 - \beta^2}$，可见，阻尼振动的"周期"$T$ 大于无阻尼时自由振动的周期。这是由于阻力的作用，物体做一次振动所需的时间加长了。欠阻尼状态时位移随时间的变化关系如图 10－17 所示。

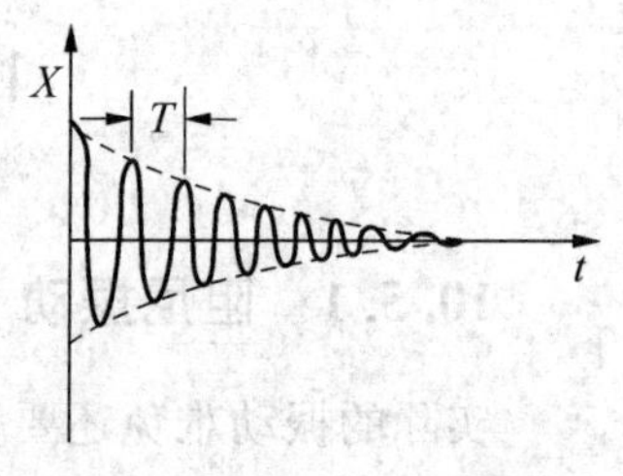

图 10－17 欠阻尼振动

2. 过阻尼状态

当阻力很大，也即 $\beta > \omega_0$ 时，阻尼振动微分方程(10－26)的解为

$$x = C_1 e^{-(\beta - \sqrt{\beta^2 - \omega_0^2})t} + C_2 e^{-(\beta + \sqrt{\beta^2 - \omega_0^2})t} \quad (10-28)$$

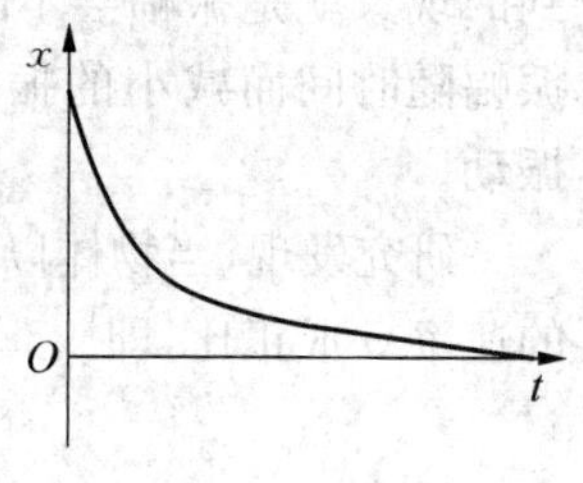

图 10－18 过阻尼振动

C_1，C_2 为积分常数，由初始条件决定。(10－28)式表明振动以非周期的方式由初始位置慢慢回到平衡位置而静止，其振动曲线单调地趋于零，过阻尼状态时位移随时间的变化关系如图 10－18 所示。

3. 临界阻尼状态

当阻尼系数 $\beta = \omega_0$ 时，振动恰好是从准周期运动转变为非周期运动的临界状态，阻尼振动微分方程(10－26)的解为

$$x = (C_1 + C_2 t)e^{-\beta t} \quad (10-29)$$

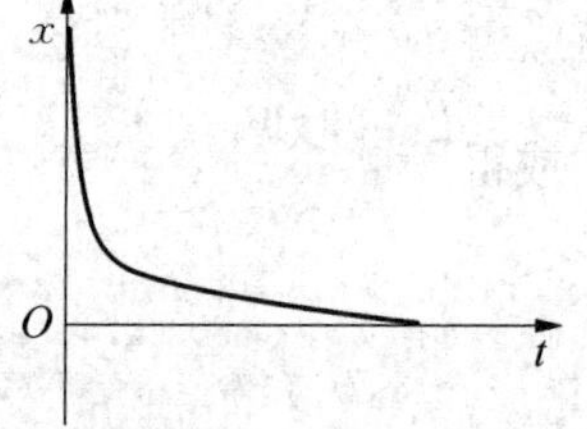

图 10－19 临界阻尼振动

C_1 和 C_2 是由初始条件决定的常数。由于阻力较前者小，将物体移开平衡位置释放后，物体很快回到平衡位置并停下来。临界阻尼状态时其位置随时间的变化关系如图 10－19 所示。

在生产和技术应用中，人们常会根据实际需要用不同的方法来改变阻尼的大小，以控制系统的振动状态。例如，在精密仪表中，为了能较快和较准确地进行读数，可以通过调整电磁阻尼在临界阻尼状态下工作，使仪表指针很快稳定下来。类似的，在使用精密天平时，也有类似的设计，通过增加阻尼气垫来节约测量时间。此外，很多大型机器的避震器，也都采用阻尼装置，从而使持续的振动撞击变为缓慢的振动，乃至迅速衰减。

10.5.2 受迫振动

实际的振动系统需要克服阻力做功，不断有能量消耗，所以系统的振动状态往往维持不了多久，要使振动能较长久地维持下去，就必须依靠外界不断地给系统补充能量。常用的办法就是对系统施加一个周期性的外力来实现，人们把这种在周期性外力作用下进行的振动叫作受迫振动。而这个外加的周期性外力称为驱动力。例如，机器运转时引起的机座振动，机器周期性的运转相当于持续的周期外力给底座做功。

自然情况下，受迫振动的外加驱动力也是相当复杂的。下面以受迫振动的驱动力按简

谐规律变化的情况来进行讨论，设驱动力满足 $F_{驱}=F_0\cos\omega_p t$。F_0 是驱动力的最大值，叫作力幅，ω_p 是驱动力的角频率。以弹性系统为例，综合前面的分析，此时系统需要考虑受到的力有：弹性力 $-kx$，阻尼力 $-\gamma\dfrac{dx}{dt}$ 和驱动力 $F_0\cos\omega_p t$。由牛顿第二定律，得受迫振动的动力学方程为

$$m\frac{d^2x}{dt^2}=-kx-\gamma\frac{dx}{dt}+F_0\cos\omega_p t$$

令 $\omega_0^2=\dfrac{k}{m}$，$2\beta=\dfrac{\gamma}{m}$，$f_0=\dfrac{F_0}{m}$，得

$$\frac{d^2x}{dt^2}+2\beta\frac{dx}{dt}+\omega_0^2x=f_0\cos\omega_p t \tag{10-30}$$

(10-30)式是受迫振动系统动力学微分方程的常见形式，这是一个二阶常系数非齐次微分方程，根据数学求解规律，可得其通解为

$$x=A_0e^{-\beta t}\cos(\omega t+\delta)+A\cos(\omega_p t+\varphi) \tag{10-31}$$

根据前面的内容分析(10-31)式，可以看出受迫振动的运动方程其实是由两个振动合成的。前面一项与阻尼振动运动方程吻合，它是减幅振动，随时间 t 会衰减，直至趋于零，所以它对受迫振动的影响是短暂的；另一项与简谐振动运动方程吻合，但是它是来自外部的周期性驱动力的作用效果，它能维持稳定的可持续性等幅振动，该项体现了驱动力对受迫振动的影响。若前面项衰减为零，受迫振动由驱动力控制，稳定状态的振动方程表达式变为

$$x(t)=A\cos(\omega_p t+\varphi) \tag{10-32}$$

ω_p 是驱动力的角频率；振幅 A 和初相位 φ 也并非取决于初始条件，而是依赖于振动系统本身的性质、阻尼的大小和驱动力的特征。

习 题

1. 把单摆从平衡位置拉开，使摆线与竖直方向成一微小角度 θ，然后由静止放手任其振动，从放手时开始计时。若用余弦函数表示其运动方程，则该单摆振动的初相位为： (　　)。

A. θ　　B. $\frac{3}{2}\pi$　　C. 0　　D. $\frac{1}{2}\pi$

2. 劲度系数分别为 k_1 和 k_2 的两个轻弹簧串联在一起，下面挂着质量为 m 的物体，构成一个竖挂的弹簧振子，则该系统的振动周期为 (　　)。

A. $T=2\pi\sqrt{\dfrac{m(k_1+k_2)}{2k_1k_2}}$　　B. $T=2\pi\sqrt{\dfrac{m}{k_1+k_2}}$

C. $T=2\pi\sqrt{\dfrac{m(k_1+k_2)}{k_1k_2}}$　　D. $T=2\pi\sqrt{\dfrac{2m}{k_1+k_2}}$

3. 一个质点做简谐运动，振幅为 A，在起始时质点的位移为 $-\frac{A}{2}$，且向 x 轴正方向运动，代表此简谐运动的旋转矢量为 （　　）。

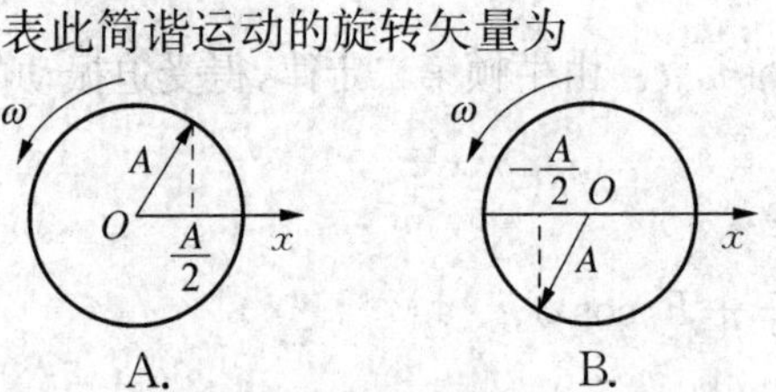

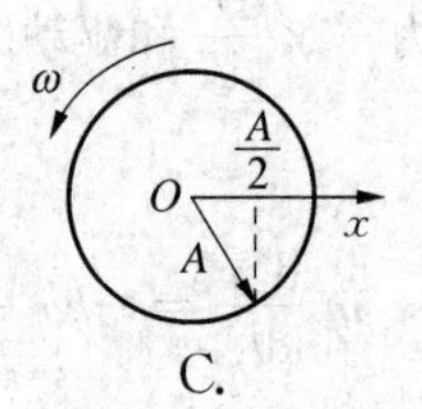

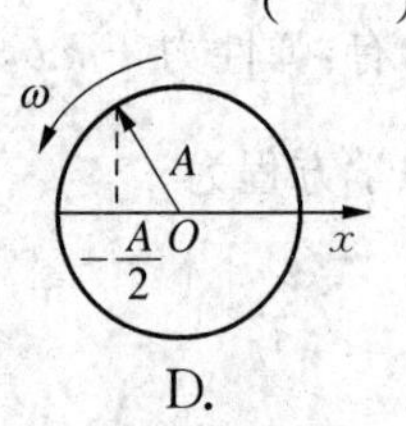

4. 已知某简谐运动的振动曲线如图所示，则此简谐运动的运动方程（x 的单位为 cm，t 的单位为 s）为 （　　）。

A. $x=2\cos\left(\frac{2}{3}\pi t-\frac{2}{3}\pi\right)$

B. $x=2\cos\left(\frac{2}{3}\pi t+\frac{2}{3}\pi\right)$

C. $x=2\cos\left(\frac{4}{3}\pi t-\frac{2}{3}\pi\right)$

D. $x=2\cos\left(\frac{4}{3}\pi t+\frac{2}{3}\pi\right)$

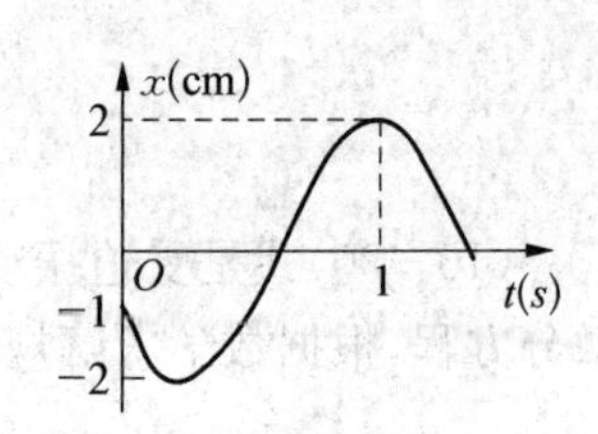

习题 4

5. 当质点以频率 ν 做简谐运动时，它的动能变化的频率为 （　　）。

A. $\frac{\nu}{2}$　　B. ν

C. 2ν　　D. 4ν

6. 图中是两个简谐振动的曲线，若这两个简谐振动可叠加，则合成的余弦振动的初相位为 （　　）。

A. 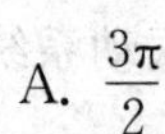 $\frac{3\pi}{2}$　　B. $\frac{\pi}{2}$

C. π　　D. 0

习题 6

7. 一质点做简谐振动，周期为 T。质点由平衡位置向 x 轴正方向运动时，由平衡位置到二分之一最大位移这段路程所需要的时间为 （　　）。

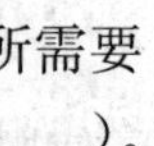

A. $\frac{T}{4}$　　B. $\frac{T}{12}$　　C. $\frac{T}{6}$　　D. $\frac{T}{8}$

8. 一质点同时参与了两个同方向的简谐振动，它们的振动方程分别为

$$x_1=0.05\cos(\omega t+\pi/4)\ \ (\mathrm{SI});\qquad x_2=0.05\cos(\omega t+19\pi/12)\ \ (\mathrm{SI})$$

其合成运动的运动方程为________________(SI)。

9. 为测定某音叉 C 的频率，选取频率已知且与 C 接近的另两个音叉 A 和 B，已知 A 的频率为 800 Hz，B 的频率是 797 Hz，进行下面试验：

第一步，使音叉 A 和 C 同时振动，测得拍频为每秒 2 次。

第二步，使音叉 B 和 C 同时振动，测得拍频为每秒 5 次。

由此可确定音叉 C 的频率为________。

10. 某振动质点的 x—t 曲线如图所示，试求：

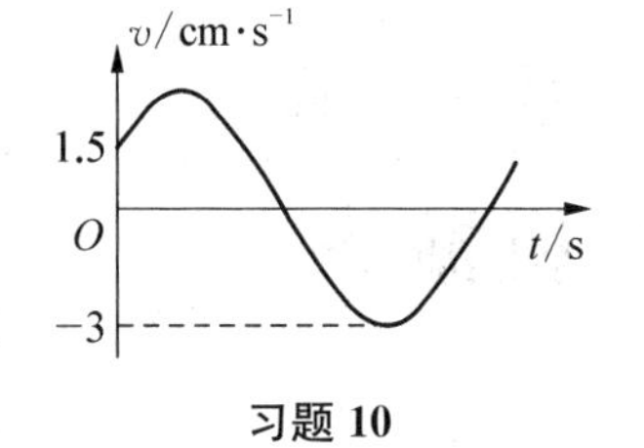

习题 10

(1) 运动方程；

(2) 点 P 对应的相位；

(3) 到达 P 点相应位置所需的时间。

11. 一质量 $m = 0.25$ kg 的物体，在弹性恢复力作用下沿 x 轴运动，弹簧的劲度系数 $k = 25\ \mathrm{N \cdot m^{-1}}$。

(1) 求振动的周期 T 和角频率 ω；

(2) 如果振幅 $A = 15$ cm，$t = 0$ 时位移 $x_0 = 7.5$ cm，物体沿 x 轴反向运动，求初速 v_0 及初相 φ；

(3) 写出振动的数值表达式。

12. 一质点做简谐振动，其振动方程为

$$x = 6.0 \times 10^{-2} \cos\left(\frac{1}{3}\pi t - \frac{1}{4}\pi\right) \quad \text{(SI)}$$

(1) 当 x 值为多大时，系统的势能为总能量的一半？

(2) 质点从平衡位置移动到上述位置所需最短时间为多少？

第十一章

机械波

机械波是指机械振动在介质中传播而形成的波，它是一种波动现象，具有传播能量、传递信息和物质迁移等作用。其主要内容包含波的产生和传播、波的周期和频率、波速和波长的关系、波函数及波动图像、波动中质点间的相互作用和振动相位的关系、波的干涉、衍射效应、驻波和多普勒效应。常见的机械波如声波、地震波、水波等。声波可以通过不同介质传播，如空气、水和固体等，它在传播过程中遇到障碍物时会产生反射、折射和衍射等现象。声波可用于声音的测量、声音的合成、声音的传播等。地震波是由于地球内部岩层在地壳内发生断裂而产生的振动波，它在地球中传播时会产生地震现象。地震波可以通过不同介质传播，如岩石、水和空气等，地震波可用于地震勘探、地震监测和地震预防等。水波是指水面的波动现象，它是由水流和风力等因素引起的波动。水波可以通过不同介质传播，如水、空气和陆地等，水波可应用于水文学、水利工程和环境监测等。机械波基础知识也是学习电磁波的基础。

波动理论的深入研究则是在 17 世纪和 18 世纪进行的。荷兰物理学家惠更斯在 1690 年提出了机械波的波动现象规律。随后，英国物理学家牛顿在他的著作《自然哲学的数学原理》中研究了声波的传播，并提出了声音的波动性质。在 19 世纪，波动理论得到了进一步的发展和完善。法国物理学家傅里叶提出了将复杂波分解为简单正弦波的组合，这为后来的信号处理和图像处理等领域奠定了基础。英国物理学家麦克斯韦在 1864 年发表了《电磁场的动力学理论》的论文，提出了电磁波的存在，并指出光是一种电磁波。德国物理学家赫兹在 1887 年用实验证实了电磁波的存在，并测定了电磁波的传播速度等于光速。在 20 世纪，随着计算机技术和数字信号处理技术的发展，波动理论在信号处理、通信和地震勘探等领域得到了广泛的应用和发展。

11.1 机械波的基本概念

11.1.1 机械波的形成条件

向水中投一颗石子，看到水波荡漾，简单的自然现象背后蕴藏着机械波的形成条件——波源与介质。波动的概念建立在振动之上，是振动与传播这两个概念的结合，机械振动在弹性介质（固体、液体和气体）内传播就形成了机械波，弹性介质内各质元之间弹性相互作用，当某个质元开始做机械振动，其相邻介质在弹性力作用下会紧随其后开始运动，通过弹性力各质元间依次带动，就形成了振动状态在介质内的传播，这就是机械波。经常讲随波逐流，随波而动的并非质元本身，这是由于介质中相邻两质元间的弹性应力是相互的，在传播着波的介质中，任一质元同时受到它前后质元对它的弹性应力的作用，合力仍是弹性力，因此，该质元一定是在自己的平衡位置附近做振动，而不随波逐流，随波前进的只是振动状态，各质元的振动携带能量，因此，波动也是能量的传播。

11.1.2　横波与纵波

根据机械振动方向与波传播方向的关系，可以简单将机械波分为横波和纵波两类。

这是波动的两种最基本的形式，横波——振动方向垂直于传播方向，如图 11 - 1(a)所示；纵波——振动方向平行于传播方向，如图 11 - 1(b)所示。通常只有固体才能传递横波，因为横波的产生必是介质间各质元间发生横向的平移，即发生切变，而液体和气体不会发生切变。

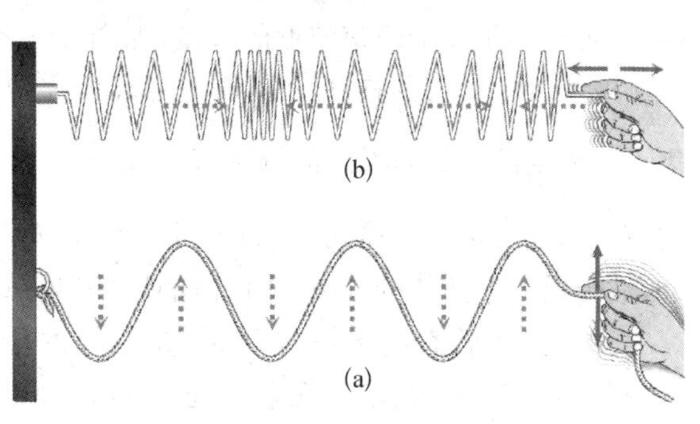

图 11 - 1　横波与纵波波形

生活中常见的声波，是声源产生的振动在介质中的传播，是典型的纵波，声音在空气中的传播始于空气质点的振动，这些振动一起推动邻近的空气分子，由近及远，在空气中传播出去，空气分子就是振动的质点，其振动方向也与声波传播方向一致，形成疏密波。舞蹈演员手里的彩带也可以挥舞出波浪，虽然传播范围较小，但也可看作是横波的一种。

在一些复杂波中，横波和纵波是可以同时存在的，如地震波、水波等。

11.1.3　波线　波面　波前

波源在弹性介质中的振动通常会向各个方向传播。为了形象地描述波的传播，也利于定量来描述振动向各个方向传播，引入波线、波面和波前的概念。

如图 11 - 2 所示，用带箭头的有向线段即射线来表示机械波的传播方向，这就称为波线。空间中振动状态相同的点构成的曲面称为波面。在各向同性的介质中，波线与波面垂直，由于波的传播，空间当中会存在多个波面，通常把传到最前面的那个波面称为波前。根据波面形状，可以将波再次分类，波面为球面的波称为球面波，就是由波源向四面八方传播，通常由点波源产生，如图 11 - 2(a)所示；波面为平面的波称为平面波，沿着一个方向传播，比如后面要介绍的简谐平面波，这类似于光学中的平行光，如图 11 - 2(b)所示。这一分类与横波纵波分类并不冲突，横波纵波都可以是理想的球面波或平面波。

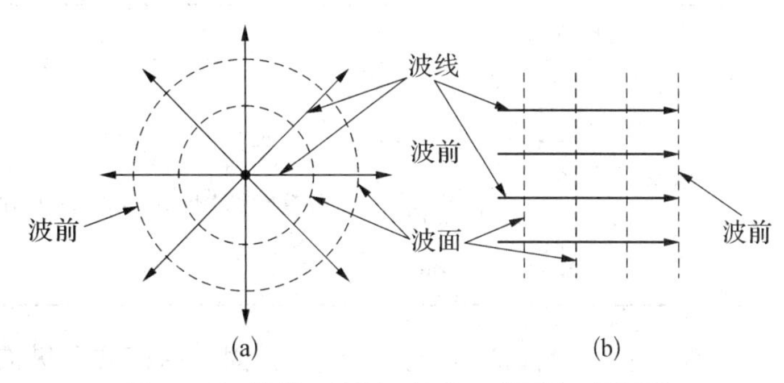

图 11 - 2　波线—波面—波前—球面波—平面波

11.1.4 描述机械波的物理量

对机械振动而言，振动状态就是指质元的位置和速度，相位与振动状态相对应。

波动是振动的传播，因此，振动的时间周期性会反映在波动上，同时，在空间的传播使得波动具有时空周期性与传播速度，其中，时间上的周期取决于振动周期，空间上的周期就是波长。

波长：用 λ 表示，同一波线上振动状态相同（时间上的周期与振动周期有关）的质元之间的最短距离，也可以说在一个全振动周期内振动状态向前传播的距离。从波动的图像上来看，也可以说是一个完整波形的长度，如图 11-3 所示。

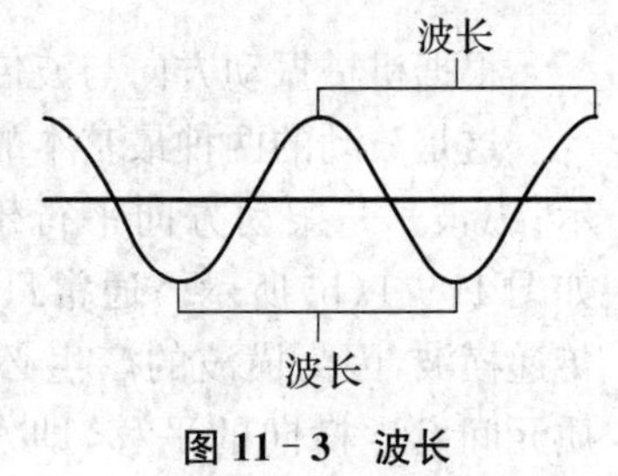

图 11-3　波长

波的周期是波前进一个波长的距离所需要的时间，用 T 表示。周期的倒数叫作波的频率，用 ν 表示，$\nu=\frac{1}{T}$，单位时间内波动前进距离中完整波长的个数。由于波源做一次全振动，波传播一个波长的距离，所以波的周期（频率）通常等于波源的振动周期（或频率）。

波是振动状态的传播，即相位在空间的传播，波速是指波的传播速度，也就是振动状态的传播速度，指某一振动状态（即相位）单位时间内沿波线向前传播的距离，它不是质元的传播速度，它传播的是振动状态，也就是相位，对单一频率的波也叫相速，用 u 表示。在一个周期内，波传播一个波长的距离，所以有：

$$\lambda = uT \text{ 或 } u = \lambda\nu = \frac{\lambda}{T} \tag{11-1}$$

上式对各类波动都适用，波速通常与波的类型和介质的性质有关，例如，在水中，光波就比机械波速度大，而对于声波，在固体中就比气体中传播更快，虽然波的频率由振源决定，但由上式可以看出，同一种波在不同传播介质中波长不同。

表 11-1

时间周期性		时空联系	空间周期性	
周期	T	$u=\frac{\lambda}{T}=\lambda\nu=\frac{\omega}{k}$ 频率由波源决定；波速由介质决定	波长	λ
频率	ν		波数	$\frac{1}{\lambda}$
角频率	$\omega=2\pi\nu$		角波数	$\frac{2\pi}{\lambda}$

理论和实验都证明，对于机械波，固体内横波和纵波的传播速度 u 分别为

$$u=\sqrt{\frac{G}{\rho}}\text{（横波）}$$

$$u=\sqrt{\frac{E}{\rho}}\text{（纵波）}$$

式中 G，E 和 ρ 分别为固体的切变模量、弹性模量和密度。在液体和气体内，纵波

的传播速度为 $u=\sqrt{\dfrac{K}{\rho}}$（纵波），K 为体积模量。可见，对于机械波，介质的密度和弹性性质决定波速，通常，弹性越大，传播速度越快，而密度越大，波速就越小。

【例 11－1】 海洋波动是海水运动的重要形式之一，从海面到海洋内部，无处不在，其形式相当复杂，而一些理想的规则波动，如正弦波等是理论研究的基础。考虑理想情况，假设太平洋上一次形成的洋波速度为 750 km/h，波长为 300 km，求该洋波的频率及横渡太平洋 8 000 km 所需的时间。

解 $\nu=\dfrac{u}{\lambda}=\dfrac{750\times10^{3}}{300\times10^{3}\times3\,600}=6.94\times10^{-4}\ \text{Hz}$

$t=\dfrac{s}{u}=\dfrac{8\,000}{750}=10.67\ \text{h}$

11.2 平面简谐波的波函数

11.2.1 平面简谐波

在均匀、无吸收的介质中，波源以及介质中各质元均做简谐振动，称这类波为简谐波，简谐波的特点：振幅恒定；频率唯一；波的传播具有周期性；理论上波列无限长。虽然简谐波只是理想化的模型，但任何非简谐的复杂波，都可以看作由若干个不同频率简谐波叠加合成，因此，研究简谐波仍具有特别重要的意义，其中平面简谐波是沿着一个方向传播，可以视为一维传播问题进行研究。

11.2.2 平面简谐波的波函数

在振动一章，用位置—时间的余弦函数来描述简谐运动，就可以确定任意时刻质点的振动状态，同时也反映了简谐振动的时间周期性，平面简谐波是简谐振动在介质中沿波线的传播，而且介质中质元并不随波前进，只是振动状态或者说相位在传播，所有质元都在做简谐振动，那么只要找到一个函数，它可以描述介质中全体质元的振动情况，就等于表示了任意点在任意时刻的振动情况，这就是要寻找的波函数。

先来讨论沿 x 轴正方向传播的简谐波，介质中不同质元的位置可用 x 表示，y 轴就是质元的振动方向，如图 11－4 所示，对于简谐波而言，波源和波的传播方向决定了波在空间的分布区域，波源除了提供能量外，从简谐振动角度看，与介质中其他质元并无不同，考虑理想化的简谐波，可不考虑波源，而是在波动传播区域建立坐标系来进行描述，如图取 O 点为坐标原点，设 O 点质元振动初相为 φ_O，故可写出其振动方程为 $y_0=x\cos(\omega t+\varphi_O)$，接下来的任务是找到任意点的振动方程，其他各点的振动与原点相比，除了坐标和振动相位不同，形式上都一样，而振动状态的传播是随时间由近及远，以波速沿波线传播，采用时间滞后的方法来得到任意点的振动方程。考虑波

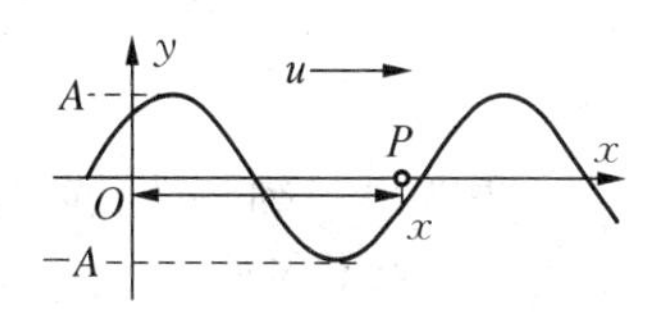

图 11－4 沿 Ox 轴正方向传播的简谐波

传播方向上任意点 P，坐标为 x，振动状态由原点传播到 P 点的时间是 $\frac{x}{u}$，也就是说 P 点处质元的振动状态与 $\frac{x}{u}$ 时刻前原点的振动状态相同，即

$$y_P = A\cos\left[\omega\left(t-\frac{x}{u}\right)+\varphi_O\right] \tag{11-2}$$

上式即为描述沿 x 轴正向传播的简谐波的波函数，也称波动方程。需要注意，公式中的 φ_O 是坐标原点处质元的振动初相，如果改变坐标原点的位置，该相位值随之改变，但波函数的形式都是一样的，公式中的 x 是质元坐标。若该质元在原点沿波的传播方向上，$x>0$，则相较原点相位滞后，若某点在原点沿波传播的反方向上，$x<0$，则相比原点相位超前，即波动先传播到 P 点，而后传播到坐标原点位置处的质元。

振动和波动虽有不同，却可由相位统一描述振动状态，如果从相位传播的角度，能不能得到波函数呢？任意点 P 处质元的振动方程为 $y_P = A\cos(\omega t+\varphi_P)$，只要确定 φ_P，即可得任意质元任意时刻的振动状态，即波函数。

由以上分析，t 时刻 P 点处质元的相位 $(\omega t+\varphi_P)$ 与 $\frac{x}{u}$ 时刻前原点的相位 $\left[\omega\left(t-\frac{x}{u}\right)+\varphi_O\right]$ 相同，即 $\left[\omega\left(t-\frac{x}{u}\right)+\varphi_O\right]=(\omega t+\varphi_P)$，得到 $\varphi_P=\varphi_O-\omega\frac{x}{u}$，将之代入 P 处质元的振动方程即得(11-2)式。

这里也指出，波函数在时间和空间上都是周期函数，它的相位不仅与时间有关，也与空间有关，沿着波传播方向，且随时间与空间线性变化，相位依次落后，而沿波传播反方向，相位依次超前，在同一种介质中，波动在空间任意两点 x_1，x_2，代入(11-2)式，可得距离与相位差的关系为 $\Delta\varphi=-\omega\frac{(x_2-x_1)}{u}$，这里指的是沿 x 轴正向传播的简谐波，若取绝对值，$\Delta\varphi=\omega\frac{|x_2-x_1|}{u}$，则看哪个点在波传播方向的后方，哪个点相位就滞后。

根据机械波各物理量间的关系(11-1)式，波函数还可以有以下形式：

$$y_P = A\cos\left[2\pi\left(\frac{t}{T}-\frac{x}{\lambda}\right)+\varphi_O\right] \tag{11-3}$$

$$y_P = A\cos\left[\omega t-\frac{2\pi x}{\lambda}+\varphi_O\right] \tag{11-4}$$

事实上，我们可以选取任一质元位置为参考点写出波动方程，如 Q 点坐标为 x_Q，振动方程为 $y_Q = A\cos(\omega t+\varphi_Q)$，则波动方程为

$$y = A\cos\left[\omega\left(t-\frac{x-x_Q}{u}\right)+\varphi_Q\right] \tag{11-5}$$

对于沿 x 轴负向传播的简谐波，只需将前面波函数中的 x 换成 $-x$ 即可。

11.2.3 波函数的物理意义

对于简谐振动，可用振动曲线形象地描绘质点位置随时间的变化关系，波动具有时空周

期性，时间和坐标都在变化，为了更好理解波函数的物理意义，不妨将时间与坐标分开来讨论。

(1) 将坐标取定值 $x=x_0$，波函数形式变为 $y=A\cos\left[\omega\left(t-\frac{x_0}{u}\right)+\varphi_O\right]$，这样得到的是 x_0 处质元的振动图像，显然是时间的周期函数，也就是波动中的时间周期性来源于振动的周期性，各质元的相位随时间依次变化。

(2) 将时间取定值 $t=t_0$，波函数形式变为 $y=A\cos\left[\omega\left(t_0-\frac{x}{u}\right)+\varphi_O\right]$，这相当于在 $t=t_0$ 时刻给所有质元拍照，这样得到的叫波形图，显然它是坐标的周期函数，它反映了某给定时刻各质元偏离平衡位置的分布情况，也反映了相位在空间的分布情况，沿波传播方向，相位依次落后。

(3) 如果 t 和 x 都在变化，波函数 $y=A\cos\left[\omega\left(t-\frac{x_0}{u}\right)+\varphi_O\right]$，就是波的传播图像，即波形随时间做周期性变化，其变化速度就是波速，它反映了波的传播特性，将这类波称为行波。

【例 11-2】 一横波在弦上以 $u=80$ m/s 沿 x 轴正方向传播，已知弦上某点 A 的振动方程为 $y_A=2\times10^{-2}\cos(400\pi t)$ (SI 制)。

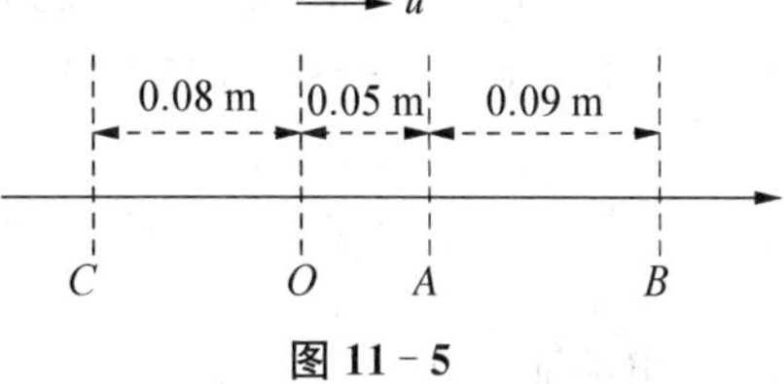

图 11-5

(1) 写出波动方程；

(2) 写出 B 点和 C 点的振动方程。

解 (1) A 点的初相为 0，原点 O 在 A 点左方 0.05 m 处，原点 O 相位超前 A 点 $\omega\frac{x}{u}=400\pi\times\frac{0.05}{80}=\frac{\pi}{4}$，所以波动方程为

$$y=2\times10^{-2}\cos\left[400\pi\left(t-\frac{x}{80}\right)+\frac{\pi}{4}\right]$$

(2) B 点 $x=0.14$ m，振动方程为

$$\begin{aligned}y&=2\times10^{-2}\cos\left[400\pi\left(t-\frac{0.14}{80}\right)+\frac{\pi}{4}\right]\\&=2\times10^{-2}\cos\left(400\pi t-\frac{9\pi}{20}\right)\end{aligned}$$

C 点 $x=-0.08$ m，振动方程为

$$\begin{aligned}y&=2\times10^{-2}\cos\left[400\pi\left(t+\frac{0.08}{80}\right)+\frac{\pi}{4}\right]\\&=2\times10^{-2}\cos\left(400\pi t+\frac{13\pi}{20}\right)\end{aligned}$$

11.3 波的能量 能流密度

11.3.1 波动 能量的传播

机械波在传播过程中,介质并不随波前进,而是通过介质内各质元间弹性相互作用将振动形式传播出去,从而将能量也沿波线方向传播,由此介质中各质元都获得能量,各质元由于振动而具有动能,同时由于介质形变,各质元受到相邻质元的弹性力作用而具有势能。

以一维固体棒中的纵波为例来讨论波动中能量分布,如图 11-6,平面简谐波在密度为 ρ 的固体棒中沿棒的方向,即 x 轴传播,原点初相可取为 0,不影响以下结论,取其波函数为 $y=A\cos\omega\left(t-\frac{x}{u}\right)$,选取坐标为 x,宽度为 $\mathrm{d}x$ 体积元内的质元为研究对象,体积为 $\mathrm{d}V$,质量为 $\mathrm{d}m=\rho\mathrm{d}V$,由波函数得到其振动速度

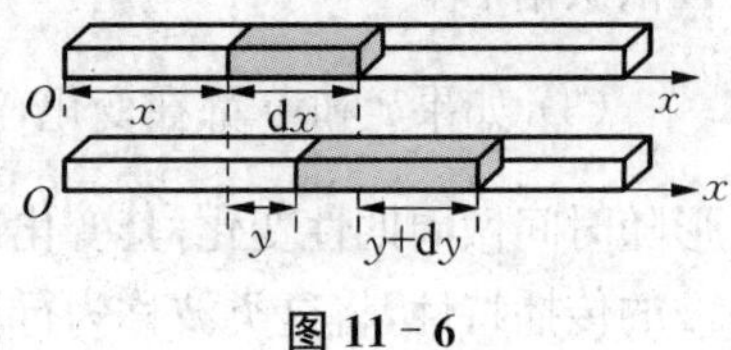

图 11-6

$$v=\frac{\partial y}{\partial t}=-\omega A\sin\omega\left(t-\frac{x}{u}\right)$$

由动能定义,

$$\mathrm{d}W_{\mathrm{k}}=\frac{1}{2}(\mathrm{d}m)v^2=\frac{1}{2}(\rho\mathrm{d}V)v^2=\frac{1}{2}\rho\mathrm{d}VA^2\omega^2\sin^2\omega\left(t-\frac{x}{u}\right)\tag{11-6}$$

其势能为弹性势能,与回复系数和振动位移有关,即 $\mathrm{d}W_{\mathrm{p}}=\frac{1}{2}k(\mathrm{d}y)^2$

由杨氏模量 $\frac{F}{S}=E\frac{\Delta l}{l}$,得 $F=\frac{ES}{l}\Delta l$,比较胡克定律,这里的 l 就是 $\mathrm{d}x$,因此得 $k=\frac{SE}{\mathrm{d}x}$,从而得到

$$\mathrm{d}W_{\mathrm{p}}=\frac{1}{2}k(\mathrm{d}y)^2=\frac{1}{2}ES\mathrm{d}x\left(\frac{\mathrm{d}y}{\mathrm{d}x}\right)^2=\frac{1}{2}\rho u^2\mathrm{d}V\left(\frac{\mathrm{d}y}{\mathrm{d}x}\right)^2=\frac{1}{2}\rho\mathrm{d}VA^2\omega^2\sin^2\omega\left(t-\frac{x}{u}\right)\tag{11-7}$$

这里用到 $u=\sqrt{\frac{E}{\rho}}$ 以及$\frac{\partial y}{\partial x}=-\frac{\omega}{u}A\sin\omega\left(t-\frac{x}{u}\right)$。

该体积元内机械能为动能和势能之和

$$\mathrm{d}W=\mathrm{d}W_{\mathrm{k}}+\mathrm{d}W_{\mathrm{p}}=\rho\mathrm{d}VA^2\omega^2\sin^2\omega\left(t-\frac{x}{u}\right)\tag{11-8}$$

不难发现,该体积元内机械能随时间做周期性变化,这说明任一体积元的机械能不守恒,必然存在不断地接收和放出能量的过程,从波的传播来看,只能是从前面质元吸收能量,而向后面质元放出能量,能量沿着波线在空间的分布也是周期性的,而且这种分布随着时间的变化,以波速 u 沿波的传播方向推进,反映了波动传播能量的特征,这一点和简谐振动能

量完全不同，简谐振动是孤立系统，只存在能量形式的不断转换。

由(11－6)和(11－7)式还看出，体积元内动能和势能是相等的，即变化是同相位的，体积元在平衡位置时，动能、势能和总机械能均最大，体积元的位移最大时，三者均为零。这一点和简谐振动能量也不同，对于动能的变化易于理解，而受到简谐振动影响，容易认为势能在平衡位置处为0，从(11－7)式结合质元振动方程不难得到在平衡位置处势能最大的结果。如何形象说明呢。我们选取的体积元在平衡位置附近做简谐振动，体积元在振动过程中不断发生形变，而势能与其振动位移无直接联系，只与其形变量有关，体积元的形变程度取决于体积元内各质点间沿振动方向的相对位移，在平衡位置处，体积元形变最大，而最大位移处，形变为0，在同一时间间隔里，流入和流出该体积元的能量一般不相等，从而实现能量沿波的方向进行传播。

为了精确描述波动能量分布，引入能量密度，即单位体积介质中波动的能量，

$$w=\frac{\mathrm{d}W}{\mathrm{d}V}=\rho A^2\omega^2\sin^2\omega\left(t-\frac{x}{u}\right) \tag{11-9}$$

从(11－9)式可以看出，能量密度不仅随时间周期性变化，随质元位置也做周期性变化，引入平均能量密度，来消除位置的影响，平均能量密度即能量密度在一个波动周期内的平均值，

$$\overline{w}=\frac{1}{T}\int_0^T w\,\mathrm{d}t=\frac{1}{2}\rho\omega^2A^2 \tag{11-10}$$

平均能量密度与波的性质和介质有关，与波振幅及角频率的平方成正比，与介质密度成正比。

11.3.2　能流和能流密度

波动是能量传播的过程，必然伴随能量的流动，就好比水管中的水流，引入能流和能流密度可以更好描述波动的能量特征。

能流：单位时间内垂直通过某一面积的能量，用 P 表示，如图 11－7 所示，$\mathrm{d}t$ 时间内波传播所经过的体积内的能量恰好穿过截面 S，所以 $P=\frac{wuS\mathrm{d}t}{\mathrm{d}t}=wuS$

能流也是时间的周期性函数，引入平均能流，$\overline{P}=\overline{w}uS$，即单位时间内垂直通过某一面积的平均能量。

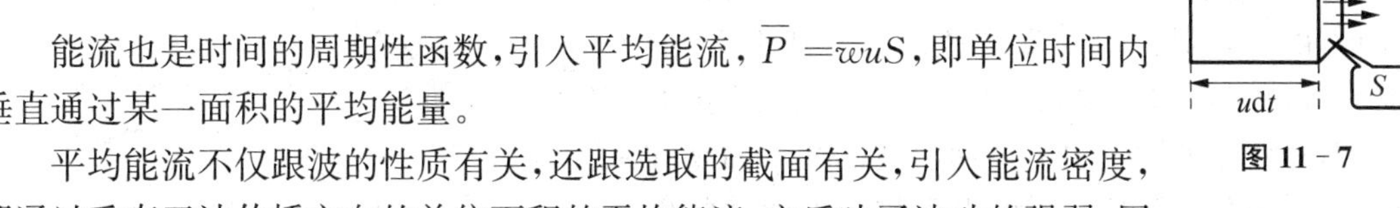

图 11－7

平均能流不仅跟波的性质有关，还跟选取的截面有关，引入能流密度，即通过垂直于波传播方向的单位面积的平均能流，它反映了波动的强弱，因此，称之为波的强度，用 I 表示

$$I=\frac{\overline{P}}{S}=\overline{w}u=\frac{1}{2}\rho A^2\omega^2u \tag{11-11}$$

【例 11－3】　若某声源发出一列正弦声波 2 000 Hz，振幅为 0.200 μm，求此声波的强度。若此声波通过一直径为 10 cm 圆形开口的扩音器，沿开口截面均匀发出声音，声强为 200 μW/m^2，求此扩音器的辐射功率。(设空气中声速为 $v_0=340$ m/s，空气密度为 $\rho=$ 1.29 kg/m^3)

解 由(11-11)式,此声波强度为:$I=\frac{1}{2}\rho A^2\omega^2 u=2\pi^2\rho A^2\nu^2 v_0$,代入数据得$I=1.38\times 10^{-3}$ W

此扩音器功率为$P=IS=200\times 10^{-6}\times\pi\times 0.05^2=1.57\times 10^{-6}$ W

11.4 惠更斯原理 波的衍射和干涉

11.4.1 波的衍射现象

未见其人,先闻其声,大家经常能听到高墙外或房屋外人的讲话,如图11-8所示。这里除去声波可以透过墙壁外,也发生了波的衍射,即波在传播过程中遇到障碍物,其传播方向可以发生改变,能绕过障碍物的边缘,在障碍物的阴影区内继续传播。衍射是波动的特性,机械波、电磁波遇到障碍物都会发生衍射,衍射现象显著与否与波的波长及障碍物尺度有关。

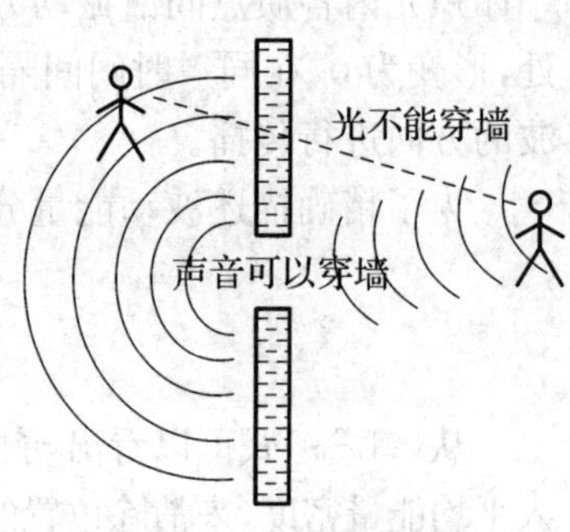

图 11-8 声波的衍射

11.4.2 惠更斯原理

波动在弹性介质中传播时,通过弹性力,各质元间依次带动,就形成了振动状态在介质内的传播,每个质元的振动都会带动周围质元的振动,对每一个质元来说,振动并不是从波源而来,而是由于邻近质元的作用,从这个角度看,每一个质元都可以看作新的振源。荷兰物理学家惠更斯抓住了这一重要特征,提出了次波(子波)的概念,即任何时刻波面上的每一点都可作为次波的波源,各自发出球面次波;在以后的任何时刻,所有这些次波波面的包络面(即共切面)形成整个波的新波面。

利用惠更斯原理,可以采用几何作图法确定波前及波的传播方向,如图11-9所示,对于点波源发出的球面波,某时刻传播到波面$\sum_1$,那么$\sum_1$面上各点都可以看作次波源,向外发射球面波,经过Δt时间,这些子波源发出的球面次波的共切面是和原波面同心的球面$\sum_2$,同理也可作出平面波的传播示意图。

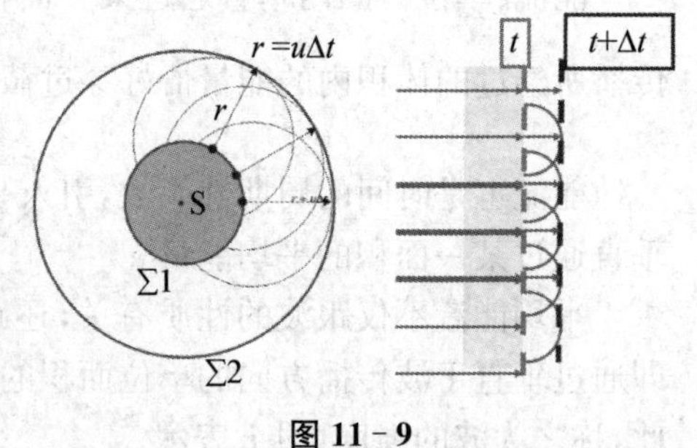

图 11-9

以波遇到单缝为例,来定性说明波的衍射,平面波到达狭缝时,波面上各点都可以看作次波源,靠近狭缝边缘的次波源发出的球面波使得波的传播方向发生偏离,从而绕过障碍物继续传播。惠更斯原理还可以对波的反射和折射做出定量解释,但是不能定量计算各点波的振动强度,这些后来由菲涅尔等人做了补充,在光学部分会进一步说明。

11.4.3　波的干涉

1. 波的叠加原理

当不同波在传播介质中相遇时，介质中各点的振动为各列波单独传播时在该点引起的振动的合成，而当分开后，每列波又都保持原来的特性继续传播，其频率、波长、传播方向等都不会发生改变，这里包含了两层意思，一是指波的传播特性不会受到其他波的干扰，称之为波传播的独立性，二是指在交叠区域，因为不同波作用在相同的介质质元上，使得质元的合振动取决于多列波振动的叠加，这是振动的合成问题，二者不是孤立的，独立性是叠加的基础，因此，称之为波的叠加原理，振动的叠加是发生在某个具体质元上，波的叠加发生在多列波的重合区域内的所有质元上，波的叠加原理可将空间中波的叠加问题转化为振动合成问题来解决。

2. 波的干涉

两列波在空间相遇发生叠加，会使得相遇区域内各质元的振动情况重新分布，但是这种状况通常是不稳定的，下面介绍一类特殊的叠加——干涉。

如果两列波在空间相遇时，使得某些地方的振动始终加强，某些地方始终减弱，叠加后的振动分布情况不随时间而变化，则称之为干涉，要想形成干涉，需要一定条件，两列波的频率相同，相位差恒定，振动方向相同或至少存在相同方向的振动分量，满足这三个条件的波称为相干波。

下面定量分析两列相干波的干涉问题，找到干涉加强或减弱的条件。由前面分析，干涉也是叠加问题，而波的叠加问题还是要归结到空间具体某点的振动合成问题。

S_1 和 S_2 是两个独立波源，发出同频率相干波，波源振动方程为

$$y_1 = A_1\cos(\omega t + \varphi_1),\ y_2 = A_2\cos(\omega t + \varphi_2)$$

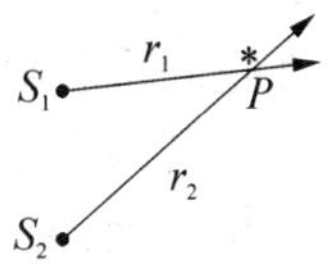

两列波在同一介质内传播并相遇，考虑相遇区域内任一点 P，P 点与两波源的距离分别为 r_1 和 r_2，两列波传播到 P 点时的振动方程为：$y_{1P} = A_1\cos\left(\omega t + \varphi_1 - 2\pi\dfrac{r_1}{\lambda}\right)$，$y_{2P} = A_2\cos\left(\omega t + \varphi_2 - 2\pi\dfrac{r_2}{\lambda}\right)$，

图 11 - 10

P 点的合振动为 $y_P = y_{1P} + y_{2P} = A\cos(\omega t + \varphi)$，其中

$$\tan\varphi = \frac{A_1\sin\left(\varphi_1 - \dfrac{2\pi r_1}{\lambda}\right) + A_2\sin\left(\varphi_2 - \dfrac{2\pi r_2}{\lambda}\right)}{A_1\cos\left(\varphi_1 - \dfrac{2\pi r_1}{\lambda}\right) + A_2\cos\left(\varphi_2 - \dfrac{2\pi r_1}{\lambda}\right)}$$

$$A = \sqrt{A_1^2 + A_2^2 + 2A_1A_2\cos\Delta\varphi}$$

上式中相位差 $\Delta\varphi = \varphi_2 - \varphi_1 - 2\pi\dfrac{r_2 - r_1}{\lambda}$ 为定值，位相差 $\Delta\varphi$ 决定了合振幅的大小。

上式中得到干涉的相位差条件：

(1) 当 $\Delta\varphi = 2k\pi (k = 0, \pm1, \pm2, \pm3, \cdots)$ 时，P 点合振幅最大，$A_{max} = A_1 + A_2$，称为干涉加强；

(2) 当 $\Delta\varphi = (2k+1)\pi (k = 0, \pm1, \pm2, \pm3, \cdots)$ 时，P 点合振幅最小，$A_{max} = A_1 - A_2$，称为干涉减弱；

(3) 当 $\Delta\varphi$ 取其他值时,P 点合振幅介于最大和最小之间,$A_{\max} > A > A_{\min}$。

干涉图样与空间位置有关,可以利用相位差与空间距离的关系进行转化,先引入波程差概念,$\delta = r_1 - r_2$,它表示了两列波在传播到 P 点过程中走过的路程之差。为简化,不妨取两波源振动初相为0,则波程差与相位差间关系为:

$$\Delta\varphi = \frac{2\pi}{\lambda}(r_1 - r_2) = \frac{2\pi}{\lambda}\delta \tag{11-12}$$

则判断空间干涉是加强还是减弱的波程差条件为:

(1) 当 $\delta = r_1 - r_2 = k\lambda (k = 0, \pm 1, \pm 2, \pm 3, \cdots)$ 时,即波程差等于半波长偶数倍或者说波长整数倍时,P 点合振幅最大,$A_{\max} = A_1 + A_2$。

(2) 当 $\delta = r_1 - r_2 = (2k+1)\dfrac{\lambda}{2} (k = 0, \pm 1, \pm 2, \pm 3, \cdots)$ 时,即波程差等于半波长奇数倍,P 点合振幅最小,$A_{\max} = A_1 - A_2$。

相位差与波程差是相关的,这和前面提到波的传播过程是相位的传播是一致的,沿波线方向,一个波长的距离对应 2π 相位的变化;由于波的强度 $I = \dfrac{\overline{P}}{S} = \overline{w}u = \dfrac{1}{2}\rho A^2 \omega^2 u$,波的叠加是振动的叠加,不是振幅的简单和,一定频率的机械波在同一介质中传播时,波强与波振幅的平方成正比,以上分析表明,若两列相干波发生干涉,空间某点的波强不是两列波波强的简单求和,相干空间各点波强为 $I = A^2 = A_1^2 + A_2^2 + 2A_1A_2\cos\Delta\varphi$,其中$2A_1A_2\cos\Delta\varphi$ 是干涉项,对合波强进行调制,干涉加强位置波强是 $I_{\max} = A_1^2 + A_2^2 + 2A_1A_2 = I_1 + I_2 + 2\sqrt{I_1 I_2}$,干涉减弱位置波强是 $I_{\max} = I_1 + I_2 - 2\sqrt{I_1 I_2}$,从能量角度看,干涉过程是波动能量在空间重新分布的过程,这种分布呈现出空间上的周期性,并且是稳定的。

若两列波不满足相干条件的任何一个,则两列波就是非相干波,两列波在相遇空间仍会发生叠加,但空间任何一点的波强等于两列波单独存在时波强的简单相加,$I = I_1 + I_2$,不会出现波动能量重新分配的现象。

衍射和干涉是波动的基本特征,在光学、声学以及近代物理学中都有重要意义。例如大型音箱形状多为竖长型,就考虑到了声波的衍射,而大礼堂、影剧院等的设计要考虑到声波的干涉,避免出现声强明显不均现象的发生,而有些消声设备上也是利用干涉原理来实现的。

【例 11-4】 利用干涉原理可以消除噪声,若噪声声波从 A 点进入,经长度为 r_1 和 r_2 两条通路传播,从 B 点发出,设噪声频率为 ν,则两通路长度差最小为多少可以消声?(设声波速度为 u)

解 这是波的干涉问题,当两条通路波程差满足相消条件时可以消声。

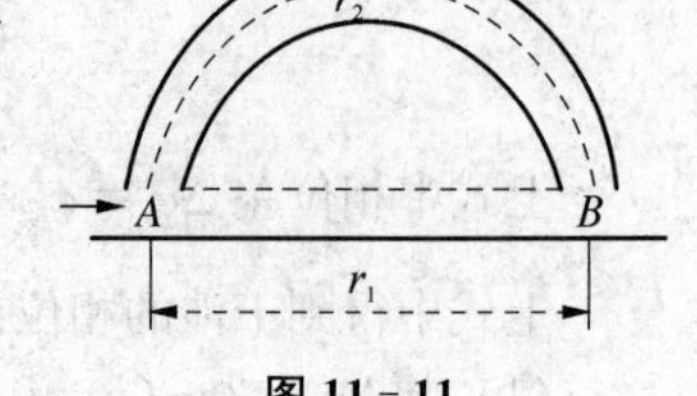

图 11-11

$$\delta = r_1 - r_2 = (2k+1)\frac{\lambda}{2} = (2k+1)\frac{u}{2\nu} (k = 0, \pm 1, \pm 2, \cdots)$$

当 k 取 0 时,两通路长度差最小。

11.5 驻　　波

11.5.1 驻波的产生

驻波是一类特殊的干涉现象，实验室可由弦线上驻波实验形象地观察，如图 11-12，弦线的一端连接在音叉上，另一端通过滑轮连接砝码，在砝码作用下，弦线被拉紧，支架位置相当于另一个固定端且位置可调，当音叉以一定频率振动时，拉动弦线振动，就会有同频率的横波沿弦线传播，实验上可以形象地观察到波形，但当支架位置合适时，可以观察到整根弦线被平均分成几段，连接位置是固定不动的，每一段内各点以不同振幅同步振动，就好像波动被限制在了这每一段内，而并没有向前传播，驻足不前，这就是驻波现象。如前所述，音叉带动弦线振动，沿弦线向右会有波的传播，支架位置相当于反射端，在支架位置会有反方向向左的波传播，分别称为入射波和反射波，驻波正是由这两列振幅、频率、波速相同、振动方向一致，沿同一直线反向传播的相干波干涉而成。

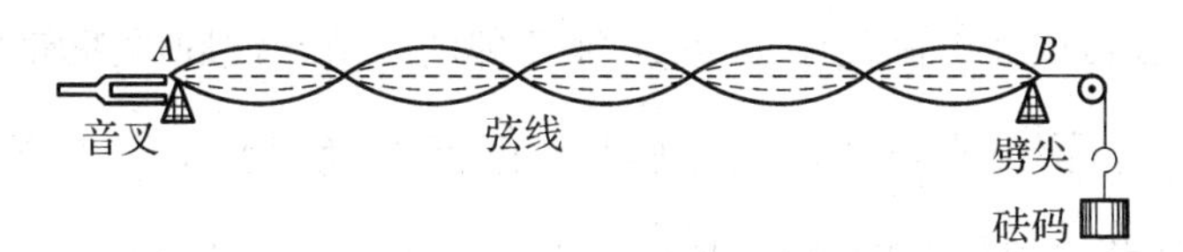

图 11-12　弦线驻波实验示意图

11.5.2 驻波方程

由前面分析，只要两列振幅相等的相干波在同一介质中相向传播，即可形成驻波，接下来导出驻波方程。

为简单计，取入射波和反射波坐标原点初相皆为零，它们的波函数分别为：

入射波：$y_1 = A\cos 2\pi\left(\nu t - \dfrac{x}{\lambda}\right)$；

反射波：$y_2 = A\cos 2\pi\left(\nu t + \dfrac{x}{\lambda}\right)$；

由波的叠加原理，合成波的方程为：

$$y = y_1 + y_2 = A\cos 2\pi\left(\nu t - \frac{x}{\lambda}\right) + A\cos 2\pi\left(\nu t + \frac{x}{\lambda}\right)$$

$$= 2A\cos 2\pi\frac{x}{\lambda}\cos 2\pi\nu t \tag{11-13}$$

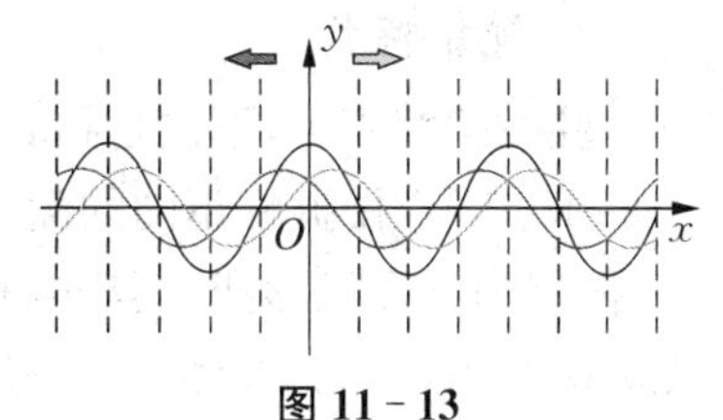

图 11-13

(11-13)式即驻波方程，它与我们前面给出的平面简谐波的波函数并不相同，空间坐标和时间坐标被分开，因此，它不是行波，从方程形式上看，$\cos 2\pi\nu t$ 表示每个质点仍旧是同频率简谐振动，将时间项前面部分看作振幅，振幅

$\left|2A\cos 2\pi\frac{x}{\lambda}\right|$是随质点位置不同而不同,图 11-13 表示驻波在不同时刻的波形。

11.5.3 驻波的特点

1. 振幅分布特点 波腹与波节

由以上分析,形成驻波的弦线上各点做振幅为$\left|2A\cos 2\pi\frac{x}{\lambda}\right|$的同频率简谐振动,实验上观察到的始终不动的点,叫作波节,而振幅最大的位置,叫作波腹,$\left|2A\cos 2\pi\frac{x}{\lambda}\right|$是周期性函数,一根弦线上可以出现多个波节和波腹,可以求得$\left|\cos 2\pi\frac{x}{\lambda}\right|=0$,即$x=(2k+1)\frac{\lambda}{4}(k=0,\pm 1,\pm 2,\pm 3,\cdots)$的位置为波节。

同理,由$\left|\cos 2\pi\frac{x}{\lambda}\right|=1$,得$x=k\frac{\lambda}{2}(k=0,\pm 1,\pm 2,\pm 3,\cdots)$的地方为波腹,$k$的取值仅限于驻波区域。注意,当坐标原点取值不同时,波节和波腹位置表达式会有不同,但不改变其特点,即相邻波腹或波节间的距离为$\frac{\lambda}{2}$,而相邻的波节与波腹的距离为$\frac{\lambda}{4}$,这提供了测量波长的方法,驻波法测声速实验中就是利用此特点测出超声波波长,从而得到声速的。

介于波腹和波节之间位置的各点,振幅按照$\left|2A\cos 2\pi\frac{x}{\lambda}\right|$随位置周期性变化,其周期为行波周期的一半。

2. 驻波相位分布特点

和行波中沿波线各点相位逐次落后不同,驻波中各点相位是跳跃性变化,从实验中可以观察到两相邻波节之间各质点总是同步振动,即同时到达最大位移,同时到达平衡位置,其振动是同相的,而波节两侧则是反相的。以波节为分界点来分析其相位特点,波节坐标为$x=\left(\cdots,-\frac{\lambda}{4},\frac{\lambda}{4},\cdots\right)$,由(11-13)式,

$y=2A\cos 2\pi\frac{x}{\lambda}\cos 2\pi\nu t$,取$x\in\left(-\frac{\lambda}{4},\frac{\lambda}{4}\right)$,$\cos\frac{2\pi}{\lambda}x>0$,这表明两相邻波节间各点的振动是同相位的。

同理,取$x\in\left(\frac{\lambda}{4},\frac{3\lambda}{4}\right)$,$\cos\frac{2\pi}{\lambda}x<0$,这表明波节$x=\frac{\lambda}{4}$两侧各点振动是反相的,对于其他位置也有同样的性质,这说明驻波是分段振动的波,在相邻波节间,各点总是同相位的,越过波节,相位就会发生π的变化。

3. 能量特点

驻波的"驻"字,不仅是指其波形驻足不前,也指没有能量的定向传播,形成驻波的介质中各质点都在做振幅不同的简谐振动,必然具有动能和势能,其中波节始终不动,动能始终为零,但由于介质形变,其势能是不断变化的,各质点在各自最大位移处时,速度为零,即各点动能均为零,能量以势能形势储存,其中由于波节附近形变最大,波腹处相对形变最小,势

能主要聚集在波节附近。各质点在平衡位置处时，各质点没有相对位移，即介质没有形变，总势能为零，而各质点的振动速度最大，能量以动能形式储存，其中由于波腹处速度最大，动能主要聚集在这里。其他时刻，动能和势能并存，随着各质点振动，波形在上述两种状态之间连续转变，实现能量形式在动能和势能之间的来回转变，能量聚集位置在相邻的波腹和波节处来回流动，平均下来，并不会有能量的定向流动。

4. 半波损失

平面简谐波垂直入射到不同介质界面处会发生波的反射，从而满足入射波和反射波形成驻波的条件，弦线上驻波只是其中一种，反射点因为被固定从而形成波节，而在一般介质界面反射点形成波节还是波腹取决于入射波和反射波在该点的相位，同相则形成波腹，反相则形成波节，这一般和波的种类及介质性质有关，取决于两边介质的相对波阻，波阻是指介质的密度与该波在介质中的传播速度的乘积，相对波阻大的称为波密介质，相对波阻小的称为波疏介质，当波从波密介质向波疏介质正入射时，反射波会在反射点发生相位 π 的突变，称为相位跃变，其等效于波程发生半个波长的变化，因此，也称半波损失。没有半波损失时，反射波和入射波在反射点振动同相，形成波腹，发生半波损失时，入射波和反射波在反射点振动反相，形成波节。

5. 简正模式

在弦线上驻波实验中，需要调节支架位置来观察稳定驻波，在一定的介质中不是任意波长的波都能形成驻波，以两端固定的弦线为例，两个固定端都是波节，因此，弦线长度 l 与波长之间要满足

$$l = n\frac{\lambda_n}{2} \quad n = 1, 2, \cdots \tag{11-14}$$

介质中的波速 $u = \lambda\nu$，可以导出频率条件为：

$$\nu_n = n\frac{u}{2l} \quad n = 1, 2, \cdots \tag{11-15}$$

这些不连续的频率取值代表了弦线上可能的振动方式，这些振动方式称为弦振动的简正模式，相应的频率叫作本征频率，其中 n 取 1 时的最低频率称为基频，其他频率依照其对基频的倍数依次称为二次、三次……泛频。各种乐器的发声原理都是和驻波相关的。比如常见的弦乐器和管乐器分别是利用了弦上的驻波和管中的驻波进行发声。

【例 11-5】 很多大型设备如飞机、轮船、高铁等都离不开涂层，对涂层厚度的测量至关重要，利用共振式测厚仪，可用超声波对涂层厚度进行检测，由驻波形成条件，当涂层厚度为超声波半波长整数倍时，入射波与反射波形成驻波，产生共振，以 u 表示超声波在涂层中传播速度，ν 表示共振频率，d 表示涂层厚度，n 代表共振次数，试推导出涂层厚度的计算公式。

解 连续调节超声波频率，分别形成驻波，设共振次数分别为 n 和 $n+1$ 个，由 $u = \nu\lambda = 2\nu\dfrac{d}{n}$，得

$$un = 2\nu_n d \text{ 和 } u(n+1) = 2\nu_{n+1} d$$

二式相减，得 $d = \dfrac{u}{2(\nu_{n+1} - \nu_n)}$

11.6 多普勒效应

前面章节的讨论都是基于波源和观察者相对于介质静止的情况，这时波源的振动频率，波在介质中传播的频率以及观察者接收到的频率都是一致的。而在现实生活中经常会遇到这种现象，当一辆救护车迎面而来时，警笛的声调会变得越来越高；当救护车远离而去时，警笛的声调会变得越来越低，警笛发出的声波的频率并没有变化，而由于发声的波源随救护车相对空气介质运动，使得接收到的频率发生了改变，奥地利物理学家多普勒在 1842 年发现并提出了这种效应，所以被称为多普勒效应。

理解多普勒效应，我们首先要区分三种频率。

波源振动频率 ν_s，是指波源在单位时间完成全振动的次数，也是波源在单位时间发出的完整波的次数；波的传播频率 ν_b 是单位时间内波动前进距离中完整波长的个数，或单位时间内通过介质内某点的完整波数。

$\nu_b=\dfrac{u}{\lambda_b}$，其中 u 为介质中的波速，λ_b 为介质中的波长，是以介质为参考系测得；而接收频率 ν' 是指观察者在单位时间内接收到的完整波数，$\nu'=\dfrac{u'}{\lambda'}$，其中 u' 和 λ' 是观察者测得的波速和波长。

只有在观察者和波源都相对介质静止时，这三种频率是相等的，多普勒效应就指当波源和观察者之间有相对径向运动时，即波源或观察者相对波传播介质运动时，观察者的接收频率和波源的振动频率将会不同。接下来，考虑波源和观察者的运动发生在二者连线方向，分三种情况依次讨论。

1. 波源相对介质不动，观察者相对介质以速度 v_0 运动

波源相对介质不动，可以认为波的传播波长没有变化，即 $\lambda'=\lambda_b$，若观察者靠近波源，则由伽利略速度变换，观察者测得的波速 $u'=u+v_0$，由 $\nu'=\dfrac{u'}{\lambda'}$，得

$$\nu'=\frac{u+v_0}{u}\nu \tag{11-16}$$

反之，若观察者远离波源，则

$$\nu'=\frac{u-v_0}{u}\nu \tag{11-17}$$

可以看出，观察者以一定速度靠近波源，接收频率会高于波源频率，若远离波源，则接收频率会低于波源频率。

2. 观察者相对介质不动，而波源以速度 v_s 相对介质运动

波的种类一定时，其在介质中的传播速度由介质的性质决定，而与波源的运动无关，观察者相对介质静止，因此，其测得的波速仍为 u，那么观察者测得的波长呢？

由图 11－14，若波源相对介质静止，其某个振动状态在一个周期内传播到 A 点，传播距离正好是一个波长 λ，现假定波源相对介质以速度 v_s 靠近观察者，在一个周期内波源向着观察者运动了 v_sT 的距离而到达 S'，波长是振动状态在一个周期内传播的距离，在观察者看来，振动状态是从 S' 传播到 A，即波长被压缩了，$\lambda'=\lambda_b-v_sT$，因此，观察者的接收频率为：

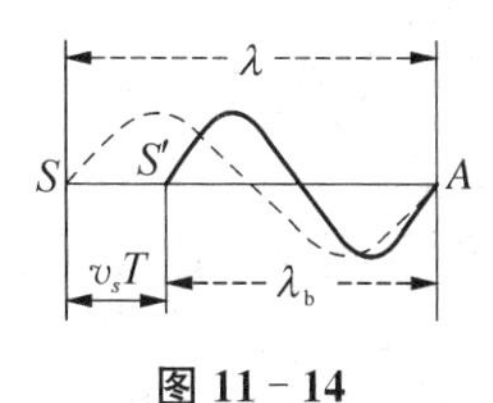

图 11－14

$$\nu'=\frac{u'}{\lambda'}=\frac{u}{\lambda_b-v_sT}$$

注意到这里的周期 T 是波源的周期，结合 $\lambda_b=uT$，得到：

$$\nu'=\frac{u}{uT-v_sT}=\frac{u}{u-v_s}\nu_s \qquad (11-18)$$

同理，若波源远离观察者，则
$$\nu'=\frac{u}{u+v_s}\nu_s \qquad (11-19)$$

可见，若波源靠近观察者，则接收频率升高，而远离观察者，则接收频率降低。

3. 波源和观察者同时相对介质运动，速度分别为 v_s 和 v_0

由前面讨论可知，观察者相对介质的运动导致测得的波速变化，波源相对介质的运动导致测得的波长变化，二者同时运动，则两种效应同时存在，

$$\nu'=\frac{u'}{\lambda'}=\frac{u\pm v_0}{\lambda_b\mp v_s v_s}=\frac{u\pm v_0}{u\mp v_s}\nu \qquad (11-20)$$

其中 v_0，观察者向波源运动取加号，远离波源取减号；v_s，波源向观察者运动取减号，远离观察者取加号。可见，不管是波源还是观察者运动，只要二者相互靠近，则接收频率就会偏高，相互远离则偏低。

要注意的是，这里的 v_s 和 v_0 是波源和观察者相对介质的运动速度，前面说的向着或远离的运动都是假定一方不动的，注意符号的取值，如追击问题中，警察驾车开着警笛追击嫌疑人车辆，若以嫌疑人为观察者，警笛为波源，警车速度大于嫌疑人车辆速度，总的效果是二者相互靠近，嫌疑人听到的警笛声频率变高，这里波源向着观察者运动，v_s 前取减号，观察者是远离波源运动(假定波源不动)，因此 v_0 前取减号。

若波源和观察者的运动不在一条直线上，则只有在二者连线方向上的速度分量会产生多普勒效应，机械波不存在横向多普勒效应，这一点和电磁波不同。

由(11－20)式，若波源的运动速度大于波在介质中的传播速度，则会出现频率负值，(11－20)式将不再适用，事实上，在波源超波速运动时，在波源的前方不会再有波动产生，波源后的所有波面被挤压而聚集在一个圆锥面上，能量高度集中，称为冲击波，冲击波是一种强扰动波，如空气中的冲击波，空气从波前到波后会发生突变式的压力、温度与密度的升高，同时空气速度会下降，具有极大的破坏力。一般来说，超音速飞行器、爆炸、子弹射击等情况中冲击波很常见。

【例 11－6】 设某船舶静止时在海水中向前发射频率为 ν 的超声波，遇到某物体反射回来，测出发射波和反射波频率差为 $\Delta\nu$，以 u 表示海水中的声速，求该物体的运动速度。

解 设物体速度为 v_0，物体接收到的超声波频率为 $\nu'=\dfrac{u+v_0}{u}\nu$

船舶接收到反射波的频率为 $\nu''=\dfrac{u}{u-v_0}\nu'=\dfrac{u+v_0}{u-v_0}\nu$

$$\Delta\nu=\nu''-\nu=\left(\frac{u+v_0}{u-v_0}-1\right)\nu=\frac{2v_0/u}{1-v_0/u}\nu$$

当物体速度远小于海水中声速时，可化简为 $\Delta\nu=\dfrac{2v_0/u}{1-v_0/u}\nu=2\dfrac{v_0}{u}\nu\left(1+\dfrac{v_0}{u}\right)\approx 2\dfrac{v_0}{u}\nu$，

则物体速度为 $v_0=\dfrac{u\Delta\nu}{2\nu}$

习　题

1. 在下面几种说法中，正确的说法是（　　）。

A. 波源不动时，波源的振动周期与波动的周期在数值上是不同的

B. 波源振动的速度与波速相同

C. 在波传播方向上的任一质点振动相位总是比波源的相位滞后（按差值不大于 π 计）

D. 在波传播方向上的任一质点的振动相位总是比波源的相位超前（按差值不大于 π 计）

2. 如图所示，一平面简谐波沿 x 轴正向传播，已知 P 点的振动方程为 $y=A\cos\omega t$，则波的表达式为（　　）。

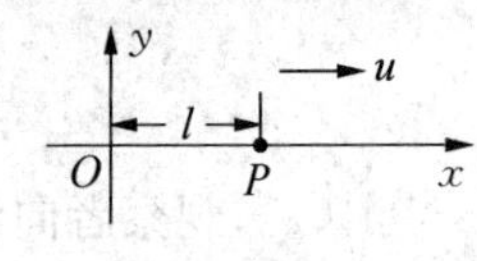

习题 2

A. $y=A\cos\omega[t-(x-l)/u]$

B. $y=A\cos\omega[t-(x/u)]$

C. $y=A\cos\omega(t+x/u)$

D. $y=A\cos\omega[t+(x-l)/u]$

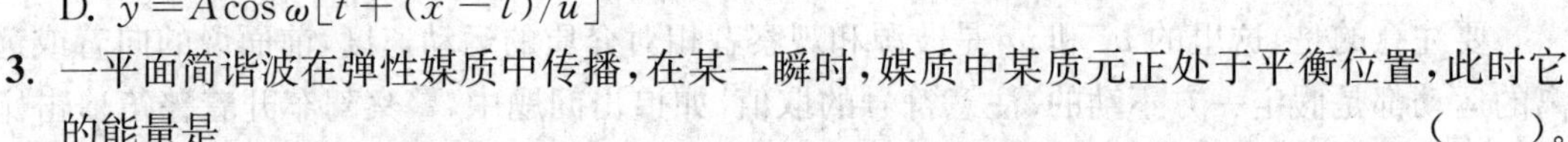

3. 一平面简谐波在弹性媒质中传播，在某一瞬时，媒质中某质元正处于平衡位置，此时它的能量是（　　）。

A. 动能为零，势能最大　　B. 动能为零，势能为零

C. 动能最大，势能最大　　D. 动能最大，势能为零

4. 如图所示，两列波长为 l 的相干波在 P 点相遇。波在 S_1 点振动的初相是 φ_1，S_1 到 P 点的距离是 r_1；波在 S_2 点的初相是 φ_2，S_2 到 P 点的距离是 r_2，k 代表整数，则 P 点是干涉极大的条件为：（　　）。

习题 4

A. $r_2-r_1=k\lambda$

B. $\varphi_2-\varphi_1=2k\pi$

C. $\varphi_2-\varphi_1+2\pi(r_2-r_1)/\lambda=2k\pi$

D. $\varphi_2-\varphi_1+2\pi(r_1-r_2)/\lambda=2k\pi$

5. 在驻波中，两个相邻波节间各质点的振动（　　）。

A. 振幅相同，相位相同　　B. 振幅不同，相位相同

C. 振幅相同，相位不同　　D. 振幅不同，相位不同

6. 一简谐波，振动周期 $T=\frac{1}{2}$ s，波长 $l=10$ m，振幅 $A=0.1$ m。当 $t=0$ 时，波源振动的位移恰好为正方向的最大值。若坐标原点和波源重合，且波沿 Ox 轴正方向传播，求：

(1) 此波的表达式；

(2) $t_1=T/4$ 时刻，$x_1=l/4$ 处质点的位移；

(3) $t_2=T/2$ 时刻，$x_1=l/4$ 处质点的振动速度。

7. 设位于 x_0 处的波源质点，$t=0$ 时 $y=0$ 且向 y 负方向运动，振幅为 A，圆频率为 ω 的平面简谐波，以波速 u 向 x 负方向传播，求该波的波动方程。

8. 已知 $t=0$ 时的波形如习题 8 图所示。波速 $u=340\ \mathrm{m\cdot s^{-1}}$，求其波动方程。

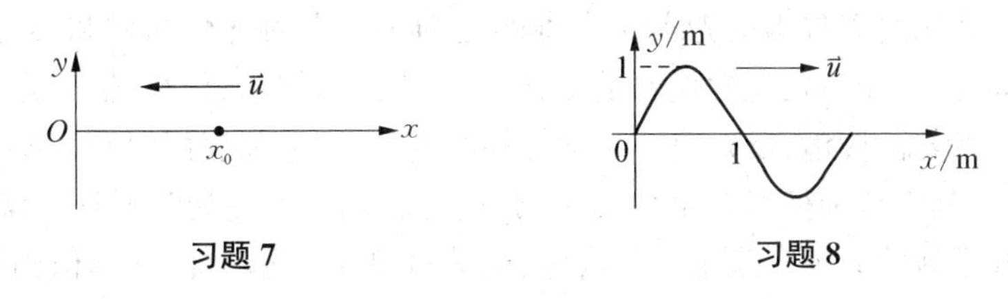

习题 7　　　习题 8

9. 图示一平面余弦波在 $t=0$ 时刻与 $t=2$ s 时刻的波形图。已知波速为 u，向左传播，求

(1) 坐标原点处介质质点的振动方程；

(2) 该波的波动表达式。

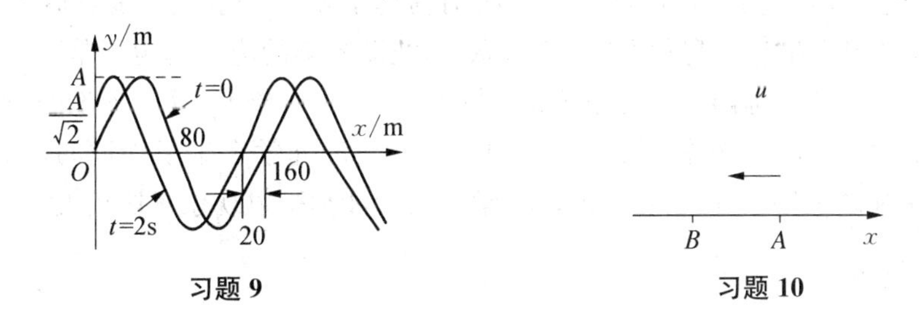

习题 9　　　习题 10

10. 如图，一平面简谐波在介质中以速度 $u=20\ \mathrm{m\cdot s^{-1}}$ 沿 Ox 轴负方向传播，已知 A 点的振动表达式为 $y=3\cos 4\pi t$(SI)，试：

(1) 以 A 点为坐标原点写出波动表达式；

(2) 以距 A 点 5 m 处的 B 点为坐标原点，写出波动表达式。

11. 火车以 $u=30$ m/s 的速度行驶，汽笛的频率为 $\nu_0=650$ Hz。在铁路近旁的公路上坐在汽车里的人在下列情况听到火车鸣笛的声音频率分别是多少？

(1) 汽车静止；

(2) 汽车以 $v=45$ km/h 的速度与火车同向行驶。(设空气中声速为 $V=340$ m/s)

12. 在一根弦线上，有一列沿 x 轴正方向传播的简谐波，其频率 $\nu=50$ Hz，振幅 $A=0.04$ m，波速 $u=100$ m/s。已知弦线上离坐标原点 $x_1=0.5$ m 处的质点在 $t=0$ 时刻的位移为 $+A/2$，且沿 y 轴负方向运动，当传播到 $x_2=10$ m 处固定端时，被全反射。试写出：

(1) 入射波与反射波的波动方程；

(2) 叠加的合成波在 $0\leqslant x\leqslant 10$ 区间内波幅和波节处的坐标。

第十二章 波动光学

波动光学是研究光的波动性质的科学，主要关注光波的传播、干涉、衍射和偏振现象，以及光与物质相互作用时表现出的光学性质，同时也涉及了各种光学器件和实验技术的应用。在实际应用方面，波动光学在光学仪器设计制造、光学测试技术、信息光学、光通信等领域有广泛应用。例如，透镜、棱镜、反射镜等光学元件的设计、制造和表面镀膜需要应用波动光学的原理和方法；光学干涉和衍射技术被用于测量表面形貌、检测光学元件的误差；信息光学则利用了衍射和干涉的原理实现了全息成像、光学图像处理等功能；光通信则利用了光的干涉和调制技术来实现高速数据传输。

波动光学的发展史可以追溯到 17 世纪，当时人们开始深入探究光的本质和传播规律。最早的波动光学理论是由荷兰物理学家惠更斯提出的，他提出了光的波动说，认为光是一种机械波，并且提出光速与介质有关。随后，法国物理学家菲涅尔进一步发展了波动光学理论，他引入了“干涉”和“衍射”这两个重要概念，为波动光学的应用奠定了基础。在 19 世纪，英国物理学家麦克斯韦提出了电磁波理论，认为光是一种电磁波，这一理论的成功验证推动了波动光学的发展。20 世纪初，量子力学的兴起对波动光学产生了深远的影响，它解释了光的粒子性质和量子特性，同时也与波动光学中的干涉和衍射现象密切相关。

12.1 相干光

12.1.1 光波的特性

光学中的可见光，是电磁波谱的一部分，即波长约在 380 nm 到 760 nm 范围内的电磁波，是电场强度 E 和磁场强度 H 振荡在空间的分布与传播，而其中对人眼或感光仪器起作用的是电矢量 $\boldsymbol{E}$，通常称其为光矢量。作为光波，与机械波有很多相似之处，如波的干涉、衍射特性等，即使抛开光波与机械波的本质区别不谈，光波也有其特殊之处。

1. 光源以及光源的发光机理

一般能够自行发光的物体都可以称为光源。除激光光源外，一般称为普通光源，如太阳光、照明用的白炽灯等等。不同光源激发方式不同，而发光的微观机制却是共同的，即在一定条件下，光源中的原子、分子处于不稳定的激发态，跃迁回低激发态或基态，并发射出一定频率的电磁波，普通光源的发光是自发的原子的跃迁，自发辐射具有间歇性和随机性，表现为各原子发光是断断续续的，时间极短，平均发光时间约为 $\Delta t = 10^{-8}$ s，所发出的是一段段长

为 $L=c\Delta t$ 的光波列；不同分子或原子的发光彼此独立，所发出各波列通常频率、振动方向和振动初相位都不相同，即使同一原子或分子不同时刻的发光也没有固定相位关系。由于激发态能级的平均寿命有限，激发态能级的能量有一个不确定范围，所以跃迁时光子频率通常有一定范围，因此，严格的单色光是不存在的。

2. 折射率

折射率反映了介质对光波的影响，由电磁理论，其与介质的相对电容率和相对磁导率及光波频率有关，从光的传播角度，可由折射定律求光的传播速度来确定。

真空中的光速为(299 792 458±1.2)m·s^{-1}，通常可以简记为光在真空中和空气中的速度都是 3.0×10^{8} m·s^{-1}。光在其他的透明的各向同性的介质中传播的速度为

$$v=\frac{c}{n} \tag{12-1}$$

式中 c 表示的是光在真空或者空气中传播的速度，n 为该介质的折射率。

3. 光强

由于光波的频率极高，几乎无法测得瞬态的电场强度或磁场强度，所以通常指的光强是物理仪器检测到的平均能流密度的大小，可见光波段，对人眼或检测仪器起主要作用的是电场强度矢量，一般将其称为光矢量，用来表示光强，$I\propto E_0^2$，即光波的平均能流密度的大小正比于光振动振幅的平方。在光学中通常比较同一介质中的光强，即更关心的是相对光强，可以简记为 $I=E_0^2$。

12.1.2　相干光

下面结合振动与波的联系来分析光波干涉的基本条件，即将波的叠加问题转化为振动的叠加。

如图 12-1 所示，假设有两个光源 S_1 和 S_2，S_1 和 S_2 发出两列独立的光波列，频率和振动方向相同，振幅分别为 E_{10} 和 E_{20}，在 P 点两列光波相遇。

在相遇处这两列光波的振动表达式分别为

$$\begin{aligned} E_1&=E_{10}\cos(\omega t+\varphi_1)\\ E_2&=E_{20}\cos(\omega t+\varphi_2) \end{aligned} \tag{12-2}$$

由波的叠加原理，如图 12-2 所示，这两列光波在相遇处的合振动的振幅为

$$E_0^2=E_{10}^2+E_{20}^2+2E_{10}E_{20}\cos(\varphi_2-\varphi_1) \tag{12-3}$$

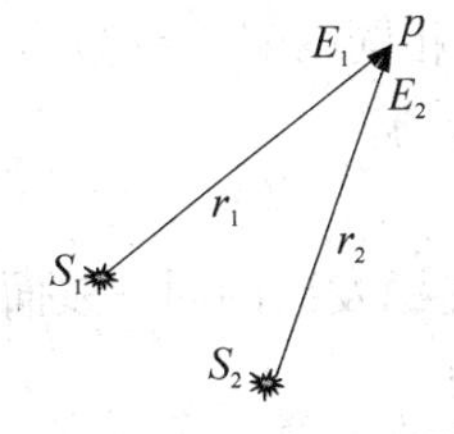

图 12-1　波列的叠加

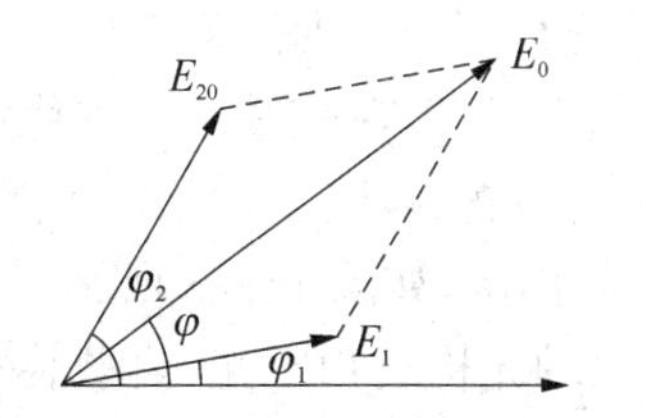

图 12-2　波列合振动的振幅

用光强表示：

$$I=I_1+I_2+2\sqrt{I_1I_2}\cos(\varphi_2-\varphi_1) \tag{12-4}$$

式中，I_1 和 I_2 分别表示在相遇处两列光波的光强。由于光波的频率很大，所以很难去测到它的振幅，而且分子或原子发光持续时间极短，一般观察到的光强是一段时间 τ 内的平均值

$$I=I_1+I_2+2\sqrt{I_1I_2}\ \frac{1}{\tau}\int_0^{\tau}\cos(\varphi_2-\varphi_1)\mathrm{d}t \tag{12-5}$$

若两列光相位随机，则积分项为 0，两列光总光强等于两列光单独光强的代数和，不存在干涉，称之为非相干叠加。若两列光相位差 $\varphi_2-\varphi_1$ 恒定，则在空间不同位置两列光波的合振动可能在有些地方加强，在有些地方减弱，光强分布不随时间改变，称之为两列光波产生了干涉现象，把这种振动叠加也称为相干叠加。$2\sqrt{I_1I_2}\cos(\varphi_2-\varphi_1)$ 称为干涉项，它决定了空间各点的光强的强弱差异。

讨论：

(1) 当两列光波的相位差为 π 的偶数倍时，即

$$\varphi_2-\varphi_1=\pm 2k\pi \quad (k=0,1,2,3,\cdots) \tag{12-6}$$

此时 $I=(\sqrt{I_1}+\sqrt{I_2})^2$，两列光波的合振动的光强取最大值，称为干涉相长(增强或相干相长)，相应的干涉条纹称之为明条纹，或简称明纹。

(2) 当两列光波的相位差为 π 的奇数倍时，即

$$\varphi_2-\varphi_1=\pm(2k+1)\pi \quad (k=0,1,2,3,\cdots) \tag{12-7}$$

此时 $I=(\sqrt{I_1}-\sqrt{I_2})^2$，两列光波的合振动的光强有最小值，称为干涉相消(减弱或相干相消)。相应的干涉条纹称之为暗条纹，或简称暗纹。

(3) 当相位差取上述两种情况之外的其他值时，合振动的光强介于最大值和最小值之间。

通过以上讨论可以知道，相位差恒定是两列光波发生干涉的必要条件，再加上波动中的频率相同，振动方向相同，构成了光波相干的三个基本条件，严格来说，只要有振动方向的平行分量，即可发生干涉，但会使得干涉花样的可见度降低，即最大光强和最小光强差距减小。

12.1.3 相干光的获得方法

普通光源的发光特点决定了其不能直接用作相干光源，为了消除普通光源发光随机性带来的影响，以保证场点相位差的稳定性，获得相干光的方法核心是“自己与自己干涉”，即借助光学系统，将普通光源发出的一列光波在空间中一分为二，使其经过不同途径后再重新交叠。由于这样得到的两列波都有同一光波列，故其频率相同，相位差稳定，且振动方向一致，从而满足相干条件，在交叠区出现稳定的可观测的干涉场。

主要有两种分光方法：

(1) 分波阵面法，如图 12-3 所示。分波阵面法是在光源发出的同一波面上取两面元作为次光源，发出的光构成相干光，典型装置是杨氏双缝实验。

(2) 分振幅法，如图 12-4 所示。当一束光线入射到两种介质的分界面上时发生反射和折射，将入射光分为两部分，构成相干光，反射光线和折射光线的能量也是来源于入射光线，

由于光的能量与振幅有关，因此，这种获取相干光的方法叫作分振幅法，薄膜干涉实验采用的就是这种方法。

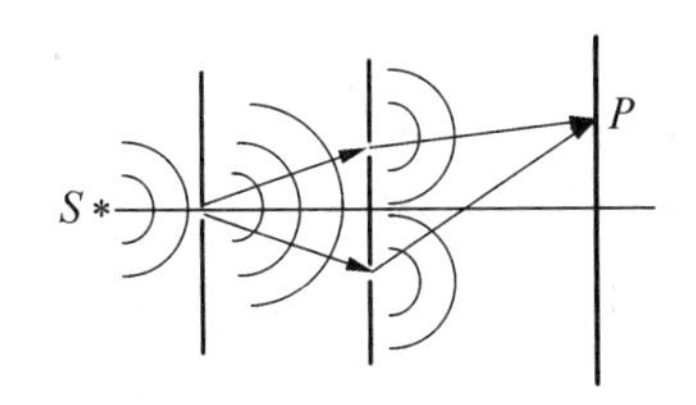

图 12－3　分波阵面法

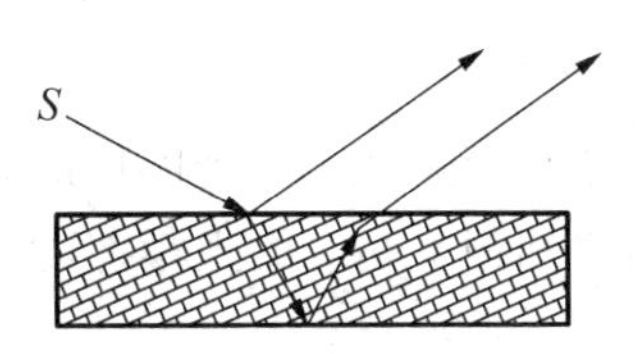

图 12－4　分振幅法

12.1.4　光程　光程差

空间各点光强由两束相干光的相位差决定，相位差主要由光在空间中的传播产生，与光传播的距离有关，而光在不同介质中传播速度不同。为方便计算光经过不同介质时引起的相位差，引入光程的概念。如图 12－5，有一真空波长为 λ 单色波在空间传播，由 a 点到 b 点，若在真空中传播，引起的相位变化，根据上一章学过的(11－12)式有：

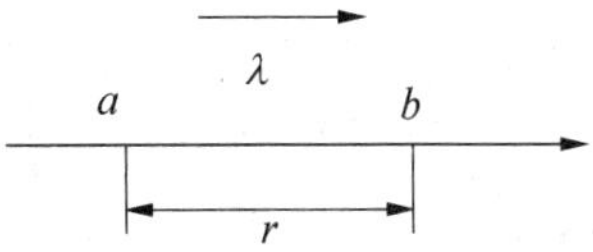

$$\Delta\varphi=\varphi_b-\varphi_a=\frac{r}{\lambda}2\pi$$

图 12－5　光在空间由 a 点传播到 b 点

真空中光波的波长为 $\lambda=\frac{c}{\nu}$。若在折射率为 n 的介质中传播，则传播速度 $v=\frac{c}{n}$，此时光波的波长变为 $\lambda_n=\frac{v}{\nu}=\frac{c}{n\nu}=\frac{\lambda}{n}$，所以相当于介质中的波长为真空中波长的 $\frac{1}{n}$，把这个关系代入上式，则有相位变化关系式为：

$$\Delta\varphi'=\frac{nr}{\lambda}2\pi$$

可见光在介质中传播路程 r 和在真空中传播路程 nr 引起的相位差相同。因此定义 $\Delta=n\cdot r$，称之为光程，即不管光在何种介质中传播，都将其传播的路程折算成在真空中的路程，这样，只要光传播的光程相同，即意味着传播时间相同，引起的相位差相同。若光传播路径上有多种介质，相应的光程

$$\Delta=n_1r_1+n_2r_2+\cdots+=\sum n_ir_i$$

当考虑双光束干涉时，由于干涉花样在空间分布，空间各点位置与每一束光光程有关。可以定义两束光波经过不同路径到达同一点的光程之差为光程差。找出光程差与相位差的关系，从而更方便地判断该点光强。

$$\Delta\varphi=\frac{2\pi}{\lambda}\delta$$

λ 表示的是入射光在真空中的波长。

不考虑两相干光的初相差，将相位差判定条件转换为光程差判断条件，

(1) 当两列相干光波的光程差为 $\lambda/2$ 的偶数倍时，即

$$\delta=\pm 2k\frac{\lambda}{2}=\pm k\lambda \qquad (k=0,1,2,3,\cdots) \tag{12-8}$$

此时干涉加强(干涉相长)，产生明条纹。

(2) 当两列相干光波的光程差为 $\lambda/2$ 的奇数倍时，即

$$\delta=\pm(2k+1)\frac{\lambda}{2} \qquad (k=0,1,2,3,\cdots) \tag{12-9}$$

此时干涉减弱(干涉相消)，产生暗条纹。

(3) 当上面的两列相干光波的光程差取上述两种情况之外的其他值时，两列光波的合振动的光强介于最小值和最大值之间。

这里要提一下，通常实验中可以控制条件使得相干光的初相相同，而且在实验装置中经常用到薄透镜来改变光的传播方向，但是薄透镜不会产生额外的光程差。

12.2 杨氏双缝干涉

1801 年，托马斯·杨首次利用普通光源获得了相干光，并观察到了光的干涉现象，这在光学发展史上具有重要意义。首先来介绍其实验装置，主要由单缝、双缝和接收屏组成，采用单色平行光入射，单缝用来获得线光源，双缝相对于单缝对称，则位于线光源 S 的同一波阵面上，可作为次光源获得相干光，接收屏用来观察干涉条纹。

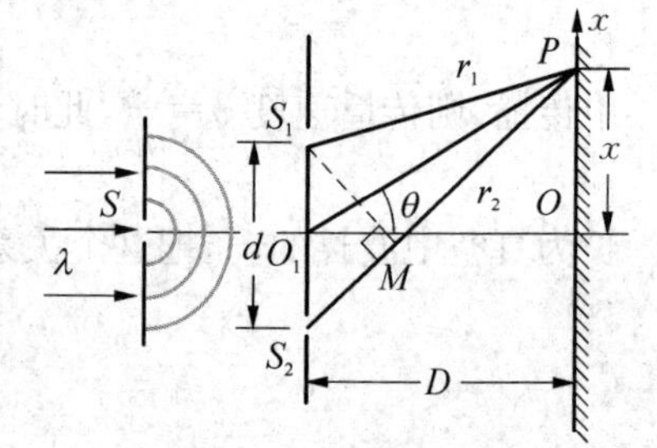

图 12-6 杨氏双缝干涉

如图 12-6 所示，S_1 和 S_2 作为次光源，发出的光可向空间传播，在空间的交叠区域可以发生干涉，实验上通常要求接收屏距离较远，即 $D\gg d$。对于双光束干涉，在确定干涉光束后，应用光程差条件来讨论干涉条纹的分布及实验参数的影响。

讨论在接收屏上的条纹分布，考虑屏幕上任一点 P，如图 12-6 所示，通常距离中心点不能太远，S_1 和 S_2 发出的光波传播到 P 点的距离分别为 r_1 和 r_2。考虑实验装置在空气中，通常取折射率为 1，则两束光在 P 点的光程差为

$$\delta=r_2-r_1 \tag{12-10}$$

接下来对光程差化简，用实验参数和接收屏的位置来表示，如图 12-6 所示，由 S_1 向 S_2P 作垂线，交点为 M。由于 $D\gg d$，在小角度的情况之下，r_1 和 r_2 几乎是重叠在一起的，所以 $r_1\approx MP$，则 $\delta=S_2M$，即

$$\delta=r_2-r_1\approx d\cdot\sin\theta \tag{12-11}$$

由于 θ 很小，$\sin\theta\approx\tan\theta$，那么对于 P 点有

$$\delta \approx d \cdot \sin\theta \approx d\tan\theta = d \cdot \frac{x}{D}$$

1. **由光程差判断明暗条纹产生条件**

$$\delta = r_2 - r_1 = \begin{cases} \pm k\lambda & \text{干涉加强} \\ (\pm 2k+1)\dfrac{\lambda}{2} & \text{干涉减弱} \end{cases} \quad (k=0,1,2,3,\cdots)$$

k 代表条纹级次，称为干涉级，正负号表示干涉条纹分布于 O 点两侧，O 点对应光程差为 0，相应 k 取 0，称为中央明纹，其他级次分别对应不同明纹或暗纹。

除上述两种情况外，P 点的干涉条纹的亮度介于暗纹和明纹的亮度之间，因此，上述两种情况对应的是明暗条纹的中心，接下来看条纹中心在接收屏上的位置。

2. **干涉条纹的位置**

(1) 明纹中心位置。

设 P 点恰好为第 k 级明纹中心，其坐标为 x_k 则有 $d\sin\theta = \pm\lambda$，即

$$d \cdot \sin\theta = d \cdot \frac{x_k}{D} = \pm k\lambda$$

由此可得第 k 级明纹中心在接收屏上的位置为

$$x_k = \pm k \cdot \frac{D}{d}\lambda \quad (k=0,1,2,3,\cdots) \tag{12-12}$$

(2) 暗纹的位置。

同上，当 P 点恰好为第 k 条暗纹的中心时，有

$$d \cdot \sin\theta = d \cdot \frac{x_k}{D} = \pm(2k+1)\frac{\lambda}{2}$$

同样可得第 k 条暗纹中心在接收屏上的位置：

$$x_k = \pm(2k+1) \cdot \frac{D}{d}\frac{\lambda}{2} \quad (k=0,1,2,3,\cdots) \tag{12-13}$$

3. **干涉条纹的间距**

干涉条纹的间距是指相邻明纹中心或暗纹中心的距离，根据式(12-12)和式(12-13)即可获得相邻明纹的间距以及相邻暗纹的间距都为：

$$\Delta x = x_{k+1} - x_k = \frac{D}{d}\lambda \tag{12-14}$$

基于以上定量分析，杨氏双缝干涉条纹有以下特点：

(1) 明暗条纹交替出现，基于接收屏中心对称分布，杨氏双缝干涉条纹为平行等间距直条纹。

(2) 条纹间距与干涉级次无关，取决于入射光和双缝间距以及接收屏位置，三者改变任一项都可调节条纹宽度。

(3) 若采用白光入射，实验装置参数不变，除中央明纹外，不同波长干涉明纹中心位置

随波长增加，因此，可出现彩色条纹。

4. 劳埃德镜实验

劳埃德镜干涉方法与杨氏双缝类似，除光源外，实验装置只需一面平面镜和接收屏，如图 12－7 所示，从线光源 S_1 发出的光波在空间中分为两部分，其中一部分直接入射到接收屏，另一部分光掠射到反射镜上再反射到接收屏，由于这两部分光都是来源于同一光源 S_1，它们是相干光。由图绘出两部分光的传播区域，阴影部分是交叠部分，将接收屏放置在交叠部分区域即可观察干涉现象。为便于分析，可将经平面镜反射的光波看作是光源 S_1 经反射镜的虚像所发出的光，即看作虚光源 S_2 发出的，这样光源 S_1 和虚光源 S_2 就相当于杨氏双缝实验中的一对狭缝，干涉条纹的分析方法也与前面相同，杨氏双缝实验中双缝间距通常很小，所以这里反射光是掠射到反射镜上再反射到接收屏的。

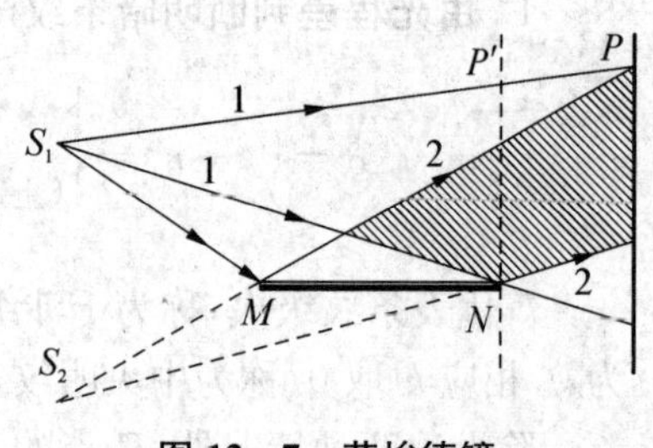

图 12－7　劳埃德镜

值得注意的是，如果将接收屏平行移动到恰好与反射镜边缘相接触，接触点为 N，如图 12－7 所示，根据前面的光程差判断条件，两部分光在 N 点相遇，光程差为 0，理应干涉加强，观察到亮条纹，但实验事实却是观察到暗条纹，似乎哪里出了问题，仔细分析，直接入射光只在空间中传播，相位变化只由光程决定，而反射光多了反射过程，因此只能是反射光的相位在反射过程中出现了变化，相位突变了π，等效于光程差改变了 $\lambda/2$，因此，形象地称这种现象为“半波损失”。

理论和实验都可证实，只有反射光可能出现半波损失，当光从光疏介质（折射率较小）射向光密介质（折射率较大）时，反射光的相位都有π的突变，但是当光从光密介质射向光疏介质时，在反射过程中不发生“半波损失”。在任何情况下，透射光均不会发生“半波损失”现象。当出现半波损失时，要在原有光程差基础上加上或者减去 $\lambda/2$，加或减不影响干涉现象，只会影响到干涉级次的取值。

【例 12－1】　用很薄的云母片（$n=1.58$）覆盖在双缝实验中的一条缝上，这时屏幕上的零级明条纹移到原来的第七级明条纹位置，如果入射光波长为 550 nm，试问此云母片的厚度为多少？（不考虑折射引起的光线偏折）

解　覆盖云母片前，中央零级明纹位置光程差为 0。覆盖云母片后的引起的光程差为 $(n-1)e$，零级位置移到七级处，有

$$(n-1)e=7\lambda$$

所以 $e=\dfrac{7\lambda}{(n-1)}=6.64\times10^{-3}\ \mathrm{mm}$

12.3　薄膜干涉

薄膜干涉是一类常见的干涉现象，如阳光下的泡沫、昆虫的翅膀等，其相干光的产生正是前面说的分振幅法，接下来讨论薄膜干涉的基本规律，并随后介绍几类薄膜干涉装置。

以厚度均匀的薄膜为例，如图 12－8 所示，单色光入射到薄膜的上表面时，一部分光反射，一部分光折射进入薄膜介质，并在下表面反射再经上表面折射回到原入射空间，这两束光为相干光束，经透镜汇聚后可发生干涉。

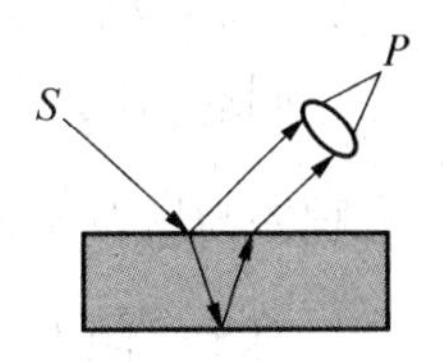

图 12－8　分振幅法

薄膜干涉一般分为两类：等倾干涉和等厚干涉。通常平行平面薄膜所产生的干涉为等倾干涉，非平行平面薄膜所产生的干涉为等厚干涉。

12.3.1　薄膜干涉光程差

如图 12－9 所示，均匀薄膜折射率为 n_2，放置在均匀介质 n_1 中，波长为 λ 的单色光以入射角 θ_i 照射薄膜上表面。假设 $n_2>n_1$，薄膜两表面平行，厚度为 d，干涉光为平行光线 1 和 2。

两束光从入射点 A 分开，且透镜不引起附加光程差，从 C 点作垂线交于光线 1 于 D 点，则光线 1 和 2 的光程差只需考虑 ABC 与 AD 间的光程差，并考虑到光线 1 在上表面反射时存在半波损失，则

$$\delta=n_2(AB+BC)-n_1AD+\frac{\lambda}{2} \qquad (12-15)$$

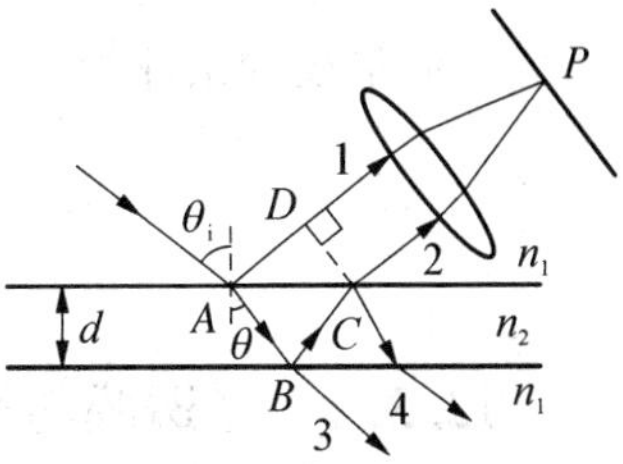

图 12－9　薄膜干涉

由几何关系可对对上式进行化简，

$$AB=BC=\frac{d}{\cos\theta_r}$$

$$AD=AC\cdot\sin\theta_i=2d\tan\theta_r\sin\theta_i$$

由折射定律 $n_1\sin\theta_i=n_2\sin\theta_r$ 可得

$$\sin\theta_i=\frac{n_2}{n_1}\sin\theta_r$$

则有

$$AD=2d\tan\theta_r\sin\theta_i=2d\,\frac{\sin\theta_r}{\cos\theta_r}\cdot\sin\theta_i=2d\,\frac{n_2}{n_1}\,\frac{\sin^2\theta_r}{\cos\theta_r}=2d\,\frac{n_2}{n_1}\,\frac{(1-\cos^2\theta_r)}{\cos\theta_r}$$

将以上求得的 AB，BC 和 AD 代入式(12－15)，并整理得

$$\Delta=2n_2d\cos\theta_r+\frac{\lambda}{2} \qquad (12-16)$$

或者为

$$\Delta=2d\sqrt{n_2^2-n_1^2\sin^2\theta_i}+\frac{\lambda}{2} \qquad (12-17)$$

这就是薄膜反射光线 1 和 2 之间的光程差公式，分别是用入射角和折射角表示，两者可由折射定律相互转化。当入射光的入射角一定时，光程差随薄膜厚度而变化，同一入射角对应等光程，称之为等倾干涉，当薄膜厚度一定时，光程差随入射角而变化，同一厚度处对应等

光程，称之为等厚干涉，同厚度点构成的轨迹称之为等厚线，同一等厚线对应同一级条纹。

同理，对于透射光线 3 和 4 也是相干光，由能量守恒，透射光与反射光干涉互补，所以其光程差与反射光相比差$\frac{\lambda}{2}$，即$\Delta = 2d\sqrt{n_2^2 - n_1^2\sin^2\theta_i}$。

对于等倾干涉，考虑一种特例，即当光线垂直界面入射时，入射角和折射角均为零，则反射光线 1 和 2 的光程差为

$$2n_2d + \frac{\lambda}{2} \tag{12-18}$$

显然，产生干涉明纹的条件为

$$2n_2d + \frac{\lambda}{2} = k\lambda \qquad (k = 1,2,3,\cdots) \tag{12-19}$$

产生干涉暗纹的条件为

$$2n_2d + \frac{\lambda}{2} = (2k+1)\frac{\lambda}{2} \qquad (k = 0,1,2,\cdots) \tag{12-20}$$

12.3.2　增透膜与增反膜

(1) 增透膜。多数光学仪器都包含玻璃透镜，虽然玻璃的透过率很高，但经过多个透镜后会损失相当部分光能，为了减少入射光能的损失，通常可以在透镜表面镀一层介质膜，对特定波长，当膜厚恰好满足入射光和反射光光程差为干涉相消时，则更多光可透过，称之为增透膜，这层膜是一种折射率介于玻璃和空气之间的材料，常见的有 MgF_2。

(2) 增反膜。在某些光学仪器中要尽可能地减少透射光的能量，增大反射光的能量。例如，激光器中的反射镜要求对某种波长的光的反射率要达到 99%以上，以便能够产生高强度的激光光束。为了增强反射光的能量，通常在光学元件的表面镀上一层均匀的硫化锌(ZnS)等物质的薄膜，使薄膜上下表面的反射光干涉加强。这类镀在光学元件表面以增大光学元件反射率的薄膜称为增反膜。

【例 12-2】 在棱镜($n_1 = 1.52$)表面镀一层增透膜($n_2 = 1.30$)。如使此增透膜适用于 550.0 nm 波长的光，膜的厚度应取何值？

解　反射光干涉减弱(增透)，光程差满足

$\delta = 2n_2e = (2k+1)\frac{\lambda}{2}$（膜的上下表面均有半波损失，故光程差中不计$\frac{\lambda}{2}$）

所以 $e = (2k+1)\frac{\lambda}{4n_2}(k = 0,1,2,\cdots)$。最小厚度取 $k = 0$，$e = 105.8$ nm。

从透射光看，干涉加强(增透)，光程差满足

$$\delta = 2n_2e + \frac{\lambda}{2} = k\lambda\text{（膜的下表面有半波损失，故光程差中计}\frac{\lambda}{2}\text{）}$$

所以 $e = (2k-1)\frac{\lambda}{4n_2}(k = 1,2,3,\cdots)$。最小厚度取 $k = 1$，$e = 105.8$ nm。

12.4　劈尖干涉、牛顿环

以下重点讨论等厚干涉，等厚干涉通常发生在厚度不均匀的介质表面，常见装置有劈尖和牛顿环。

12.4.1　劈尖干涉

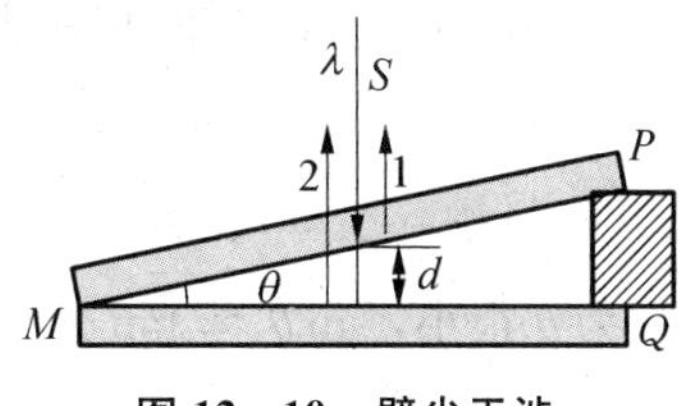

图 12-10　劈尖干涉

如图 12-10 所示，将两块平面玻璃片一端叠合，另一端用薄纸片或细丝垫起，则在两玻璃间形成厚度由 0 渐增的空气薄膜，玻璃叠合一端夹角很小，称该薄膜为劈尖，若玻璃放置在空气中，则形成空气劈尖，空气劈尖的两个表面分别是第一块玻璃板的下表面和第二块玻璃板的上表面。两块玻璃板的夹角 θ 称为劈尖角；两块玻璃板叠合端的交线称为劈尖的棱边。

当平行光垂直照射玻璃片时，上下表面反射光可发生干涉，由于劈尖厚度线性变化，因此发生的是等厚干涉。如图 12-10 所示。图中为便于观察，劈尖角画的较大，并且将上下表面反射光分开画。

接下来考虑两束光的光程差，由于 θ 角很小，上下表面近于平行，下表面反射光多走的路程为该点处劈尖厚度的 2 倍，再考虑到上表面反射光存在半波损失，因此，反射光束 1 和反射光束 2 的光程差为

$$\Delta = 2d + \frac{\lambda}{2} \tag{12-21}$$

由光程差判断条件可得空气劈尖产生干涉加强和减弱的条件分别为

明条纹：
$$2d + \frac{\lambda}{2} = k\lambda \qquad (k = 1, 2, \cdots) \tag{12-22}$$

暗条纹：
$$2d + \frac{\lambda}{2} = (2k+1)\frac{\lambda}{2} \qquad (k = 0, 1, 2, \cdots) \tag{12-23}$$

在入射光的波长 λ 一定时，光程差仅与光入射处劈尖厚度有关，所有厚度相同的点构成等厚线，同一等厚线对应同一级条纹，在劈尖中，由于厚度线性变化，所以等厚线是与棱边平行的直线，并且随着与棱边的距离线性增加，所以劈尖干涉条纹是与棱边平行的等间距直条纹，如图 12-11 所示。

接下来分析干涉条纹的其他特点。

(1) 厚度 d 处条纹明暗判断

将(12-22)和(12-23)式变形得

$$d = \begin{cases} \left(k - \dfrac{1}{2}\right)\dfrac{\lambda}{2} & \text{明纹} \\ \dfrac{k\lambda}{2} & \text{暗纹} \end{cases}$$

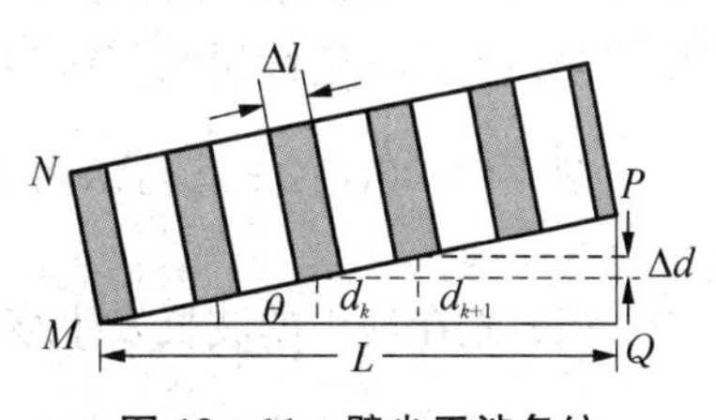

图 12-11　劈尖干涉条纹

在棱边处的厚度为 0,相应的光程差为 $\lambda/2$,因此,棱边处对应的干涉条纹是暗纹。

(2) 根据公式(12-22)和式(12-23)可知,相邻的明纹中心或者相邻暗纹中心对应的厚度差为

$$\Delta d = d_{k+1} - d_k = \frac{\lambda}{2} \tag{12-24}$$

即条纹级次每改变 1,厚度变化半个波长。

由图 12-11 可知,相邻明纹或者相邻暗纹的间距 Δl 为

$$\Delta l = \frac{\Delta d}{\sin\theta} = \frac{\lambda}{2\sin\theta}$$

因为 θ 很小,$\sin\theta \approx \tan\theta \approx \theta$,则

$$\Delta l = \frac{\lambda}{2\theta} \tag{12-25}$$

劈尖角可表示为 $\theta \approx \dfrac{\lambda}{2\Delta l} \approx \dfrac{\Delta d}{L}$,因此,条纹间距也可表示为 $\Delta l = \dfrac{\lambda L}{2\Delta d}$

如果把劈尖放在折射率为 n 的介质中,光程差为

$$\Delta = 2nd + \frac{\lambda}{2} \tag{12-26}$$

相邻条纹的厚度差为

$$\Delta d = d_{k+1} - d_k = \frac{\lambda}{2n} \tag{12-27}$$

干涉条纹间距为

$$\Delta l = \frac{\lambda}{2n\theta} \tag{12-28}$$

(3) 干涉条纹的变化

当入射光的波长一定,若劈尖角 θ 变大,则干涉条纹的间距变小,干涉条纹会向棱边移动,从而干涉条纹逐渐变稠密;当平板玻璃向上做微小移动时,劈尖各点厚度会随之变大,等厚线整体向棱边移动,导致干涉条纹看起来向棱边移动一样,但劈尖角未变,所以条纹间距不变。

【例 12-3】 现有两块折射率分别为 1.45 和 1.62 的玻璃板,使其一端相接触,形成夹角 $\theta = 0.00174$ 的劈尖,将波长为 550 nm 的单色光垂直投射在劈尖上,并在上方观察劈尖的干涉条纹。(1) 试求条纹间距;(2) 若将整个装置浸入折射率为 1.52 的油中,则条纹的间距变成多少?(3) 定性说明当劈尖浸入油中后,干涉条纹将如何变化?

解 (1) 由(12-25)式,由于空气折射率为 1,相邻亮纹间距为 $\Delta l = \dfrac{\lambda}{2\theta} = 0.158\ \text{mm}$

(2) 光在油中的波长发生变化,$\Delta l = \dfrac{\lambda_n}{2\theta} = \dfrac{\lambda}{2n\theta} = 0.104\ \text{mm}$

(3) 干涉条纹将变窄,劈尖介质的变化使得半波损失导致的额外光程差消失,原来的明暗条纹判断条件改变。

12.4.2　牛顿环

如图 12－12 所示，牛顿环装置由一块曲率半径很大的平凸透镜和平板玻璃组成。平凸透镜的凸面放在平板玻璃上，则在它们之间形成以接触点 O 为中心的对称轴，向四周逐渐增厚的空气薄膜，当光线垂直入射时，透镜下表面为空气膜上表面，玻璃上表面为空气膜下表面，空气膜上下表面的两束反射光发生等厚干涉，由于以 O 点为圆心的圆上厚度相同，即等厚线是以 O 点为圆心的同心圆，因此，会产生以接触点为圆心的一系列明暗相间的同心圆，值得注意的是，厚度由圆心向四周是非线性变化的，因此，干涉条纹是不等间距的。接下来分析相干光的光程差，并具体分析条纹特征。

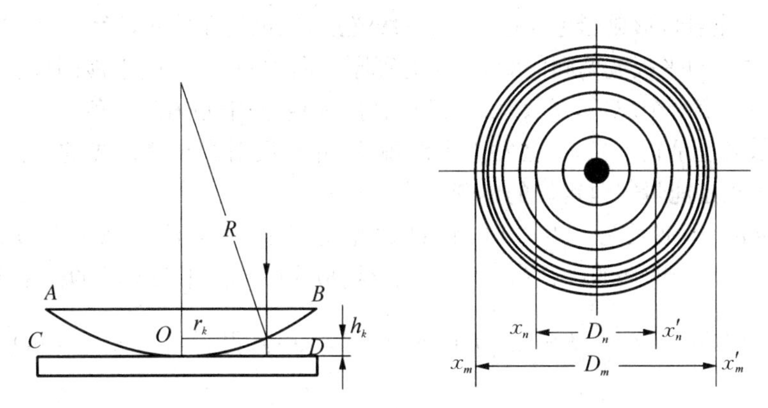

图 12－12　牛顿环的干涉原理及干涉条纹

取波长为 λ 的单色光入射，如图 12－12 所示，设空气膜厚度为 h_k 处产生第 k 级干涉条纹，半径为 r_k，再考虑空气膜上表面反射的半波损失，则空气膜上、下表面反射光的光程差为

$$\Delta = 2h_k + \frac{\lambda}{2} \tag{12-29}$$

接下来利用几何关系将光程差用透镜参数和圆环半径表示，由图 12－12

$$R^2 = (R - h_k)^2 + r_k^2 = R^2 + 2Rh_k + h_k^2 + r_k^2 \tag{12-30}$$

式中，R 是透镜凸面的曲率半径，r_k 是第 k 级圆环的半径。透镜的曲率半径很大，近乎平坦，所以空气膜的厚度非常小，即 h_k 远小于 R，忽略其二阶小项 h_k^2，得

$$h_k = \frac{r_k^2}{2R} \tag{12-31}$$

光程差条件变为

$$\delta = 2h_k + \frac{\lambda}{2} = \frac{r_k^2}{R} + \frac{\lambda}{2} \tag{12-32}$$

由光程差判断条件，可得反射光干涉明环的半径为

$$r_k = \sqrt{\left(k - \frac{1}{2}\right) R\lambda} \qquad (k = 1, 2, 3, \cdots) \tag{12-33}$$

同理可得反射光的干涉暗环半径为

$$r_k = \sqrt{kR\lambda} \qquad (k = 0, 1, 2, 3, \cdots) \tag{12-34}$$

牛顿环干涉条纹特点：

(1) 干涉图样是以接触点为圆心的一组明、暗相间的同心圆环，有半波损失时，中间为一暗斑。

(2) 从中心向外，条纹级数越来越高，条纹的间隔越来越小。

(3) 用白光照射将形成彩色光谱，对每一级光谱，红色的在外圈，紫色的在内圈。

(4) 增大透镜与平板玻璃间的距离，膜的等厚线向中心收缩，则干涉圆环也向中心收缩(内陷)，膜厚每改变半个波长，条纹就向外冒出(扩张)或向中心内陷一条。

同理，透射光也是相干光，也会发生干涉现象，并且反射光与透射光的干涉圆环是明暗恰好互补的，这正是能量守恒定律的体现。

【例 12-4】 用波长为 589.3 nm 的钠黄光观察牛顿环，测得第 k 级明环的半径为 1.0 mm，其外第 10 个明环的半径为 3.0 mm，求构成牛顿环的平凸透镜的曲率半径。

解 由明环半径 $r_k = \sqrt{\left(k - \frac{1}{2}\right) R\lambda}\ (k = 1, 2, 3, \cdots)$，得 $r_{k+10}^2 - r_k^2 = 10R\lambda$

所以 $R = \dfrac{r_{k+10}^2 - r_k^2}{10\lambda} = 1.36\ \text{m}$

12.4.3 等厚干涉的应用

(1) 检查光学元件表面的平整度。

在检测某工件表面平整度时，在工件上放一标准平面玻璃，使其间形成一空气劈尖，用光线垂直照射，并根据观察到的弯曲的干涉条纹来判断待测工件表面的平整度。如图 12-13(a)所示，如果待测平板是一个理想的平面，干涉条纹为一系列明暗相间相互平行的直条纹，如图 12-13(b)所示。如果待测平板的表面凸凹不平，则观察到图 12-13(c)所示干涉条纹。左半部分条纹向棱边方向弯曲，说明等厚线向左弯曲，可判断该处是凹进去的，同理右半部分是凸起的，条纹级次变化 1，则厚度变化半个波长，因此，检测精度可到光波长量级，如果弯曲部分最远可以和邻近条纹相切，则说明凹凸程度恰好是光波长一半。

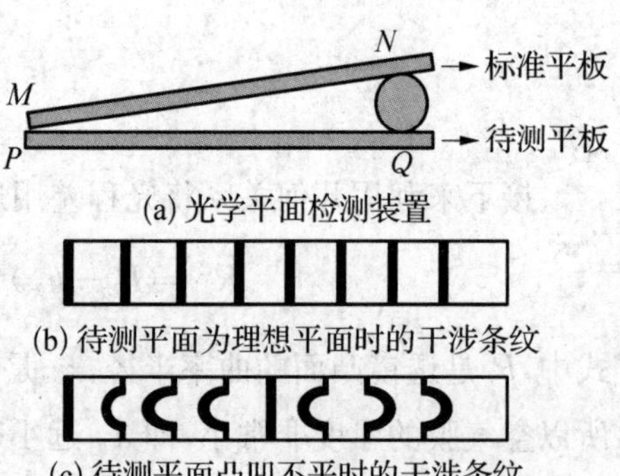

(a) 光学平面检测装置

(b) 待测平面为理想平面时的干涉条纹

(c) 待测平面凸凹不平时的干涉条纹

图 12-13　检查表面平整度

(2) 测量微小物体的厚度或细丝直径。

如图 12-13(a)所示，在两块理想的平面玻璃片间放一细丝，Δd 即为细丝直径，则

$$\frac{\Delta d}{L}=\frac{\lambda/2}{\Delta l}\approx\theta$$

则有
$$\Delta d=\frac{\lambda}{2\cdot\Delta l}\cdot L \tag{12-35}$$

入射光的波长 λ，空气劈尖的长度 L 已知，测出相邻明纹间的距离即可计算出细丝直径 Δd。

(3) 干涉膨胀仪。

如图 12－14 所示，把待测样品上表面做成倾斜形状，使平晶 P 下表面 N 和待测样品 M 间形成一劈尖形空气薄层。当单色平行光束从上面垂直照射时，就观察到等厚干涉条纹。将待测样品加热，待测样品高度增加，空气层厚度因而改变了 Δd。设此时某一标记处有 N 条干涉条纹移动，则

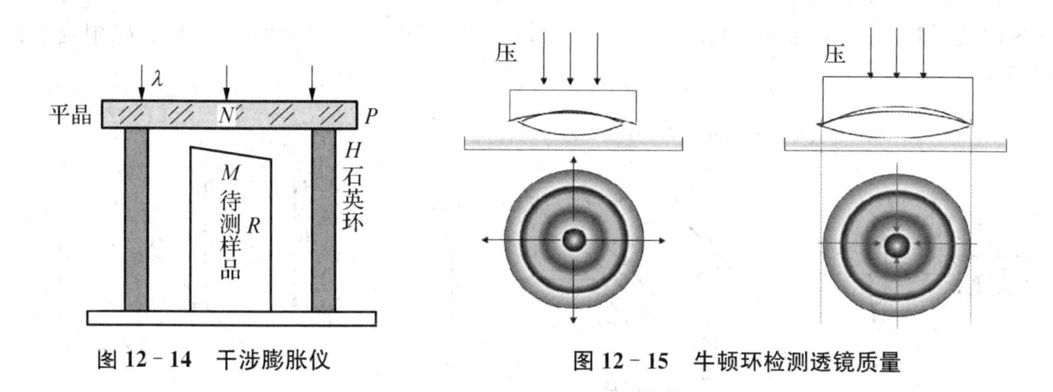

图 12－14　干涉膨胀仪　　　图 12－15　牛顿环检测透镜质量

$$\Delta d=N\frac{\lambda}{2} \tag{12-36}$$

因此，由条纹移动的数目即可测出样品高度的改变，从而求出被测物体的热膨胀系数。

(4) 牛顿环的应用：可以用来测量光波波长，用于检测透镜质量、曲率半径等。

将标准曲率工件放在待测透镜表面，观察在按压过程中干涉条纹的移动，环外扩：要打磨中央部分，环内缩：要打磨边缘部分，每一圈条纹变动对应半个波长厚度差。

12.5　迈克尔孙干涉仪

迈克尔孙干涉仪是美国物理学家迈克尔孙为研究“以太”漂移而设计制造的精密光学仪器。利用该仪器所做的迈克尔孙－莫雷实验结果否定了“以太”的存在，迈克尔孙和莫雷因在这方面的杰出成就获得了 1907 年诺贝尔物理学奖。

在近代物理学和近代计量科学中，迈克尔孙干涉仪得到广泛应用，它不仅可以观察光的等厚、等倾干涉现象，精密地测定光波波长、微小长度、光源的相干长度等，还可利用它的原理制成各种专用干涉仪器，广泛应用于生产和科研各领域。

迈克尔孙干涉仪特点是将光源、相干光束、观察位分别置于空间四个方向，便于调节和观察，光路如图 12-16 所示。S 为光源；M_1，M_2 是平面反射镜，安装在相互垂直的两臂上，其倾角可调节，通常一块可在导轨上移动；G_1 和 G_2 为两块相同的平行平面玻璃板。G_1 的一面通常镀有半透明的薄银膜，起到半透半反的作用，所谓分振幅法就是在这里将入射光分成了两束，称为分光板，G_2 似乎可有可无，通常称为补偿板，其作用为补偿两臂的附加光程差。

其光路如图 12-16 所示，光源 S 发出的光经过透镜 L 后平行出射，射入 G_1 板，反射光和透射光分别沿两臂方向经反射镜反射返回并经分光板反射和折射沿观察方向平行出射，两束光光程差取决于分光后其走过的光程，考虑到光束 1 经过分光板 3 次，而光束 2 经过分光板 1 次，为方便计算光程差，引入了补偿板 G，这样光程差仅与环境介质和两反射镜位置有关。由上可知，迈克尔孙干涉仪是利用分振幅法产生的双光束来实现干涉的仪器。

M_2 镜反射的光束相当于从其关于分光板对称的像 M_2' 发出的，为便于讨论，光路可以进一步简化，M_1 镜与虚镜 M_2' 构成空气薄膜，因此，迈克尔孙干涉仪中所发生的干涉相当于薄膜干涉。

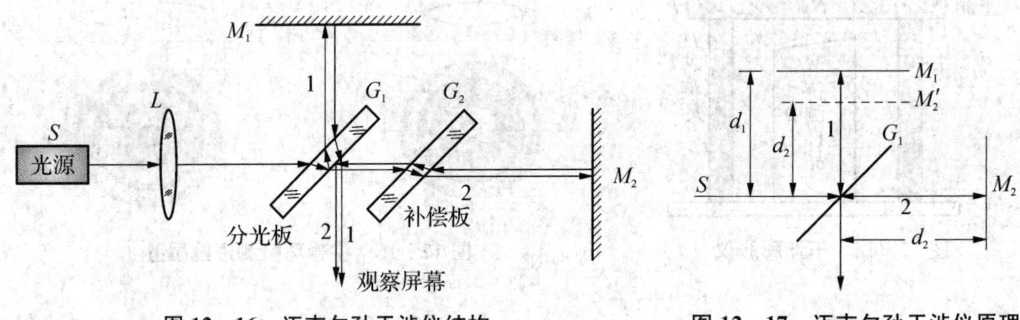

图 12-16　迈克尔孙干涉仪结构　　**图 12-17　迈克尔孙干涉仪原理**

当 M_1 镜和 M_2 镜严格垂直时，M_1 镜与 M_2 镜在 G_1 板中所成的像 M_2' 严格平行，M_1 与 M_2' 之间形成一个空气薄膜，在观察屏幕上可以看到明暗相间的等倾干涉圆环。

当 M_1 镜和 M_2 镜不严格垂直时，M_1 镜与 M_2 镜在 G_1 板中所成的像 M_2' 之间有很小的夹角，M_1 与 M_2' 之间形成一个空气劈尖，在观察屏幕处可以看到明暗相间的等厚干涉条纹。

当调节平面镜 M_2 移动 $\lambda/2$ 时，M_2' 相对 M_1 也移动 $\lambda/2$，即空气膜的厚度改变了 $\lambda/2$，这相当于两束相干光的光程差改变了 λ，则可观察到一条明纹（或暗纹）的移动。条纹移动条数与反射镜移动距离间的关系为：

$$\Delta k=\frac{\Delta d}{\frac{\lambda}{2}}=\frac{2\Delta d}{\lambda} \tag{12-37}$$

Δd 为反射镜移动距离，Δk 为条纹移动数目。

若在干涉仪其中一臂上插入待测介质，则可测量介质的折射率或厚度，其关系为

$$2(n-1)t=\Delta k\lambda$$

其中，n 和 t 分别为介质折射率和厚度，Δk 为条纹移动数目。

【例 12－5】 在迈克尔孙干涉仪的两臂中分别插入长度为 6.0 cm 的透明玻璃管，均抽成真空，现向一个玻璃管内开始充入某种气体，直至压强为 1.013×10^5 Pa，在此过程中共观察到 315.6 条干涉条纹的移动，所用光源波长为 600 nm，求该气体折射率。

解　条纹移动一条时，对应光程差的变化为一个波长，当观察到 315.6 条移过时，光程差的改变量满足：$2l(n-1)=315.6\times\lambda$

可得 $n=1+\dfrac{315.6\lambda}{2l}=1+\dfrac{315.6\times600\times10^{-9}}{2\times0.06}=1.0016$

12.6　光的衍射　惠更斯-菲涅耳原理

12.6.1　光的衍射现象及其分类

光在传播过程中绕过障碍物偏离直线传播而进入几何阴影区，并在传播方向上出现光强分布不均匀的现象称为衍射。

衍射现象是波动共有的特征。但衍射现象是否易于观察，还取决于障碍物的线度和波长的相对大小，只有障碍物的线度和波长可以相比拟时，衍射现象才明显地表现出来。高墙外人说话，墙内人能听到，这里就有声波的衍射。声波波长通常在几十米量级，可以轻易绕过墙壁这样的障碍物。可以在大山里收听到广播，是因为无线电波的波长可达几百米，可以翻山越岭。而可见光波长在几百纳米，所以日常生活中很难直接观察到光的衍射现象。在实验室中，可以利用狭缝、细丝等可以和光波长相比拟的物体观察光的衍射现象。

一个衍射系统是由光源 S、衍射屏 R 和接收屏 P 组成的，根据三者之间的相对位置，可以把衍射分为两类：菲涅耳衍射和夫琅禾费衍射。

如图 12－18 所示，当光源 S 和接收屏 P 与衍射屏 R 之间的距离或其中之一为有限远，被称为菲涅耳衍射，也称为近场衍射。

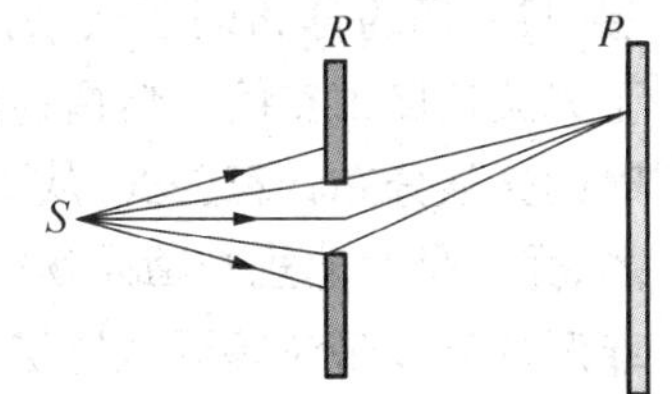

图 12－18　菲涅耳衍射

如图 12－19(a)所示，当光源 S 和接收屏 P 与衍射屏 R 之间的距离都为无限远时，称为夫琅禾费衍射。所谓的无限远即进入衍射屏为平行光，从衍射屏出射的有各个方向平行光，实验室可以利用透镜在有限距离内实现夫琅禾费衍射以及观察，如图 12－19(b)所示，光源 S 置于透镜 L_1 的前焦平面上且通过焦点，从而保证该装置的入射光和衍射光都是平行光。将接收屏 P 置于透镜 L_2 的后焦平面上，使衍射光会聚于接收屏上，从而便于观察衍射现象。

12.6.2　惠更斯-菲涅耳原理

惠更斯原理的核心是次波(或子波)假设：任何时刻波面上的每一点都可作为次波的波源，各自发出球面次波；在以后的任何时刻，所有这些次波波面的包络面(即共切面)形成整个波的新波面。

利用惠更斯原理可以对光的直线传播、反射、折射等进行较好的解释。但是，对于衍射波在空间各点的强度问题无法解决，更重要的是，惠更斯原理缺乏定量计算，只能进行定性解释。

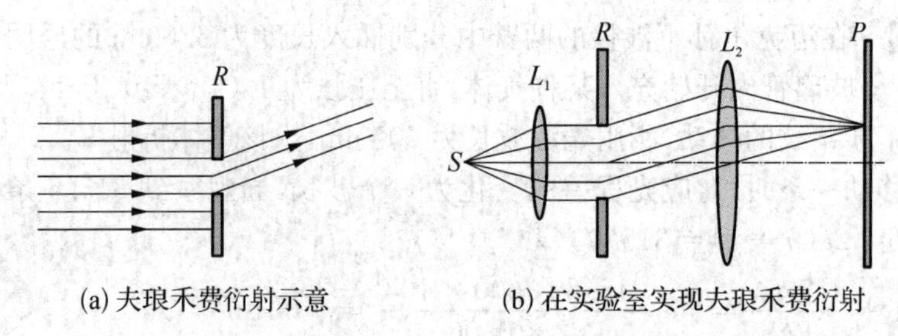

图 12-19 夫琅禾费衍射

菲涅耳抓住了次波源发出的光波是相干光的本质,提出了次波相干叠加的思想,对惠更斯原理进行了补充,合称为惠更斯-菲涅耳原理。这个原理的内容表述如下:波面上的每一点都可以看作一个发出入射光频率相同的球面次波(子波)的次级波源,波面前方空间某一点 P 的光振动都可看作是所有次级波源所发出次波在该点相干叠加的结果(如图 12-20)。对其数学表达,可以考虑以下因素得到,选取面积元为次波源,$\mathrm{d}S$ 所发次波在 P 点处所引起的振动的振幅与距离 r 成反比;与面积元 $\mathrm{d}S$ 的面积成正比,且与倾角 θ 有关,从 $\mathrm{d}S$ 发出的次波到达 P 点时的振幅随 θ 的增大而减小,如果 $\theta \geqslant \frac{\pi}{2}$,则振幅为零。

如果将波面 S 上所有面积元在 P 点的作用迭加起来,即可求得波面 S 在 P 点所产生的合振动

$$E=\int_S \mathrm{d}E=C\int \frac{K(\theta)}{r}\cos(kr-\omega t)\mathrm{d}S \quad (12-38)$$

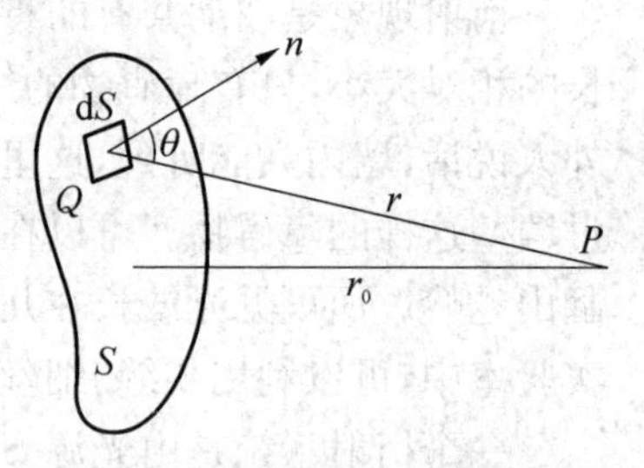

图 12-20 惠更斯-菲涅耳原理

式中:$K(\theta)$为随着 θ 角增大而缓慢减小的函数,称为倾斜因子;C 为比例系数。**惠更斯-菲涅耳原理利用次波相干叠加思想,将光场的分布问题转换成易于处理的叠加问题,描绘出了光波在自由空间中传播的图像,后又由基尔霍夫进一步发展,给出了合乎精度的有障碍物时的光强分布计算公式,从而为定量计算光的衍射光强提供了依据,但是此积分是相当复杂的,尤其是对非规则障碍物衍射难以得到解析解,以下我们重点分析夫琅禾费衍射,多采用菲涅耳半波带法等近似方法来处理。**

12.7 夫琅禾费单缝衍射

如图 12-21 所示,置于透镜 L_1 的前焦平面上的光源 S 发出的光经凸透镜 L_1 变成平行光,并垂直照射到单缝衍射屏 K 上,由单缝发出的衍射光经凸透镜 L_2 会聚在此透镜的后焦平面上的接收屏 H 上,屏上将出现明暗相间的衍射条纹。

在上述的夫琅禾费单缝衍射实验中,在接收屏上可以观察到一组平行于狭缝的明暗相间的衍射条纹,屏幕中心为明亮并且较宽的中央明纹,两侧对称分布着其他明纹且等宽,明纹亮度向两侧会迅速衰减。

数学上的积分可以理解为求面积,划分的小窄条多到无限即为积分,若划分有限个窄条通过求和也可得到近似解,正是如此,对于单缝处波面上有无穷多次波,将积分中的 $\mathrm{d}s$ 划分

得大一些，该积分可以转化为求和来求近似解，那么这些面积如何划分呢，菲涅耳采用了一个非常直观而简洁的半波带法来确定屏上光强分布的规律。从图 12-22 中可以看出，单缝处波面上次波发出沿各个方向的平行光，衍射光线与缝面法线之间的夹角 θ，称为衍射角，接收屏上光强与衍射角有关，其中单缝的两端 A 和 B 点发出的子波到接收屏的光程差最大，在图中为线段 AC 的长度，其大小为

$$\Delta = AC = a\sin\theta \tag{12-39}$$

式中，a 为单缝的宽度。

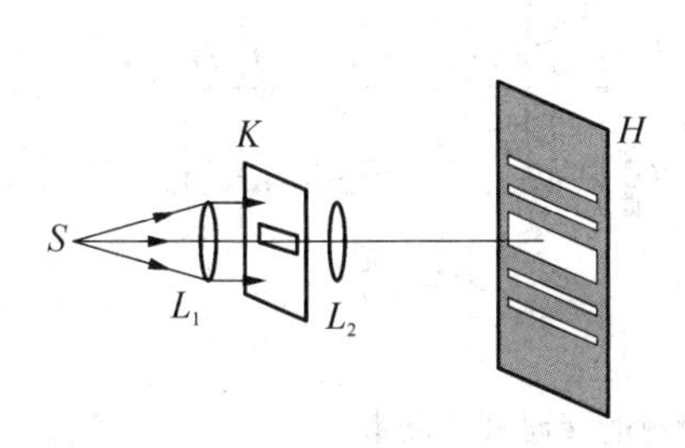

图 12-21　夫琅禾费单缝衍射装置

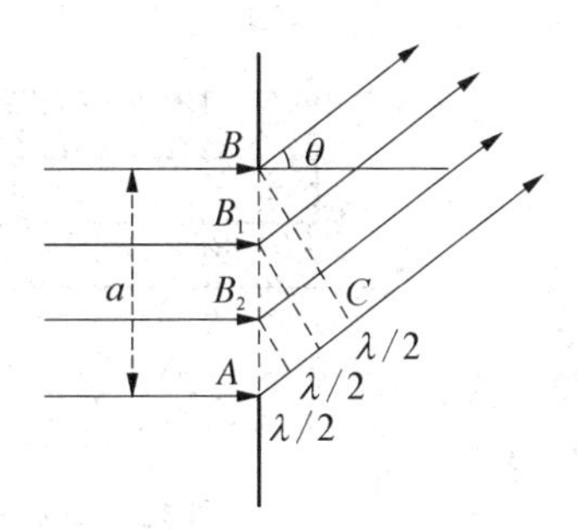

图 12-22　半波带的划分

当 AC 的长度恰等于入射单色光半波长的整数倍时，即

$$AC = a\sin\theta = \pm k\frac{\lambda}{2} \qquad (k=0,1,2,\cdots) \tag{12-40}$$

AC 的长度按光的半波长 $\lambda/2$ 可以分成 k 份。作彼此相距 $\lambda/2$ 的平行于 BC 的平面，这些平面把单缝平分成了 k 份，因相邻面元对应点间光程差为 $\lambda/2$，所以称为半波带，注意半波带是指单缝上的面元，是沿缝宽方向切割成的。

将半波带看作次波源，可以发现它具有这样的特点，两个相邻的半波带的对应点（如 B_1B_2 的 B_2 点和 B_2A 的 A 点）所发出的子波，在屏上会聚点的光程差正好是 $\lambda/2$，因此这两个子波相遇后将发生干涉相消，推广到整个半波带，各个半波带在观察点产生的振幅，正比于该半波带的面积，反比于半波带到观察点的距离。而半波带面积相等，到观察点距离可以看作相等，因此，得到如下结论：两个相邻半波带的子波在接收屏上的干涉将完全抵消。

对于给定的衍射角 θ，当 AC 等于半波长偶数倍时，单缝的波阵面可分成偶数个半波带，如图 12-23(a)所示，干涉相消后在 Q 点出现暗纹中心；如图 12-23(b)所示，当 AC 等于半波长奇数倍时，单缝的波阵面被分成奇数个半波带，相邻半波带两两抵消后只剩一个半波带，在 Q 点出现明纹中心。当 AC 不等于半波长整数倍时，Q 点光强介于明条纹与暗条纹的光强之间。

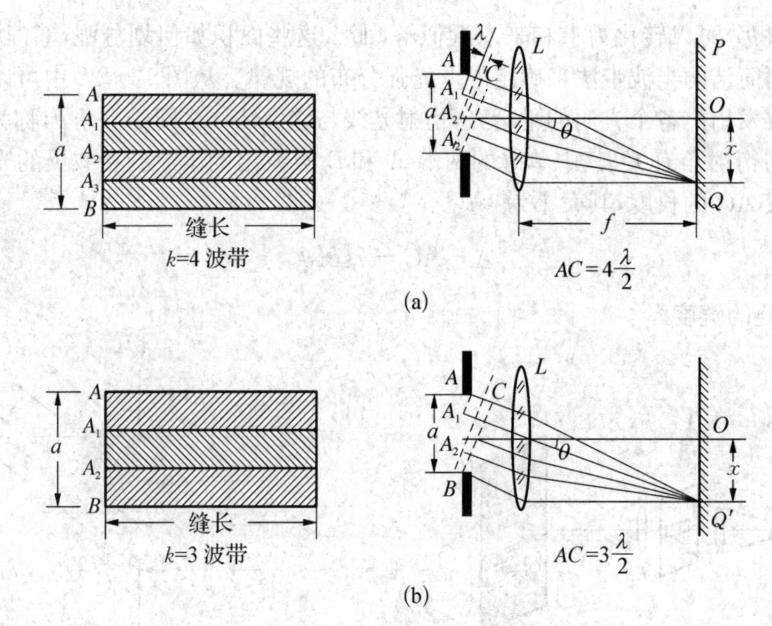

图 12－23　夫琅禾费单缝衍射的菲涅耳半波带

接下来讨论衍射条纹分布特征。

1. 中央明纹

在接收屏上中心 O 点处，单缝发出的所有光的光程差等于零，满足相关加强的条件，此点为中央明纹中心，所对应的衍射角为零。

$$a\sin\theta = 0 \tag{12-41}$$

2. 暗条纹

对于偏离中心外任意一点 Q，如果缝端光程差为$\dfrac{\lambda}{2}$的偶数倍时，单缝的波阵面被分成偶数个半波带，相邻半波带干涉相消，Q 点为暗纹中心。

$$a\sin\theta = \pm 2k \cdot \frac{\lambda}{2} = \pm k\lambda \quad (k = 1,2,\cdots) \tag{12-42}$$

衍射暗纹对称分布于中央明纹的两侧。

3. 明条纹

如果单缝的波阵面被分成奇数个半波带，即缝端光程差为$\dfrac{\lambda}{2}$的奇数倍，则剩余一个半波带的子波的合成应为一个较大的光振动振幅，此时 Q 点为明纹。

$$a\sin\theta = \pm(2k+1) \cdot \frac{\lambda}{2} \quad (k = 1,2,\cdots) \tag{12-43}$$

式中，k 表示衍射级次，$k=1,2,3,\cdots$ 分别对应着一级衍射明纹，二级衍射明纹，……，对称分布于中央明纹的两侧。

根据夫琅禾费单缝衍射明纹、暗纹条件可以推算出屏上第 k 级明纹或暗纹中心所对应的角位置(或衍射角)。

4. 衍射条纹位置及宽度

中央明纹中心对应的衍射角为

$$\theta = 0 \tag{12-44}$$

第 k 级衍射暗纹对应的衍射角为

$$\theta_k \approx \sin\theta_k = \pm\frac{k\lambda}{a} \quad (k=1,2,\cdots) \tag{12-45}$$

第 k 级衍射明纹对应的衍射角为

$$\theta_k \approx \sin\theta_k = \pm\frac{(2k+1)\cdot\lambda}{2a} \quad (k=1,2,\cdots) \tag{12-46}$$

根据图 12-24 所示的几何关系确定衍射条纹在接收屏上的位置。通常衍射角很小,则 $\sin\theta \approx \tan\theta$,于是衍射条纹中心 Q 距接收屏中心 O 的距离为

$$x = f\cdot\tan\theta = f\cdot\sin\theta \tag{12-47}$$

根据上式,结合式(12-45),可知第 k 级衍射暗纹中心在接收屏上的位置为

$$x_k = f\cdot\tan\theta_k = f\cdot\sin\theta_k = \pm\frac{k\lambda}{a}f \quad (k=1,2,\cdots) \tag{12-48}$$

同理,根据式(12-46)和式(12-47)可以确定第 k 级衍射明纹中心在接收屏上的位置

$$x_k = f\cdot\tan\theta_k = f\cdot\sin\theta_k = \pm\frac{(2k+1)\lambda}{2a}f \quad (k=1,2,\cdots) \tag{12-49}$$

不同明纹的间距可由角宽度或线宽度来表示:

$$\begin{cases} \text{中央明纹角宽度 } \Delta\theta_0 \approx 2\sin\theta_1 = \approx 2\theta_1 = 2\dfrac{\lambda}{a} \\ \text{中央明纹线宽度 } \Delta x_0 = 2x_1 \approx 2\dfrac{\lambda}{a}f \\ \text{次级明纹宽度 } \Delta x = x_1 \approx \dfrac{\lambda}{a}f \end{cases}$$

中央明纹的线宽度是其他明纹的线宽度的两倍。

由以上分析知,入射光及实验装置一定时,衍射条纹位置由衍射角决定,衍射角也是透镜光心对条纹位置的张角,衍射角相同的光线,经过透镜会聚在接收屏的相同位置上,当仅单缝上下微小移动时,不改变衍射条纹分布。

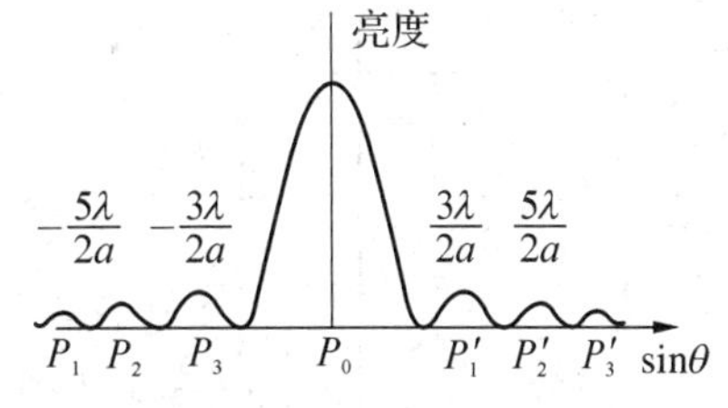

图 12-24　单缝衍射光强分布

如图 12-24 所示,在各级衍射条纹中,中央明纹的亮度最大。各级明纹的亮度随着级数的增大而迅速减弱。这是因为衍射角 θ 越大,单缝处的波阵面被分成的波带数就越多,每个波带的面积就越小,提供的光能也减小。明纹级数越高,亮度越低,使得高级数明纹不易观

察，通常只能看清中央明纹附近的若干级明条纹。

还应注意的是，夫琅禾费单缝衍射光强分布可以由积分公式或矢量法严格计算出，半波带法计算出的暗纹中心位置是准确的，而次级明纹中心位置略有差别，这是积分转换成求和带来的误差。

【例 12-6】 以波长为 589 nm 的平行光垂直入射单缝，若缝宽为 0.10 mm。求一级衍射角的位置，若要使得中央明纹线宽度为 2.36 mm，则应使用的透镜焦距为多少？

解 由明条纹判断条件 $a\sin\theta=\pm(2k+1)\cdot\dfrac{\lambda}{2}(k=1,2,\cdots)$

取 $k=1,\theta\approx\sin\theta=\dfrac{3\lambda}{2a}=0.00884$

由中央明纹线宽度 $\Delta x_0=2\dfrac{\lambda}{a}f$，得 $f=\dfrac{a\Delta x_0}{2\lambda}=20\ \text{cm}$

12.8 平面光栅衍射

不仅要观察光的衍射现象，更重要的是利用光的衍射现象，光栅是光学仪器中常用的分光元件，根据制备工艺、使用方式等不同标准可以分为多类。按调制方式分类可分为振幅型光栅和相位型光栅；按工作方式分类可分为透射型光栅和反射型光栅；按工作表面形状分类可分为平面光栅和凹面光栅；按入射波调制的空间可分为二维光栅和三维光栅；按光栅制作方式可分为机刻光栅、复制光栅和全息光栅等。本文主要介绍平面型一维光栅，以下简称光栅。

12.8.1 光栅衍射现象

光栅具有周期性结构，因此，广义上任何具有空间周期性结构的物体都可以用作光栅。而光学中通常是指由大量平行、等宽并且等间距的狭缝组成的光学元件，如在平面玻璃上刻有一系列等宽且等间隔的平行刻痕处，刻痕处相当于毛玻璃而不透光，刻痕之间光滑部分可以透光，就是常见的光栅。图 12-25 为光栅的示意图。光栅的每个透光部分相当于一个单缝，透光部分的宽度为 a，不透光部分的宽度为 b，而将它们的和称为光栅常数，用 d 表示，即

$$d=a+b \tag{12-50}$$

如图 12-26 所示，平行单色光垂直入射光栅，由光栅出射后汇聚于透镜焦平面上，接收屏放置在透镜焦平面上，可以观察到衍射条纹。

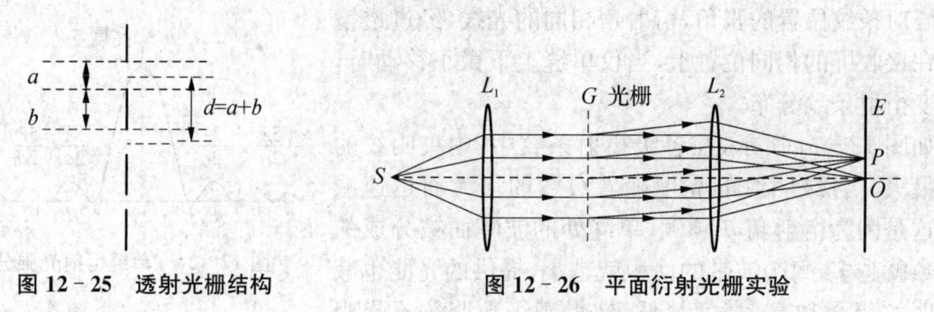

图 12-25 透射光栅结构　　图 12-26 平面衍射光栅实验

图 12－27 是光栅衍射随光栅缝数不同的实验衍射图样，可以看出，光栅有效缝数越多，条纹越细并且明亮，那么光栅衍射规律如何分析呢。

图 12－27　缝衍射条纹对比

12.8.2　光栅衍射规律

前面提到，每个透光缝相当于一个单缝，所以单独考虑每个单缝的衍射都相当于前面提到的夫琅禾费衍射。而单缝衍射条纹的分布取决于透镜光心位置，通常有效衍射区域取决于光斑大小，在这个区域内，每个透光部分独立看，都相当于发生夫琅禾费衍射，并且衍射条纹重合，这些重合光都是相干光，因此，在重合区域又会发生干涉，最终看到的条纹是单缝衍射和多缝干涉的共同结果。由于单缝衍射，沿不同衍射方向，各缝出射的光强不同，而缝间干涉决定了这些相干光是增强还是减弱，因此，缝间干涉决定了衍射条纹极大值位置，单缝衍射对各级极大值光强进行调制。

一、光栅方程

图 12－28 为光栅衍射的示意图。由以上分析，虽然光栅衍射的光强分布比较复杂，但决定极大值位置的是干涉因子，接下来寻找主极大的位置条件。

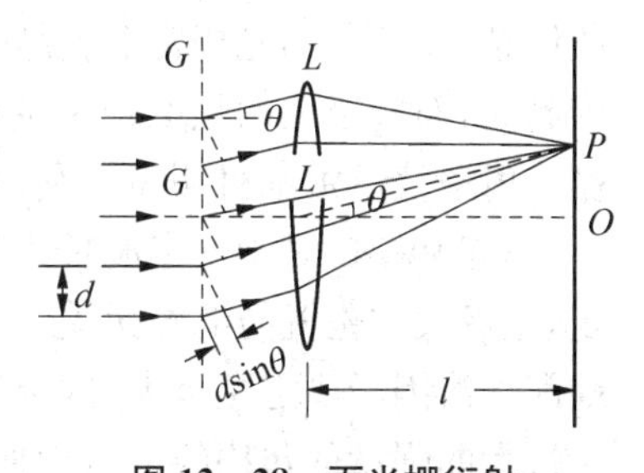

图 12－28　面光栅衍射

从图 12－28 中容易看出，这是多光束干涉的问题，在给定衍射方向上，每相邻两个狭缝的衍射光在 P 点光程差为 $\Delta=(a+b)\sin\theta$，即各相邻光束的光程差都相等，那么相邻光束相干相长的话，则全部光束必然是相干相长的，因此，只要相邻两个狭缝的衍射光在 P 点光程差为 λ 的整数倍时，则所有的缝发出的衍射角为 θ 的衍射光在 P 点的叠加都是干涉加强的。此时，屏上的 P 点出现明纹，相应的明纹称为光栅衍射的主明纹。

$$\Delta=d\sin\theta=(a+b)\sin\theta=\pm k\lambda \qquad (k=0,1,2,\cdots) \tag{12-51}$$

上式称为光栅方程，式中，k 表示明纹的级次。如图 11－29 所示，对应于 $k=0$ 的衍射条纹为中央明纹；$k=1,2,\cdots$ 对应的分别是一级明纹，二级明纹，……，对称地分布于中央明纹的两侧。

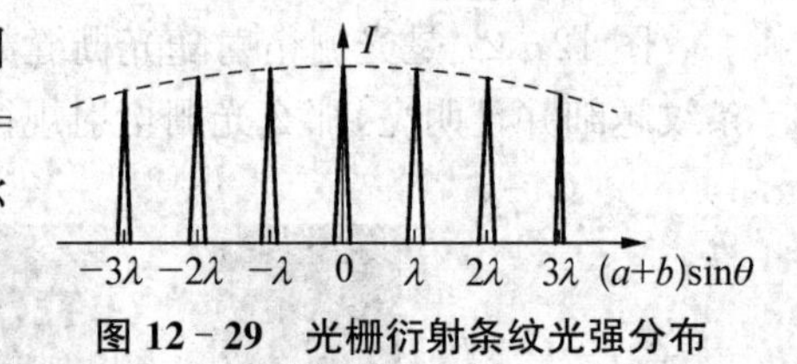

图 12－29 光栅衍射条纹光强分布

二、主极大角位置

同样由光栅方程可知，衍射角

$$\sin\theta_k=\frac{k\lambda}{d} \tag{12-52}$$

时，出现一个光强主极大位置，即光栅衍射明纹中心，其强度为单缝衍射在该方向衍射光强的 N^2 倍，N 为光栅的有效缝数，当入射光一定时，主极大位置由光栅常数决定，而与光栅有效缝数无关。

1. 主极大级数受光栅常数和入射光波长限制

由于衍射角 θ 不可能大于 90°，所以主最大的级次满足：$k_{\max}\leqslant\frac{d}{\lambda}$，例如，当 $\lambda=0.4d$ 时，则 $\frac{d}{\lambda}=2.5$，只可能有 $k=0,\pm1,\pm2$ 的级次的主极大，而无更高级次的主极大，若 $\lambda\geqslant d$，除零级主极大外，别无其他级主极大存在，因此可以看出，光栅衍射主极大的数目最多为：$2k_{\max}+1$

2. 条纹分布

$$\sin\theta_k=\frac{k\lambda}{d},\sin\theta_{k-1}=\frac{(k-1)\lambda}{d}$$

当光栅常数 d 越小时，相邻的两个明纹所对应的角差 $\theta_k-\theta_{k-1}$ 就越大，即明纹间隔越大。狭缝数越多，在同一级明纹处叠加的光强越大，条纹也就越亮。在相邻两个主最大之间有 $N-1$ 个由多光束干涉产生的极小，由函数单调性，在两个相邻极小之间必然存在一个次级大，两相邻主最大之间必有 $N-2$ 个次极大，因此，对于一个给定宽度的光栅而言，光栅的狭缝越多，相应的光栅常数就越小，在观察屏上的衍射条纹就越明亮，相邻衍射明纹的间距就越大，而次级大的强度相对主极大小得多，通常和光强极小连成一片，构成暗区，因此，光栅衍射条纹越加细且明亮。利用光栅衍射更适用于精密测量。

总的说来，对于一定波长入射光来说，各级谱线的位置及之间的距离由光栅常量 d 决定，主极大的位置与缝数无关，但它们的宽度随缝数的增大而减小，其强度正比于缝数平方；缝间干涉因子决定主极大、次极大和暗纹的角位置，单缝衍射因子的变化曲线可看作是各级主极大的强度的包络线。从而使不同级的主极大具有不同的强度，光强主要分布在单缝衍射中央明纹区域内。

3. 缺级

由于多缝干涉的光强分布受到了单缝衍射的调制。如果某个方向上恰好是主极大位置，但每个单缝在该方向提供的光强为 0，即单缝衍射的干涉相消方向，即使各缝间相干相长，但总光强仍旧为 0，即本应该出现明纹的位置，变成了暗纹，这种情况称之为缺级。

光栅方程 $d\sin\theta=\pm k\lambda \quad (k=0,1,2,\cdots)$

单缝暗纹公式 $a\sin\theta=\pm k'\lambda \quad (k'=1,2,\cdots)$，

由上两式联立可知，产生缺级现象的条件是

$$k=\frac{d}{a}k' \tag{12-53}$$

由上式可知，当$\frac{d}{a}$为整数比时，就会发生缺级现象。

4. 光线倾斜入射

当平行单色光倾斜入射到光栅时，由于入射到光栅表面各点不再等相位，上述光栅方程要进行调整，即要将发生光栅衍射前各缝间光程差考虑进去，设入射光的入射方向与光栅平面的法线之间的夹角为 θ_0，如图 11－30 所示，相应的光栅方程为

$$d(\sin\theta\pm\sin\theta_0)=\pm k\lambda \quad (k=0,1,2,\cdots) \tag{12-54}$$

式中，θ 表示衍射光的方向与光栅平面法线之间的夹角，均取正值；当 θ_0 和 θ 位于法线同侧时，如图 12－30(a)所示，式(12－54)的左端的括号中取加号；当 θ_0 和 θ 分别位于法线两侧时，如图 12－30(b)所示，式(12－54)的左端的括号中取减号。

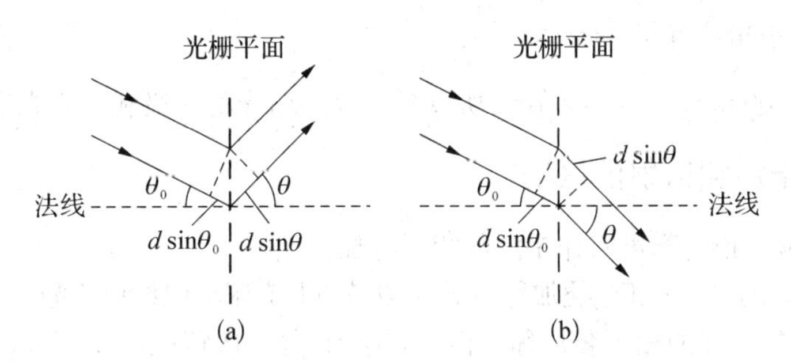

图 12－30　光线倾斜入射到光栅上时的情况

12.8.3　光栅光谱

如果入射光是包含几种不同波长的复色光，则除零级以外，各级主极大的位置各不相同。可以看到在衍射图样中有几组不同颜色的谱线，分别对应于不同的波长。把波长不同的同级谱线集合起来构成一组谱线，称为光栅光谱。

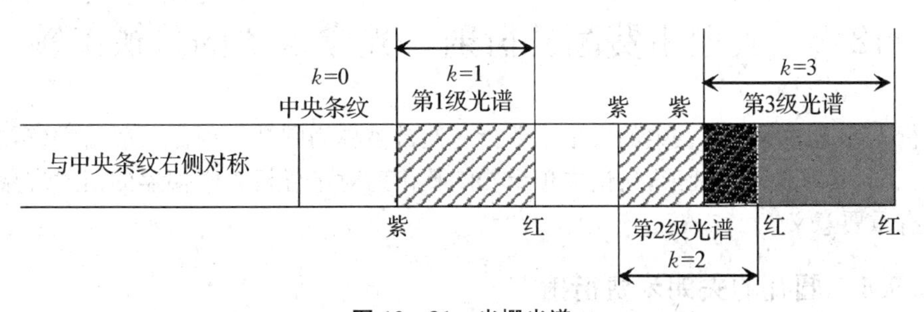

图 12－31　光栅光谱

如果是白光入射，则光栅光谱中除零级仍为一条白色亮线外，其他各级谱线都排列成连续的谱带，第二、三级后可能发生重叠。

由于不同元素（或化合物）各有自己特定的光谱，所以由谱线的成分，可分析出发光物质所含的元素或化合物，还可从谱线的强度定量分析出元素的含量。

【例 12-7】 用每毫米内有 400 条刻痕的平面透射光栅观察波长为 589 nm 的钠光谱。试问：(1) 光垂直入射时，最多功能观察到几级光谱？(2) 若采用白光(380～700 nm)入射，一级光谱和二级光谱是否发生交叠？

解 $d=\frac{1}{400}\text{ mm},\quad \lambda=589\times10^{-6}\text{ mm}$

(1) 光垂直入射时，由光栅方程：$d\sin\theta=\pm k\lambda\ (k=0,1,2,\cdots)$

$$k=\frac{1}{\lambda}d\sin\theta=\frac{1}{589\times10^{-6}}\times\frac{1}{400}=4.24$$

即能看到 4 级光谱。

(2) 由光栅方程，$d\sin\theta=\pm k\lambda\ (k=0,1,2,\cdots)$

一级光谱最大角位置 $\theta_1=\arcsin\frac{\lambda_{\max}}{d}$

二级光谱最小角位置 $\theta_2=\arcsin\frac{2\lambda_{\min}}{d}$

其中 $\lambda_{\max}=700\text{ nm}$，$\lambda_{\min}=380\text{ nm}$，所以 $\theta_2>\theta_1$，白光的一级和二级光谱不会发生交叠。

12.8.4 干涉和衍射的区别

本质上，干涉和衍射都可看作是波的相干叠加。

通常将有限多的次波的相干叠加称为干涉，其特点是有限项代数和且光强均匀周期分布。

而将无限多的次波的相干叠加称为衍射，其特点是一般情况需要积分运算，而且光强非均匀周期分布，相对较集中。

干涉和衍射常同时出现在同一现象中，只有当参与叠加的各束光本身的传播行为近似用几何光学中直线传播的模型描述时，才只考虑干涉叠加，否则干涉条纹的分布要受到单缝衍射因子的调制，各干涉级的强度不再相等，如杨氏双缝干涉实验中，并没有考虑每条单缝的衍射问题，如果单缝过宽，则相当于仅有 2 条缝的光栅衍射。

12.9 夫琅禾费圆孔衍射 光学仪器的分辨本领

平行光束通过圆孔所发生的夫琅禾费衍射通常被称为圆孔衍射。一般光学仪器都包含透镜或光阑，其形状多为圆形，讨论夫琅禾费圆孔衍射对于分析光学仪器的衍射现象和成像质量具有重要意义。

12.9.1 圆孔的夫朗禾费衍射

如图 12-32 所示，当单色平行光垂直照射到圆孔时，在位于透镜焦平面所在的屏幕上，将出现环形衍射条纹。由中央亮斑和明暗相间的同心圆环组成，且中央亮斑特别明亮，集中了衍射光能量的 83.8%，因为夫琅禾费圆孔衍射的光强分布，是由英国天文学家艾里(S. G. Airy，1801—1892)首先导出的，所以称其为艾里斑，是点光源通过理想透镜成像时，由于衍射而在焦点处形成的光斑，如图 12-33 所示，d 为艾里斑半径。

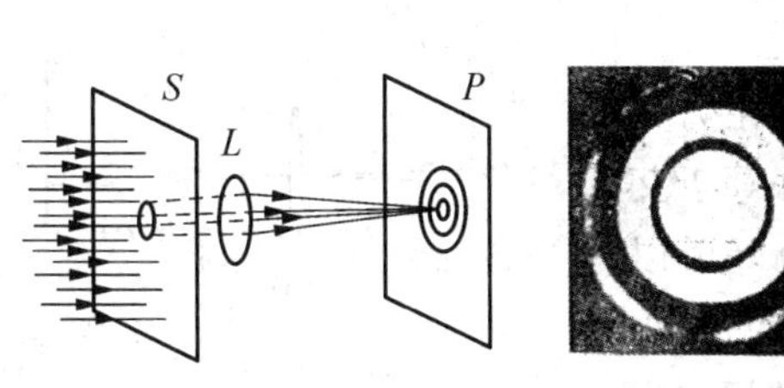

图 12-32　圆孔衍射和艾里斑

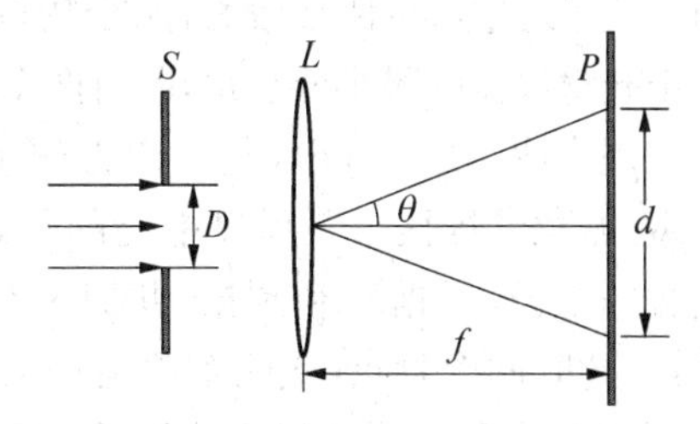

图 12-33　夫琅禾费圆孔衍射

圆孔衍射的理论计算及光强分布都较复杂，这里给出最重要的结论，

$$\sin\theta = 1.22\frac{\lambda}{D} \tag{12-55}$$

θ 为艾里斑半径对透镜 L 的光心的张角，称为艾里斑的半角宽度，D 为圆孔直径。

可以看到，由于光的衍射，点光源经过圆孔后衍射成一个圆斑，在透镜焦距 f 较大时，由于艾里斑的半角宽度 θ 很小，则有

$$\theta \approx \sin\theta = 1.22\frac{\lambda}{D} = \frac{d/2}{f} \tag{12-56}$$

式中：f 为透镜的焦距；d 为艾里斑的直径，则中央艾里斑的半径 r 为

$$r = \frac{d}{2} = f\tan\theta = 1.22\frac{\lambda}{D}f \tag{12-57}$$

艾里斑的半径与入射的单色光的波长 λ 与圆孔直径 D 的比值成正比，和夫琅禾费单缝衍射中央明纹半宽$\frac{\Delta x_0}{2}=\frac{\lambda}{b}f$ 相比，当入射光波长一定时，衍射中央明纹尺度都与障碍物尺度成反比，除了一个反映几何形状不同的因数 1.22 外，二者一致，反映了衍射的共同特点，即障碍物与光波之间的限制和扩展的辩证关系，限制范围越小，扩展现象越明显；在哪个方向上限制就在该方向上扩展，当 $\frac{\lambda}{D} \ll 1$ 时，衍射现象可以忽略，λ 愈大或 D 愈小，衍射现象愈显著。

12.9.2　光学仪器的分辨本领

眼睛的瞳孔，望远镜、显微镜、照相机等常用的光学仪器的物镜，在成像过程中都可以看作是衍射圆孔。由于光的衍射现象的存在，一个物点的像不再是一个点，而是一个衍射斑，衍射斑的大小由光的衍射规律决定，两个物点的像就是这两个衍射班的非相干叠加，如果两个衍射斑之间的距离过近，这两个物点的两个像斑就不能分辨，像也就不清晰了。

瑞利提出一个标准：对于两个等光强的非相干物点，如果其一个像斑的中心恰好落在另一像斑的边缘(第一暗纹处)，则此两物点被认为是刚刚可以分辨。即当两衍射光斑中，一光

斑中央最大值的位置恰与另一光斑第一最小值的位置重合时，所形成的合照度曲线中央下凹部分数值恰为瑞利判据的极限值。瑞利判据不是分辨极限的物理量，而只是一个大致的判断标准。

如图 12 - 34(a)所示，两个点光源 S_1 和 S_2 相距较远时，两个艾里斑中心的距离较大，两个物点与透镜光心的夹角 θ 大于光学仪器的最小分辨角，此时两个物点能够分辨。

观察图 12 - 34(c)，其一个像斑的中心恰好落在另一像斑的边缘，即两个艾里斑中心的距离的大小恰好等于艾里斑的半径，根据瑞利判据，此时两个物点的像恰好可以分辨，此时两个物点(或两个象斑中心)对透镜光心的张角 θ_0 称之为光学仪器的最小分辨角，而其恰好是艾里斑的半角宽，因此，艾里斑半角宽可以反映光学仪器能区分非常靠近的两物点的能力，对于光学仪器来说，最小分辨角越小，其分辨本领越强。定义光学仪器的分辨本领为

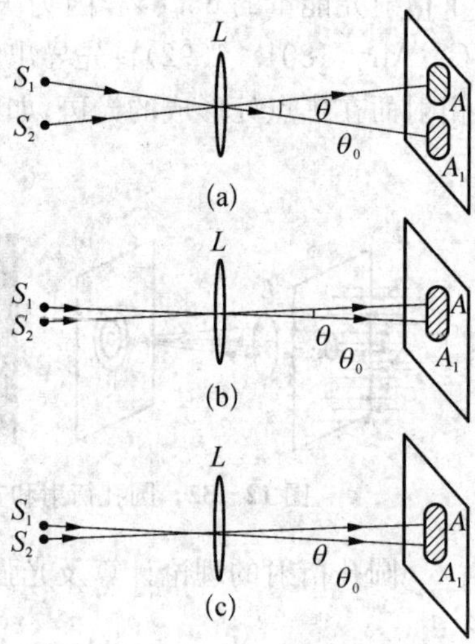

图 12 - 34　光学仪器的分辨本领

$$R=\frac{1}{\theta_0}=\frac{D}{1.22\lambda} \tag{12-58}$$

如图 12 - 34(b)所示，两个点光源 S_1 和 S_2 相距较近时，两个艾里斑中心的距离小于艾里斑的半径，艾里斑重叠较多，两个物点与透镜光心的夹角 θ 小于光学仪器的最小分辨角，此时两个物点的衍射图样重叠而混为一体，两个物点不能够被分辨。

忽略掉仪器本身的像差因素，显然，光学仪器的分辨本领由光的衍射所决定。以上分析指出，分辨率的大小与仪器的孔径 D 成正比，与入射光波波长成反比。那么，怎么提高分辨率呢？(1) 对于工作光源不可选择或有限制，比如望远镜，可以增加系统孔径来提高分辨本领，比如我国建造的世界上最大的单口径射电天文望远镜，其直径达到 500 米；对于眼睛，当我们看不清楚物体时，通常会睁大眼睛，从而张大瞳孔，提高眼睛的分辨能力。(2) 对于可选工作波长的仪器，比如对显微镜，采用大孔径的物镜并浸油，有效增加了数值孔径；或采用更短的工作波长，用来提高分辨本领，比如电子显微镜不用可见光，而用电子束(电子的波动性远小于可见光)，放大倍数可达百万倍以上，可以对分子、原子的结构进行观察。

光学仪器的分辨本领是由于光的衍射本性造成的，不能通过增大仪器的放大率来提高分辨本领，增大放大率，放大了两个像点之间的距离，但是每个像点(衍射光斑)也同时被放大。光学仪器原来不能分辨的东西，放大后仍然不能分辨。就好像我们看的图片如果本来像素不够，你再放大也不能看清楚它的细节。

【例 12 - 8】 2018 年 1 月 22 日，中国科学院云南天文台国内首次实现月球激光测距，我国成为世界上少数实现月球激光测距的国家之一。月球表面有人类放置的 5 个可供进行激光测距的角反射器阵列，设阵列中每一个小棱镜置于一个直径为 $D\approx 38.1$ mm 的保护圆筒中，保护圆筒相当于透镜，设地月距离 $S\approx 3.86\times 10^5$ km，若利用 532 nm 激光进行测距，求利用衍射从月球返回的光束在地面上形成的艾里斑的直径 d。

解　由艾里斑公式，$\frac{d}{2}=1.22\frac{\lambda}{D}f$，这里的地月距离相当于透镜焦距，得

$$d=2.44\frac{\lambda}{D}f=\frac{2.44\times532\times10^{-9}}{38.1\times10^{-3}}\times3.86\times10^{8}=1.32\times10^{4}\ \mathrm{m}$$

12.10　光的偏振状态

在光的干涉和衍射里，光波的振动是以标量形式来处理的，即未考虑振动的方向，只研究光振动的大小和强度分布。但光是横波还是纵波，由于光波频率较高，很难像机械波那样容易观察到振动方向来判断，而且无论横波或纵波都能发生干涉和衍射，由干涉和衍射也无法判断光是横波还是纵波。偏振现象是横波所特有的，因此，发现光的偏振现象是判断光是一种横波的最有效的方法。在本节中将主要简略地介绍光的几种偏振状态及其特性。

12.10.1　偏振现象与光的偏振性

根据麦克斯韦电磁波理论和实验，光波是一种横波，电矢量 E 与磁矢量 H 相互垂直，它们分别又与电磁波的传播方向垂直。偏振是由波振动方向对于传播方向的不对称性所引起的，是横波区别于纵波的显著特征。

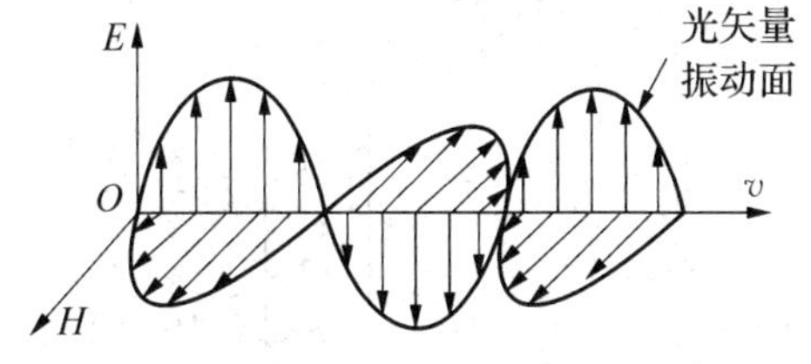

图 12-35　光的横波性

光的干涉中已经提到，光波中的电矢量 $\boldsymbol{E}$ 在光和物质的相互作用中起主要作用，所以讨论光的作用时，只需考虑电矢量 $\boldsymbol{E}$ 的振动。通常将 $\boldsymbol{E}$ 称为光矢量，$\boldsymbol{E}$ 的振动称为光振动，光振动方向与传播方向决定的平面称为振动面，如图 12-36 所示。按照光的偏振特性，可以将其分为 5 种情况，这里介绍 3 种，自然光、线偏振光、部分偏振光。

12.10.2　线偏振光

如果一束光的光矢量 $\boldsymbol{E}$ 只在振动面内沿某一个固定的方向振动，此时光矢量在与传播方向垂直的平面内的投影是一条直线，这样的光称为线偏振光，又称平面偏振光，是完全偏振光的一种，如图 12-36 所示。

常以图面代表振动面，为了简明表示光的传播，用短线和点的图示法表示偏振光。传播方向垂直的短线表示图面内的光振动，而用点表示和图面垂直的光振动。用图 12-37(a)表示光振动平行于振动面的线偏振光。用图 12-37(b)表示光振动垂直于振动面的线偏振光。

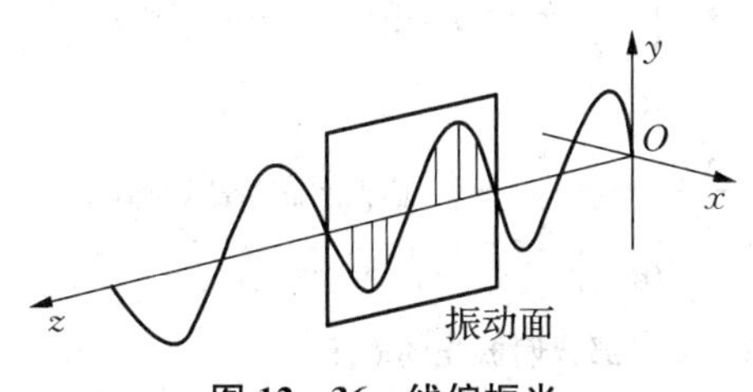

图 12-36　线偏振光

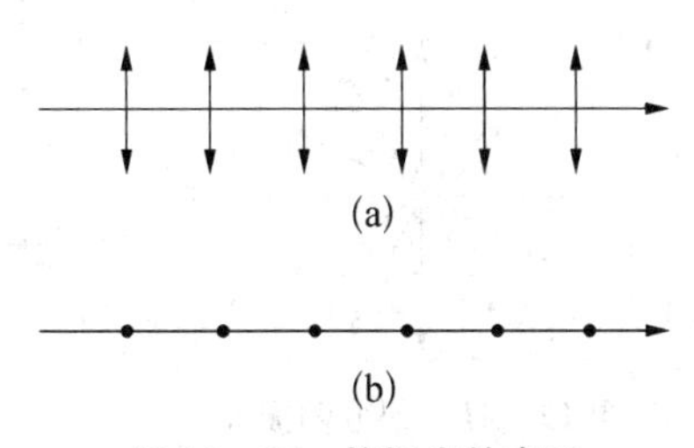

图 12-37　偏振光的表示

12.10.3 自然光

一般普通光源发出的光，光矢量在垂直传播方向的平面上没有优势方向，沿各个方向概率均相等，因此，光矢量在所有可能的方向上的振幅也都相等，相对于传播方向呈轴对称性，彼此相位随机，**这种大量振幅相同、各种振动方向都有、彼此没有固定相位关系的光矢量的组合叫完全非偏振光或自然光**。图 12-38 所示的普通光源发出的自然光，自然光不显示偏振性。

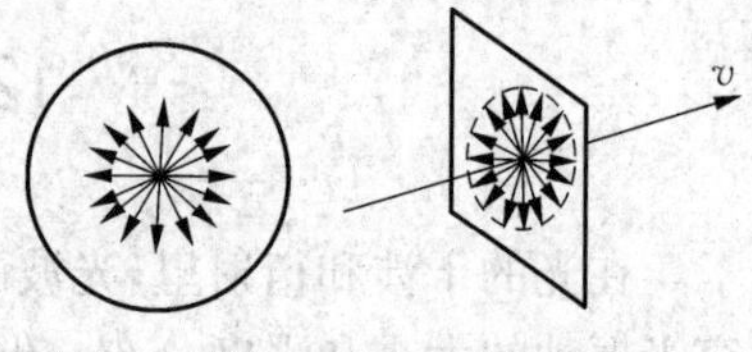

图 12-38 自然光

由于自然光在一切可能的方向上都具有光振动，而各个方向的光矢量振幅又相等，因此，在任意时刻，可以把自然光中的任意一个光矢量沿规定的 x 轴方向和 y 轴方向**分解为彼此独立、振幅相等、振动方向互相垂直、不相干的两束线偏振光**，如图 12-39 所示。对自然光，短线和点均等分布，以表示两者对应的振动振幅相等，如图 12-40 所示。

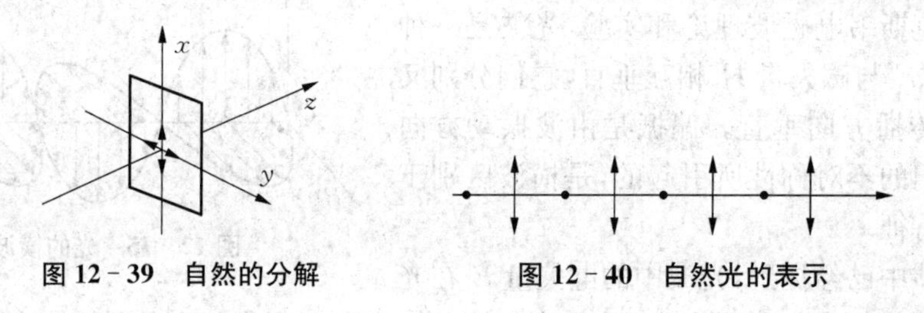

图 12-39 自然的分解　　图 12-40 自然光的表示

12.10.4 部分偏振光

相较于自然光和线偏振光，如果光矢量相对于传播方向不呈轴对称性而是有一个优越的振动方向，则称之为部分偏振光，即虽然振动方向随机，但在振动平面内，优势方向上的振动概率大。所以虽然和自然光类似，其在垂直于传播方向平面内各个方向都有光振动，但是在优势方向上振幅最大，而在和优势方向垂直方向上振幅最小，如图 12-41 所示。

部分偏振光可以看成自然光和线偏振光的混合。部分偏振光也可以分解成两个互相垂直、振幅不等且无固定相位差的两个光矢量，只不过两个光矢量的振幅是不同的。图 12-42(a)为平行于图面的光振动较强的部分偏振光；图 12-42(b)为垂直于图面的光振动较强的部分偏振光。

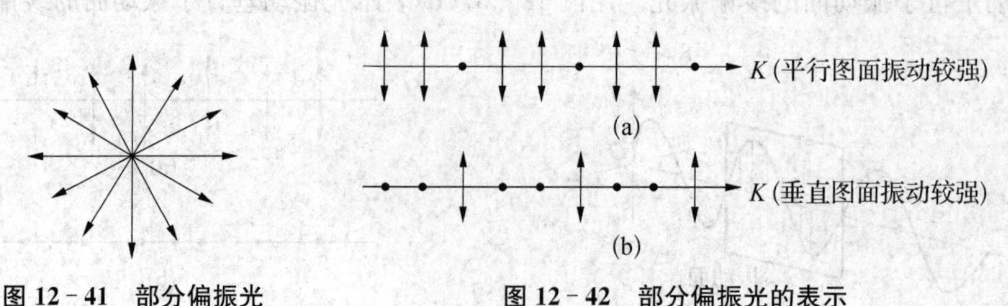

图 12-41 部分偏振光　　图 12-42 部分偏振光的表示

任何光都可以沿规定的正交坐标系分解成两束振动方向垂直的线偏振光，若分解成的两束正交线偏振光相位差固定，则为完全偏振光，根据相位差不同，有不同形式，如固定相位差为0或π，则为线偏振光；若相位差随机且振幅相等，则为完全非偏振光，即自然光；若相位随机且振幅不同，即部分偏振光。

12.11　利用偏振片获得线偏振光　马吕斯定律

自然光是大量的不同振动方向的彼此无关的无优势振动方向取向的线偏振光的集合，在实验上，自然光经过某些物质反射、折射或吸收后，只能保留沿某一方向的光振动，可获得线偏振光。

12.11.1　利用偏振片获得线偏振光

某些物质能吸收某一方向的光振动，而只让与这个方向垂直的光振动通过，这种性质称二向色性，如自然界中的电气石，电矢量与晶体光轴平行时，吸收小，与之垂直时，光被强烈吸收。**涂有二向色性材料的透明薄片，**就称之为偏振片。现在多用高分子材料制备人工偏振片，偏振化要求高的可以用金属格栅，其中沿金属方向振动的光被强烈吸收，偏振片中允许通过的光振动方向，称为偏振化方向或透振方向。偏振片可以用来作起偏器或检偏器，**起偏是指从自然光获得偏振光，检偏是指用偏振器件分析、检验光束的偏振状态。**下面我们来看偏振片是如何获得线偏振光的。

当一束自然光垂直入射到偏振片上时，自然光可以看作是垂直和平行透振方向的线偏振光的合称，而只有沿透振方向振动的光矢量才能透过，与之垂直方向的光振动则被吸收，这样通过偏振片后，就只有沿透振方向振动的线偏振光，如图12－43所示。

自然光分解成的两相互垂直线偏振光振幅相同，所以不管偏振片的透振方向如何，都会有一半的光通过它，因此，由偏振片透射出的线偏振光的光强I为入射自然光的光强I_0的一半，即

$$I=\frac{1}{2}I_0$$

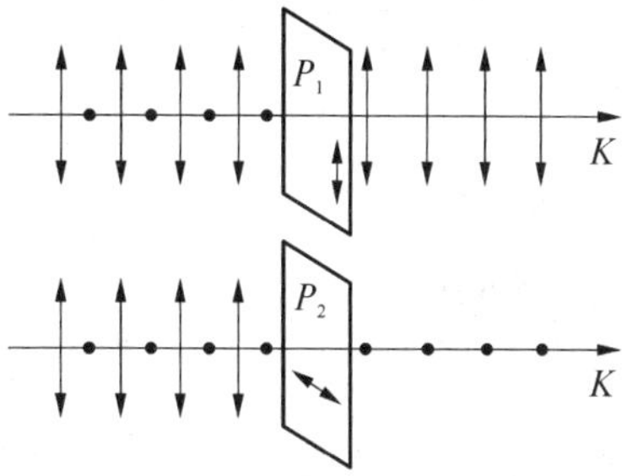

P_1　K　P_2　K

图12－43　自然光通过偏振片后的变化

如何用线偏振片作为检偏器呢？用一束光垂直入射检偏器，然后转动检偏器一周，在检偏器后用观察屏记录透过光强，如果入射光是自然光，则光强不会发生变化，如果入射光是部分偏振光，则转动过程中有两个光强最大和最小方向。如果入射光是线偏振光，会发现光强有最大值，此时检偏器的偏振化方向与偏振光的振动方向平行，还会发现有消光方向，此时检偏器的偏振化方向与偏振光的振动方向垂直，其他方向会有明暗变化。

12.11.2　马吕斯定律

当偏振光垂直入射到偏振片上，当入射光振动方向与偏振片透振方向成任意角度时，透射

光强如何定量计算，可由马吕斯定律给出。由图 12-44(b)，入射光振动方向与偏振片透振方向夹角为 α，将入射光沿透振方向和其垂直方向分解为两束线偏振光，则仅有透振方向的光通过，若用 A_0 和 A 分别表示入射偏振光光矢量的振幅和透过检偏器的偏振光的振幅，

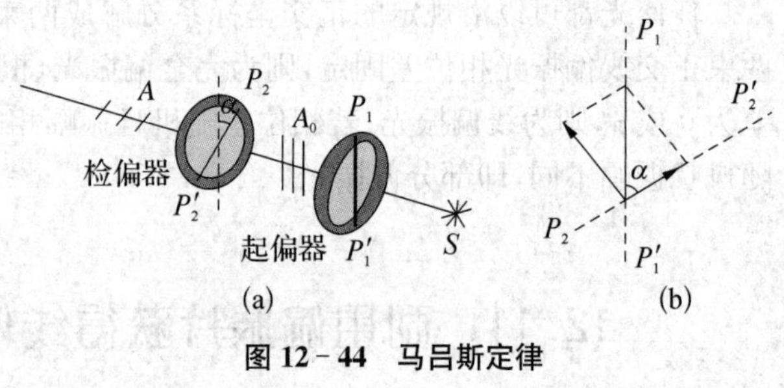

图 12-44　马吕斯定律

$$A_{/\!/}=A_0\cos\alpha,A_{\perp}=A_0\sin\alpha \tag{12-59}$$

则透射光的振幅为 $A=A_0\cos\alpha$，而光波的光强与其振幅成正比，透射光的光强 $I\propto A_0^2\cos^2\alpha$，通常将透射光的光强表示为

$$I=I_0\cos^2\alpha \tag{12-60}$$

式中，I_0 为入射到检偏器 P_2 上的入射光的光强，也就是偏振片 P_1 的透射光的光强。这一关系式被称为马吕斯定律。

【例 12-9】 自然光和线偏振光的混合光束，通过一偏振片时，随着偏振片以光的传播方向为轴转动，透射光的强度也跟着改变，如最强和最弱的光强之比为 6∶1，那么入射光中自然光和线偏振光的强度之比为多大？

解　设混合光束中自然光光强为 I_0，线偏振光光强为 I_1，投射光强最大值为 $I_{\max}$，最小值为 $I_{\min}$，有

$$I_{\max}=\frac{I_0}{2}+I_1,I_{\min}=\frac{I_0}{2}$$

$$\frac{I_{\max}}{I_{\min}}=\frac{I_0+2I_1}{I_0}=6$$

所以

$$\frac{I_0}{I_1}=\frac{2}{5}$$

12.12　折射光和反射光的偏振　布儒斯特定律

12.12.1　利用反射获得线偏振光

(1) 反射光和透射光的偏振状态

自然光入射到各向同性介质界面时会发生反射和折射，理论和实验都可证明，反射光和折射光的偏振状态也会随之发生变化。如图 12-45 所示，通常其反射光和折射光都是部分偏振光，将入射自然光沿平行和垂直入射面进行分解，则反射光中光矢量垂直入射面占优，折射光中光矢量平行入射面更多一些，其原因是两束线偏振光反射系数不同。

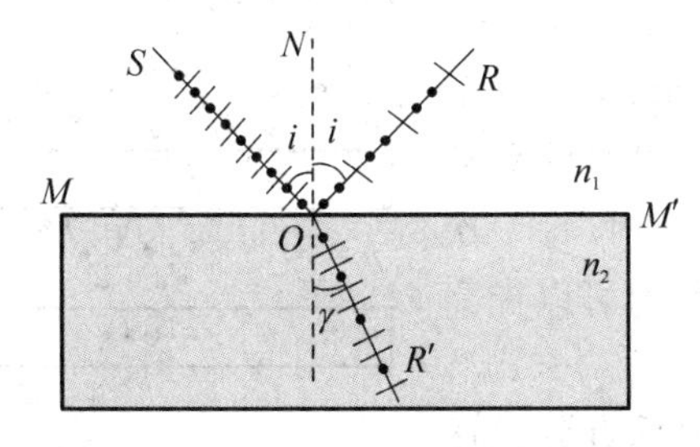

图 12－45　自然光经反射和折射的偏振状态

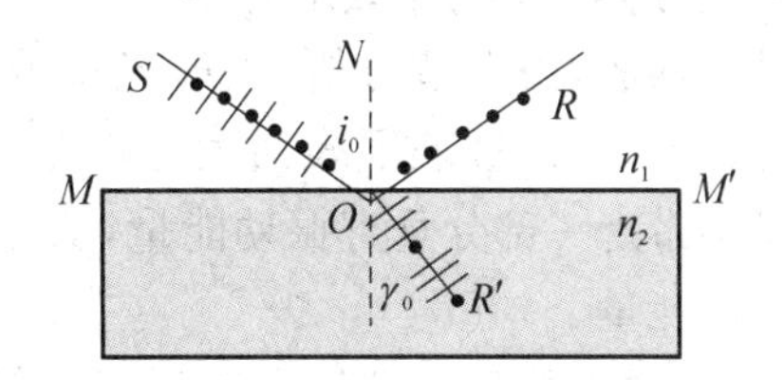

图 12－46　布儒斯特定律

(2) 布儒斯特定律

通过实验发现，反射光和折射光中平行和垂直入射面的成分随入射角 i 改变而变化，1815 年，苏格兰物理学家布儒斯特从实验中得到如下规律，当入射角 i_0 满足下式时：

$$\tan i_0 = \frac{n_2}{n_1} \tag{12-61}$$

反射光中只有垂直于入射平面的分振动。折射光仍旧是以平行振动为主的部分偏振光，上式中 n_1，n_2 分别表示入射光和折射光所在介质空间的折射率，示意图见图 12－46。该式被称为布儒斯特定律。i_0 叫作起偏角或者布儒斯特角。

分析入射角和反射角的关系，由三角函数关系，

$$\frac{\sin i_0}{\sin \gamma_0} = \frac{n_2}{n_1}$$

又因为此时 i_0 为起偏角，则有

$$\tan i_0 = \frac{\sin i_0}{\cos i_0} = \frac{n_2}{n_1}$$

所以

$$\sin \gamma_0 = \cos i_0$$

即

$$i_0 + \gamma_0 = \frac{\pi}{2} \tag{12-62}$$

由上式可知，当入射角为布儒斯特角时，反射光线与折射光线互相垂直。

试想同样一束光由介质 2 向介质 1 入射，入射角为 γ_0，由于光路可逆，其折射角为 i_0，由式(12－62)，$\tan \gamma_0 = \frac{n_1}{n_2}$，恰好为由介质 2 向介质 1 入射时的起偏角，反射光是线偏振光。

如果入射光是光矢量平行于入射面的线偏振光，则入射光全部折射，无反射光出现。

对于一些非透明介质，布儒斯特定律提供了一种测量折射率的方法。

12.12.2　利用折射获得线偏振光

既然以起偏角入射，可以由自然光获得线偏振光，那么这也就提供了起偏的又一种方法，自然光以布儒斯特角入射一表面平行的玻璃片，反射光为线偏振光，而折射光为部分偏振光，但是玻璃的反射率很低，如何获得较强的反射光呢？或者说能否将透射光变成线偏振

光呢?

解决方案常见的是玻璃片堆,如图 12－48 所示,由多片平行玻璃片构成,由上节分析,入射光在玻璃上表面以布儒斯特角入射玻璃,则在玻璃下表面也是以布儒斯特角入射,每一次反射都会带走一部分垂直振动能量,从而经多次反射可以提高反射光的能量。

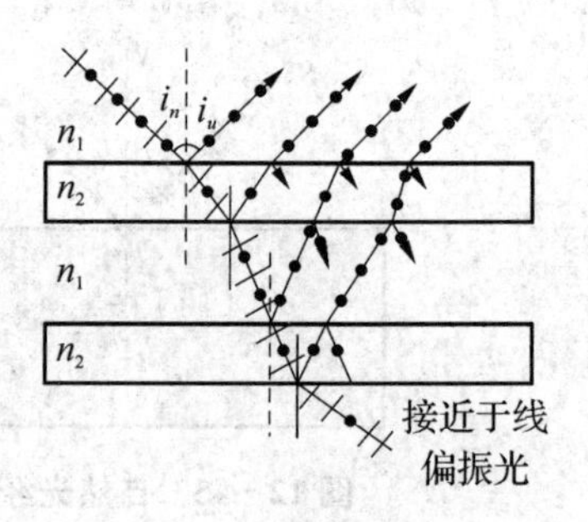

图 12－48　利用玻璃堆折射获得线偏振光

同理,由于垂直振动经多次反射,透射光中的垂直分量逐渐减弱,只要玻璃片的数目足够多,则最后透射光中就几乎没有垂直振动的成分,只剩下平行振动的分量,此时的投射光偏振化程度也很高,可以视为平行振动的线偏振光。

【例 12－10】 自然光从空气中入射到玻璃表面,实验观察到反射光为线偏振光,反射角为 56.3°,求此玻璃的折射率。

解　由题目可知,56.3°即为布儒斯特角,由 $\tan i_0=\dfrac{n_2}{n_1}$,取空气折射率为 1,则得

$$n_2=\tan 56.3^\circ=1.50$$

习　题

1. 平行单色光垂直照射到薄膜上,经上下两表面反射的两束光发生干涉,若薄膜的厚度为 e,并且 $n_1<n_2$,$n_2>n_3$,λ_1 为入射光在折射率为 n_1 的媒质中的波长,则两束反射光在相遇点的相位差为 (　　)。

   A. $2\pi n_2 e/(n_1\lambda_1)$　　B. $[4\pi n_1 e/(n_2\lambda_1)]+\pi$

   C. $[4\pi n_2 e/(n_1\lambda_1)]+\pi$　　D. $4\pi n_2 e/(n_1\lambda_1)$

2. 在双缝干涉实验中,光的波长为 600 nm($1\ \text{nm}=10^{-9}\ \text{m}$),双缝间距为 2 mm,双缝与屏的间距为 300 cm。在屏上形成的干涉图样的明条纹间距为 (　　)。

   A. 0.45 mm　　B. 0.9 mm　　C. 1.2 mm　　D. 3.1 mm

3. 用劈尖干涉法可检测工件表面缺陷,当波长为 λ 的单色平行光垂直入射时,若观察到的干涉条纹如图所示,每一条纹弯曲部分的顶点恰好与其左边条纹的直线部分的连线相切,则工件表面与条纹弯曲处对应的部分 (　　)。

   A. 凸起,且高度为 $\lambda/4$

   B. 凸起,且高度为 $\lambda/2$

   C. 凹陷,且深度为 $\lambda/2$

   D. 凹陷,且深度为 $\lambda/4$

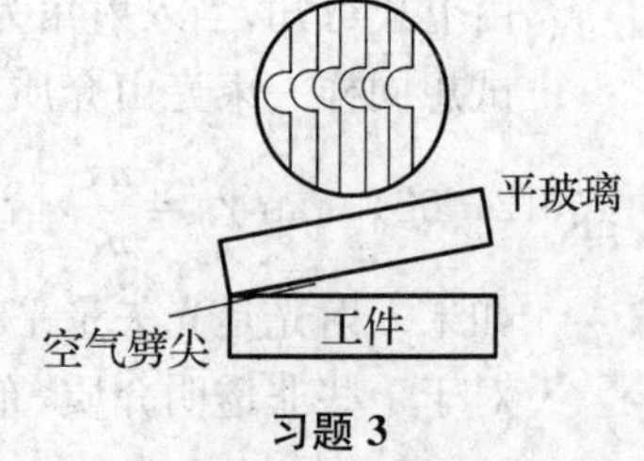

习题 3

4. 在牛顿环实验装置中,曲率半径为 R 的平凸透镜与平玻璃板在中心恰好接触,它们之间充满折射率为 n 的透明介质,垂直入射到牛顿环装置上的平行单色光在真空中的波长为 λ,则反射光形成的干涉条纹中暗环半径 r_k 的表达式为 (　　)。

   A. $r_k=\sqrt{k\lambda R}$　　B. $r_k=\sqrt{k\lambda R/n}$

C. $r_k=\sqrt{kn\lambda R}$　　　　D. $r_k=\sqrt{k\lambda/(nR)}$

5. 在迈克尔孙干涉仪的一支光路中，放入一片折射率为 n 的透明介质薄膜后，测出两束光的光程差的改变量为 3λ，则薄膜的厚度是　　　　(　　)。

A. $3\lambda/2$　　B. $\dfrac{3\lambda}{2n}$　　C. $\dfrac{3\lambda}{n}$　　D. $\dfrac{3\lambda}{2(n-1)}$

6. 在单缝夫琅禾费衍射实验中，波长为 λ 的单色光垂直入射在宽度为 $a=4\lambda$ 的单缝上，对应于衍射角为 0.1 弧度的方向，单缝处波阵面可分成的半波带数目为　　　　(　　)。

A. 2 个　　B. 4 个　　C. 6 个　　D. 8 个

7. 在如图所示的单缝夫琅禾费衍射实验中，若将单缝沿透镜光轴方向向透镜平移，则屏幕上的衍射条纹　　　　(　　)。

A. 间距变大

B. 间距变小

C. 不发生变化

D. 间距不变，但明暗条纹的位置交替变化

习题 7

8. 测量单色光的波长时，下列方法中哪一种方法更好些？　　　　(　　)。

A. 双缝干涉　　B. 牛顿环

C. 单缝衍射　　D. 光栅衍射

9. 两偏振片堆叠在一起，一束自然光垂直入射其上时没有光线透过。当其中一偏振片慢慢转动 180°时，透射光强度发生的变化为：　　　　(　　)。

A. 光强单调增加

B. 光强先增加，后又减小至零

C. 光强先增加，后减小，再增加

D. 光强先增加，然后减小，再增加，再减小至零

10. 自然光以 60°的入射角照射到某两介质交界面时，反射光为完全线偏振光，则知折射光为　　　　(　　)。

A. 完全线偏振光且折射角是 30°

B. 部分偏振光且只是在该光由真空入射到折射率为$\sqrt{3}$的介质时，折射角是 30°

C. 部分偏振光，但须知两种介质的折射率才能确定折射角

D. 部分偏振光且折射角是 30°

11. 用很薄的云母片($n=1.58$)覆盖在双缝实验中的一条缝上，这时屏幕上的零级明条纹移到原来的第七级明条纹位置，如果入射光波长为 550 nm，试问此云母片的厚度为多少？(不考虑折射引起的光线偏折)

12. 在图示的双缝干涉实验中，若用薄玻璃片(折射率 $n_1=1.4$)覆盖缝 S_1，用同样厚度的玻璃片(但折射率 $n_2=1.7$)覆盖缝 S_2，将使原来未放玻璃时屏上的中央明条纹处 O 变为第五级明纹。设单色光波长 $\lambda=480$ nm($1\text{ nm}=10^{-9}$ m)，求玻璃片的厚度 d(可认为光线垂直穿过玻璃片)。

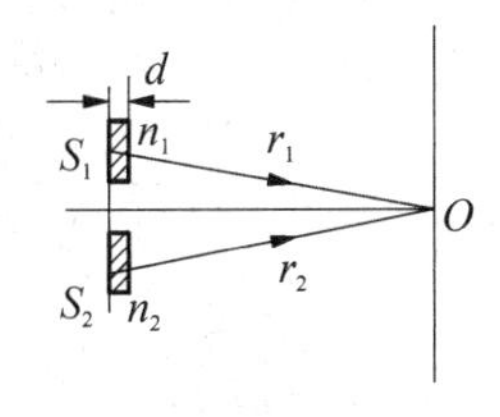

习题 12

13. 在棱镜($n_1=1.52$)表面镀一层增透膜($n_2=1.30$)。如使此增透

膜适用于 550.0 nm 波长的光，膜的厚度应取何值？

14. 在 Si 的平表面上氧化了一层厚度均匀的 SiO_2 薄膜。为了测量薄膜厚度，将它的一部分磨成劈形（示意图中的 AB 段）。现用波长为 600 nm 的平行光垂直照射，观察反射光形成的等厚干涉条纹。在图中 AB 段共有 8 条暗纹，且 B 处恰好是一条暗纹，求薄膜的厚度。（Si 折射率为 3.42，SiO_2 折射率为 1.50）

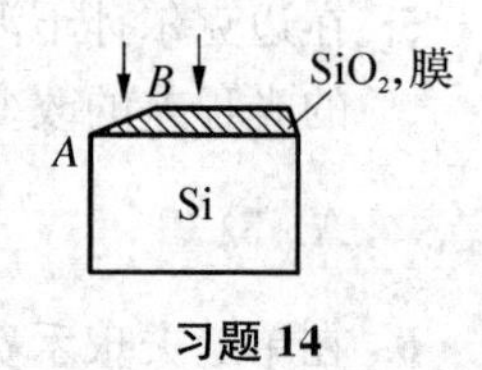

习题 14

15. 以氖灯作光源（波长 $\lambda=6\,058$ Å）进行牛顿环实验，平凸透镜的曲率半径为 650 cm，而透镜的直径 $d=3.0$ cm，如图所示。求：

(1) 能观察到的暗环的数目；

(2) 若把牛顿环装置放入水中（$n=1.33$），能观察到的暗环的数目又是多少？

16. (1) 迈克尔孙干涉仪可用来测量单色光的波长。当 M_2 移动距离 $\Delta d=0.322\,0$ mm 时，测得某单色光的干涉条纹移过 $\Delta N=1\,024$ 条，求该单色光的波长。

(2) 在迈克尔孙干涉仪的 M_2 镜前，插入一透明薄片时，可观察到 150 条干涉条纹向一方移过，若薄片的折射率 $n=1.632$，所用单色光的波长 $\lambda=5\,000$ Å，求薄片的厚度。

17. 在迎面驶来的汽车上，两盏前灯相距 120 cm。问汽车离人多远的地方，眼睛恰好能分辨这两盏灯？设夜间人眼瞳孔的直径 5.0 mm，入射光波长 $\lambda=5\,500$ Å。（这里仅考虑人眼圆形瞳孔的衍射效应）

18. 在用钠光（$\lambda=589.3$ nm）做光源进行的单缝夫琅禾费衍射实验中，单缝宽度 $a=0.5$ mm，透镜焦距 $f=700$ mm。求透镜焦平面上中央明条纹的宽度。（$1\ \text{nm}=10^{-9}$ m）

19. 一衍射光栅，每厘米 200 条透光缝，每条透光缝宽为 $a=2\times10^{-3}$ cm，在光栅后放一焦距 $f=1$ m 的凸透镜，现以 $\lambda=600$ nm（$1\ \text{nm}=10^{-9}$ m）的单色平行光垂直照射光栅，问：

(1) 透光缝 a 的单缝衍射中央明条纹宽度为多少？

(2) 在该宽度内，有几个光栅衍射主极大？

20. 一束自然光，以某一入射角入射到平面玻璃上，这时的反射光为线偏振光，透射光的折射角为 32°。求：(1) 自然光的入射角；(2) 玻璃的折射率。

21. 自然光入射于重叠在一起的两偏振片。(1) 如果透射光的强度为最大透射光强度的 1/3，问两偏振片的偏振化方向之间的夹角是多少？(2) 如果透射光强度为入射光强度的 1/3，问两偏振片的偏振化方向之间的夹角又是多少？

扫码可见本章补充资料

第十三章 相对论基础

狭义相对论通常指爱因斯坦于1905年发表的《论动体的电动力学》中所提出的新的时空理论,它主要研究的是高速运动物体的物理现象。狭义相对论的基本原理包括相对性原理和光速不变原理,由此有许多重要的推论和效应,包括时钟延缓、尺度收缩,还有著名的质能关系。狭义相对论的提出对于物理学的发展产生了革命性的影响,它颠覆了牛顿力学中的绝对时间和绝对空间观念,深刻改变了人们对宇宙和物质的认识。狭义相对论在实际应用中应用非常广泛,例如,全球定位系统卫星上的原子钟与地球上的时钟不同步,必须使用狭义相对论的公式进行校准,以实现精确的导航和定位;粒子加速器和核物理实验中高速运动的粒子的行为,需要考虑包括质量增加、时钟延缓、尺度收缩等效应;电磁学中的麦克斯韦方程组和光纤通信及无线通信都证明了光速不变原理的正确;狭义相对论还解释了电磁波和光速之间的关系;质能关系为核能和核武器的开发和利用提供了理论基础。

狭义相对论的发展史可以追溯到19世纪末,当时物理学界出现了一些无法解释的现象,如光速的恒定性和迈克耳孙莫雷实验实验的零结果。这些实验结果促使科学家重新思考传统的物理学观念,包括绝对时空观和牛顿力学的基本原理。在探索新的理论过程中,爱因斯坦采用了思想实验和假设推理的方法,最终提出了狭义相对论的两个基本假设。在狭义相对论的发现过程中,许多科学家做出了重要贡献。其中包括迈克耳孙、洛伦兹、庞加莱等的研究成果。此外,普朗克和闵可夫斯基等人的后续工作也对狭义相对论的发展做出了重要贡献。

13.1 相对论的基本原理

13.1.1 经典时空观与伽利略变换

经典力学认为,空间是绝对的,与物质的运动无关,空间永恒不变,绝对静止。空间的量度与惯性系无关,绝对不变,而时间也与物质运动无关,均匀流逝。所有惯性系有相同的时间,时间和空间的测量都是绝对的,与之相应的就是力学的相对性原理,即一切惯性系对于描述运动的力学定律来说是完全等价的,不存在任何一个比其他惯性系更为优越的惯性系,其数学表达就是熟知的伽利略变换

$$\begin{cases} x' = x - vt \\ y' = y \\ z' = z \\ t' = t \end{cases}$$

$$\begin{cases} u'_x = u_x - v \\ u'_y = u_y \\ u'_z = u_z \end{cases}$$

13.1.2 迈克尔孙-莫雷实验

19 世纪流行着一种“以太”学说，当时认为光的传播介质是“以太”。由此产生了一些新的问题，例如：地球以每秒 30 公里的速度绕太阳运动，就必须会遇到每秒 30 公里的“以太风”迎面吹来，同时，它也必须对光的传播产生影响。这个问题的产生，引起人们去探讨“以太风”存在与否。

如果存在以太，则当地球穿过以太绕太阳公转时，在地球通过以太运动的方向测量的光速（当面对光源运动时）应该大于在与运动垂直方向测量的光速。而迈克尔孙-莫雷实验就是要验证以太是否存在的实验。

实验原理如图 13－1 所示，用到的装置就是迈克尔孙干涉仪。光束从光源 S 发出，被半透镜 M 分成两相干光束，一束透过 M 被 M_1 反射回 M，再被 M 反射而到达目镜 T，另一束被 M 反射至 M_2，再反射回 M，透过 M 到达 T，在那里发生干涉。同时，实验中使一个光臂垂直于地面。若把整个仪器旋转 90°，在迈克尔孙-莫雷实验中，取定相关参数后，理论上可估算出干涉条纹应移动 0.4 个条纹。而他们实验用的仪器，实验精度已经达到条纹的 1/100，可是实验观察条纹根本没有移动。这表明，所观察测到的光速都是一样的。不论地球在哪里，光朝着哪个方向运动，其速度都是不变的。

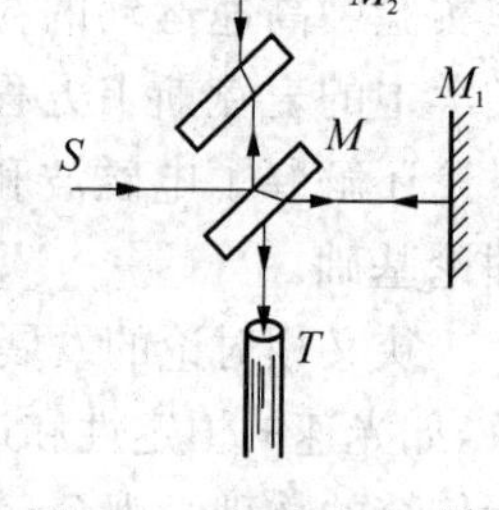

图 13－1　迈克尔孙-莫雷实验原理

在 1964 年日内瓦欧洲粒子物理实验室的一次实验中，物理学家们制出了一束相对实验室的速率为 0.999 75c 的中性 π 介子。中性 π 介子是一种不稳定的、短寿命的粒子，它衰变时变成两个 γ 射线：

$$\pi \rightarrow \gamma + \gamma$$

γ 射线是一种高频的电磁波。该实验室的实验者们测量了这些中性 π 介子源发射的 γ 射线的速率，结果发现运动 π 介子发射的射线的速率和 π 介子在实验室静止时发射的射线的速率是相同的。

13.1.3 狭义相对论的基本原理

1905 年，26 岁的爱因斯坦经过长时间的思考，在《论动体的电动力学》的论文中，提出了两条狭义相对论的基本原理。

（1）相对性原理：物理定律在所有的惯性系中都有相同的表达形式，即所有的惯性系对运动的描述是等价的。

（2）光速不变原理：真空中的光速是常量，沿各个方向都等于 c，与光源或观测者的运动状态无关，即不依赖于惯性系的选择。

相对性原理被推广到了电磁学领域，而不仅限于力学，这也导致经典时空观下的伽利略变换不再适用，从而得出了全新的时空观，并由此得到了一系列相对论效应下的结论。

13.2　洛伦兹变换和速度变换

13.2.1　洛伦兹变换

洛伦兹变换是洛伦兹首先提出的，但是他没有赋予这组变换方程相对论的内涵。洛伦兹(H. A. Lorentz，1853—1928)在 1915 年写道："我失败的主要原因是我死守一个观念：只有变量 t 才能作为真正的时间，而我的当地时间 t' 仅能作为辅助的数学量。"由狭义相对论的基本原理，结合合理的一些假设，可以得到与新时空观下相符的坐标系变换规律，一般称之为洛伦兹变换，是新的时空变换公式，

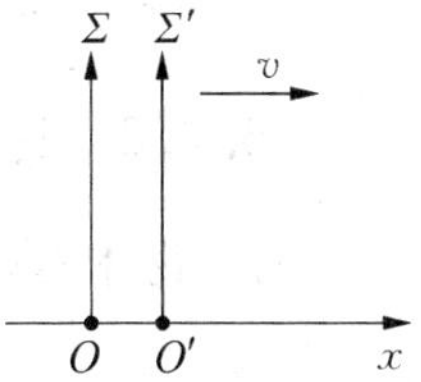

如图 13-2 所示，Σ 与 Σ' 系相对 x 轴做相对匀速运动，相对速度为 v，在与 x 轴垂直的 y 和 z 方向无相对运动，$t=t'=0$ 时，O，O' 重合，洛伦兹坐标变化为

图 13-2　洛伦兹变换

$$\begin{cases} x'=\dfrac{x-vt}{\sqrt{1-\dfrac{v^2}{c^2}}} \\ y'=y \\ z'=z \\ t'=\dfrac{t-\dfrac{v}{c^2}x}{\sqrt{1-\dfrac{v^2}{c^2}}} \end{cases} \tag{13-1}$$

$$\begin{cases} x=\dfrac{x'+vt'}{\sqrt{1-\dfrac{v^2}{c^2}}} \\ y=y' \\ z=z' \\ t=\dfrac{t'+\dfrac{v}{c^2}x'}{\sqrt{1-\dfrac{v^2}{c^2}}} \end{cases} \tag{13-2}$$

以上为 Σ 到 Σ' 的变换，一般称正变换，若将以上看作是 Σ 系相对于 Σ' 系以 $-v$ 运动，把式(13-1)中的 v 换成 $-v$ 就可以得到逆变换式。

它们是同一事件在不同的坐标系上观察的时空坐标之间的关系，洛伦兹变换反映了相对论的时空观，是狭义相对论的基础公式。由此可以进一步定量得到尺度收缩、时钟延缓、质能转换等奇妙有趣的结论。应该说，两条基本原理是新时空观的基础，而洛伦兹变换是其数学表述，在速度 v 远小于光速时，洛伦兹变换转换为伽利略变换。

比较狭义相对论中相对性原理和经典时空观下力学相对性原理，其相同之处在于这两个原理都指出："物理规律"不随惯性系的选择而变化。不过，后者只在低速的力学规律成立，而前者是对包含电磁场在内的所有物理规律成立；且"前者"包含了"后者"的内容，狭义相对性原理是以"光速不变"和"物理规律不变"为两条基本公设，其对应的时空变换特征与经典伽利略变换有如下不同之处：

(1) x',t' 与 x,t 呈线性关系，但比例系数 $\gamma \neq 1$。

(2) 时空不独立，t 和 x 变换相互交叉，且时空状态与参考系运动速度有关。

(3) $v \ll c$ 时，洛伦兹力变化与伽利略变换一致。

13.2.2 速度变换公式

对于物体相对于参考系的速度，可以通过求导的方法得到，其两坐标系中的变换式为

$$\begin{cases} u'_x=\dfrac{\mathrm{d}x'}{\mathrm{d}t'}=\dfrac{u_x-v}{1-\dfrac{vu_x}{c^2}} \\ u'_y=\dfrac{\mathrm{d}y'}{\mathrm{d}t'}=\dfrac{u_y\sqrt{1-\dfrac{v^2}{c^2}}}{1-\dfrac{vu_x}{c^2}} \\ u'_z=\dfrac{\mathrm{d}z'}{\mathrm{d}t'}=\dfrac{u_z\sqrt{1-\dfrac{v^2}{c^2}}}{1-\dfrac{vu_x}{c^2}} \end{cases} \tag{13-3}$$

其逆变换公式为

$$u_x=\frac{u'_x+v}{1+\dfrac{vu_x}{c^2}},u_y=\frac{u'_y\sqrt{1-\dfrac{v^2}{c^2}}}{1+\dfrac{vu_x}{c^2}},u_z=\frac{u'_z\sqrt{1-\dfrac{v^2}{c^2}}}{1+\dfrac{vu_x}{c^2}} \tag{13-4}$$

在非相对论极限下（$v \ll c,u \ll c$）

$$u_x \approx u'_x+v,u_y \approx u'_y,u_z \approx u'_z$$

即回归为伽利略速度变换公式。

【例 13-1】 S'系相对 S 系沿 x 轴以相对速度 v 运动，如在 S 系中沿 x 方向发射一光信号，在 S'系中观察，测得的光信号的速度

解 由洛伦兹速度变换式，

$$u_x = c, u'_x = \frac{c - v}{1 - \frac{vc}{c^2}} = c$$

得到光速在任何惯性系中均为同一常量。

13.3　狭义相对论的时空观

13.3.1　同时性

在经典时空观下，时间是绝对的。一个事件的发生，不论在任何参考系下观察都是同时的，即同时性也是绝对的，这也和我们日常经验相符。爱因斯坦的相对论时空观认为，时间并不是绝对存在的，它和空间是有联系的，且和速度之间不可分割。爱因斯坦使用"雷击火车"事例，解释了他的同时的相对性，铁路路基和火车是两个相对运动的参考系，分别为 S 系和 S'系，如图 13－3 所示。若 S 系中位于 AB 间中点 C 上的观察者看到有雷同时击中火车车厢的前后两端 A 和 B 点，意味着火车上的光同时传播到 C 点的观察者，而对于位于火车厢中点 C'的观察者而言，由于火车的运动，B 点发出的光先到达观察者，而 A 点发出的光后到达观察者，在 S 系同时发生的两件事，在 S'系中不再同时发生。

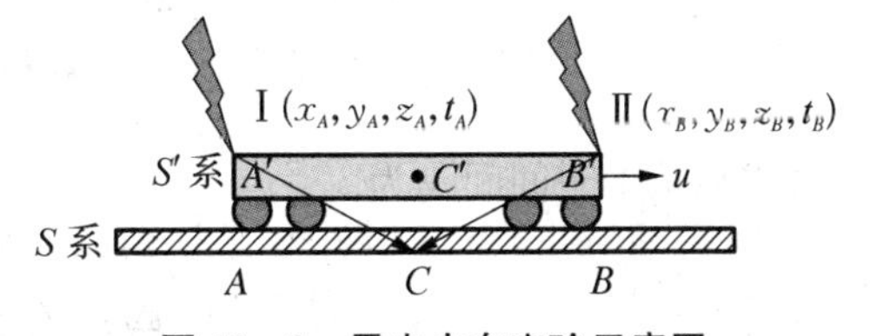

图 13－3　雷击火车实验示意图

在每个惯性系内，不会改变同时性的定义，但不同惯性系间，同时性不再是绝对的，这也可以从洛伦兹变换定量加以描述，以两事件 A 和 B 发生的时间间隔为例：

$$\Delta t' = \frac{\Delta t - vx/c^2}{\sqrt{1 - \frac{v^2}{c^2}}}$$

沿两个惯性系运动方向，不同地点发生的两个事件，在其中一个惯性系中是同时的，在另一惯性系中观察则不同时，所以同时具有相对意义。其相对性是光速不变原理的直接结果，只有在同一地点，同一时刻发生的两个事件，在其他惯性系中观察也一定是同时的。

13.3.2　时钟延缓

既然不同惯性系时间间隔也是相对的，那么会有什么样的奇妙结论呢。这里主要讨论同一地点不同时刻发生的两个事件的时间间隔，即任一过程进行的时间，而这与参考系的时钟有关。

如图 13－4 所示，设 Σ'系相对于 Σ 以速度 v 运动，$t = t' = 0$ 时，O、O' 重合，B 点为假想小车上底部一点 x'，小车相对 Σ' 系静止，在 B 点安装光信号发生与接收器，某时刻(Σ 系 t_1 时刻，Σ' 系 t'_1时刻，分别由相对各自坐标系静止的时钟测得)B 点发出一个光信号，经顶部反射后又被底部 B 点接收器探测到，因为小车相对 Σ' 系静止，在 Σ' 系同一地点 B 先后发生了两件事：t'_1时刻，发出光信号，t'_2时刻，接收到光信号，时间间隔 $\Delta t' = t'_2 - t'_1$，那么同样的两个事件，在 Σ 系中测得如何呢？如图 13-4(b) 所示，对于 Σ 系，两个事件的时空坐标分别为 (x_1, t_1) 和 (x_2, t_2)，由洛伦兹变换

$$\begin{cases} t_1 = \dfrac{t'_1 + \dfrac{v}{c^2}x'}{\sqrt{1-\dfrac{v^2}{c^2}}} \\ t_2 = \dfrac{t'_2 + \dfrac{v}{c^2}x'}{\sqrt{1-\dfrac{v^2}{c^2}}} \end{cases}$$

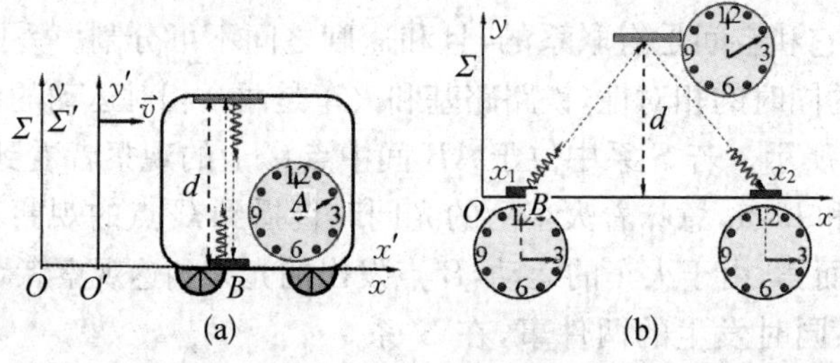

图 13-4　时钟延缓

两式相减得时间间隔为

$$\Delta t = t_2 - t_1 = \frac{t'_2 - t'_1}{\sqrt{1-\dfrac{v^2}{c^2}}}$$

或者
$$t'_2 - t'_1 = (t_2 - t_1)\sqrt{1-\frac{v^2}{c^2}}$$

即
$$\Delta t' = \Delta t\sqrt{1-\frac{v^2}{c^2}} \tag{13-5}$$

在 Σ 系看来，从事件 1 到事件 2，经历的时间是 Δt，而在 Σ' 系看来，同一过程经历的时间是 $\Delta t' < \Delta t$，所以在 Σ 系看来，Σ' 系中运动的钟比自身参考系中静止的钟走得慢，这一现象称为时钟延缓。

通常把相对于物体静止的惯性系中，同一地点先后发生的两事件的时间间隔称为固有时，记为 $\Delta\tau$，而在另一参考系测得的时间为 Δt，则

$$\Delta t = \frac{\Delta\tau}{\sqrt{1-\dfrac{v^2}{c^2}}} \tag{13-6}$$

$\Delta t > \Delta\tau$，说明在不同惯性系中测量给定两事件之间的时间间隔，测得的结果以固有时为最

短，即相对运动的时钟走得更慢一些。时间延缓是一种相对效应，以上例子中，Σ' 系观察者也会看到在 Σ 系中的时钟更慢一些，这与钟表本身无关。

【例 13-2】 π^+ 介子是一不稳定粒子，平均寿命是 2.6×10^{-8} s(在它自己的参考系中测量)。(1) 如果此粒子相对于实验室以 $0.8c$ 的速度运动，那么实验室坐标系中测量的 π^+ 介子寿命为多长？(2) 实验室坐标系中 π^+ 介子在衰变前运动了多长距离？

解　在 π^+ 介子参考系中，固有时间为 $\tau_0=2.6\times10^{-8}$ s

(1) 在实验室测得的 π^+ 介子的寿命为

$$\tau=\frac{\tau_0}{\sqrt{1-\frac{v^2}{c^2}}}=\frac{2.6\times10^{-8}}{\sqrt{1-0.8^2}}=4.33\times10^{-8}\ \text{s}$$

(2) 在实验室测得的 π^+ 介子的飞行距离为

$$\Delta x=v\tau=10.4\ \text{m}$$

13.3.3　尺缩效应

通常测量一个物体的长度，是指在某个参考系里测量它的长度。物体的长度跟参考系有关吗？如果该物体相对观测者所处参考系静止，可以用标准直尺去测量，读出直尺与物体两端重合位置的读数，二者之差就是该物体的长度。一般可以依次读出两个位置的读数，甚至可以相隔时间很长，也不会改变测量结果，这似乎没有什么问题，可是如果要测量的物体是运动的呢？读完一端读数后，由于物体沿长度方向相对直尺运动，另一端读数就和读取的时间相关了，因此，对于运动物体，必须在某一时刻同时确定其两端在观测者参考系中的位置，然后再用标准尺来量出这两个点之间的距离。这一距离是该运动物体在本参考系中的长度。由此可见，运动物体长度的度量是和“同时性”分不开的，而同时性是相对的，因此，长度测量是与参考系密切相关的，而且物体本身的空间属性是不依赖于测量工具的，这可以从其时空坐标来求得。

图 13-5　尺缩效应

如图 13-5 所示，有一待测物体静止于 Σ'系，Σ'系相对 Σ 系以速度 v 沿 x 轴运动。在 Σ'系同时测得物体两端坐标为 x_1'，x_2'，则 Σ'系测得的物体长度为 $l_0=x_2'-x_1'$，把物体相对静止时所测得的长度称为固有长度，在 Σ 系中某时刻 t，同时测得棒两端坐标为 x_1，x_2，则 Σ 系中测得棒长 $l=x_2-x_1$，l 与 l_0 的关系可由洛伦兹变换式得到：

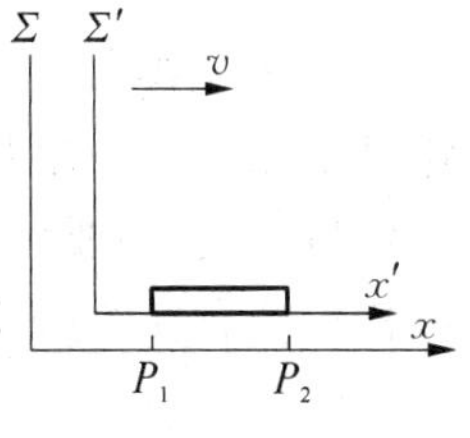

$$x_1'=\frac{x_1-vt_1}{\sqrt{1-\frac{v^2}{c^2}}},x_2'=\frac{x_2-vt_2}{\sqrt{1-\frac{v^2}{c^2}}}$$

考虑到 $t_1=t_2=t$，有

$$x_2'-x_1'=\frac{x_2-x_1}{\sqrt{1-\frac{v^2}{c^2}}}$$

式中，即

$$l=l_0\sqrt{1-\frac{v^2}{c^2}} \tag{13-7}$$

即运动的尺子变短了。这就是尺缩效应，也称为洛伦兹收缩。尺缩效应也是相对的，长度收缩效应是同时性、相对性的直接结果。

根据以上分析，惯性系是平权的，那么Σ'上的观察者测得Σ中的静止物体也会变短，而有人做出以下推导，得到了Σ'上的观察者测得Σ中的静止物体长度变长的结论。

他的根据是这样的，在Σ系中，测得物体两端坐标是x_1，x_2，在Σ'系中同时测得同一物体两端的坐标是x_1'，x_2'，由洛伦兹变换：

$$x'_1=\frac{x_1-vt_1}{\sqrt{1-\frac{v^2}{c^2}}}, x'_2=\frac{x_2-vt}{\sqrt{1-\frac{v^2}{c^2}}}$$

$$x'_2-x'_1=\frac{x_2-x_1}{\sqrt{1-\frac{v^2}{c^2}}}>x_2-x_1$$

问题出在哪了呢？在Σ系中，测得物体两端坐标是x_1，x_2，但$t_1\neq t_2$。

时钟延缓与尺度收缩效应，是在不同参考系中观察物质运动在时空关系上的客观反映，是统一时空的两个基本属性，与具体过程和物质的具体结构无关。

13.4 相对论动量和能量

13.4.1 相对论动量

对于经典力学，质量、动量和能量的概念在相对论下也要重新审视，应该符合狭义相对论基本原理——相对性原理，即所有惯性系下物理规律不变，其数学表达式在洛伦兹变换下应保持不变，还要满足低速情况下应该和经典物理量的表达相一致。基于此，经典物理中这些概念应有新的形式，比如$\boldsymbol{P}=m\boldsymbol{v}$，当将其修正为

$$\boldsymbol{P}=m\boldsymbol{v}=\frac{m_0\boldsymbol{v}}{\sqrt{1-v^2/c^2}} \tag{13-8}$$

则动量守恒表达式在不同惯性系间，经洛伦兹速度变换后保持不变。式中，m称为运动质量或相对论质量，m_0是物体的静止质量，则质量概念在相对论下修正为

$$m=\frac{m_0}{\sqrt{1-v^2/c^2}} \tag{13-9}$$

可见，物体的质量是随着运动速度增加而增加的，即质量测量与时空测量一样，存在相对论效应。仅当$v\ll c$，才有$m\approx m_0$此时相对论动量过渡到经典动量$\boldsymbol{p}=m_0\boldsymbol{v}$，而这也得到

了实验验证。

在低速运动情形下，经典力学方程 $\boldsymbol{F}=\frac{\mathrm{d}\boldsymbol{p}}{\mathrm{d}t}$，在伽利略变换下满足协变性。为使高速运动情况下力学方程也满足协变性，采用以上修正过的动量表达式，得到相对论力学方程

$$\boldsymbol{F}=\frac{\mathrm{d}\boldsymbol{p}}{\mathrm{d}t}=\frac{\mathrm{d}}{\mathrm{d}t}\left(\frac{m_0}{\sqrt{1-\left(\frac{v}{c}\right)^2}}\boldsymbol{v}\right)$$

在低速极限下，可回归至经典力学关系。

13.4.2　相对论能量

经典物理中的动能和能量概念在相对论下又有何变化呢?

合外力做功可以改变物体的动能，在相对论中，认为动能定理仍适用。若取质点速率为零时动能为零，则质点动能就是其从静止到以 v 的速率运动的过程中，合外力所做的功

$$E_\mathrm{k}=\int F_x\mathrm{d}x=\int\frac{\mathrm{d}p}{\mathrm{d}t}\mathrm{d}x=\int v\mathrm{d}p$$

利用 $\mathrm{d}(pv)=p\mathrm{d}v+v\mathrm{d}p$，上式可写成

$$E_x=pv-\int_0^v p\mathrm{d}v$$

将式(13－8)式代入得

$$E_\mathrm{k}=\frac{m_0v^2}{\sqrt{1-v^2/c^2}}-\int_0^v\frac{m_0v}{\sqrt{1-v^2/c^2}}\mathrm{d}v$$

通过积分可得

$$E_\mathrm{k}=mc^2-m_0c^2 \qquad (13-10)$$

这即相对论动能的表达式，看起来与经典动能表达式 $E_\mathrm{k}=\frac{1}{2}mv^2$ 毫无关系，但当 $v\ll c$ 时，则回归到经典动能形式，即非相对论动能。

同时可发现，新的动能表达式里出现了和物体速度无关的项 m_0c^2，如果将上式移项得到

$$mc^2=E_\mathrm{k}+m_0c^2 \qquad (13-11)$$

E_k 是相对论动能，m_0c^2 与物体的静止质量有关，具有能量量纲，称之为物体的静止能量，而将静能与动能的和称之为总能量，这就是著名的质能关系式：

$$E=mc^2 \qquad (13-12)$$

物体的相对论总能量与物体的总质量成正比，质量与能量不可分割，相对论能量和质量守恒是一个统一的物理规律。

质量是能量的量度，惯性质量的增加和能量的增加相联系，能量的改变必然导致质量的

相应变化。物体静止时具有的能量 m_0c^2，在一定的条件下，它可以转化为其他形式的能量。当质量发生改变时，会对应于能量的变化：

$$\Delta E=\Delta mc^2 \tag{13-13}$$

质能关系式在原子核和粒子物理中被大量的实验很好地证实，它是核能利用的主要理论依据。

13.4.3 相对论能量和动量的关系

相对论能量与动量间有非常简明的关系：

$$m=\frac{m_0}{\sqrt{1-\left(\frac{v}{c}\right)^2}} \tag{13-14}$$

将上式两边平方并同乘以 c^4，得到

$$m^2c^4=m^2v^2c^2+m_0^2c^4$$

整理得

$$E^2=p^2c^2+E_0^2 \tag{13-15}$$

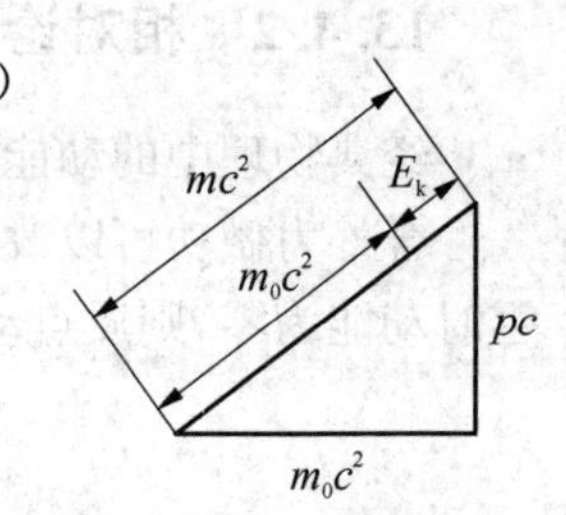

图 13-6 相对论能量和动量的关系示意图

该关系可由几何图形简明表示，如图 13-6 所示。

【例 13-3】 一静止质量为 m_0，动能为 $5\,m_0c^2$ 的粒子与另一静止质量也为 m_0 的静止粒子发生完全非弹性碰撞，碰撞后复合粒子的静止质量为 M，并以速率 v 运动。

(1) 碰撞前系统的总动量是多少？

(2) 碰撞前系统的总能量是多少？

(3) 复合粒子的速率 v 是多少？

(4) 给出静止质量 M 与 m_0 之间的关系。

解 (1)设碰撞前系统内运动粒子的总能量为 E_{10}

$$E_{10}=E_k+m_0c^2=5m_0c^2+m_0c^2=6m_0c^2$$

由 $E^2=(pc)^2+(m_0c^2)^2$，可得

$$p_{10}=\frac{1}{c}\sqrt{E_{10}^2-(m_0c^2)^2}=\sqrt{35}\,m_0c$$

$$p_{20}=0$$

$$p_0=\sqrt{35}\,m_0c$$

(2) 碰撞前系统的总能量

$$E_0=E_{10}+E_{20}=6m_0c^2+m_0c^2=7m_0c^2$$

(3) 设碰后复合粒子的动量为 p，总能量为 E，质量为 m，运动速率为 v。

由动量守恒 $\qquad mv=\sqrt{35}\,m_0c$

由能量守恒　　$mc^2 = 7m_0c^2$

所以　　$v = \dfrac{\sqrt{35}m_0c}{7m_0c^2}c^2 = 0.85c$

(4) 复合粒子的静止质量由 $E^2 = (pc)^2 + (m_0c^2)^2$ 可得

$$Mc^2 = \sqrt{E_0^2 - (p_0c)^2} = \sqrt{14}m_0c^2$$
$$M = \sqrt{14}m_0$$

习　题

1. 判断下面几种说法是否正确：　　(　　)。

(1) 所有惯性系对物理定律都是等价的

(2) 在真空中，光速与光的频率和光源的运动无关

(3) 在任何惯性系中，光在真空中沿任何方向传播的速度都相同

A. 只有(1)(2)正确　　B. 只有(1)(3)正确

C. 只有(2)(3)正确　　D. 三种说法都正确

2. 在狭义相对论中，下列说法中哪些是正确的？　　(　　)。

(1) 在一个惯性系中，两个同时又同地的事件，在另一惯性系中一定是同时同地事件

(2) 在一个惯性系中，两个同时的事件，在另一惯性系中一定是同时事件

(3) 质量、长度、时间的测量结果都随物体与观察者的相对运动状态而改变

(4) 惯性系中的观察者观察一个与他做匀速相对运动的时钟时，会看到这时钟比与他相对静止的相同的时钟走得慢些

A. (1),(3),(4)　　B. (1),(2),(4)

C. (1),(2),(3)　　D. (2),(3),(4)

3. 令电子的速率为 v，则电子的动能 E_k 对于比值 v/c(c 为光速)的关系，可以用下列哪个图表示　　(　　)。

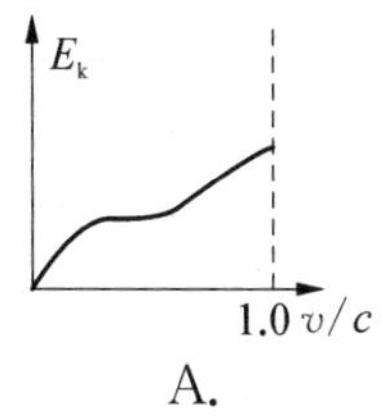

A.

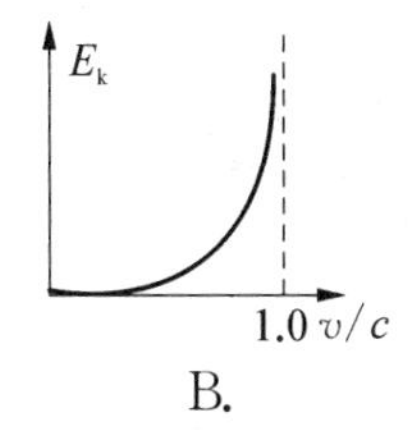

B.

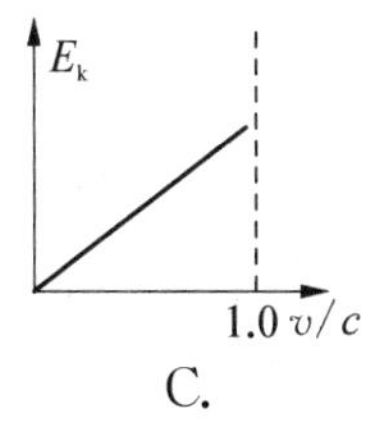

C.

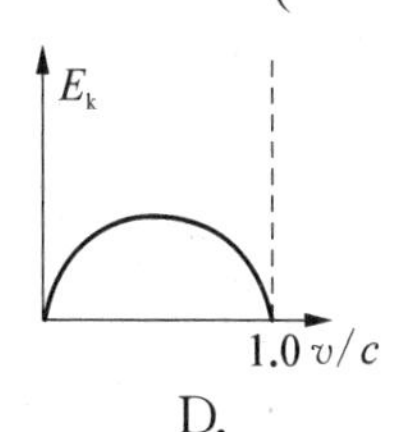

D.

4. 3.6×10^{16} J 的能量是由核材料的全部静止能转化产生的，则需要消耗的核材料的质量为　　(　　)。

A. 0.4 kg　　B. 0.8 kg

C. $(1/12)\times10^7$ kg　　D. 12×10^7 kg

5. E_k 是粒子的动能，p 表示它的动量，则粒子的静止能量为　　(　　)。

A. $E_k + pc$　　B. $\dfrac{p^2c^2 + E_k^2}{2E_k}$

C. $\dfrac{pc-E_k^2}{2E_k}$　　D. $\dfrac{p^2c^2-E_k^2}{2E_k}$

6. 一飞船船身固有长度为 $L_0=90\ \text{m}$，相对于地面以 $v=0.8c$ 的匀速度在地面观测站的上空飞过。(1) 观测站测得飞船的船身通过观测站的时间间隔是多少？(2) 宇航员测得船身通过观测站的时间间隔是多少？

7. 一匀质矩形薄板，在它静止时测得其长为 a，宽为 b，质量为 m_0。假定该薄板沿长度方向以接近光速的速度 v 做匀速直线运动，此时测算该矩形薄板的面积密度则为多少。

8. 设在宇航飞船中的观察者测得脱离它而去的航天器相对它的速度为 $1.2\times10^8\ \text{m}\cdot\text{s}^{-1}$。同时，航天器沿同一方向发射一枚空间火箭，航天器中的观察者测得此火箭相对它的速度为 $1.0\times10^8\ \text{m}\cdot\text{s}^{-1}$。问：(1) 此火箭相对宇航飞船的速度为多少？(2) 如果以激光光束来替代空间火箭，此激光光束相对宇航飞船的速度又为多少？请将上述结果与伽利略速度变换所得结果相比较，并理解光速是运动物体的极限速度。

9. 求一个质子和一个中子结合成一个氘核时放出的能量。已知它们的静止质量分别为：质子 $m_p=1.672\,62\times10^{-27}\ \text{kg}$；中子 $m_n=1.674\,93\times10^{-27}\ \text{kg}$；氘核 $m_D=3.343\,59\times10^{-27}\ \text{kg}$。

10. 静止的正负电子对湮灭时产生两个光子，如果其中一个光子再与另一个静止电子碰撞，求它能给予这电子的最大速度。（提示：因为正负电子对的初始动量为零，所以产生的两个光子必定向相反的方向运动，其中一光子与另一个静止电子碰撞时，要使此电子具有最大的速度，入射光子必定反向散射回来。在以上碰撞过程中，能量和动量均守恒）

11. 离地面 6 000 m 的高空大气层中，产生一 π 介子以速度 $v=0.998c$ 飞向地球。假定 π 介子在自身的参照系中的平均寿命为 $2.0\times10^{-6}\ \text{s}$，根据相对论理论，试求：

(1) 从地球上的观测者来看，π 介子能否到达地球？

(2) 在与 π 介子一起运动的参照系中的观测者看来结果又如何？

第十四章 量子物理基础

量子物理主要研究物质世界微观粒子运动规律，它是研究原子、分子、凝聚态物质以及原子核和基本粒子的结构、性质的基础理论。本章的主要内容包括黑体辐射定律，光电效应和爱因斯坦光子假设，氢原子的波尔理论，德布罗意物质波假设和电子衍射实验，波函数和薛定谔方程。量子物理的基本假设是粒子具有波粒二象性，打破了经典物理学对物质和能量的划分，为理解自然界本质提供了新的视角。量子物理也提供了新的方法来描述物质和能量的行为，促进了新型技术和器件的发展，如晶体管、激光、超导等。

1900 年，普朗克为了解决黑体辐射问题，首次提出了能量子的概念。1905 年，爱因斯坦为了解释光电效应实验，发展了普朗克理论，提出了光量子假说。1923 年，康普顿的 X 射线散射实验进一步证实了光的量子性。1913 年，玻尔提出了原子的行星轨道模型，成功解释了氢原子光谱问题。1924 年，德布罗意提出微观粒子都具有波粒二象性的假说，由此揭开量子力学的大幕。随后薛定谔、海森伯、狄拉克等科学家共同努力，创立了量子力学这门崭新的科学。21 世纪以来，量子计算机、量子通信和量子探测已成为国家战略密切关注的科学技术领域。

14.1 黑体辐射 普朗克能量子假设

14.1.1 黑体 黑体辐射

任何物体在任何温度下，都能发射电磁波，也能吸收电磁波。这种由于组成物体的分子、原子受到热激发而发射电磁波的现象，称为热辐射。理论和实验表明，辐射本领大的物体，吸收本领也大。一般，物体表面颜色越深，吸收越强。任何物体，对于外界的热辐射，除了一部分被反射外，其余部分均被吸收。人们将能够全部吸收外来辐射，没有反射的物体，称为黑体。实际上，黑体是一种理想化的模型，即使人们认为最黑的煤炭，也只能吸收入射电磁辐射的 95%。在实验中，取一个用不透明材料制成的封闭空腔，在腔壁上开一个小孔，如图 14-1 所示。从小孔射进空腔的电磁波，在腔内壁多次反射被吸收，电磁辐射几乎没有从小孔逃逸出来的，这样，小孔的表面就可近似当作黑体。同样，当空腔处于某确定的温度时，也应有电磁辐射从小孔射出来，这些电磁辐射就可以作为黑体辐射。

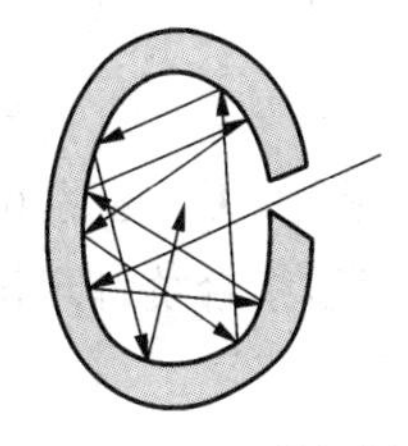
图 14-1 黑体辐射

黑体辐射只与温度有关，单位时间内，从热力学温度为 T 的黑体单位面积上，发出的波长在 λ 附近单位波长间隔所辐射的电磁波能量，称为单色辐射出射度，简称单色辐出度，用 $M_\lambda(T)$ 表示，而单位时间从温度为 T 的黑体的单位面积上，辐射出的各种波长的能量总和，称为辐射出射度，用 $M(T)$ 表示。其可通过单色辐射出射度对所有波长积分求得：

$$M(T)=\int_0^\infty M_\lambda(T)\mathrm{d}\lambda$$

根据黑体辐射实验结果，可总结出以下两条黑体辐射定律：

1. 斯特藩—玻尔兹曼定律

1879 年，奥地利物理学家斯特藩通过实验发现，黑体辐射出射度与黑体的热力学温度的四次方成正比，即

$$M(T)=\int_0^\infty M_\lambda(T)\mathrm{d}\lambda=\sigma T^4 \tag{14-1}$$

式中，$\sigma=5.67\times10^{-8}\ \mathrm{W\cdot m^{-2}\cdot K^{-4}}$，称为斯特藩常数。1884 年，玻尔兹曼从热力学理论得到同样的结论，故这一规律被称为斯特藩 — 玻尔兹曼定律。

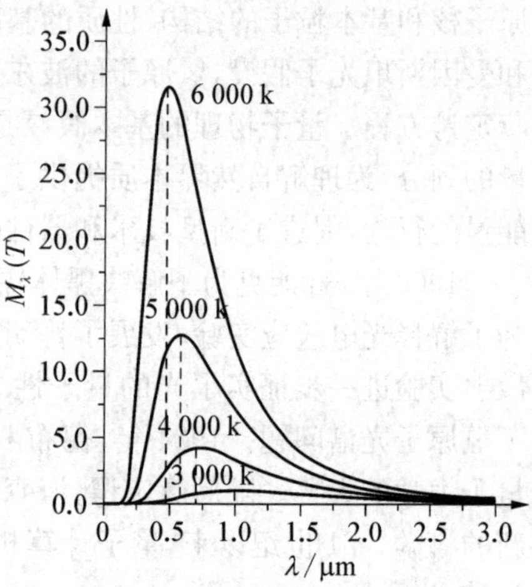

2. 维恩位移定律

如图 14 - 2 所示，当黑体的热力学温度升高时，$M_\lambda(T)$-λ 的曲线上与单色辐出度 $M_\lambda(T)$ 的峰值相对应的波长 λ_m 向短波的方向移动，即

$$\lambda_\mathrm{m}T=b \tag{14-2}$$

图 14 - 2　黑体单色辐出度

式中，b 为常量，其值为 $2.898\times10^{-3}\ \mathrm{m\cdot K}$。例如在宇宙中，不同恒星随表面温度的不同会显示出不同的颜色，温度较高的显蓝色，次之显白色，濒临燃尽而膨胀的红巨星表面温度只有2 000—3 000 K，因而显红色。

14.1.2　普朗克能量子假设

自从实验上发现黑体单色出射度随波长的变化规律，物理学家们就想从经典物理学理论出发尝试导出这一规律，但都不能获得与实验曲线完全吻合的公式。如图 14 - 3 所示，瑞利-金斯公式长波部分符合得较好，短波偏离较大，而且还会出现紫外灾难问题；再比如维恩公式，短波符合，长波则与实验结果偏差较大。

为了解决黑体辐射中经典物理解释所遇到的困境，普朗克提出了全新的假设：腔壁由带电谐振子组成，谐振子的能量以及它们吸收或辐射的能量是不连续的，只能取最小能量的整数倍。频率为 ν 的振子能量最小值为 $\varepsilon=h\nu$，即

$$E=nh\nu\quad(n=0,1,2,3,\cdots) \tag{14-3}$$

式中，$h=6.626\,075\,5\times10^{-34}\ \mathrm{J\cdot s}$，称为普朗克常量；$h\nu$ 称为能量子；n 称为量子数。由此假设，结合统计理论，普朗克推导出公式

$$M_\lambda(T)=\frac{2\pi h\nu^3}{c^2}\frac{1}{\mathrm{e}^{h\nu/kT}-1} \tag{14-4}$$

这就是著名的普朗克黑体辐射公式。该表达式给出的结果与实验结果十分吻合，如图 14-3 所示。

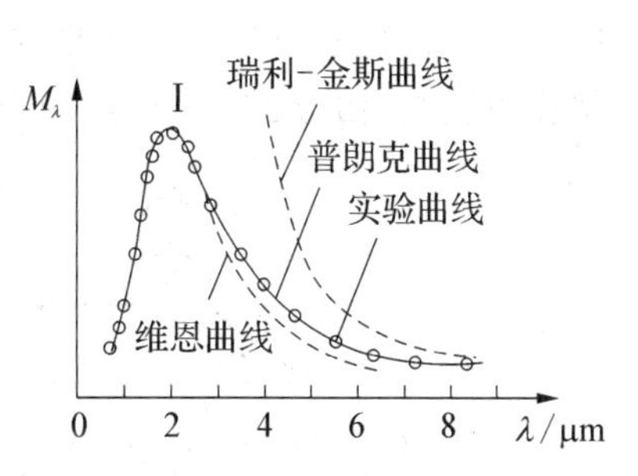

图 14-3 黑体辐射的辐出度实验曲线与理论公式的比较

能量量子化的概念与经典物理是格格不入的，但却能解释实验事实。普朗克突破经典物理学的束缚，开启了量子论的大门，人们尊称他为量子之父。1918 年，因他对量子论的贡献被授予诺贝尔物理学奖。

【例 14-1】 质量 $m=1.0$ kg 的物体和劲度系数 $k=20$ N/m 的弹簧组成谐振子系统，系统以振幅 $A=0.01$ m 振动。(1) 如果该系统的能量是按照普朗克假设量子化的，则量子数 n 为多大？(2) 如果 n 改变一个单位，则系统能量的变化量与原系统能量的比值为多大？

解 (1) 该谐振子的振动频率 $\nu=\frac{1}{2\pi}\sqrt{\frac{k}{m}}=\frac{1}{2\pi}\sqrt{\frac{20}{1.0}}=0.71$ Hz

系统的机械能为 $E=\frac{1}{2}kA^2=\frac{1}{2}\times 20\times 0.01^2=1.0\times 10^{-3}$ J

量子数为 $n=\frac{E}{\varepsilon}=\frac{E}{h\nu}=\frac{1.0\times 10^{-3}}{6.63\times 10^{-34}\times 0.71}=2.1\times 10^{30}$

(2) 如果 n 改变一个单位，则系统能量的变化量与原系统能量的比值为

$$\frac{\Delta E}{E}=\frac{h\nu}{nh\nu}=\frac{1}{n}\approx 10^{-30}$$

从这个例题可以看到，宏观谐振子，量子数是非常大的，每改变一个量子数，能量的变化非常小，是很难观察到的，所以可以认为能量是连续变化的。但对于微观粒子，能量的改变与能量的量级是相当的，量子化的特性才能显示出来。这里起到关键作用的就是普朗克常数，对宏观系统，它趋于 0，对微观系统，则不可忽略。

14.2 光的量子性

14.2.1 光电效应

1887 年赫兹发现，当光照射在金属板上时，会有电子从金属表面逸出，这种现象称为光电效应。

1. 实验规律

光电效应的实验装置如图 14-4 所示，真空管内的阴极 K 和阳极 A 间外加电压，当光射到 K 上时，K 便释放出电子，这样的电子称为光电子。光电子在电场作用下飞向阳极 A 形成光电流，可由电流计 G 读出电流的强弱。实验结果可归纳如下：

(1) 饱和电流。保持入射光的频率不变且光强一定时，光电流随外加电压的增加而增大，外加电压增加到一定值时，光电流达到饱和值 I_S，不再增加，如图 14-5 所示。此时阴极

K 上发射的光电子全部被阳极 A 接收。如果增加光强,其饱和电流成比例增加,即单位时间从阴极逸出的光电子数与入射光强成正比。

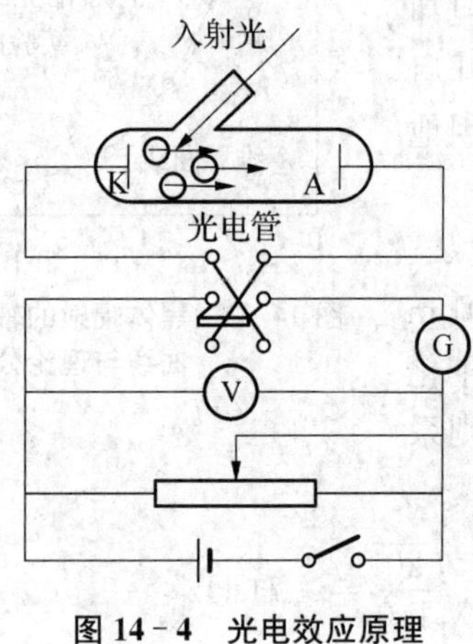

图 14-4 光电效应原理

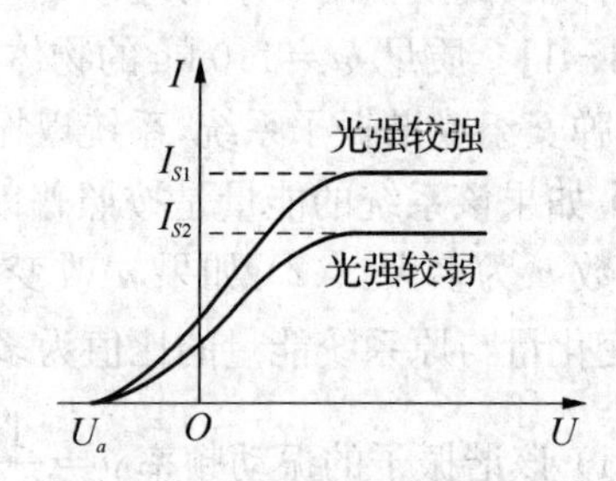

图 14-5 光电流与电压的关系

(2) 遏止电压。外加电压减小为零并逐渐变负时,光电流并不为零,仅当反向电压达到某一值 U_a 时,光电流才为零。该反向电压称为遏止电压(或截止电压)。当逸出金属后具有最大初动能的光电子,刚好不能到达阳极 A 时,对应的电压为遏止电压,即有

$$\frac{1}{2}mv_{\mathrm{m}}^2=eU_a \tag{14-5}$$

式中,m 和 e 分别为电子的质量和电量,v_{m} 为光电子逸出金属表面时的最大速度。改变入射光的频率,只要频率大于截止频率,遏止电压与入射光频率呈线性关系,如图 14-6 所示。

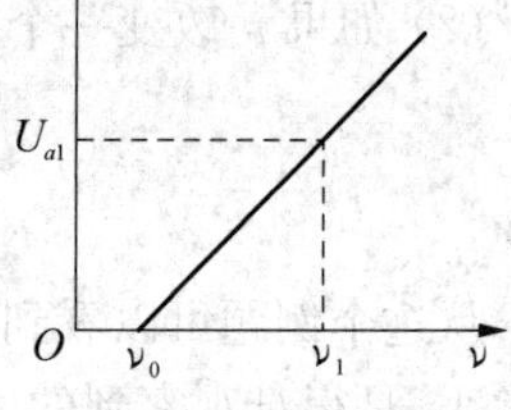

图 14-6 遏止电压与入射光的频率的关系

(3) 截止频率(又称红限频率)。

对于某一金属,只有当入射光的频率大于某一频率 ν_0 时,才有电子从金属表面逸出,电路中才会有光电流。这个频率 ν_0 称为截止频率或红限频率。当频率小于截止频率时,无论光的强度多大,都没有光电流产生。

(4) 弛豫时间。从入射光开始照射到电子逸出金属表面,无论光的强度如何,几乎是瞬时发生的,弛豫时间小于 10^{-9} s。

2. 经典理论解释的困难

对于光电效应的实验规律,人们首先想从经典理论给予解释,也就是金属中的电子在电磁波作用下做受迫振动。但对以下几点解释,与实验结果出现矛盾。

(1) 按经典的波动理论,光电子的初动能应由光强决定,但实验结果表明光电子的初动能与入射光频率成正比,而与入射光强无关。

(2) 按经典理论,只要光强足够大,或者光强较弱,累积时间足够长,各种频率的光都会发生光电效应。但实验结果表明,对各种金属都存在一个截止频率 ν_0,频率小于 ν_0 时不能发生光电效应。

(3) 按经典波动理论,光电效应有一定的弛豫时间。当电子吸收光波能量积累到一定

量时，才会从金属中逸出。入射光越弱，所需时间就越长。实验结果证明，只要频率大于 ν_0，不管强度如何，光电子的发射是瞬时的。

3. 爱因斯坦光子论

为了解释光电效应，1905 年爱因斯坦在普朗克能量子假设的启发下，提出了光量子(简称为光子)假设：光在空间传播时也具有粒子性，一束光就是一束以光速运动的粒子流，这些粒子称为光子。频率为 ν 的光，每一光子具有能量 $h\nu$。爱因斯坦认为，当频率为 ν 的光束照射到金属表面上时，一个光子的能量被一个电子完全吸收，电子获得能量 $h\nu$，如果能量足够大，电子将从金属表面逸出，其最大动能为 $\frac{1}{2}mv_{\mathrm{m}}^2$，则

$$h\nu = \frac{1}{2}mv_{\mathrm{m}}^2 + A \tag{14-6}$$

上式就是著名的光电效应爱因斯坦方程。式中，A 为电子逸出时克服原子束缚所做的功，称为逸出功。从(14－6)可以看出，当光子能量大于等于逸出功时，电子才能逸出。如果令 $A = h\nu_0$ 可得到

$$\nu_0 = \frac{A}{h} \tag{14-7}$$

即光电效应存在截止频率，只有 $\nu \geqslant \nu_0$，才能产生光电效应。

因此，用光量子论可对光电效应进行分析。

(1) 根据爱因斯坦方程，对某一金属，电子逸出的初动能，与入射光频率成正比，而与光强无关。

(2) 当光强增大时，表示光子数增多，产生的电子也增多，导致饱和电流增大。

(3) 只要 $\nu \geqslant \nu_0$，电子从金属表面逸出不需要时间积累，光电子的释放与光的照射几乎是同时发生的，“瞬时的”。

这样，光子论就成功地解释了光电效应。因此，爱因斯坦荣获 1921 年诺贝尔物理学奖。

4. 光的波粒二象性

根据光的电磁场理论，光是一种电磁波，它在真空中的传播速度为 c。进入 20 世纪，人们认识到光也是一种粒子，具有粒子性。根据光量子论，光子的能量为

$$E = h\nu$$

应用狭义相对论，可计算光子的动量。由狭义相对论的动量和能量关系式：

$$E^2 = p^2c^2 + E_0^2$$

光子的静能量为 0，所以光子的能量和动量的关系式可写为：

$$E = pc$$

因此，动量可表达成：

$$p = \frac{E}{c} = \frac{h\nu}{c} = \frac{h}{\lambda}$$

从光子的动量和能量公式，可以看到，描述光的粒子性的物理量动量、能量与描述光的波动性的物理量频率、波长，通过普朗克常数联系起来，体现了光的波粒二象性。一般来说，传播过程中，波动性更显著，而光与物质相互作用时，粒子性则更为显著。

【例 14-2】 用波长为 2 500 Å、强度为 $2\ \mathrm{W\cdot m^{-2}}$ 的紫外光照射材料钾，已知钾的逸出功为 2.21 eV，求：

(1) 所发射的电子的最大动能；

(2) 每秒从钾表面单位面积所发射的最大电子数。

解 (1) 由爱因斯坦方程可得

$$\begin{aligned} E_{\mathrm{k}} &= \frac{1}{2}mv^2 = \frac{hc}{\lambda} - A \\ &= \frac{12.4\times10^{3}\,e\mathrm{V}\cdot\text{Å}}{2.5\times10^{3}\,\text{Å}} - 2.21\,e\mathrm{V} \\ &= 2.76(e\mathrm{V}) \end{aligned}$$

(2) 每个光子的能量

$$E = \frac{hc}{\lambda} = 4.97(e\mathrm{V}) = 7.95\times10^{-19}(\mathrm{J})$$

因为每个光子最多只能产生一个光电子，所以每秒从钾表面单位面积能发射的最大光电子数为

$$N_{\mathrm{m}} = \frac{2}{7.95\times10^{-19}} = 2.52\times10^{18}(\mathrm{m^{-2}\cdot s^{-1}})$$

14.2.2 康普顿效应

1923 年，美国物理学家康普顿研究 X 射线通过物质的散射现象，进一步证实了爱因斯坦光子论的正确性。实验原理如图 14-7 所示。由单色 X 射线源发出波长为 λ_0 的 X 射线，通过光阑成为一束狭窄的 X 射线，投射到散射物质石墨上，用摄谱仪 S 可测得不同散射角 θ 的散射射线及其相对强度。实验结果表明，散射线中除了有入射波长为 λ_0 的射线外，还有 $\lambda > \lambda_0$ 的射线出现。这种现象就称为康普顿效应。因为这一发现，康普顿荣获 1927 年的诺贝尔物理学奖。

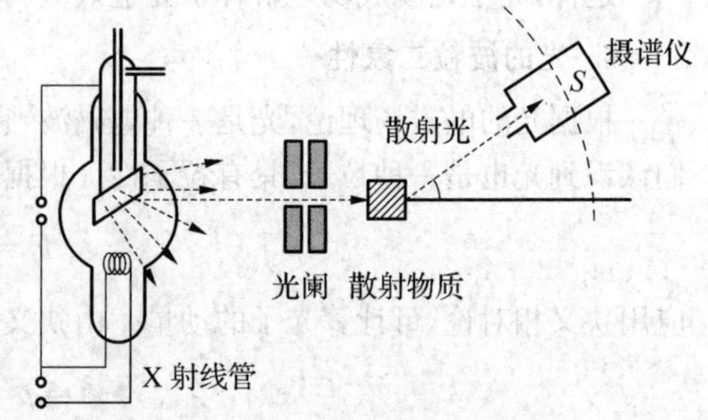

图 14-7 康普顿散射实验装置示意图

1. 实验结果及其经典理论解释的矛盾

(1) $\Delta\lambda = \lambda - \lambda_0$ 随散射角 θ 增大而增大，与 λ_0 及散射物质无关。

(2) θ 增大时，原波长 λ_0 的谱线强度下降，新波长 λ 的谱线强度增大，如图 14-8 所示。

(3) 散射光中 λ_0 的谱线强度随散射物质原子序数增加而增加，λ 的谱线强度则随之减

小，如图 14－9 所示。

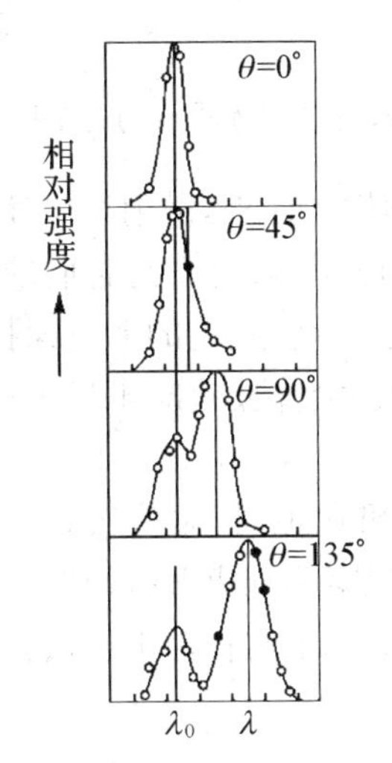

图 14－8　康普顿效应

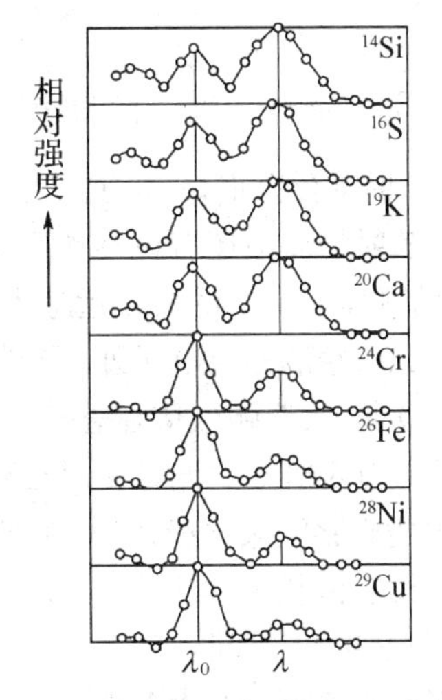

图 14－9　谱线强度与散射物质原子序数的关系

按照经典电磁理论是无法解释康普顿效应的。根据经典电磁理论，电磁波作用于尺寸比波长还要小的带电粒子上时，带电粒子将以与入射波相同的频率做受迫振动，并辐射同频率的电磁波，因此，散射光的波长不发生改变。这显然与实验结果不符。

2. 光子理论的解释

按照爱因斯坦光量子理论，频率为 ν_0 的 X 射线可看成是由一些能量为 $\varepsilon_0 = h\nu_0$ 的光子组成。因此，X 射线的散射是射线中单个光子与散射物质中的一个自由电子或受原子束缚较弱的电子弹性碰撞的结果。它们之间的碰撞类似于完全弹性碰撞。当光子与电子发生弹性碰撞时，电子会获得一部分能量，碰撞后光子的能量要减小，因此，散射光的频率 ν 比入射光的频率 ν_0 要小，即散射光的波长比入射光的波长 λ_0 要长一些。

下面给出康普顿效应的定量计算结果。如图 14－10 所示，X 射线光子与静止的自由电子弹性碰撞，根据动量守恒定律有

$$\frac{h}{\lambda_0}\boldsymbol{e}_0 = \frac{h}{\lambda}\boldsymbol{e} + m\boldsymbol{v} \qquad (14-8)$$

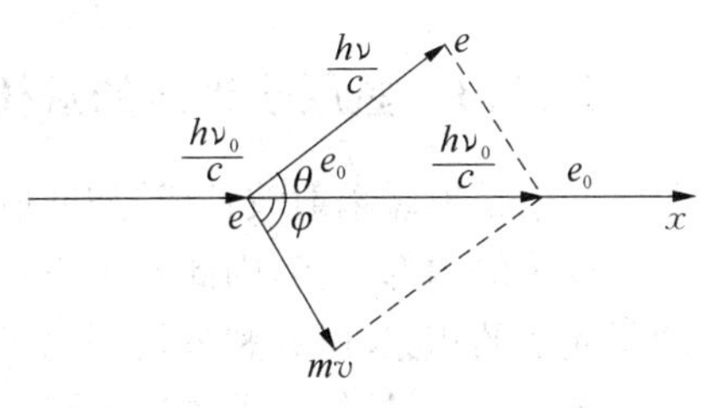

图 14－10　光子与静止电子碰撞时的动量变化

根据能量守恒定律有

$$h\nu_0 + m_0c^2 = h\nu + mc^2 \qquad (14-9)$$

式中，m 和 m_0 分别为电子运动时的质量和电子的静止质量。考虑到电子的速度可能很大，由相对论可知

$$m = \frac{m_0}{\sqrt{1 - v^2/c^2}} \qquad (14-10)$$

由式(14－8)～(14－10)可得，X 射线与电子碰撞后波长增量为

$$\Delta\lambda=\lambda-\lambda_0=\frac{h}{m_0c}(1-\cos\theta)=2\lambda_c\sin^2\frac{\theta}{2} \tag{14-11}$$

式中，$\lambda_c=\frac{h}{m_0c}=2.43\times10^{-12}$ m，称为康普顿波长，是与散射物质无关的普适常量。式(14-11)和实验结果符合得很好，也证明了光子论的正确性。此外，散射线中还有波长不变的成分，这是因为散射物质中还有许多被原子束缚很紧的电子，入射光与它们的碰撞可以看作是与整个原子的碰撞。原子的质量远远大于光子的质量，所以光子的能量保持不变，波长也不变。对于重原子，除最外层电子外，受到的束缚都较大，康普顿效应不显著；而对于轻原子，多数电子束缚较弱，康普顿效应显著。

应该说明，只有当入射光的波长 λ_0 与康普顿波长 λ_c 可比拟时，康普顿效应才显著。因此，要用X射线才能观察到康普顿散射，用可见光基本上观察不到康普顿散射。

【例 14-3】 设有波长 $\lambda_0=1.00\times10^{-10}$ m的X射线的光子与自由电子做弹性碰撞。散射X射线的散射角 $\theta=90°$。问：

(1) 散射波长的改变量 $\Delta\lambda$ 为多少？

(2) 反冲电子得到多少能量？

解 (1) $\Delta\lambda=\frac{h}{m_0c}(1-\cos\theta)=\frac{6.63\times10^{-34}}{9.11\times10^{-31}\times3.00\times10^{8}}(1-\cos90°)=2.43\times10^{-12}\,(\text{m})$

(2) $E_k=h\nu_0-h\nu=\frac{hc}{\lambda_0}-\frac{hc}{\lambda}=hc\left(\frac{1}{\lambda_0}-\frac{1}{\lambda_0+\Delta\lambda}\right)=\frac{hc\Delta\lambda}{\lambda_0(\lambda_0+\Delta\lambda)}$

$$=\frac{6.63\times10^{-34}\times3\times10^{8}\times2.43\times10^{-12}}{1.00\times10^{-10}\times(1.00\times10^{-10}+2.43\times10^{-12})}=4.72\times10^{-17}\,(\text{J})$$

14.3 氢原子的玻尔理论

14.3.1 氢原子光谱的规律性

光谱是电磁辐射波长成分和强度分布的记录，原子光谱就是其中一种。原子光谱可以反映原子的内部结构，因此原子发出的光谱是研究原子内部结构的重要依据。人们通过对原子光谱的积累、研究和分析得出了有关原子光谱的重要规律。

图 14-11 是氢原子的光谱图，图中给出了 $H_\alpha, H_\beta, H_\gamma, \cdots$ 谱线的波长。

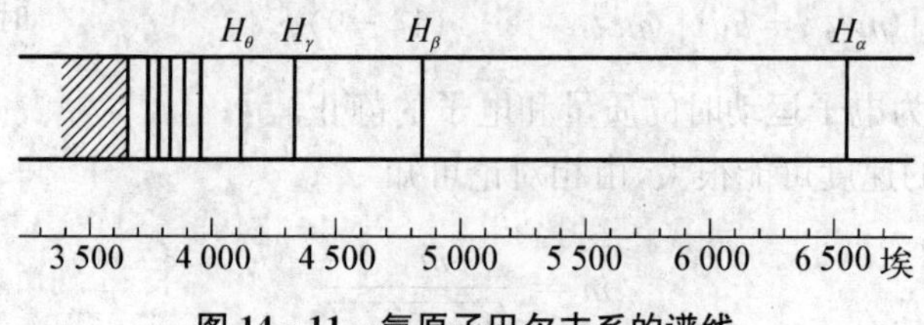

图 14-11　氢原子巴尔末系的谱线

1885年，巴尔末首先将氢原子光谱线的波长用下列经验公式表示出来：

$$\lambda = B\frac{n^2}{n^2-4} \tag{14-12}$$

式中，$B=365.47\ \mathrm{nm}$，是常量；n 为整数。当 $n=3,4,5,\cdots$ 时，上式分别给出 H_α，H_β，H_γ，… 谱线的波长。用波数 $\tilde{\nu}$（单位长度内所含的波长数）来表示，则上式可改写为

$$\tilde{\nu} = \frac{1}{\lambda} = R\left(\frac{1}{2^2}-\frac{1}{n^2}\right) \tag{14-13}$$

式中，$R=\frac{4}{B}=1.096\,776\times10^7\ \mathrm{m}^{-1}$，称为里德堡常数，式(14－13)称为巴尔末公式。后来里德堡把式(14－13)中的 2^2 换成其他整数的平方，就可得出氢原子光谱的其他线系：

$$\tilde{\nu} = R\left(\frac{1}{m^2}-\frac{1}{n^2}\right)\quad m=1,2,3,\cdots,n=m+1,m+2,m+3,\cdots \tag{14-14}$$

$m=1$：赖曼系，紫外区(1914 年)；

$m=3$：帕邢系，红外区(1908 年)；

$m=4$：布喇开系，红外区(1922 年)；

$m=5$：普芳德系，红外区(1924 年)。

原子光谱线可用这样简单的公式来表示，而且结果非常准确。这说明它深刻地反映了原子内在的规律。

14.3.2　氢原子的玻尔理论

1. 玻尔基本假设

关于原子结构的模型，人们曾提出多种不同的假设。1911 年，卢瑟福在α粒子散射实验基础上提出的核式结构模型被人们普遍认同，即原子是由带正电的原子核和核外做轨道运动的电子组成。但是在该模型中，电子绕核运动有加速度，按电磁理论，电子应不断辐射能量使自身能量不断减少，最后要落到原子核上，因此，卢瑟福核式结构模型是不稳定的系统，更无法解释分立的氢原子光谱规律。

为了解决上述困难，1913 年，玻尔把量子化的概念应用到原子系统，并很好地解释了氢原子光谱规律。

(1) 定态假设。原子系统只能处在一系列的不连续的能量状态，在这些状态中，虽然电子绕核做加速运动，但并不辐射电磁能量，这些状态称为原子的稳定状态(简称定态)，相应的能量分别为 $E_1,E_2,E_3,\cdots$

(2) 频率条件。当原子从一个能量为 E_n 的定态跃迁到另一个定态 E_m 时就要发射或吸收一个频率为 ν_{mn} 的光子，此时有

$$\nu_{mn} = \frac{|E_n - E_m|}{h} \tag{14-15}$$

式中，h 为普朗克常量。当 $E_n > E_m$ 时，发射光子，当 $E_n < E_m$ 时，吸收光子。

(3) 量子化条件。电子围绕原子核做圆周运动时,只有电子的角动量 L 等于$\frac{h}{2\pi}$的整数倍的那些轨道才是稳定的,即

$$L=n\frac{h}{2\pi}=n\hbar \qquad (n=1,2,3,\cdots) \tag{14-16}$$

式中:n 为整数,称为量子数;$\hbar=\frac{h}{2\pi}=1.054\ 588\ 7\times10^{-34}(\text{J}\cdot\text{s})$。

2. 氢原子轨道半径和能量的计算

玻尔根据上述的假设,计算了氢原子处于稳定态中的轨道半径和能量。核外电子做圆周运动的向心力是由库仑引力提供的,即有

$$\frac{e^2}{4\pi\varepsilon_0 r^2}=m\frac{v^2}{r} \tag{14-17}$$

再考虑量子化条件

$$L=mvr=n\frac{h}{2\pi} \qquad (n=1,2,3,\cdots)$$

上面两式相结合中消去 v,并以 r_n 代替 r,可得

$$r_n=n^2\left(\frac{\varepsilon_0 h^2}{\pi m e^2}\right) \qquad (n=1,2,3,\cdots) \tag{14-18}$$

这就是氢原子中第 n 个稳定态轨道的半径,其量值是不连续的。$r_1=0.529\times10^{-10}$ m,是氢原子中电子的最小轨道半径,称为玻尔半径,各定态轨道如图 14-12 所示。

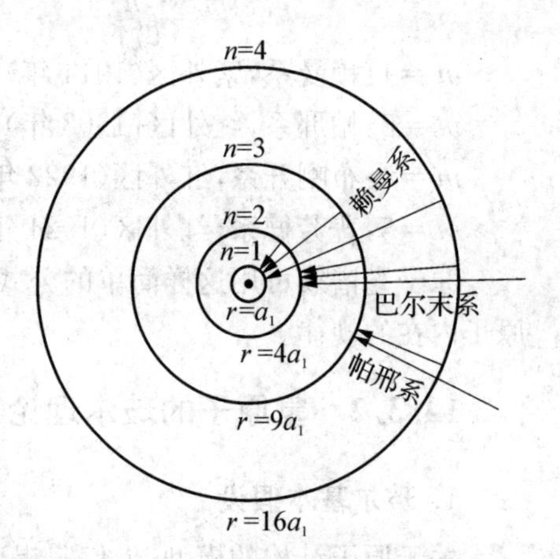

图 14-12 氢原子各定态电子轨道及跃迁

当电子在半径为 r_n 的轨道上运动时,原子的能量 E_n 等于原子核与电子的静电能和电子的动能之和,取电子在无限远处的静电势能为零,则有

$$E_n=\frac{1}{2}mv_n^2-\frac{e^2}{4\pi\varepsilon_0 r_n}$$

由式(14-17)可知$\frac{1}{2}mv_n^2=\frac{e^2}{8\pi\varepsilon_0 r_n}$,代入上式,可得

$$E_n=-\frac{e^2}{8\pi\varepsilon_0 r_n}=-\frac{1}{n^2}\left(\frac{me^4}{8\varepsilon_0^2 h^2}\right) \tag{14-19}$$

上式表示电子在第 n 个稳定的轨道运动时氢原子系统的能量。由于 n 只取整数,所以原子系统的能量是不连续的。也就是说,能量是量子化的。这种量子化的能量称为能级。这一结论已得到弗兰克-赫兹实验的验证。

氢原子能级分布如图 14-13 所示。$n=1$ 时,$E_1=-13.6\ e\text{V}$ 是氢原子的最低能级,也称

为基态能级。$n>1$时的定态称为激发态。$n\to\infty$时，$r_n\to\infty$，$E_n\to 0$，能级趋于连续。$E>0$ 相当于电离状态，能量可连续变化。

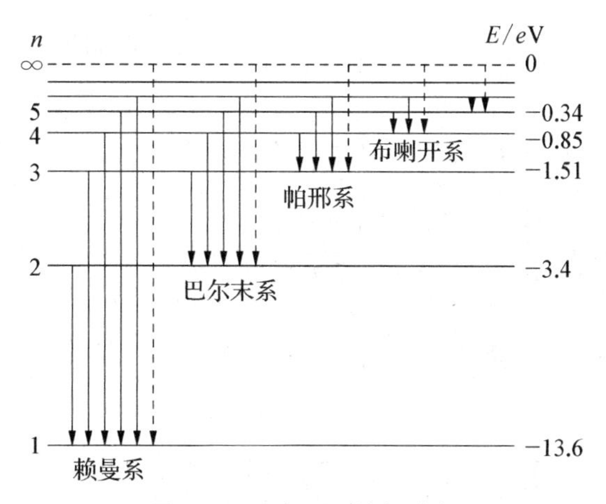

图 14-13　氢原子能级分布

下面用玻尔理论来研究氢原子光谱的规律。根据玻尔假设，当原子从较高能态 E_n 向较低能态 E_m 跃迁时，发射光子的频率和波数为

$$\nu_{\mathrm{nm}}=\frac{E_n-E_m}{h}$$

$$\tilde{\nu}_{\mathrm{nm}}=\frac{E_n-E_m}{hc}$$

将式(14-19)代入可得

$$\tilde{\nu}_{\mathrm{nm}}=\frac{me^4}{8\varepsilon_0^2h^3c}\left(\frac{1}{m^2}-\frac{1}{n^2}\right) \tag{14-20}$$

显然式(14-20)与式(14-14)是一致的。由式(14-20)可得里德堡常数的理论值

$$R_{\text{理论}}=\frac{me^4}{8\varepsilon_0^2h^3c}=1.097\ 373\ 1\times10^7(\mathrm{m}^{-1})$$

理论值与实验值符合得很好。

【例 14-4】 在气体放电管中，用能量为 12.5 eV 的电子通过碰撞使电子激发，问：受激发的原子向低能级跃迁时，能发射出哪些波长的光谱线？

解　设氢原子全部吸收电子的能量，在最高级能级激发到第 n 个能级 E_n：

$$E_n=-\frac{13.6}{n^2}(\mathrm{eV})$$

则
$$E_n-E_1=13.6-\frac{13.6}{n^2}=12.5$$

可解出 $n=3.5$。

因为 n 只能取整数，所以取 $n=3$，可产生 3 条谱线，即

(1) $n=3\rightarrow n=1,\tilde{\nu}_{31}=R\left(\frac{1}{1^2}-\frac{1}{3^2}\right)=\frac{8}{9}R$

$$\lambda_{31}=\frac{9}{8R}=\frac{9}{8\times 1.096\,776\times 10^7}=1.026\times 10^{-7}(\mathrm{m})$$

(2) $n=3\rightarrow n=2,\tilde{\nu}_{32}=R\left(\frac{1}{2^2}-\frac{1}{3^2}\right)=\frac{5}{36}R$

$$\lambda_{32}=\frac{36}{5R}=\frac{36}{5\times 1.096\,776\times 10^7}=6.565\times 10^{-7}(\mathrm{m})$$

(3) $n=2\rightarrow n=1,\tilde{\nu}_{21}=R\left(\frac{1}{1^2}-\frac{1}{2^2}\right)=\frac{3}{4}R$

$$\lambda_{21}=\frac{4}{3R}=\frac{4}{3\times 1.096\,776\times 10^7}=1.216\times 10^{-7}(\mathrm{m})$$

玻尔理论对氢原子光谱的解释获得了很大的成功，对量子理论的建立有着深远的影响。但玻尔理论也存在着严重的理论缺陷，处理问题没有一个完整的理论体系。一方面把微观粒子看作经典力学的质点，用经典力学的方法来计算；另一方面又加上限制——稳定的轨道及其量子化条件。这也反映出早期量子论的局限性，更完整的理论是后来建立起来的量子力学。

14.4 德布罗意波　实物粒子的二象性

14.4.1 德布罗意假设

前面分析了电磁辐射的量子性质，认识到光具有波粒二象性。法国年轻的博士德布罗意从爱因斯坦光量子论中受到启发，他认为19世纪前人们只重视光的波动性，而忽视了光的粒子性。但对实物粒子人们可能只重视它的粒子性，而忽视了它的波动性。他认为波粒二象性应是所有物质的普遍属性。1924年德布罗意提出假设，认为实物粒子与光一样也具有波粒二象性。

德布罗意假设指出，一个质量为 m 的实物粒子以速度 v 做匀速运动时，既具有能量 E 和动量 p 所描述的粒子性，也具有频率 ν 和波长 λ 所描述的波动性。与光子类比，应具有以下的关系

$$E=mc^2=h\nu\ 或\ E=\hbar\omega \tag{14-21}$$

$$p=mv=\frac{h}{\lambda}\ 或\ p=\hbar k \tag{14-22}$$

式中，$\omega=2\pi\nu$ 为角频率，$k=2\pi/\lambda$，k 称为波矢。h 为普朗克常量，$\hbar=h/2\pi$。

按照德布罗意假设，以动量 p 运动的实物粒子的波长为

$$\lambda = h/p \qquad (14-23)$$

这种波叫德布罗意波或物质波。

若一个静止质量为 m_0 的粒子，其速率 v 较光速小得多，则粒子的动量可写为 $p = m_0 v$，粒子的德布罗意波长为

$$\lambda = h/m_0 v \qquad (14-24)$$

若粒子的速率 v 与 c 可相比拟时，$p = \gamma m_0 v$，此处 $\gamma = 1/\sqrt{1 - v^2/c^2}$。于是，粒子的德布罗意波长为

$$\lambda = h/\gamma m_0 v \qquad (14-25)$$

【例 14-5】 在一电子束中，电子的动能为 100 eV，求此电子的德布罗意波长。

解 由于电子动能不大，用式(14-24)来计算即可。由 $E_k = \frac{1}{2}mv^2$ 得电子的速度为

$$v = \sqrt{\frac{2E_k}{m_0}}$$

已知电子的静止质量 $m_0 = 9.1 \times 10^{-31}$ kg，1 eV $= 1.6 \times 10^{-19}$ J，代入上式可得

$$v = \sqrt{\frac{2 \times 200 \times 1.6 \times 10^{-19}}{9.1 \times 10^{-31}}} = 8.4 \times 10^6 (\mathrm{m \cdot s^{-1}})$$

$$\lambda = \frac{h}{m_0 v} = \frac{6.63 \times 10^{-34}}{9.1 \times 10^{-31} \times 8.4 \times 10^6} = 8.67 \times 10^{-11} (\mathrm{m})$$

这个波长与 X 射线的数量级相当。

14.4.2 戴维孙-革末实验

1927 年，戴维孙-革末用实验证实了电子具有波动性，实验装置如图 14-14 所示。电子从灯丝 K 射出，通过狭缝 D 后成为很细的电子束，投射在镍晶体 M 上。电子束在晶体面上散射后，进入探测器 B，其电流由电流计 G 测出。实验发现，当加速电压为 54 V 时，沿 $\theta = 50°$ 的散射方向探测到电子束的强度出现一个明显的极大值，这个测量结果不能用粒子运动来解释，但可用类似于 X 射线对晶体的衍射方法来解释。也就是说，必须承认电子具有波动性。

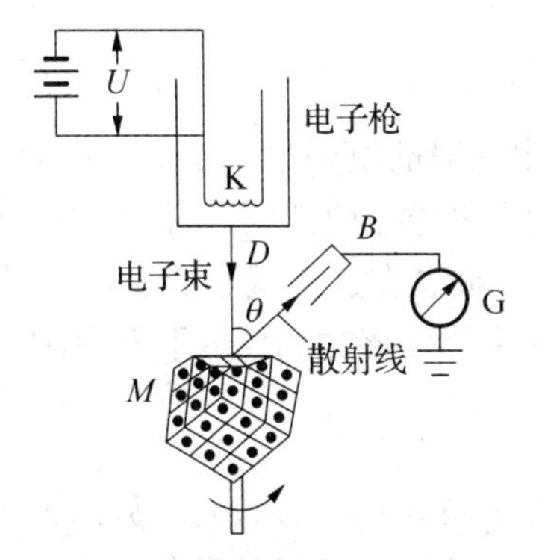

图 14-14　电子被镍晶体衍射实验示意图

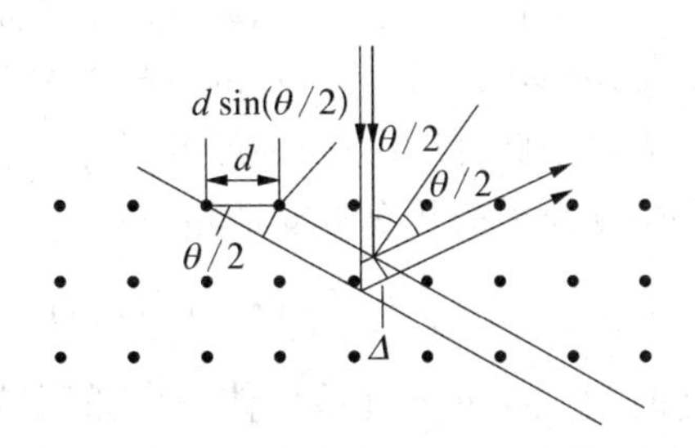

图 14-15　两相邻晶面电子束反射射线的干涉

设晶体是间隔均匀的原子规则排列而成的，两相邻晶面的距离为 d，而 λ 是电子束的物质波长，如图 14－15 所示。反射电子束波动加强的条件为

$$2\Delta = 2d\sin\frac{\theta}{2}\cos\frac{\theta}{2} = d\sin\theta = k\lambda \tag{14-26}$$

上式与 X 射线在晶体上衍射时的布拉格公式一样。利用德布罗意公式 $\lambda = h/mv$，以及电子速率与加速电压 U 的关系 $v=\sqrt{2eU/m}$，式(14－26) 可写成

$$d\sin\theta = kh\sqrt{\frac{1}{2emU}}$$

把镍晶体 $d=2.15\times10^{-10}$ m，以及 e,m,h 和 $U=54$ V 代入上式，并取 $k=1$，可得 $\sin\theta=0.777$，则 $\theta=51°$。

可见，由实验得出的 $\theta=50°$，与理论计算值 $\theta=51°$ 相差很小。这表明，电子确实具有波动性，德布罗意假设得到实验证实。

14.5 波函数 不确定关系

14.5.1 波函数及其几率解释

既然粒子具有波动性，应该有描述波动性的函数——波函数。奥地利物理学家薛定谔在 1925 年提出用波函数 $\psi(\boldsymbol{r},t)$ 描述粒子运动状态。按照德布罗意假设，能量为 E、动量为 p 的自由粒子沿 x 方向运动时，对应的物质波为单色平面波，波函数为

$$\psi(x,t) = \psi_0 e^{i(kx-\omega t)} \tag{14-27}$$

利用关系 $E=\hbar\omega$ 和 $p=\hbar k$，可将上式改写为

$$\psi(x,t) = \psi_0 e^{\frac{i}{\hbar}(px-Et)} \tag{14-28}$$

式中，ψ_0 为待定常数。若粒子在三维空间自由运动，则波函数可表示为

$$\psi(\boldsymbol{r},t) = \psi_0 e^{\frac{i}{\hbar}(\boldsymbol{p}\cdot\boldsymbol{r}-Et)} \tag{14-29}$$

如果不是自由粒子，波函数不再是平面波，而是一个一般的复函数。波函数作为一个新概念登上历史舞台后，其本身的物理意义是什么呢？这使许多物理学家迷惑不解。爱因斯坦提出光量子概念后，把光强度解释为光子的几率密度。玻恩在这个观念的启发下，将 $|\psi|^2$ 看作是微观粒子的几率密度，即波函数 $\psi(\boldsymbol{r},t)$ 的物理意义为波函数的模的平方(波强度)

$$\rho(\boldsymbol{r},t) = |\psi(\boldsymbol{r},t)|^2 = \psi^*(\boldsymbol{r},t)\psi(\boldsymbol{r},t) \tag{14-30}$$

代表在时刻 t、空间 $\boldsymbol{r}$ 处单位体积中微观粒子出现的概率，其中 $\psi^*(\boldsymbol{r},t)$ 是 $\psi(\boldsymbol{r},t)$ 的复共轭。因此，德布罗意波也称为几率波。玻恩给出的波函数的统计解释是量子力学的基本原理之一。

14.5.2　不确定关系

由于波函数的模平方表示几率密度，波函数的标准条件为单值、连续、有限，而且应是归一化的函数，即

$$\iiint |\psi|^2 \mathrm{d}V = 1 \tag{14-31}$$

上式称为归一化条件。在非相对论量子力学中，粒子不会产生不会淹灭，因此，在全空间找到粒子的几率为1。

考虑到微观粒子的波动性，粒子的坐标和动量不能同时被精确地测量出来，即存在一个不确定关系。1927年，海森伯提出了著名的位置——动量不确定度关系

$$\Delta x \cdot \Delta p_x \geqslant \frac{\hbar}{2} \tag{14-32}$$

由上式可知，对坐标测量越精确（Δx 越小），动量的不确定性 Δp_x 就越大。若不限定电子坐标（如自由电子），电子的动量可以取确定值（单色平面波）。对三维运动，不确定关系为

$$\begin{cases} \Delta x \cdot \Delta p_x \geqslant \dfrac{\hbar}{2} \\ \Delta y \cdot \Delta p_y \geqslant \dfrac{\hbar}{2} \\ \Delta z \cdot \Delta p_z \geqslant \dfrac{\hbar}{2} \end{cases} \tag{14-33}$$

不确定性与测量没有关系，是微观粒子波粒二象性的体现。不确定性的物理根源是粒子的波动性。

把不确定关系推广到能量和时间之间，可有能量和时间的不确定关系

$$\Delta E \cdot \Delta t \geqslant \frac{\hbar}{2} \tag{14-34}$$

14.6　薛定谔方程

薛定谔方程是量子力学中的基本方程。像经典力学中的牛顿定律一样，它是不能由其他基本原理推导出来的。薛定谔方程的正确性只能靠实践来检验，下面将给出建立薛定谔方程的主要思路，注意并不是理论推导。

14.6.1　薛定谔方程的建立

一个沿 x 方向运动、质量为 m、具有动量 p 和能量 E 的自由粒子，其波函数为

$$\psi(x,t) = \psi_0 \mathrm{e}^{\frac{\mathrm{i}}{\hbar}(px - Et)}$$

将上式对 x 求二次偏导数得

$$\frac{\partial^2 \psi}{\partial x^2}=-\frac{p^2}{\hbar^2}\psi$$

$$-\frac{\hbar^2}{2m}\frac{\partial^2 \psi}{\partial x^2}=\frac{p^2}{2m}\psi \tag{14-35}$$

对时间求一阶偏导数得

$$\frac{\partial \psi}{\partial t}=-\frac{\mathrm{i}}{\hbar}E\psi$$

即

$$\mathrm{i}\hbar\frac{\partial \psi}{\partial t}=E\psi \tag{14-36}$$

由自由粒子的动量和动能的非相对论关系 $E=\frac{p^2}{2m}$，有

$$-\frac{\hbar^2}{2m}\frac{\partial^2 \psi}{\partial x^2}=\mathrm{i}\hbar\frac{\partial \psi}{\partial t} \tag{14-37}$$

这就是做一维运动自由粒子的含时薛定谔方程。

当粒子在势场 $U(x,t)$ 中运动时，粒子的总能量为

$$E=E_{\mathrm{k}}+U(x,t)=\frac{p^2}{2m}+U(x,t)$$

代入式(14-36)得

$$\mathrm{i}\hbar\frac{\partial \psi}{\partial t}=\left[\frac{p^2}{2m}+U(x,t)\right]\psi$$

由式(14-35)可得

$$-\frac{\hbar^2}{2m}\frac{\partial^2 \psi}{\partial x^2}+U(x,t)\psi=\mathrm{i}\hbar\frac{\partial \psi}{\partial t} \tag{14-38}$$

这是势场中一维运动粒子的含时薛定谔方程。

推广到三维空间，有

$$-\frac{\hbar^2}{2m}\nabla^2\psi(\boldsymbol{r},t)+U(\boldsymbol{r},t)\psi=\mathrm{i}\hbar\frac{\partial \psi}{\partial t} \tag{14-39}$$

式中，$\nabla^2=\frac{\partial^2}{\partial x^2}+\frac{\partial^2}{\partial y^2}+\frac{\partial^2}{\partial z^2}$ 为拉普拉斯算符，可引入哈密顿算符

$$\hat{H}=-\frac{\hbar^2}{2m}\nabla^2+U(\boldsymbol{r},t)$$

则有

$$\hat{H}\psi=\mathrm{i}\hbar\frac{\partial \psi}{\partial t} \tag{14-40}$$

式(14－39)和式(14－40)称为一般的薛定谔方程。一般说来，只要知道势能函数 U 的具体形式，再根据初始条件和边界条件求解，就可以得出描写粒子运动状态的波函数，其模的平方就给出粒子在不同时刻不同位置处出现的概率密度。

14.6.2　定态薛定谔方程

当势能函数 U 与时间无关时，即 $U=U(\boldsymbol{r})$，可采用分离变量法求解薛定谔方程。不妨设波函数为

$$\psi(\boldsymbol{r},t)=\psi(\boldsymbol{r})f(t) \tag{14-41}$$

代入式(14－39)，两边同时除以 $\psi(\boldsymbol{r},t)$，可得

$$-\frac{\hbar^2}{2m}\frac{\nabla^2\psi(\boldsymbol{r})}{\psi(\boldsymbol{r})}+U(\boldsymbol{r})=\mathrm{i}\hbar\frac{1}{f(t)}\frac{\partial f(t)}{\partial t}$$

上式左边是坐标 $\boldsymbol{r}$ 的函数，而右边是时间 t 的函数。因此，方程两边只能等于一常数时才能成立。设该常数为 E，于是有

$$\mathrm{i}\hbar\frac{\partial f(t)}{\partial t}=Ef(t) \tag{14-42}$$

$$-\frac{\hbar^2}{2m}\nabla^2\psi(\boldsymbol{r})+U(\boldsymbol{r})\psi(\boldsymbol{r})=E\psi(\boldsymbol{r}) \tag{14-43}$$

式(14－42)的解为

$$f(t)=f_0\mathrm{e}^{-\frac{\mathrm{i}}{\hbar}Et} \tag{14-44}$$

式(14－43)称为定态薛定谔方程。粒子的波函数可写成

$$\psi(\boldsymbol{r},t)=\psi(\boldsymbol{r})\mathrm{e}^{-\frac{\mathrm{i}}{\hbar}Et} \tag{14-45}$$

粒子在空间的概率密度为

$$|\psi(\boldsymbol{r},t)|^2=|\psi(\boldsymbol{r})\mathrm{e}^{-\frac{\mathrm{i}}{\hbar}Et}|^2=|\psi(\boldsymbol{r})|^2$$

即概率密度不随时间变化。也就是说，粒子在空间出现的概率是稳定不变的，粒子的这种状态称为定态。

14.7　一维无限深势阱

金属中的电子由于金属表面势能的束缚，被限制在一个有限的空间范围内运动，如果金属表面的势垒很高，可以将金属表面看作一个刚性盒子的壁。若只考虑电子的一维运动，其势能函数可以简化为

$$U(x)=\begin{cases}0 & 0\leqslant x\leqslant a\\ \infty & x<0,x>a\end{cases} \tag{14-46}$$

称其为一维无限深势阱，如图 14-16 所示。

在势阱内，定态薛定谔方程为

$$-\frac{\hbar^2}{2m}\frac{\mathrm{d}^2}{\mathrm{d}x^2}\psi_1(x)=E\psi_1(x) \qquad (14-47)$$

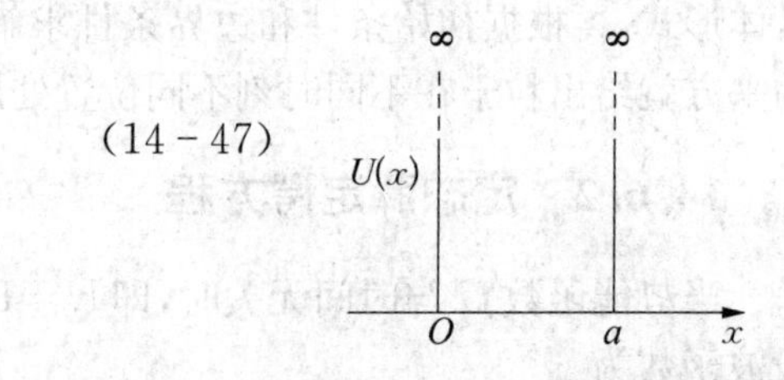

图 14-16 一维无限深势阱

令 $k=\frac{2mE}{\hbar^2}$，得

$$\frac{\mathrm{d}^2}{\mathrm{d}x^2}\psi_1(x)+k^2\psi_1(x)=0$$

其解为

$$\psi_1(x)=A\sin(kx+\delta) \qquad (14-48)$$

式中，待定常数 A 和 δ 由波函数的标准条件确定。

在势阱外，定态薛定谔方程为

$$\left(-\frac{\hbar^2}{2m}\frac{\mathrm{d}^2}{\mathrm{d}x^2}+\infty\right)\psi_2(x)=E\psi_2(x)$$

按照波函数的标准条件，等式右边是有限的。在任意位置，等式左边也应有限，必然要求乘积 $\infty\cdot\psi_2(x)$ 有限。这样只能取 $\psi_2(x)=0$。这表示粒子被限制在阱内，不会到达阱外。再根据波函数在阱壁上应连续的条件有

$$\psi_1(0)=\psi_2(0)=0 \qquad (14-49)$$

$$\psi_1(a)=\psi_2(a)=0 \qquad (14-50)$$

由式(14-50)可得

$$A\sin\delta=0$$

由于 A 不为零，所以

$$\delta=0$$

由式(14-51)可得

$$A\sin ka=0$$

由上式可得

$$ka=n\pi$$

或者

$$k=\frac{n\pi}{a} \qquad (14-51)$$

式中，$n=1,2,3,\cdots$，为整数，但是不能取零，否则阱内波函数处处为零。同时 n 也不能取负数，这是因为 $-n$ 和 n 所描述的状态相同，粒子的能量和几率分布相同。

粒子的能量(能量的本征值)为

$$E_n = \frac{k^2 \hbar^2}{2m} = n^2 \frac{\pi^2 \hbar^2}{2ma^2} = n^2 E_1 \tag{14-52}$$

$$E_1 = \frac{\pi^2 \hbar^2}{2ma^2} \tag{14-53}$$

式(14－52)说明,势阱中粒子的能量取分立值,能量是量子化的;式(14－53)表示束缚粒子的最低能量,也称为零点能。零点能不为零,这是粒子波动性的必然结果。

常数 A 由归一化条件确定

$$\int_{-\infty}^{+\infty} |\psi(x)|^2 \mathrm{d}x = \int_0^a A^2 \sin^2 \frac{n\pi x}{a} \mathrm{d}x = 1$$

由上式可得

$$A = \sqrt{\frac{2}{a}}$$

至此,求得粒子波函数的具体形式

$$\psi(x) = \begin{cases} \sqrt{\frac{2}{a}} \sin \frac{n\pi x}{a} & 0 \leqslant x \leqslant a \\ 0 & x < 0, x > a \end{cases}$$

图 14－17 给出了势阱中粒子在各个能级上的波函数和粒子的概率密度$|\psi(x)|^2$ 的分布曲线,粒子出现的概率是不均匀的,其峰值的个数和量子数相同,这和经典粒子是不同的。粒子的波函数在势阱中形成驻波;在阱壁处总为波节,粒子出现的概率为零。

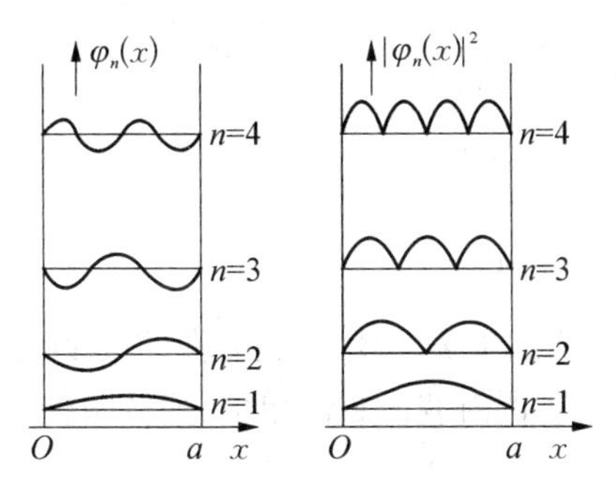

图 14－17　势阱中的波函数和概率密度

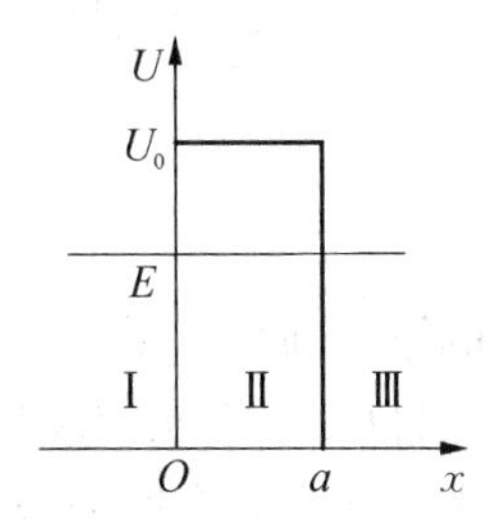

图 14－18　方势垒

14.8　一维势垒　电子隧穿显微镜

14.8.1　一维势垒

若有粒子在图 14－18 所示的势场中运动,其势能分布为

$$U(x) = \begin{cases} U_0 & 0 \leqslant x \leqslant a \\ 0 & x < 0, x > a \end{cases} \tag{14-54}$$

这种势能分布称为一维方势垒。

设粒子的质量为 m，以一定的能量 E 由区域Ⅰ向区域Ⅱ运动，因 U_0 与时间无关，所以这也是个定态问题。

设在区域Ⅰ、Ⅱ、Ⅲ的波函数为 $\psi_1(x)$，$\psi_2(x)$，$\psi_3(x)$，对应的薛定谔方程为

$$-\frac{\hbar^2}{2m}\frac{d^2}{dx^2}\psi_1(x)=E\psi_1(x)$$

$$-\frac{\hbar^2}{2m}\frac{d^2}{dx^2}\psi_2(x)+U_0\psi_2(x)=E\psi_2(x)$$

$$-\frac{\hbar^2}{2m}\frac{d^2}{dx^2}\psi_3(x)=E\psi_3(x)$$

考虑 $E<U_0$ 的情况，令 $k_1^2=\dfrac{2mE}{\hbar^2}$，$k_2^2=\dfrac{2m(U_0-E)}{\hbar^2}$，这样 k_2 为实数。将 k_1，k_2 代入上述方程得到

$$\frac{d^2}{dx^2}\psi_1(x)+k_1^2\psi_1(x)=0$$

$$\frac{d^2}{dx^2}\psi_2(x)-k_2^2\psi_2(x)=0$$

$$\frac{d^2}{dx^2}\psi_3(x)+k_1^2\psi_3(x)=0$$

其解为

$$\psi_1(x)=Ae^{ik_1x}+A'e^{-ik_1x} \tag{14-55}$$

$$\psi_2(x)=Be^{k_2x}+B'e^{-k_2x} \tag{14-56}$$

$$\psi_3(x)=Ce^{ik_1x}+C'e^{-ik_1x} \tag{14-57}$$

上面三式中的第一项表示沿 x 方向传播的波，第二项表示沿 x 负方向传播的反射波。由于粒子到达区域Ⅲ后，不会再有反射，因而 $C'=0$。再由波函数的单值、连续条件可求出其他5个常数，图14-19为3个区域波函数的情况。

计算结果表明，常数 C 不为零。定义透射系数为透射波的强度与入射波强度之比，即

$$T=\left|\frac{C}{A}\right|^2$$

当 $k_2a\geqslant 1$ 时，$T\sim e^{-\frac{2a}{\hbar}\sqrt{2m(U_0-E)}}$。这表明粒子总能量低于势垒高度时，粒子仍有一定的概率穿透势垒，这种现象称为隧道效应。

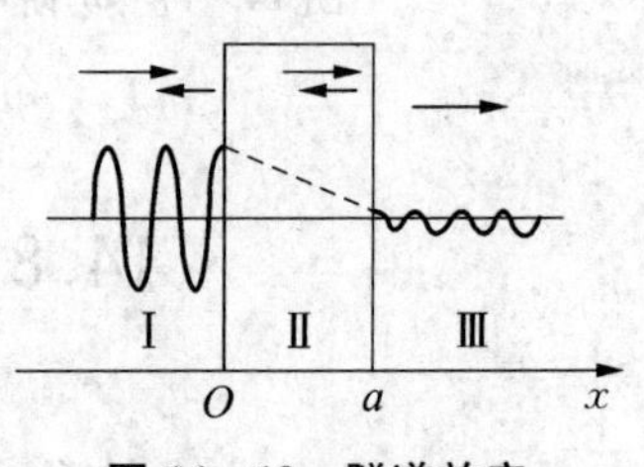

图14-19　隧道效应

14.8.2　扫描隧穿显微镜

微观粒子的隧道效应，被许多实验所证实。例如，原子核的 α 衰变，电子的场致发射，超导中的隧道结等。1982 年，宾尼希和罗雷尔等人利用电子隧道效应研制了扫描隧道显微镜（简称 STM）。金属表面处存在着势垒，以阻止内部的电子逸出，但是由于隧道效应，电子仍以一定的概率穿过势垒到达金属的外表面，形成一层电子云。电子云的密度随着表面距离的增大呈现指数的衰减，衰减的长度为 1 nm，因此，两金属表面非常接近时，它们表面的电子云就可能重叠。若在两者之间加上微小的电压 U_b，电子就会穿过两个势垒形成隧道电流 I。可把一个金属做成极细的探针去扫描被研究的金属样品。设针尖与样品的距离为 s，样品的表面的平均势垒高度为 φ，则可以证明

$$I \propto U_b e^{-A\sqrt{s\varphi}}$$

式中，A 为常数。

隧道电流对针尖与样品表面的距离变化极其敏感，分辨率达到 0.1 nm。测量时，通过探针在样品表面的扫描，可以测量出样品表面的原子结构等情况，其在表面科学、材料科学和生命科学等领域有着广泛的应用。

14.9　斯特恩-盖拉赫实验　电子自旋

14.9.1　斯特恩-盖拉赫实验

1922 年，斯特恩-盖拉赫为验证电子角动量空间取向量子化进行了实验。实验装置如图 14－20 所示，K 为银原子射线源，B 为狭缝，N、S 为不均匀场，P 为照相底板，整个装置放在真空容器中。由于原子具有磁矩，那么原子束经过不均匀的磁场时，就会发生偏移。如果原子磁矩在空间取向是连续的，则原子经不均匀磁场（N、S）后在照相底板 P 上会得到连成一片的沉积。若原子磁矩在空间取向是分立的，则原子经不均匀磁场（N、S）后在照相底板 P 上会得到分立的沉积。实验发现，在不加磁场时，底板 P 上沉积一条正对狭缝 B 的痕迹。加上不均匀磁场后，底板 P 上出现上下对称的两条沉积痕迹，这说明原子束经不均匀磁场后分为两束。斯特恩-盖拉赫实验说明，原子具有磁矩，且磁矩在外磁场只有两种取向，即空间取向是量子化的。

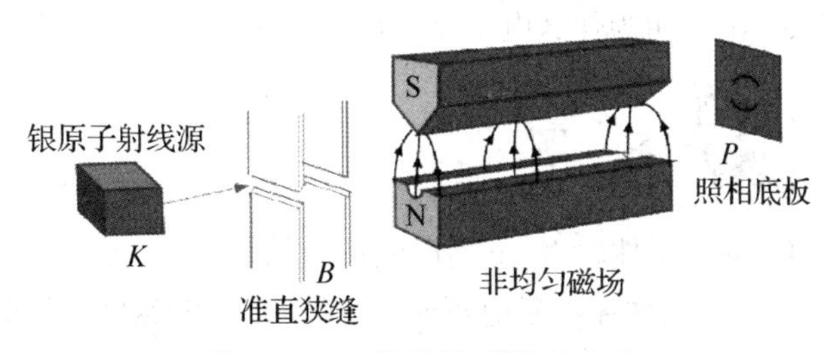

图 14－20　斯特恩-盖拉赫实验

14.9.2　电子自旋

尽管斯特恩-盖拉赫实验证实了原子在磁场中的空间量子化，但实验给出了银原子在磁场中只有两个取向，这不能用轨道角动量空间量子化的理论来解释。按照空间量子化理论，

当角动量力量数 l 一定时，空间取向有 $2l+1$ 个，l 是整数，$2l+1$ 则一定是奇数。

为了说明斯特恩-盖拉赫实验的结果，1925 年两位荷兰年轻人乌仑贝克和古德兹密特提出了电子自旋的假说。他们认为电子除了做轨道运动外，还存在着一种自旋运动，具有自旋角动量 S 和自旋磁矩 μ_s。若取自旋量子数 $s=1/2$，则自旋角动量为

$$S=\sqrt{s(s+1)}\hbar \tag{14-58}$$

电子自旋角动量在 z 方向(外磁场方向)的分量为

$$S_z=s\hbar,-s\hbar=\frac{\hbar}{2},-\frac{\hbar}{2} \tag{14-59}$$

或

$$S_z=m_s\hbar=\pm\frac{\hbar}{2} \tag{14-60}$$

式中，$m_s=\pm s=\pm\frac{1}{2}$，称为自旋磁量子数。

引入电子自旋的概念，很容易解释斯特恩-盖拉赫实验，同时使碱金属光谱的双线等现象也得到了很好的解释。值得注意的是，电子自旋运动是一种内部的"固有的"运动，是相对论效应的必然结果。经典物理学是无法理解电子有内部结构的，电子自旋运动无经典运动与之对应。

思考题

1. 什么是黑体，石墨是黑体吗，自然界中存在黑体吗？

2. 你能根据太阳的发光情况，估算其表面温度吗？

3. 在经典物理中有没有量子化的概念？举例说明。

4. 光电强度越大，其光子能量越大吗？

5. 为什么日常生活中感受不到物体的波粒二象性？

6. 试说明为什么电子显微镜的分辨率要远高于光学显微镜？

习　题

1. 关于黑体辐射，下列说法正确的是 (　　)。

A. 黑体在不断地辐射电磁波，且温度越高，最强辐射波的波长越长

B. 黑体不能反射任何光线

C. 不辐射可见光的物体，就是黑体

D. 黑体辐射电磁波分布规律跟温度与材料都有关系

2. 光电效应和康普顿效应都包含有电子与光子的相互作用过程。对这两个过程，理解正确的是 (　　)。

A. 光电效应是电子吸收光子的过程，而康普顿效应则是光子和电子的弹性碰撞过程

B. 两种效应都是电子与光子的碰撞，都服从动量守恒定律和能量守恒定律

C. 两种效应都是电子吸收光子的过程

D. 两种效应都相当于电子与光子的弹性碰撞过程

3. 下列关于光子的描述,错误的是　　　　　　　　　　　　　　　　　　　　(　　)。

A. 不论在真空中或介质中的光速都是 c

B. 它的静止质量为零

C. 它的动量为 $h\nu/c$

D. 它的总能量就是它的动能

4. 关于不确定关系 $\Delta x \Delta p_x \geqslant \frac{\hbar}{2}$,下述理解正确的是　　　　　　　　　　　　　(　　)。

A. 粒子的动量不可能确定,但坐标可以被确定

B. 粒子的坐标不可能确定,但动量可以被确定

C. 粒子的坐标和动量不可能同时被确定

D. 不确定关系只适用于电子和光子

5. 根据玻尔理论,氢原子中的电子在 $n=4$ 的轨道上运动的动能,电子的基态动能之比为　　　　　　　　　　　　　　　　　　　　　　　　　　　　　　　(　　)。

A. 1/4　　　　B. 1/8　　　　C. 1/16　　　　D. 1/32

6. 设描述微观粒子的波函数为 $\psi(\boldsymbol{r},t)$,则 $\psi\psi^*$ 表示________,波函数需满足的条件:________、________、________;其归一化条件是:________。

7. 已知粒子在一维无限深势阱中运动,其波函数为

$$\psi(x)=\sqrt{\frac{2}{a}}\sin\frac{2\pi x}{a}\qquad(0\leqslant x\leqslant a)$$

那么粒子在 $x=a/4$ 处出现的几率密度为:________。

8. 太阳与地球的距离为 1.5×10^{11} m,设太阳辐射到地球表面的能量为 $1.4\times10^{3}\ \mathrm{W/m^2}$,若把太阳看作半径为 7.0×10^{8} m 的球形黑体,试估算太阳的温度。

9. 钾的截止频率为 4.6×10^{14} Hz,现以波长为 435.8 nm 的光照射,求钾放出的光电子的初速度。

10. 在康普顿散射中,入射光子的波长为 3.0×10^{-3} nm,反冲电子的速度为光速的 60%,求散射光子的波长及散射角度。

11. 波长为 0.10 nm 的光子入射到碳上,从而产生康普顿效应,从实验中测得,散射光子的方向与入射光子的方向相垂直,求:(1) 散射光子的波长、频率和能量;(2) 反冲电子的动能和运动方向。

12. 在氢原子的玻尔理论中,当电子由量子数 $n=5$ 的轨道跃迁到 $n=2$ 的轨道上时,对外辐射的光的波长为多少? 若再将该电子从 $n=2$ 的轨道跃迁到游离状态,外界需要提供多少能量?

13. 求动能为 1.0 eV 的电子的德布罗意波长。

14. 一中子束通过晶体发生衍射。已知晶面间距 $d=7.32\times10^{-2}$ nm,中子的动能 $E_k=4.20$ eV,求此晶面簇反射方向发生一级极大的中子束的掠射角。

15. 试计算氢原子赖曼系和巴尔末系的长波极限波长和短波极限波长。

16. 设下列粒子在沿 x 轴运动时，速度的不确定量为 $\Delta v = 10\ \mathrm{m/s}$，试计算坐标的不确定量 Δx：

(1) 电子。(2) 质量为 10^{-13} kg 的粒子。

17. 已知一维势阱中粒子的波函数为

$$\psi(x)=\begin{cases}\sqrt{\dfrac{2}{a}}\sin\dfrac{n\pi}{a}x & 0\leqslant x\leqslant a\\ 0 & x<0, x>a\end{cases}$$

求：(1) 基态和第二激发态的能量。(2) 粒子的基态和第二激发态时的最可几位置。

参考文献

[1] 马文蔚,解希顺,周雨青. 物理学 [M]. 北京:高等教育出版社,2020.
[2] 李翠莲. 新工科大学物理[M]. 上海:上海交通大学出版社,2020.
[3] 施大宁. 物理与艺术 [M]. 北京:科学出版社,2022.
[4] 胡盘新,汤毓骏,钟季康. 普通物理学简明教程[M]. 北京:高等教育出版社,2017.
[5] 毛骏健,顾牡. 大学物理学[M]. 北京:高等教育出版社,2020.
[6] 李铜忠,董占海. 大学物理教程(第四版)[M]. 上海:上海交通大学出版社,2022.
[7] 张三慧. 大学物理学(第四版)[M]. 北京:清华大学出版社,2019.
[8] 马文蔚,陈国庆,陈健,谈漱梅. 物理学学习指导(第六版)[M]. 北京:高等教育出版社,2016.
[9] 孙厚谦,高虹,俞晓明. 大学物理学(学习指导)[M]. 北京:清华大学出版社,2019.
[10] 冯杰. 普通物理专题研究教程(第 2 版)[M]. 北京:清华大学出版社,2020.
[11] 韩仙华,武文远,王晓,蒋敏. 大学物理学教学设计[M]. 北京:国防工业出版社,2014.
[12] 袁玉珍,高金霞. 大学物理(第四版)[M]. 北京:科学出版社,2023.